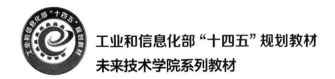

工业和信息化部"十四五"规划教材

未来技术学院系列教材

微积分

（下）

◆ 尤 超 尹逊波 靳水林 编 著

电子工业出版社·

Publishing House of Electronics Industry

北京·BEIJING

内 容 简 介

本书主要针对拔尖创新人才培养而编写，分上、下两册. 上册内容包括极限与连续、导数与微分、微分中值定理及导数应用、不定积分、定积分及其应用、微分方程；下册内容包括多元函数微分学、多元数量值函数积分学、多元向量值函数积分学、无穷级数.

本书可作为高等学校理工科专业微积分课程的教材，也适合准备考研的学生参考.

图书在版编目 (CIP) 数据

微积分. 下 / 尤超，尹逊波，靳水林编著. — 北京：电子工业出版社，2023.2

ISBN 978-7-121-45005-1

Ⅰ. ①微…　Ⅱ. ①尤…　②尹…　③靳…　Ⅲ. ①微积分－高等学校－教材　Ⅳ. ①O172

中国国家版本馆 CIP 数据核字 (2023) 第 017595 号

责任编辑：张　鑫

印　　刷：保定市中画美凯印刷有限公司

装　　订：保定市中画美凯印刷有限公司

出版发行：电子工业出版社

　　　　　北京市海淀区万寿路 173 信箱　　邮编：100036

开　　本：787×1 092　1/16　印张：14.5　　字数：371 千字

版　　次：2023 年 2 月第 1 版

印　　次：2024 年 8 月第 4 次印刷

定　　价：52.00 元

前　言

2009 年，"基础学科拔尖学生培养试验计划"正式启动，旨在培养中国自己的学术大师．探索建立拔尖创新人才培养的有效机制，促进拔尖创新人才脱颖而出，是建设创新型国家、实现中华民族伟大复兴的历史要求，也是当前对教育改革的迫切要求．2020年，部分高校开展基础学科招生改革试点（强基计划）．强基计划开宗明义：聚焦国家重大战略需求，在确保公平公正的前提下，探索建立多维度考核学生的评价模式，逐步形成基础学科拔尖创新人才选拔培养的有效机制，重点解决基础学科领军人才短缺和长远发展的瓶颈问题．本书就是对拔尖创新人才培养的重要探索，在工业和信息化部"十四五"规划教材的建设要求下，坚持以学生为中心，通过深度与广度的探索，强化学生的数学基础．

近年来，一些高水平研究型大学在拔尖创新人才培养方面进行了有益的尝试和多样化的探索，并取得了初步成果．未来技术学院作为哈尔滨工业大学探索杰出人才自主培养之路的创新举措，秉承厚植基础、强化交叉的宗旨，强化现代的、精炼的、启发的、实践的教学内容，形成了具备基础宽厚和学科交叉融合特色的新型课程体系。通过探索路子、选拔尖子、培育苗子，竭力为拔尖创新学生的科学精神塑造、创新意识培养、实践能力养成、综合素质提升等搭建平台、提供舞台，着力培养具有国际视野、家国情怀、创新思维、攻坚能力的未来领军人才。

本书正是针对哈尔滨工业大学未来技术学院及其他高校拔尖创新学生编写的微积分教材，增加了传统微积分教材中较少介绍的实数理论、一致收敛、一致连续、高阶微分、广义重积分、重积分的变量代换、场论初步、外微分形式、含参变量积分、傅里叶积分与傅里叶变换等方面的内容，力求做到让学生知其然也知其所以然．

本书分上、下两册．上册内容包括极限与连续、导数与微分、微分中值定理及导数应用、不定积分、定积分及其应用、微分方程；下册内容包括多元函数微分学、多元数量值函数积分学、多元向量值函数积分学、无穷级数．书中带星号（*）的内容为选学内容．

本书可作为高等学校理工科专业微积分课程的教材，也适合准备考研的学生参考．

本书上册由尹逊波、尤超、张夏编写，下册由尤超、尹逊波、靳水林编写．

本书是在中国高等教育学会理科教育专业委员会重点项目（编号：21ZSLKJYZD03）、中国高等教育学会教育数学专业委员会重点项目"大学与高中数学衔接及人学先修课的实践研究"及黑龙江省教育科学"十三五"规划 2019 年度重点课题（编号：GJB1319039）项目的支持下完成的.

本书得到了哈尔滨工业大学数学学院教学研究中心各位教师的大力支持，也吸收了哈尔滨工业大学威海分校数学系、东北林业大学数学系、哈尔滨理工大学数学系等高校教师提出的宝贵意见和建议，在此一并表示感谢.

由于作者水平有限，加之编写时间仓促，书中错误和不足之处在所难免，恳请读者不吝赐教.

编　者

2022 年 3 月

目　　录

第7章

多元函数微分学

影响事物客观规律的因素往往不止一个，该现象在数量关系上表现为函数依赖于多个自变量，这就引出了多元函数的概念. 作为一元函数的推广，多元函数同样具有极限、连续、可微、极值等概念；但是由于定义域所在空间的几何性质不同，从一元到多元属于从量变到质变，因此多元函数与一元函数的性质存在显著差异. 因此，学习本章时应遵循求同存异的原则，以达到温故知新的目的.

7.1 多元函数的基本概念及其极限

7.1.1 n 维欧式空间

我们在中学学过平面直角坐标，即用有序数对 (x,y) 表示平面直角坐标系 xOy 中的一个点. 类似地，可以通过增加有序数对中坐标的个数即有序数组来表示更高维空间中的点，并借此定义点与点之间距离的概念.

定义 7.1 记 $\mathbb{R}^n = \{(x_1,x_2,\cdots,x_n) \mid x_i \in \mathbb{R},\ i=1,2,\cdots,n\}$，任取 $X(x_1,x_2,\cdots,x_n)$, $Y(y_1,y_2,\cdots,y_n) \in \mathbb{R}^n$，称 $\rho(X,Y) = \sqrt{(x_1-y_1)^2 + (x_2-y_2)^2 + \cdots + (x_n-y_n)^2}$ 为点 X 与点 Y 在 $\mathbb{R}^n$ 中的**距离**，称 $(\mathbb{R}^n,\rho)$ 为 n **维欧式空间.** 在不致引起混淆的情况下，亦简记为 n 维欧氏空间 $\mathbb{R}^n$.

注：（1）线性代数侧重研究 n 维线性空间 $\mathbb{R}^n$ 的线性结构，数学分析侧重研究 n 维欧氏空间 $\mathbb{R}^n$ 的度量结构. 本书中，用 $(x_1,x_2,\cdots,x_n)$ 表示 n 维欧氏空间 $\mathbb{R}^n$ 中的点，用 $\{x_1,x_2,\cdots,x_n\}$ 表示 n 维线性空间 $\mathbb{R}^n$ 中的向量，请注意符号上的差别.

（2）可以证明 n 维欧氏空间 $\mathbb{R}^n$ 上的距离 ρ 满足下列关系，$\forall X,Y,Z \in \mathbb{R}^n$：

（i）（正定性）$\rho(X,Y) \geqslant 0$，且 $\rho(X,Y) = 0$，当且仅当 $X=Y$ 时；

（ii）（对称性）$\rho(X,Y) = \rho(Y,X)$；

（iii）（三角不等式）$\rho(X,Z) \leqslant \rho(X,Y) + \rho(Y,Z)$.

邻域，尤其是去心 δ – 邻域，在一元函数极限、连续、导数等概念中起着重要的作用. n 维欧氏空间 $\mathbb{R}^n$ 中，可以利用距离 ρ 取代 $\mathbb{R}^1$ 中的绝对值，定义高维版本的邻域概念.

定义 7.2 设 $P_0 \in \mathbb{R}^n$，常数 $\delta > 0$，则称 $\mathbb{R}^n$ 的子集 $\{P \in \mathbb{R}^n \mid \rho(P,P_0) < \delta\}$ 为点 P_0 的 δ – **邻域**，记为 $U_\delta(P_0)$. 特别地，$\overset{\circ}{U}_\delta(P_0)$ 表示点 P_0 的**去心 δ – 邻域**.

$\mathbb{R}^n$ 的几何要远复杂于 $\mathbb{R}^1$ 的几何，例如，1 维 δ – 邻域 $(x_0-\delta, x_0+\delta)$ 是线段内部（不含区间端点），而 2 维 δ – 邻域 $U_\delta(P_0)$ 是以 P_0 为圆心、δ 为半径的圆盘内部（不含圆），3 维 δ – 邻域 $U_\delta(P_0)$ 是以 P_0 为球心、δ 为半径的球体的内部（不含球面）.为了更好地描述高维欧式空间中的点集，我们给出如下概念.

定义 7.3 设集合 $E \subseteq \mathbb{R}^n$，点 $P_0 \in \mathbb{R}^n$，若存在 $\delta > 0$ 使得 $U_\delta(P_0) \subseteq E$，则称点 P_0 为 E 的**内点**，E 的内点全体称为 E 的**内部**（如图 7.1 所示）. 若存在 $\delta > 0$ 使得 $U_\delta(P_0) \subseteq \mathbb{R}^n \setminus E$，则称点 P_0 为 E 的**外点**，E 的外点全体称为 E 的**外部**. 若点 P_0 的任何邻域内有属于 E 的点，也有不属于 E 的点（点 P_0 本身可属于亦可不属于 E），则称点 P_0 为 E 的**边界点**，E 的边界点全体称为 E 的**边界**，记作 ∂E.

定义 7.4 若集合 E 的每个点都是它的内点，则称 E 是**开集**. 若 $\mathbb{R}^n \setminus E$ 是开集，则称 E 是**闭集**.

注：闭集 E 还有一种等价刻画，即 $\partial E \subseteq E$.

定义 7.5 若 E 中任意两点都可由 E 中的连续曲线连接，则称 E 是（线）**连通集**. 连通开集称为**开区域**或**区域**，区域及其边界的并集称为**闭区域**.

注：开区域与闭区域分别对应 $\mathbb{R}^1$ 中的开区间与闭区间.

定义 7.6 若存在 $\delta > 0$，使得集合 $E \subseteq U_\delta(O)$，其中，O 是 $\mathbb{R}^n$ 中的原点，则称 E 为**有界集**，否则称 E 为**无界集**.

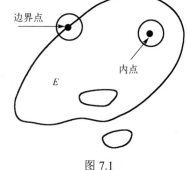

图 7.1

例如，点集 $E = \{(x,y) \in \mathbb{R}^2 | 1 < x^2 + y^2 < 4\}$ 是有界开区域，∂E 是圆周 $x^2 + y^2 = 1$ 和 $x^2 + y^2 = 4$.

7.1.2 多元函数

在几何学、物理学、经济学中存在大量依赖多个变量的函数，举例如下.

例 7-1（圆柱体体积公式） 圆柱体的体积 V 和它的底面圆半径 r、高 h 之间具有关系 $V = \pi r^2 h$. 这里，当 r, h 在集合 $\{(r,h) | r > 0, h > 0\}$ 内取定一对值 (r,h) 时，V 的对应值就随之确定了.

例 7-2（并联电阻公式） 设 R 是电阻 R_1, R_2 并联后的总电阻，由电学可知它们之间具有关系 $R = \dfrac{R_1 R_2}{R_1 + R_2}$.

例 7-3（科布-道格拉斯生产函数） 美国经济学家科布和道格拉斯从 1899—1922 年美国经济发展资料中，用经验估计方法得出美国在这一期间的生产函数为 $Q = 1.01 \cdot L^{0.75} \cdot K^{0.25}$，其中，$Q$ 是国民生产总值，L 是劳动力人数，K 是资本数.

定义 7.7 设 D 是 xOy 平面中的点集，若变量 z 与 D 中的变量 x, y 之间有一个依赖关系，使得在 D 中每取定一个点 $P(x,y)$ 时，按照这个关系有唯一确定的 z 值与之对应，则称 z 是 x, y 的**二元函数**，记为 $z = f(x,y)$（或 $z = f(P)$）. $f: D \ni (x,y) \mapsto z \in \mathbb{R}$，$x, y$ 称为**自变量**，z 称为**因变量**，点集 D 称为该函数的**定义域**，数集 $\{z \in \mathbb{R} | z = f(x,y), (x,y) \in D\}$ 称为该函数的**值域**.（类似地，可以定义 n 元函数，二元及二元以上的函数统称为**多元函数**.）

注：以圆柱体体积公式 $V = \pi r^2 h$ 这个二元函数为例，从纯数学角度出发，r 和 h 可取任意实数；但是，从实际几何意义出发，r 和 h 应取正实数. 因此，多元函数的定义有纯数学意义下的定义域与实际意义下的定义域之分，后者是前者的子集.

例 7-4 函数 $z = \ln(x+y)$ 的定义域是 $\{(x,y) \in \mathbb{R}^2 | x + y > 0\}$，在 xOy 平面中是直线 $x + y = 0$ 右上方的半平面（不含该直线），是无界开区域（如图 7.2 所示）.

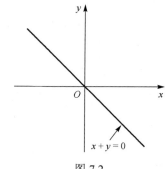

图 7.2

例 7-5 函数 $z = \dfrac{\sqrt{2x-x^2-y^2}}{\sqrt{x^2+y^2-1}}$ 的定义域是 $\{(x,y)\in\mathbb{R}^2 \mid (x-1)^2+y^2\leqslant 1 \text{且} x^2+y^2>1\}$ ，是 xOy 平面中的有界非开非闭区域（如图 7.3 所示）．

例 7-6 函数 $u = \sqrt{z-x^2-y^2} + \arcsin(x^2+y^2+z^2)$ 的定义域是 $\{(x,y,z)\in\mathbb{R}^3 \mid x^2+y^2\leqslant z$ 且 $x^2+y^2+z^2\leqslant 1\}$ ，是三维欧式空间中旋转抛物面 $x^2+y^2=z$ 与球面 $x^2+y^2+z^2=1$ 围成的闭区域（如图 7.4 所示）．

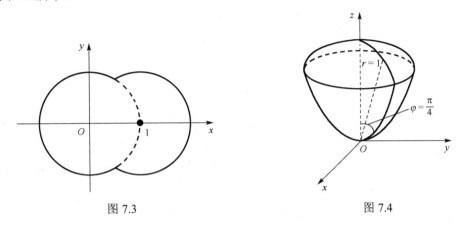

图 7.3   图 7.4

一元函数和二元函数在与定义域几何性质相关的问题上具有本质区别，而二元函数与其他多元函数则差异不大．因此，本章在讨论多元函数时，相关表述主要以二元函数为代表，其他多元函数可类似推广得到．

设有二元函数 $f:D\subseteq\mathbb{R}^2\to\mathbb{R}$ ，则集合 $\{(x,y,z)\in\mathbb{R}^3 \mid z=f(x,y),(x,y)\in D\}$ 称为二元函数 $z=f(x,y)$ 的**图形**，是 $\mathbb{R}^3$ 中的曲面．例如，$z=\sqrt{R^2-x^2-y^2}$ 的图形是以原点为球心、R 为半径的上半球面；$z=x^2+y^2$ 的图形是旋转抛物面（如图 7.5 所示）；$z=\dfrac{x^2}{a^2}-\dfrac{y^2}{b^2}$ 的图形是双曲抛物面（如图 7.6 所示）；$Ax+By+Cz+E=0$ 的图形是平面．

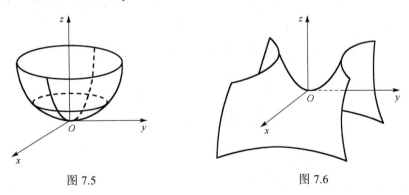

图 7.5   图 7.6

7.1.3 多元函数的重极限与连续

设集合 $E\subseteq\mathbb{R}^n$ ，点 $P_0\in\mathbb{R}^n$ ，如果点 P_0 的任何邻域中都有无穷多个点属于 E ，则称点 P_0 为集合 E 的一个**聚点**（聚点可以属于 E ，也可不属于 E ；可为内点，也可为边界点）．

定义 7.8 设 $u=f(P)$ ，$P\in D$ ，P_0 是 D 的聚点，A 是常数．如果 $\forall\varepsilon>0$ ，$\exists\delta=\delta(\varepsilon)>0$ 使

得当 $P \in D$ 且 $0 < \rho(P, P_0) < \delta$ 时，恒有 $|f(P) - A| < \varepsilon$，则称 $P \to P_0$ 时，函数 $f(P)$ 以 A 为**重极限**（简称极限），记作 $\lim\limits_{P \to P_0} f(P) = A$.

注：二元函数情形也可记作 $\lim\limits_{(x,y) \to (x_0, y_0)} f(x,y) = A$.

例 7-7　试证：$\lim\limits_{(x,y) \to (0,0)} \left(x^2 + y^2 \right) \sin \dfrac{1}{x^2 + y^2} = 0$.

证明：$\forall \varepsilon > 0$，要使

$$\left| \left(x^2 + y^2 \right) \sin \frac{1}{x^2 + y^2} - 0 \right| < \varepsilon$$

$$\Leftrightarrow \left(x^2 + y^2 \right) \left| \sin \frac{1}{x^2 + y^2} \right| < \varepsilon$$

$$\Leftarrow \left(x^2 + y^2 \right) < \varepsilon \Leftrightarrow \sqrt{x^2 + y^2} < \sqrt{\varepsilon}$$

取 $\delta = \sqrt{\varepsilon}$，则当 $0 < \sqrt{x^2 + y^2} < \delta$ 时，必有 $\left| \left(x^2 + y^2 \right) \sin \dfrac{1}{x^2 + y^2} - 0 \right| < \varepsilon$ 成立. 因此，

$$\lim\limits_{(x,y) \to (0,0)} \left(x^2 + y^2 \right) \sin \frac{1}{x^2 + y^2} = 0$$

注：（1）点 $P(x, y)$ 须以任何方式趋于 $P_0(x_0, y_0)$. 若点 P 以两种不同路径趋于点 P_0 时，$f(P)$ 趋于不同的值，则极限 $\lim\limits_{P \to P_0} f(P)$ 不存在.

（2）点 $P(x, y)$ 以几种不同路径趋于点 P_0 时，$f(P)$ 趋于同一值，这不足以判断极限 $\lim\limits_{P \to P_0} f(P)$ 存在.

（3）已知极限 $\lim\limits_{P \to P_0} f(P)$ 存在，则可取任一路径求极限.

例 7-8　考察函数 $f(x, y) = \begin{cases} \dfrac{xy}{x^2 + y^2}, & (x, y) \neq (0, 0) \\ 0, & (x, y) = (0, 0) \end{cases}$ 在点 $(0, 0)$ 处的重极限.

解：令动点 $P(x, y)$ 沿直线 $y = kx$ 趋于 $(0, 0)$，则

$$\lim\limits_{(x,y) \to (0,0)} f(x, y) \overset{y = kx}{=\!=\!=} \lim\limits_{x \to 0} \frac{kx^2}{x^2 + k^2 x^2} = \lim\limits_{x \to 0} \frac{k}{1 + k^2} = \frac{k}{1 + k^2}$$

极限值与参数 k 有关，即依赖于路径的选取，故而该重极限发散.

例 7-9　讨论重极限 $\lim\limits_{(x,y) \to (0,0)} \dfrac{xy^2}{x^2 + y^4}$ 的存在性.

解：令动点 $P(x, y)$ 沿直线 $y = kx$ 趋于 $(0, 0)$，则

$$\lim\limits_{(x,y) \to (0,0)} f(x, y) \overset{y = kx}{=\!=\!=} \lim\limits_{x \to 0} \frac{k^2 x^3}{x^2 + k^4 x^4} = \lim\limits_{x \to 0} \frac{k^2 x}{1 + k^4 x^2} = 0$$

再令动点 $P(x, y)$ 沿曲线 $y^2 = x$ 趋于 $(0, 0)$，则

$$\lim\limits_{(x,y) \to (0,0)} f(x, y) \overset{y^2 = x}{=\!=\!=} \lim\limits_{y \to 0} \frac{y^4}{y^4 + y^4} = \lim\limits_{y \to 0} \frac{1}{2} = \frac{1}{2}$$

显然，沿着不同路径趋于 (0,0) 时，极限值不同，故而该重极限发散.

用定义求重极限是比较麻烦的，好在一元函数求极限的四则运算法则、夹挤准则都比较容易推广到多元函数重极限运算上，唯一性、极限点附近的保序性和有界性也都成立，相关证明仅需将距离由绝对值 $|x-x_0|$ 替换为 $\rho(P,P_0)$ 即可.

例 7-10 求极限 $\lim\limits_{(x,y)\to(0,a)} \dfrac{\sin(xy)}{x}$.

解：注意到

$$0 \leqslant |y-a| \leqslant \sqrt{x^2+(y-a)^2} \to 0 \quad (\,(x,y)\to(0,a)\,)$$

因此，由夹挤准则可知 $\lim\limits_{(x,y)\to(0,a)} y = a$. 同理，$\lim\limits_{(x,y)\to(0,a)} x = 0$. 由极限的四则运算法则可知

$$\lim_{(x,y)\to(0,a)} xy = \lim_{(x,y)\to(0,a)} x \cdot \lim_{(x,y)\to(0,a)} y = 0 \cdot a = 0$$

因此

$$\lim_{(x,y)\to(0,a)} \frac{\sin(xy)}{x} = \lim_{(x,y)\to(0,a)} \frac{xy}{x} = \lim_{(x,y)\to(0,a)} y = a$$

例 7-11 求极限 $\lim\limits_{(x,y)\to(0,0)} \dfrac{2xy^2}{x^2+y^2-y^4}$.

解：将该重极限转化为极坐标形式，有

$$\lim_{(x,y)\to(0,0)} \frac{2xy^2}{x^2+y^2-y^4} = \lim_{\rho\to 0^+} \frac{2\rho^3\cos\theta\sin^2\theta}{\rho^2-\rho^4\sin^4\theta} = 2\lim_{\rho\to 0^+} \frac{\rho\cos\theta\sin^2\theta}{1-\rho^2\sin^4\theta}$$

$$0 \leqslant \left| \frac{\rho\cos\theta\sin^2\theta}{1-\rho^2\sin^4\theta} \right| \leqslant \frac{\rho}{1-\rho^2} \to 0 \quad (\,\rho\to 0^+\,)$$

由夹挤准则可知

$$\lim_{\rho\to 0^+} \left| \frac{\rho\cos\theta\sin^2\theta}{1-\rho^2\sin^4\theta} \right| = 0, \quad 即 \lim_{\rho\to 0^+} \frac{\rho\cos\theta\sin^2\theta}{1-\rho^2\sin^4\theta} = 0$$

因此

$$\lim_{(x,y)\to(0,0)} \frac{2xy^2}{x^2+y^2-y^4} = 2\lim_{\rho\to 0^+} \frac{\rho\cos\theta\sin^2\theta}{1-\rho^2\sin^4\theta} = 0$$

例 7-12 求极限 $\lim\limits_{(x,y)\to(0,0)} \dfrac{2-\sqrt{xy+4}}{xy}$.

解：因为 $\lim\limits_{(x,y)\to(0,0)} xy = 0$，所以

$$\lim_{(x,y)\to(0,0)} \frac{2-\sqrt{xy+4}}{xy} = \lim_{(x,y)\to(0,0)} \frac{(2-\sqrt{xy+4})(2+\sqrt{xy+4})}{xy(2+\sqrt{xy+4})} = \lim_{(x,y)\to(0,0)} \frac{-xy}{xy(2+\sqrt{xy+4})}$$

$$= -\lim_{(x,y)\to(0,0)} \frac{1}{2+\sqrt{xy+4}} = -\frac{1}{4}$$

例 7-13 求极限 $\lim\limits_{(x,y)\to(0,0)} \dfrac{1-\cos(x^2+y^2)}{(x^2+y^2)\mathrm{e}^{x^2y^2}}$.

解： 因为

$$\lim\limits_{(x,y)\to(0,0)}(x^2+y^2)=\left(\lim\limits_{(x,y)\to(0,0)}\sqrt{x^2+y^2}\right)^2=0$$

$$\lim\limits_{(x,y)\to(0,0)}x^2y^2=\left(\lim\limits_{(x,y)\to(0,0)}xy\right)^2=0$$

所以

$$\lim\limits_{(x,y)\to(0,0)}\frac{1-\cos(x^2+y^2)}{(x^2+y^2)\mathrm{e}^{x^2y^2}}=\lim\limits_{(x,y)\to(0,0)}\frac{1-\cos(x^2+y^2)}{x^2+y^2}\cdot\lim\limits_{(x,y)\to(0,0)}\frac{1}{\mathrm{e}^{x^2y^2}}$$

$$=\left[\lim\limits_{(x,y)\to(0,0)}\frac{\dfrac{1}{2}(x^2+y^2)^2}{x^2+y^2}\right]\cdot 1=\frac{1}{2}\lim\limits_{(x,y)\to(0,0)}(x^2+y^2)=0$$

例 7-14 求重极限 $\lim\limits_{(x,y)\to(0,0)} \dfrac{x^2y^2}{x^2y^2+(x-y)^2}$.

解： 令动点 $P(x,y)$ 沿直线 $y=kx$ 趋于 $(0,0)$，则

$$\lim\limits_{(x,y)\to(0,0)}\frac{x^2y^2}{x^2y^2+(x-y)^2}\overset{y=kx}{=}\lim\limits_{x\to0}\frac{k^2x^4}{k^2x^4+(1-k)^2x^2}$$

$$=\lim\limits_{x\to0}\frac{k^2x^2}{k^2x^2+(1-k)^2}=\begin{cases}0,k\neq1\\1,k=1\end{cases}$$

因此，重极限 $\lim\limits_{(x,y)\to(0,0)} \dfrac{x^2y^2}{x^2y^2+(x-y)^2}$ 发散.

例 7-15 求极限 $\lim\limits_{(x,y)\to(0,0)} \dfrac{xy}{\sqrt{x^2+y^2}}$.

解： 因为

$$0\leqslant\left|\frac{xy}{\sqrt{x^2+y^2}}\right|=\frac{|x|\cdot|y|}{\sqrt{x^2+y^2}}\leqslant\frac{\dfrac{x^2+y^2}{2}}{\sqrt{x^2+y^2}}=\frac{\sqrt{x^2+y^2}}{2}\to0\quad((x,y)\to(0,0))$$

所以由夹挤准则可知 $\lim\limits_{(x,y)\to(0,0)}\left|\dfrac{xy}{\sqrt{x^2+y^2}}\right|=0$，即 $\lim\limits_{(x,y)\to(0,0)}\dfrac{xy}{\sqrt{x^2+y^2}}=0$.

定义 7.9 设函数 $f(P)$ 的定义域为 D，P_0 是 D 的聚点. 如果 $P_0\in D$ 且 $\lim\limits_{P\to P_0}f(P)=f(P_0)$，则称函数 $f(P)$ 在点 P_0 处**连续**，称 P_0 是 $f(P)$ 的**连续点**，否则为**间断点**.

注：（1）记 $\Delta u=f(P)-f(P_0)$，$\rho=\rho(P,P_0)$，函数 $u=f(P)$ 在点 P_0 处连续 $\Leftrightarrow \lim\limits_{\rho\to0}\Delta u=0$.

（2）有界闭区域上的多元连续函数具有最值性、有界性和介值性.

（3）平面区域 E 上的二元连续函数 $z=f(x,y)$ 的图形是在 E 上张开的"无孔无缝"连续

曲面. 多元初等函数在其有定义的区域内连续.

（4）一元函数间断点分类的依据是单侧极限. 对多元函数 $f(P)$，动点 P 趋于极限点 P_0 的路径是各式各样的，远比一元函数仅有两种单侧极限的情形复杂得多. 因此，多元函数并没有给出类似一元函数的间断点分类. 尽管如此，若 $\lim\limits_{P \to P_0} f(P)$ 存在，但是 $f(P_0)$ 无定义或者 $\lim\limits_{P \to P_0} f(P) \neq f(P_0)$，则点 P_0 同样是 $f(P)$ 的一个可去间断点.

7.1.4 多元函数的累次极限

定义 7.10 设 $D_x, D_y \subset \mathbb{R}$，$x_0$ 是 D_x 的聚点，y_0 是 D_y 的聚点，$f(x,y)$ 在 $D = D_x \times D_y$ 上有定义. 若对每个 $y \in D_y$，$y \neq y_0$，极限 $\lim\limits_{D_x \ni x \to x_0} f(x,y)$ 存在，记 $\varphi(y) = \lim\limits_{D_x \ni x \to x_0} f(x,y)$. 若极限 $\lim\limits_{D_y \ni y \to y_0} \varphi(y) = A$，则称 A 为 $f(x,y)$ 先对 x 后对 y 的**累次极限**，记作 $\lim\limits_{D_y \ni y \to y_0} \lim\limits_{D_x \ni x \to x_0} f(x,y) = A$，也可简记作 $\lim\limits_{y \to y_0} \lim\limits_{x \to x_0} f(x,y) = A$. 类似可定义 $f(x,y)$ 先对 y 后对 x 的累次极限 $\lim\limits_{x \to x_0} \lim\limits_{y \to y_0} f(x,y)$.

例 7-16 求累次极限 $\lim\limits_{x \to 0} \lim\limits_{y \to 0} \dfrac{xy}{x^2 + y^2}$.

解：
$$\lim\limits_{x \to 0} \lim\limits_{y \to 0} \frac{xy}{x^2 + y^2} = \lim\limits_{x \to 0} \frac{x \cdot 0}{x^2 + 0^2} = \lim\limits_{x \to 0} 0 = 0$$

注： 由例 7-8 可知，重极限 $\lim\limits_{(x,y) \to (0,0)} \dfrac{xy}{x^2 + y^2}$ 不存在. 由此可见，累次极限存在并不能保证重极限存在.

例 7-17 求累次极限 $\lim\limits_{x \to 0} \lim\limits_{y \to 0} \dfrac{x - y + x^2 + y^2}{x + y}$ 和 $\lim\limits_{y \to 0} \lim\limits_{x \to 0} \dfrac{x - y + x^2 + y^2}{x + y}$.

解：
$$\lim\limits_{x \to 0} \lim\limits_{y \to 0} \frac{x - y + x^2 + y^2}{x + y} = \lim\limits_{x \to 0} \frac{x + x^2}{x} = \lim\limits_{x \to 0} \frac{x}{x} = 1$$

$$\lim\limits_{y \to 0} \lim\limits_{x \to 0} \frac{x - y + x^2 + y^2}{x + y} = \lim\limits_{y \to 0} \frac{-y + y^2}{y} = \lim\limits_{y \to 0} \frac{-y}{y} = -1$$

注： 由此可见，同一多元函数不同次序的累次极限是有可能不相等的.

例 7-18 设 $f(x,y) = x \sin\dfrac{1}{y} + y \sin\dfrac{1}{x}$，求累次极限 $\lim\limits_{x \to 0} \lim\limits_{y \to 0} f(x,y)$、$\lim\limits_{y \to 0} \lim\limits_{x \to 0} f(x,y)$ 及重极限 $\lim\limits_{(x,y) \to (0,0)} f(x,y)$.

解： 对 $x \neq 0$，极限
$$\lim\limits_{y \to 0} f(x,y) = \lim\limits_{y \to 0} \left(x \sin\frac{1}{y} + y \sin\frac{1}{x} \right) = \lim\limits_{y \to 0} \left(x \sin\frac{1}{y} \right) + \lim\limits_{y \to 0} \left(y \sin\frac{1}{x} \right)$$

其中，$\lim\limits_{y \to 0} \left(x \sin\dfrac{1}{y} \right)$ 发散，$\lim\limits_{y \to 0} \left(y \sin\dfrac{1}{x} \right) = 0$. 因此，$\lim\limits_{y \to 0} f(x,y)$ 发散，从而 $\lim\limits_{x \to 0} \lim\limits_{y \to 0} f(x,y)$ 无意义. 同理，$\lim\limits_{y \to 0} \lim\limits_{x \to 0} f(x,y)$ 也无意义.

$$\lim\limits_{(x,y) \to (0,0)} f(x,y) = \lim\limits_{(x,y) \to (0,0)} \left(x \sin\frac{1}{y} \right) + \lim\limits_{(x,y) \to (0,0)} \left(y \sin\frac{1}{x} \right) = 0 + 0 = 0$$

注：由本例可见，重极限存在并不能保证累次极限存在.

上面的例题显示重极限与累次极限是不能互推的，似乎它们之间没有必然联系. 下面的定理指出，当它们都存在时，它们之间是有联系的.

定理 7.1 若 $f(x,y)$ 在点 (x_0,y_0) 处重极限 $\lim\limits_{(x,y)\to(x_0,y_0)}f(x,y)$ 与累次极限 $\lim\limits_{x\to x_0}\lim\limits_{y\to y_0}f(x,y)$、$\lim\limits_{y\to y_0}\lim\limits_{x\to x_0}f(x,y)$ 都存在，则

$$\lim_{(x,y)\to(x_0,y_0)}f(x,y)=\lim_{x\to x_0}\lim_{y\to y_0}f(x,y)=\lim_{y\to y_0}\lim_{x\to x_0}f(x,y)$$

证明： $\forall \varepsilon>0$，因为 $\lim\limits_{(x,y)\to(x_0,y_0)}f(x,y)=A$，所以存在 $\delta>0$ 使得

$$0<\sqrt{(x-x_0)^2+(y-y_0)^2}<\delta \text{ 时，}\ |f(x,y)-A|<\varepsilon$$

记 $\varphi(x)=\lim\limits_{y\to y_0}f(x,y)$，则当 $0<|x-x_0|<\delta$ 时，$|\varphi(x)-A|\leqslant\varepsilon$. 由 $\varepsilon>0$ 的任意性可知，$\lim\limits_{x\to x_0}\varphi(x)=A$，即 $\lim\limits_{x\to x_0}\lim\limits_{y\to y_0}f(x,y)=A$. 同理可证 $\lim\limits_{y\to y_0}\lim\limits_{x\to x_0}f(x,y)=A$.

综上，$\lim\limits_{(x,y)\to(x_0,y_0)}f(x,y)=\lim\limits_{x\to x_0}\lim\limits_{y\to y_0}f(x,y)=\lim\limits_{y\to y_0}\lim\limits_{x\to x_0}f(x,y)$.

推论 若累次极限 $\lim\limits_{x\to x_0}\lim\limits_{y\to y_0}f(x,y)$、$\lim\limits_{y\to y_0}\lim\limits_{x\to x_0}f(x,y)$ 都收敛但不相等，则重极限 $\lim\limits_{(x,y)\to(x_0,y_0)}f(x,y)$ 发散.

注：由例 7-17 可知，重极限 $\lim\limits_{(x,y)\to(0,0)}\dfrac{x-y+x^2+y^2}{x+y}$ 是发散的.

 习题 7.1

1. 确定并给出下列函数的定义域，画出定义域，并指出其中的开区域与闭区域、连通集与非连通集、有界域与无界域.

（1）$z=\sqrt{x-\sqrt{y}}$；　　　　　　（2）$z=\sqrt{2-x^2-y^2}+\dfrac{1}{\sqrt{x^2+y^2-1}}$；

（3）$z=\ln[x\ln(y-x)]$；　　　　　（4）$u=\dfrac{1}{\arccos(x^2+y^2+z^2)}$.

2. 若 $z=x+y+f(x-y)$，且当 $y=0$ 时，$z=x^2$，求函数 f 与 z.

3. 若 $f(x,y)=\sqrt{x^4+y^4}-2xy$，试证：$f(tx,ty)=t^2f(x,y)$.

4. 若 $f\left(x+y,\dfrac{y}{x}\right)=x^2-y^2$，求 $f(x,y)$.

5. 求下列重极限.

（1）$\lim\limits_{(x,y)\to(0,\pi)}[1+\sin(xy)]^{\frac{y}{x}}$；　　　（2）$\lim\limits_{(x,y)\to(0,0)}\dfrac{xy}{\sqrt{xy+1}-1}$.

6. 指出下列函数的间断点.

（1）$z=\dfrac{1}{x^2+y^2}$；　　（2）$z=\ln|4-x^2-y^2|$；　　（3）$u=\dfrac{\mathrm{e}^{\frac{1}{z}}}{x-y^2}$.

7. 讨论函数 $f(x,y) = \begin{cases} \dfrac{\sin(x^2+y^2)}{2(x^2+y^2)}, & (x,y) \neq (0,0) \\ \dfrac{1}{2}, & (x,y) = (0,0) \end{cases}$ 的连续性.

8. 讨论函数 $f(x,y) = \dfrac{\sin(x^2+y)}{x+y}$ 在点 $(0,0)$ 处的重极限与累次极限.

7.2 偏导数与高阶偏导数

一元函数的各阶导数是研究函数的单调性、凹凸性等性态的重要工具. 对一元函数 $y = f(x)$，$\Delta y = f(x+\Delta x) - f(x)$，$f'(x) = \lim\limits_{\Delta x \to 0} \dfrac{\Delta y}{\Delta x}$，$f'(x)$ 仅与 x 有关，与 Δx 无关. 类似地，当考虑二元函数 $z = f(x,y)$ 时，记 $\Delta z = f(x+\Delta x, y+\Delta y) - f(x,y)$，但极限 $\lim\limits_{\Delta x \to 0} \dfrac{\Delta z}{\Delta x}$（如果收敛）还与 Δy 有关，并不能很好地反映因变量 z 在点 (x,y) 处与自变量 x 之间的变化率关系. 为此，需要将其他自变量固定住，仅仅考虑一个自变量的改变对因变量的影响，这就引出了多元函数偏导数的定义. 从方法论的角度来看，当事物千头万绪时，优先考虑其中一个因素的影响，这是我们开展学习研究的重要切入点.

7.2.1 偏导数的定义

定义 7.11 设函数 $z = f(x,y)$ 在点 (x_0, y_0) 的某个邻域内有定义，固定 $y = y_0$，给 x_0 以增量 Δx，称 $\Delta_x z = f(x_0 + \Delta x, y_0) - f(x_0, y_0)$ 为 $f(x,y)$ 在点 (x_0, y_0) 处关于 x 的**偏增量**. 若极限 $\lim\limits_{\Delta x \to 0} \dfrac{\Delta_x z}{\Delta x}$ 存在，则称此极限值为函数 $z = f(x,y)$ 在点 (x_0, y_0) 处关于 x 的**偏导数**，记为 $\dfrac{\partial z}{\partial x}\Big|_{(x_0, y_0)}$，$\dfrac{\partial f}{\partial x}\Big|_{(x_0, y_0)}$ 或 $f'_x(x_0, y_0)$. 类似地可以定义 $\dfrac{\partial z}{\partial y}\Big|_{(x_0, y_0)}$，$\dfrac{\partial f}{\partial y}\Big|_{(x_0, y_0)}$，$f'_y(x_0, y_0)$.

将 $y = y_0$ 固定时，$z = f(x, y_0)$ 实际上是关于自变量 x 的一元函数，偏导数 $\dfrac{\partial z}{\partial x}\Big|_{(x_0, y_0)}$ 实际上是一元函数 $z = f(x, y_0)$ 关于自变量 x 的导数. 因此，一元函数导数的基本公式与求导法则对偏导数的计算同样适用，我们仅需搞清楚关于哪个自变量求偏导数即可.

例 7-19 求 $z = x^2 y + \sin y$ 在点 $(1,0)$ 处的两个偏导数.

解： 方法一：$z(x, 0) = 0$，$\dfrac{\partial z}{\partial x}\Big|_{(1,0)} = 0$；$z(1, y) = y + \sin y$，$\dfrac{\partial z}{\partial y}\Big|_{(1,0)} = (1 + \cos y)\big|_{y=0} = 2$.

方法二：$\dfrac{\partial z}{\partial x} = 2xy$，$\dfrac{\partial z}{\partial x}\Big|_{(1,0)} = 0$；$\dfrac{\partial z}{\partial y} = x^2 + \cos y$，$\dfrac{\partial z}{\partial y}\Big|_{(1,0)} = 2$.

例 7-20 求 $f(x, y, z) = (z - a^{xy}) \sin(\ln x^2)$ 在点 $(1, 0, 2)$ 处的三个偏导数.

解： $f(x, 0, 2) = \sin(\ln x^2)$，$\dfrac{\partial f}{\partial x}\Big|_{(1,0,2)} = \left[\cos(\ln x^2) \cdot \dfrac{1}{x^2} \cdot 2x \right]\Big|_{x=1} = 2$；$f(1, y, 2) = 0$，$\dfrac{\partial f}{\partial y}\Big|_{(1,0,2)} = 0$；

$$f(1,0,z)=0, \quad \frac{\partial f}{\partial z}\bigg|_{(1,0,2)}=0.$$

注：求具体在某点处的偏导数时，首先代入非求偏导数变量的坐标，可能会极大地简化被求偏导数的表达式.

例 7-21 设 $z=x^y$（$x>0$，$x\neq1$），求证：$\dfrac{x}{y}\dfrac{\partial z}{\partial x}+\dfrac{1}{\ln x}\dfrac{\partial z}{\partial y}=2z$.

证明： $\dfrac{\partial z}{\partial x}=yx^{y-1}$，$\dfrac{\partial z}{\partial y}=x^y\ln x$，可得

$$\frac{x}{y}\frac{\partial z}{\partial x}+\frac{1}{\ln x}\frac{\partial z}{\partial y}=\frac{x}{y}\cdot yx^{y-1}+\frac{1}{\ln x}\cdot x^y\ln x=x^y+x^y=2z$$

注：关于不同自变量求偏导数，函数的类型可能不同，导致调用的求导公式也不同.

例 7-22 求 $r=\sqrt{x^2+y^2+z^2}$ 的偏导数.

解：
$$\frac{\partial r}{\partial x}=\frac{1}{2}(x^2+y^2+z^2)^{-\frac{1}{2}}\cdot 2x=\frac{x}{\sqrt{x^2+y^2+z^2}}$$

同理，由于 $r(x,y,z)$ 中自变量的对换对称性（以 x 和 y 为例，$r(x,y,z)=r(y,x,z)$），易得

$$\frac{\partial r}{\partial y}=\frac{y}{\sqrt{x^2+y^2+z^2}}, \qquad \frac{\partial r}{\partial z}=\frac{z}{\sqrt{x^2+y^2+z^2}}$$

注：注意到多元函数解析式中自变量的对称性，可以减少求偏导数的计算量.

例 7-23 已知电阻 R_1,R_2,R_3 并联的等效电阻为 $R=\left(\dfrac{1}{R_1}+\dfrac{1}{R_2}+\dfrac{1}{R_3}\right)^{-1}$，若 $R_1>R_2>R_3>0$，问改变三个电阻中的哪一个对等效电阻 R 影响最大？

解：
$$\frac{\partial R}{\partial R_1}=(-1)\left(\frac{1}{R_1}+\frac{1}{R_2}+\frac{1}{R_3}\right)^{-2}\left(-\frac{1}{R_1^2}\right)=\frac{R^2}{R_1^2}$$

类似地，$\dfrac{\partial R}{\partial R_2}=\dfrac{R^2}{R_2^2}$，$\dfrac{\partial R}{\partial R_3}=\dfrac{R^2}{R_3^2}$. 因为 $R_1>R_2>R_3>0$，所以 $\dfrac{\partial R}{\partial R_3}$ 最大，即改变 R_3 对 R 影响最大.

例 7-24 求二元函数 $f(x,y)=\begin{cases}\dfrac{xy^2}{x^2+y^4}, & (x,y)\neq(0,0)\\ 0, & (x,y)=(0,0)\end{cases}$ 在点 $(0,0)$ 处的两个偏导数.

解：
$$\frac{\partial f}{\partial x}\bigg|_{(0,0)}=\lim_{\Delta x\to 0}\frac{f(\Delta x,0)-f(0,0)}{\Delta x}=\lim_{\Delta x\to 0}\frac{0-0}{\Delta x}=0$$

$$\frac{\partial f}{\partial y}\bigg|_{(0,0)}=\lim_{\Delta y\to 0}\frac{f(0,\Delta y)-f(0,0)}{\Delta y}=\lim_{\Delta y\to 0}\frac{0-0}{\Delta y}=0$$

注：$f(x,y)$ 在点 $(0,0)$ 处两个偏导数都存在，但没有重极限，这一点与一元函数可导必连续（当然有极限）大相径庭. 究其原因，$\dfrac{\partial f}{\partial x}\bigg|_{(0,0)}$ 仅用到 $f(x,y)$ 在 $\mathring{U}_\delta(0)\times\{0\}$ 上的定义，$\dfrac{\partial f}{\partial y}\bigg|_{(0,0)}$

仅用到 $f(x,y)$ 在 $\{0\} \times \overset{\circ}{U}_\delta(0)$ 上的定义，而 $\lim\limits_{(x,y) \to (0,0)} f(x,y)$ 需要用到 $f(x,y)$ 在 $\overset{\circ}{U}_\delta(0,0)$ 上的定义，重极限所需的定义域范围比偏导数大得多. 因此，即使两个偏导数都存在，也不能反映出 $f(x,y)$ 在 $\overset{\circ}{U}_\delta(0,0)$ 上的信息，从而不能保证重极限存在.

例 7-25 由理想气体的状态方程 $pV = RT$，推证热力学中的公式 $\dfrac{\partial p}{\partial V} \dfrac{\partial V}{\partial T} \dfrac{\partial T}{\partial p} = -1$.

证明：$\dfrac{\partial p}{\partial V} = \dfrac{\partial \left(\dfrac{RT}{V} \right)}{\partial V} = -\dfrac{RT}{V^2}$，$\dfrac{\partial V}{\partial T} = \dfrac{\partial \left(\dfrac{RT}{p} \right)}{\partial T} = \dfrac{R}{p}$，

$$\dfrac{\partial T}{\partial p} = \dfrac{\partial \left(\dfrac{pV}{R} \right)}{\partial p} = \dfrac{V}{R}$$

$$\dfrac{\partial p}{\partial V} \cdot \dfrac{\partial V}{\partial T} \cdot \dfrac{\partial T}{\partial p} = -\dfrac{RT}{V^2} \cdot \dfrac{R}{p} \cdot \dfrac{V}{R} = -\dfrac{RT}{pV} = -1$$

注：偏导数符号 $\dfrac{\partial z}{\partial x}, \dfrac{\partial z}{\partial y}$ 都是整体记号，不能像一元函数导数那样理解为微商（分子、分母可以拆开）.

我们知道导数 $f'(x_0)$ 的几何意义是曲线 $y = f(x)$ 在点 $(x_0, f(x_0))$ 处切线的斜率. 考虑曲面 $z = f(x,y)$ 与平面 $y = y_0$ 的交线 $\Gamma: \begin{cases} z = f(x,y), \\ y = y_0 \end{cases}$，则 Γ 亦可视为平面 $y = y_0$ 上的曲线 $z = f(x, y_0)$. 因此，$f'_x(x_0, y_0)$ 是 Γ 在点 $(x_0, y_0, f(x_0, y_0))$ 处的切线对 x 轴（准确地讲是平面 $y = y_0$ 与 xOy 平面的交线，与 x 轴平行）的斜率. 类似地，设曲线 $\Gamma': \begin{cases} z = f(x,y) \\ x = x_0 \end{cases}$，则 $f'_y(x_0, y_0)$ 是 Γ' 在点 $(x_0, y_0, f(x_0, y_0))$ 处的切线对 y 轴的斜率.

例 7-26 曲线 $\begin{cases} z = \dfrac{x^2 + y^2}{4} \\ y = 4 \end{cases}$ 在点 $(2,4,5)$ 处的切线对 x 轴的倾角是多少?

解：设倾角为 θ，则 $k = \tan\theta = \dfrac{\partial z}{\partial x}\bigg|_{(2,4)} = \left(\dfrac{x}{2} \right)\bigg|_{(2,4)} = 1$. 因此，$\theta = \dfrac{\pi}{4}$.

7.2.2 高阶偏导数

若函数 $z = f(x,y)$ 在区域 E 内任意一点 (x,y) 处都有偏导数，则 $\dfrac{\partial z}{\partial x} = f'_x(x,y)$ 与 $\dfrac{\partial z}{\partial y} = f'_y(x,y)$ 本身也是定义在 E 内的二元函数，称为偏导函数. 此时，也可以对 $f'_x(x,y)$，$f'_y(x,y)$ 继续讨论偏导数.

定义 7.12 已知偏导函数 $\dfrac{\partial z}{\partial x} = f'_x(x,y)$，$\dfrac{\partial z}{\partial y} = f'_y(x,y)$ 在区域 E 内定义，若偏导函数的偏导数存在，则称之为**二阶偏导数**，记作

$$\frac{\partial}{\partial x}\left(\frac{\partial z}{\partial x}\right) = \frac{\partial^2 z}{\partial x^2} = f''_{xx}(x,y) = z''_{xx}$$

$$\frac{\partial}{\partial y}\left(\frac{\partial z}{\partial x}\right) = \frac{\partial^2 z}{\partial x \partial y} = f''_{xy}(x,y) = z''_{xy}$$

$$\frac{\partial}{\partial x}\left(\frac{\partial z}{\partial y}\right) = \frac{\partial^2 z}{\partial y \partial x} = f''_{yx}(x,y) = z''_{yx}$$

$$\frac{\partial}{\partial y}\left(\frac{\partial z}{\partial y}\right) = \frac{\partial^2 z}{\partial y^2} = f''_{yy}(x,y) = z''_{yy}$$

其中，$f''_{xy}(x,y)$ 和 $f''_{yx}(x,y)$ 称为二阶混合偏导数. 类似地，还可以用归纳法定义更高阶的偏导数，我们把二阶和二阶以上的偏导数统称为**高阶偏导数**.

例 7-27 设 $z = x^3 y^2 - 3xy^3 - xy + 1$，求 $\dfrac{\partial^2 z}{\partial x^2}$，$\dfrac{\partial^2 z}{\partial x \partial y}$，$\dfrac{\partial^2 z}{\partial y \partial x}$，$\dfrac{\partial^2 z}{\partial y^2}$ 及 $\dfrac{\partial^3 z}{\partial x^3}$.

解：
$$\frac{\partial z}{\partial x} = 3x^2 y^2 - 3y^3 - y \ , \quad \frac{\partial^2 z}{\partial x^2} = 6xy^2 \ , \quad \frac{\partial^3 z}{\partial x^3} = 6y^2$$

$$\frac{\partial^2 z}{\partial x \partial y} = 6x^2 y - 9y^2 - 1 \ , \quad \frac{\partial z}{\partial y} = 2x^3 y - 9xy^2 - x \ , \quad \frac{\partial^2 z}{\partial y \partial x} = 6x^2 y - 9y^2 - 1$$

$$\frac{\partial^2 z}{\partial y^2} = 2x^3 - 18xy$$

例 7-28 已知 $z = \ln(x^2 + y)$，求其 4 个二阶偏导数.

解：
$$\frac{\partial z}{\partial x} = \frac{2x}{x^2 + y} \ , \quad \frac{\partial^2 z}{\partial x^2} = 2 \cdot \frac{x^2 + y - x \cdot 2x}{(x^2 + y)^2} = \frac{2(y - x^2)}{(x^2 + y)^2}$$

$$\frac{\partial^2 z}{\partial x \partial y} = 2x\left[-\frac{1}{(x^2 + y)^2}\right] = -\frac{2x}{(x^2 + y)^2} \ , \quad \frac{\partial z}{\partial y} = \frac{1}{x^2 + y} \ , \quad \frac{\partial^2 z}{\partial y \partial x} = -\frac{2x}{(x^2 + y)^2}$$

$$\frac{\partial^2 z}{\partial y^2} = -\frac{1}{(x^2 + y)^2}$$

例 7-29 验证函数 $z = \ln\sqrt{x^2 + y^2}$ 满足方程 $\dfrac{\partial^2 z}{\partial x^2} + \dfrac{\partial^2 z}{\partial y^2} = 0$.

证明：
$$\frac{\partial z}{\partial x} = \frac{1}{\sqrt{x^2 + y^2}} \cdot \frac{x}{\sqrt{x^2 + y^2}} = \frac{x}{x^2 + y^2}$$

$$\frac{\partial^2 z}{\partial x^2} = \frac{x^2 + y^2 - x \cdot 2x}{(x^2 + y^2)^2} = \frac{y^2 - x^2}{(x^2 + y^2)^2}$$

由对称性可知，$\dfrac{\partial^2 z}{\partial y^2} = \dfrac{x^2 - y^2}{(x^2 + y^2)^2}$. 因此

$$\frac{\partial^2 z}{\partial x^2} + \frac{\partial^2 z}{\partial y^2} = \frac{y^2 - x^2}{(x^2 + y^2)^2} + \frac{x^2 - y^2}{(x^2 + y^2)^2} = 0$$

例 7-30 证明函数 $u = \dfrac{1}{r}$ 满足方程 $\dfrac{\partial^2 u}{\partial x^2} + \dfrac{\partial^2 u}{\partial y^2} + \dfrac{\partial^2 u}{\partial z^2} = 0$ ，其中，$r = \sqrt{x^2 + y^2 + z^2}$.

证明：

$$\frac{\partial u}{\partial x} = \frac{\mathrm{d}u}{\mathrm{d}r} \cdot \frac{\partial r}{\partial x} = -\frac{1}{r^2} \cdot \frac{x}{\sqrt{x^2 + y^2 + z^2}} = -\frac{x}{r^3}$$

$$\frac{\partial^2 u}{\partial x^2} = \frac{\partial \left(-\dfrac{x}{r^3} \right)}{\partial x} = -\frac{r^3 - x \cdot 3r^2 \cdot \dfrac{x}{r}}{r^6} = \frac{3x^2 - r^2}{r^5}$$

由对称性可知，$\dfrac{\partial^2 u}{\partial y^2} = \dfrac{3y^2 - r^2}{r^5}$ ，$\dfrac{\partial^2 u}{\partial z^2} = \dfrac{3z^2 - r^2}{r^5}$.

因此

$$\frac{\partial^2 u}{\partial x^2} + \frac{\partial^2 u}{\partial y^2} + \frac{\partial^2 u}{\partial z^2} = \frac{3(x^2 + y^2 + z^2) - 3r^2}{r^5} = 0$$

注： $\dfrac{\partial^2 u}{\partial x^2} + \dfrac{\partial^2 u}{\partial y^2} + \dfrac{\partial^2 u}{\partial z^2} = 0$ 称为**拉普拉斯（Laplace）方程.**

定理 7.2 如果在点 (x, y) 的邻域内，函数 $z = f(x, y)$ 的偏导数 z_x'，z_y'，z_{xy}'' 都存在，且 z_{xy}'' 在点 (x, y) 处连续，那么混合偏导数 z_{yx}'' 在点 (x, y) 处也存在，且 $z_{yx}'' = z_{xy}''$.

注： 一般地，若多元函数的混合偏导数连续，则与求偏导数次序无关.

例 7-31 设 $u = \mathrm{e}^{xy} \sin z$ ，求 u_{xxz}'''，u_{xzx}''' .

解： $u_x' = y\mathrm{e}^{xy} \sin z$ ，$u_{xx}'' = y^2 \mathrm{e}^{xy} \sin z$ ，$u_{xxz}''' = y^2 \mathrm{e}^{xy} \cos z$ ，又因为 u_{xxz}''' 是连续函数，所以 $u_{xzx}''' = u_{xxz}'''$.

如果不同求偏导数次序的混合偏导数不相等，则它们一定不连续. 下面试举一例.

例 7-32 函数 $f(x, y) = \begin{cases} xy \left(\dfrac{x^2 - y^2}{x^2 + y^2} \right), & (x, y) \neq (0, 0) \\ 0, & (x, y) = (0, 0) \end{cases}$ ，$f_x'(0, 0) = f_y'(0, 0) = 0$.

解： 当 $(x, y) \neq (0, 0)$ 时，$f(x, y) = xy - \dfrac{2xy^3}{x^2 + y^2}$ ，

$$f_x'(x, y) = y - 2y^3 \cdot \frac{x^2 + y^2 - x \cdot 2x}{(x^2 + y^2)^2} = y - \frac{2y^5 - 2x^2 y^3}{(x^2 + y^2)^2}$$

$$f_{xy}''(0, 0) = \lim_{\Delta y \to 0} \frac{-\Delta y - 0}{\Delta y} = -1$$

$$f_y'(x, y) = x - \frac{1}{(x^2 + y^2)^2} [6xy^2(x^2 + y^2) - 2xy^3 \cdot 2y] = x - \frac{6x^3 y^2 + 2xy^4}{(x^2 + y^2)^2}$$

$$f_{yx}''(0, 0) = \lim_{\Delta x \to 0} \frac{\Delta x - 0}{\Delta x} = 1 , \quad f_{xy}''(0, 0) \neq f_{yx}''(0, 0)$$

$f_{xy}''(x, y)$ 在点 $(0, 0)$ 处不连续，

$$f''_{xy}(x,y) = 1 - \frac{1}{(x^2+y^2)^4}[(10y^4 - 6x^2y^2)(x^2+y^2)^2 - (2y^5 - 2x^2y^3)2(x^2+y^2)2y]$$

令 $y=x$，可得

$$f''_{xy}(y,y) = 1 - \frac{1}{(2y^2)^4}[4y^4 \cdot (2y^2)^2 - 0] = 1 - \frac{16y^8}{16y^8} = 0$$

 习题 7.2

1. 设 $f(x,y) = x + (y-1)\arcsin\sqrt{\frac{x}{y}}$，求 $f'_x(x,1)$.

2. 设 $f(x,y) = \begin{cases} \dfrac{1}{2xy}\sin(x^2y), & xy \neq 0 \\ 0, & xy = 0 \end{cases}$，求 $f'_x(0,1)$，$f'_y(0,1)$.

3. 求下列函数的偏导数.

（1）$z = (1+xy)^y$；　　　　（2）$z = e^{-x}\sin(x+2y)$；　　　　（3）$z = \arctan\dfrac{y}{x}$；

（4）$z = \arcsin(y\sqrt{x})$；　　（5）$u = xe^{\pi xyz}$；　　　　　　（6）$u = z\ln\dfrac{x}{y}$.

4. 求下列函数的二阶偏导数.

（1）$z = \cos(xy)$；　　　（2）$z = x^{2y}$；　　　（3）$z = e^x\cos y$；　　　（4）$z = \ln(e^x + e^y)$.

5. 验证下列给定的函数满足指定的方程.

（1）$z = \dfrac{xy}{x+y}$，满足 $x\dfrac{\partial z}{\partial x} + y\dfrac{\partial z}{\partial y} = z$；

（2）$z = e^{\frac{x}{y^2}}$，满足 $2x\dfrac{\partial z}{\partial x} + y\dfrac{\partial z}{\partial y} = 0$；

（3）$z = 2\cos^2\left(x - \dfrac{t}{2}\right)$，满足 $2\dfrac{\partial^2 z}{\partial t^2} + \dfrac{\partial^2 z}{\partial x \partial t} = 0$.

6. 设 $f(x,y) = \begin{cases} \dfrac{x^3 y}{x^6 + y^6}, & x^2 + y^2 \neq 0 \\ 0, & x^2 + y^2 = 0 \end{cases}$，试证 $f(x,y)$ 在点 $(0,0)$ 处不连续，但在点 $(0,0)$ 处两个偏导数都存在，且两个偏导数在点 $(0,0)$ 处不连续.

7. 设当 $x^2 + y^2 \neq 0$ 时，$f(x,y) = \dfrac{2xy}{x^2+y^2}$，且 $f(0,0) = 0$，讨论 $f''_{xy}(0,0)$ 是否存在.

7.3 全微分

一元函数 $y = f(x)$ 在 $x = x_0$ 处可微，说明在该点处因变量的改变量 Δy 与自变量的改变量 Δx 之间近似地成线性关系，即 $\Delta y = A\Delta x + o(\Delta x)$. 对二元函数 $z = f(x,y)$，我们可以类似地研究因变量的改变量与两个自变量的改变量之间是否近似地成线性关系.

定义 7.13 函数 $z = f(x, y)$ 在点 $P(x, y)$ 的某邻域内有定义，$P'(x + \Delta x, y + \Delta y)$ 为该邻域内任意一点，则称 $\Delta z = f(x + \Delta x, y + \Delta y) - f(x, y)$ 为函数在点 $P(x, y)$ 处的**全增量**.

注：相对于偏增量 $\Delta_x z = f(x + \Delta x, y) - f(x, y)$ 和 $\Delta_y z = f(x, y + \Delta y) - f(x, y)$，全增量 Δz 受 Δx 和 Δy 两个因素的影响.

类比一元函数，对二元函数 $z = f(x, y)$，当 $\Delta x, \Delta y \to 0$ 时，应有 $\Delta z \approx A\Delta x + B\Delta y$ 成立. 因为 $0 \leqslant |\Delta x|, |\Delta y| \leqslant \sqrt{(\Delta x)^2 + (\Delta y)^2}$，所以当 $\sqrt{(\Delta x)^2 + (\Delta y)^2} \to 0^+$ 时，必有 $|\Delta x|, |\Delta y| \to 0^+$，即 $\Delta x, \Delta y \to 0$. 因此，我们给出如下定义.

定义 7.14 若 $\Delta z = A\Delta x + B\Delta y + o(\rho)$，其中 A, B 不依赖于 $\Delta x, \Delta y$，$\rho = \sqrt{(\Delta x)^2 + (\Delta y)^2}$，则称函数 $z = f(x, y)$ 在点 P 处**可微**，并称 $A\Delta x + B\Delta y$ 为函数在点 P 处的**全微分**，记为 $\mathrm{d}z$ 或 $\mathrm{d}f$，即 $\mathrm{d}z = A\Delta x + B\Delta y = [A, B]\begin{bmatrix} \Delta x \\ \Delta y \end{bmatrix}$. 若 $z = f(x, y)$ 在区域 E 内每一点都可微，则称 f 为区域 E 内的**可微函数**.

注：二元函数 $z = f(x, y)$ 可微的等价刻画是 $\lim\limits_{\rho \to 0^+} \dfrac{\Delta z - A\Delta x - B\Delta y}{\rho} = 0$. 由此可见，可微是用重极限来定义的，它要求 $z = f(x, y)$ 在点 $P(x, y)$ 的某个邻域内有定义，这与连续的要求是一致的，但与存在偏导数的要求不同.

性质 7.1 多元函数可微必连续.

证明：
$$\lim_{\rho \to 0^+} \Delta z = \lim_{\rho \to 0^+} [A\Delta x + B\Delta y + o(\rho)] = A \lim_{\rho \to 0^+} \Delta x + B \lim_{\rho \to 0^+} \Delta y + \lim_{\rho \to 0^+} o(\rho) = 0$$

即 $z = f(x, y)$ 在点 $P(x, y)$ 处连续.

定理 7.3 若函数 $z = f(x, y)$ 在点 $P(x, y)$ 处可微，则在点 P 处偏导数 $\dfrac{\partial z}{\partial x}$ 及 $\dfrac{\partial z}{\partial y}$ 都存在，且 $\dfrac{\partial z}{\partial x} = A$，$\dfrac{\partial z}{\partial y} = B$.

证明： 因为 $z = f(x, y)$ 在点 $P(x, y)$ 处可微，所以当 $\rho \to 0^+$ 时，
$$\Delta z = A\Delta x + B\Delta y + o(\rho)$$

令 $\Delta y = 0$，则
$$\rho = \sqrt{(\Delta x)^2 + 0^2} = |\Delta x|, \quad \Delta_x z = A\Delta x + o(|\Delta x|)$$

因此
$$\frac{\partial z}{\partial x} = \lim_{\Delta x \to 0} \frac{\Delta_x z}{\Delta x} = \lim_{\Delta x \to 0} \frac{A\Delta x + o(|\Delta x|)}{\Delta x} = A + \lim_{\Delta x \to 0} \frac{o(|\Delta x|)}{|\Delta x|} \cdot \frac{|\Delta x|}{\Delta x} = A$$

同理可证 $\dfrac{\partial z}{\partial y} = B$.

注：（1）若 $z = f(x, y)$ 可微，则
$$\mathrm{d}z = \frac{\partial z}{\partial x}\Delta x + \frac{\partial z}{\partial y}\Delta y = \frac{\partial z}{\partial x}\mathrm{d}x + \frac{\partial z}{\partial y}\mathrm{d}y$$

其中，$\dfrac{\partial z}{\partial x}\mathrm{d}x,\dfrac{\partial z}{\partial y}\mathrm{d}y$ 称为 $z=f(x,y)$ 在点 $P(x,y)$ 处关于 x,y 的偏微分，它们分别是 $\Delta_x z,\Delta_y z$ 的线性主部. 则有

$$\mathrm{d}z（全微分）=\dfrac{\partial z}{\partial x}\mathrm{d}x（偏微分）+\dfrac{\partial z}{\partial x}\mathrm{d}y（偏微分）$$

（2）各偏导数都存在只是全微分存在的必要条件而不是充分条件. 例如，

$$z=f(x,y)=\begin{cases}\dfrac{xy}{\sqrt{x^2+y^2}}, & (x,y)\neq(0,0)\\ 0, & (x,y)=(0,0)\end{cases}$$

在点 $P(0,0)$ 处有 $f'_x(0,0)=f'_y(0,0)=0$，所以

$$\Delta z-[f'_x(0,0)\Delta x+f'_y(0,0)\Delta y]=\dfrac{\Delta x\Delta y}{\sqrt{(\Delta x)^2+(\Delta y)^2}}=\dfrac{\Delta x\Delta y}{\rho}$$

$$\dfrac{\Delta x\Delta y}{\rho^2}\overset{\Delta y=\Delta x}{=}\dfrac{(\Delta x)^2}{2(\Delta x)^2}=\dfrac{1}{2}\nrightarrow 0$$

因此 $z=f(x,y)$ 在点 $P(0,0)$ 处不可微. 另外，易证 $z=f(x,y)$ 在点 $(0,0)$ 处是连续的，因此连续也是可微的必要条件而非充分条件.

一个二元函数即使在某点处两个偏导数都存在，也仅能反映出函数在该点附近的片面信息. 因此，要想进一步使得函数可微，需补充一个反映函数在该点附近全面信息的条件. 于是，我们有下面的定理.

定理 7.4 若在点 $P(x,y)$ 的某邻域内，函数 $z=f(x,y)$ 的偏导数 $\dfrac{\partial z}{\partial x},\dfrac{\partial z}{\partial y}$ 都存在，且它们在点 P 处连续，则 $z=f(x,y)$ 在点 P 处可微.

证明：

$$\begin{aligned}\Delta z&=f(x+\Delta x,y+\Delta y)-f(x,y)\\ &=[f(x+\Delta x,y+\Delta y)-f(x,y+\Delta y)]+[f(x,y+\Delta y)-f(x,y)]\\ &=f'_x(x+\theta_1\Delta x,y+\Delta y)\Delta x+f'_y(x,y+\theta_2\Delta y)\Delta y \quad（拉格朗日中值定理）\\ &=[f'_x(x,y)+\alpha]\Delta x+[f'_y(x,y)+\beta]\Delta y \quad（当\rho\to 0^+时，\alpha,\beta\to 0）\\ &=f'_x(x,y)\Delta x+f'_y(x,y)\Delta y+(\alpha\Delta x+\beta\Delta y)\end{aligned}$$

因为 $\left|\dfrac{\Delta x}{\rho}\right|\leqslant 1$，$\left|\dfrac{\Delta y}{\rho}\right|\leqslant 1$，所以

$$\lim_{\rho\to 0^+}\dfrac{\alpha\Delta x+\beta\Delta y}{\rho}=\lim_{\rho\to 0^+}\alpha\dfrac{\Delta x}{\rho}+\lim_{\rho\to 0^+}\beta\dfrac{\Delta y}{\rho}=0+0=0$$

因此，$\Delta z=f'_x(x,y)\Delta x+f'_y(x,y)\Delta y+o(\rho)$，即 $z=f(x,y)$ 在点 $P(x,y)$ 处可微.

注： 以上只是一个充分条件，例如

$$z=f(x,y)=\begin{cases}(x^2+y^2)\sin\dfrac{1}{\sqrt{x^2+y^2}}, & (x,y)\neq(0,0)\\ 0, & (x,y)=(0,0)\end{cases}$$

在原点 $O(0,0)$ 处可微，但其偏导函数在点 O 处不连续.

$$\Delta z = f(\Delta x, \Delta y) - f(0,0) = [(\Delta x)^2 + (\Delta y)^2] \sin \frac{1}{\sqrt{(\Delta x)^2 + (\Delta y)^2}} = o(\rho)$$

$$= 0 \cdot \Delta x + 0 \cdot \Delta y + o(\rho)$$

因此，$z = f(x, y)$ 在原点处可微且 $f'_x(0,0) = f'_y(0,0) = 0$.

沿 x 轴正半轴来考虑，有

$$f'_x(x,0) = \frac{\mathrm{d}}{\mathrm{d}x}\left(x^2 \sin \frac{1}{x}\right) = 2x \sin \frac{1}{x} + x^2 \left(-\frac{1}{x^2}\right) \cos \frac{1}{x} = 2x \sin \frac{1}{x} - \cos \frac{1}{x}$$

当 $x \to 0^+$ 时，$f'_x(x,0)$ 无极限，这说明 $f'_x(x,y)$ 在原点 O 处不连续. 同理可证，$f'_y(x,y)$ 在原点 O 处不连续.

至此，我们已经给出了二元函数的重极限、连续、偏导数、可微的概念，并研究了它们之间的关系. 基本上同一元函数的极限、连续、可导、可微是平行的. 然而，由于二元函数定义域的几何性质更加复杂，二者相关概念之间的关系存在一定差异. 本着"求同存异"的思想，下面给出一元函数、多元函数相关概念之间的关系框图，如图 7.7 所示.

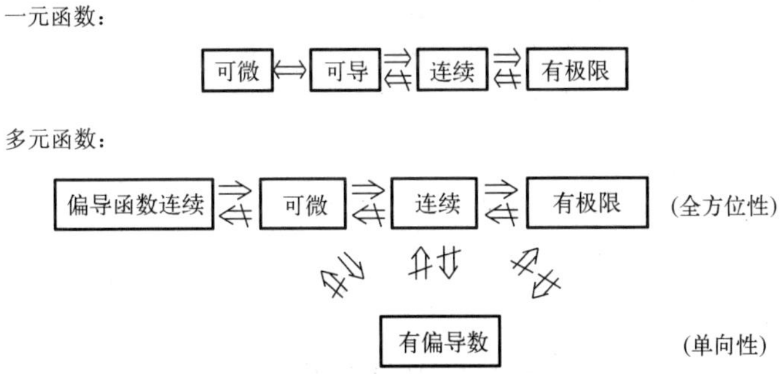

图 7.7 一元函数、二元函数相关概念之间的关系框图

例 7-33 求函数 $z = x^4 y^3 + 2x$ 在点 $(1,2)$ 处的全微分.

解： $\frac{\partial z}{\partial x} = 4x^3 y^3 + 2$，$\frac{\partial z}{\partial y} = 3x^4 y^2$ 都是连续函数，且 $\left.\frac{\partial z}{\partial x}\right|_{(1,2)} = 34$，$\left.\frac{\partial z}{\partial y}\right|_{(1,2)} = 12$. 因此

$$\mathrm{d}z|_{(1,2)} = 34\mathrm{d}x + 12\mathrm{d}y$$

例 7-34 求函数 $u = x + \sin \frac{y}{2} + \mathrm{e}^{yz}$ 的全微分.

解： $\frac{\partial u}{\partial x} = 1$，$\frac{\partial u}{\partial y} = \frac{1}{2}\cos \frac{y}{2} + z\mathrm{e}^{yz}$，$\frac{\partial u}{\partial z} = y\mathrm{e}^{yz}$ 都连续，因此

$$\mathrm{d}u = \mathrm{d}x + \left(\frac{1}{2}\cos \frac{y}{2} + z\mathrm{e}^{yz}\right)\mathrm{d}y + y\mathrm{e}^{yz}\mathrm{d}z$$

例 7-35 求函数 $z = \mathrm{e}^{xy}$ 当 $x = 1, y = 1, \Delta x = 0.15, \Delta y = 0.1$ 时的全微分.

解： $\frac{\partial z}{\partial x} = y\mathrm{e}^{xy}$，$\frac{\partial z}{\partial y} = x\mathrm{e}^{xy}$ 都连续，且 $\left.\frac{\partial z}{\partial x}\right|_{(1,1)} = \mathrm{e}$，$\left.\frac{\partial z}{\partial y}\right|_{(1,1)} = \mathrm{e}$. 因此

$$dz = e\Delta x + e\Delta y = 0.25e$$

对可微函数 $z = f(x,y)$，当 $\rho \to 0^+$ 时，尽管 $\Delta z \approx dz$，但是二者之间确实存在一定差异，不可混为一谈.

例 7-36 求函数 $z = \dfrac{y}{x}$ 当 $x = 2, y = 1, \Delta x = 0.1, \Delta y = -0.2$ 时的全增量和全微分.

解： $\Delta z = \dfrac{y + \Delta y}{x + \Delta x} - \dfrac{y}{x} = \dfrac{0.8}{2.1} - \dfrac{1}{2} = -\dfrac{5}{42}$.

$\dfrac{\partial z}{\partial x} = -\dfrac{y}{x^2}, \dfrac{\partial z}{\partial y} = \dfrac{1}{x}$ 在点 $(2,1)$ 处都连续，且 $\dfrac{\partial z}{\partial x}\Big|_{(2,1)} = -\dfrac{1}{4}$，$\dfrac{\partial z}{\partial y}\Big|_{(2,1)} = \dfrac{1}{2}$，因此

$$dz\big|_{(2,1)} = -\dfrac{1}{4}\Delta x + \dfrac{1}{2}\Delta y = \left(-\dfrac{1}{4}\right) \times \dfrac{1}{10} + \dfrac{1}{2} \times \left(-\dfrac{1}{5}\right) = -\dfrac{5}{40}$$

当 ρ 充分小时，

$$f(x + \Delta x, y + \Delta y) - f(x,y) = \Delta z \approx dz = f'_x(x,y)\Delta x + f'_y(x,y)\Delta y$$

因此，$f(x + \Delta x, y + \Delta y) \approx f(x,y) + f'_x(x,y)\Delta x + f'_y(x,y)\Delta y$ 可作为近似计算公式.

例 7-37 计算 $1.01^{1.98}$ 的近似值.

解： 设 $z = x^y$，则 $\dfrac{\partial z}{\partial x} = yx^{y-1}, \dfrac{\partial z}{\partial y} = x^y \ln x$ 在点 $(1,2)$ 处都连续，且 $\dfrac{\partial z}{\partial x}\Big|_{(1,2)} = 2$，$\dfrac{\partial z}{\partial y}\Big|_{(1,2)} = 0$，

因此

$$z(1.01, 1.98) \approx z(1,2) + 2 \times 0.01 + 0 \times (-0.02) = 1.02$$

 习题 7.3

1. 求下列函数在指定点 M_0 处和任意点 M 处的全微分.

（1）$z = x^2 y^3$，$M_0(2,1)$；　　　　　　（2）$z = e^{xy}$，$M_0(0,0)$；

（3）$z = x\ln(xy)$，$M_0(-1,-1)$；　　　　（4）$u = \cos(xy + xz)$，$M_0\left(1, \dfrac{\pi}{6}, \dfrac{\pi}{6}\right)$.

2. 用全微分定义，求函数 $z = 4 - \dfrac{1}{4}\left(x^2 + y^2\right)$ 在点 $\left(\dfrac{3}{2}, \dfrac{3}{2}\right)$ 处的全微分.

3. 试证函数 $f(x,y) = \begin{cases} \dfrac{x^3 - y^3}{x^2 + y^2}, & (x,y) \neq (0,0) \\ 0, & (x,y) = (0,0) \end{cases}$ 在原点 $(0,0)$ 处偏导数存在，但不可微.

4. 若 $f'_x(x_0, y_0)$ 存在，$f'_y(x,y)$ 在点 (x_0, y_0) 处连续，试证函数 $f(x,y)$ 在点 (x_0, y_0) 处可微.

5. 已知二元函数 $z = f(x,y)$ 可微，两个偏增量

$$\Delta_x z = (2 + 3x^2 y^2)\Delta x + 3xy^2 \Delta x^2 + y^2 \Delta x^3$$

$$\Delta_y z = 2x^3 y \Delta y + x^3 \Delta y^2$$

且 $f(0,0) = 1$，求 $f(x,y)$.

7.4 复合函数求导法

已知一元复合函数求导法（链式法则）：$y = f(u)$，$u = g(x)$，$\dfrac{\mathrm{d}y}{\mathrm{d}x} = \dfrac{\mathrm{d}y}{\mathrm{d}u}\dfrac{\mathrm{d}u}{\mathrm{d}x} = f'[g(x)]g'(x)$. 那么，对多元复合函数，我们有如下定理.

定理 7.5（链导法则） $u = u(x,y)$，$v = v(x,y)$ 在点 (x,y) 处对 x 的偏导数都存在，函数 $z = z(u,v)$ 在点 $(u(x,y),v(x,y))$ 处可微，则复合函数 $z = z(u(x,y),v(x,y))$ 在点 (x,y) 处对 x 的偏导数存在，且 $\dfrac{\partial z}{\partial x} = \dfrac{\partial z}{\partial u}\dfrac{\partial u}{\partial x} + \dfrac{\partial z}{\partial v}\dfrac{\partial v}{\partial x}$.

证明：$\Delta z = \dfrac{\partial z}{\partial u}\Delta u + \dfrac{\partial z}{\partial v}\Delta v + o(\rho)$，其中，$\rho = \sqrt{(\Delta u)^2 + (\Delta v)^2}$. 因为 $\Delta y = 0$，所以 $\Delta_x z = \dfrac{\partial z}{\partial u}\Delta_x u + \dfrac{\partial z}{\partial v}\Delta_x v + o(\rho)$，其中，$\rho = \sqrt{(\Delta_x u)^2 + (\Delta_x v)^2}$.

$$
\begin{aligned}
\frac{\partial z}{\partial x} &= \lim_{\Delta x \to 0}\frac{\Delta_x z}{\Delta x} = \lim_{\Delta x \to 0}\left(\frac{\partial z}{\partial u}\frac{\Delta_x u}{\Delta x} + \frac{\partial z}{\partial v}\frac{\Delta_x v}{\Delta x} + \frac{o(\rho)}{\Delta x}\right) \\
&= \frac{\partial z}{\partial u}\lim_{\Delta x \to 0}\frac{\Delta_x u}{\Delta x} + \frac{\partial z}{\partial v}\lim_{\Delta x \to 0}\frac{\Delta_x v}{\Delta x} + \lim_{\Delta x \to 0}\frac{o(\rho)}{\Delta x}
\end{aligned}
$$

因为

$$
\frac{o(\rho)}{\Delta x} = \frac{o(\rho)}{\rho}\frac{\rho}{\Delta x} = \frac{o(\rho)}{\rho}\operatorname{sgn}(\Delta x)\sqrt{\left(\frac{\Delta_x u}{\Delta x}\right)^2 + \left(\frac{\Delta_x v}{\Delta x}\right)^2}
$$

且

$$
\lim_{\Delta x \to 0}\sqrt{\left(\frac{\Delta_x u}{\Delta x}\right)^2 + \left(\frac{\Delta_x v}{\Delta x}\right)^2} = \sqrt{\left(\frac{\partial u}{\partial x}\right)^2 + \left(\frac{\partial v}{\partial x}\right)^2}
$$

所以当 $\Delta x \to 0$ 时，$\sqrt{\left(\dfrac{\Delta_x u}{\Delta x}\right)^2 + \left(\dfrac{\Delta_x v}{\Delta x}\right)^2}$ 是局部有界的，从而 $\dfrac{\rho}{\Delta x}$ 是局部有界的. 因此，$\lim\limits_{\Delta x \to 0}\dfrac{o(\rho)}{\Delta x} = 0$. 综上，$\dfrac{\partial z}{\partial x} = \dfrac{\partial z}{\partial u}\dfrac{\partial u}{\partial x} + \dfrac{\partial z}{\partial v}\dfrac{\partial v}{\partial x}$.

注：（1）$u(x,y)$，$v(x,y)$ 关于 x 的偏导数，$z(u,v)$ 关于 u,v 的偏导数都连续，则 z 关于 x 的偏导数也连续，由此可以推出复合函数 $z(u(x,y),v(x,y))$ 的可微性.

（2）一般地，$z = z(u_1,\cdots,u_n)$，$u_i = u_i(x_1,\cdots,x_l)$，$i = 1,\cdots,n$，则 $\dfrac{\partial z}{\partial x_j} = \sum\limits_{i=1}^{n}\dfrac{\partial z}{\partial u_i}\dfrac{\partial u_i}{\partial x_j}$，$j = 1,\cdots,l$.

可以用矩阵符号记作

$$
\left[\frac{\partial z}{\partial x_1},\cdots,\frac{\partial z}{\partial x_l}\right] = \left[\frac{\partial z}{\partial u_1},\cdots,\frac{\partial z}{\partial u_n}\right]
\begin{bmatrix}
\dfrac{\partial u_1}{\partial x_1} & \cdots & \dfrac{\partial u_1}{\partial x_l} \\
\vdots & \ddots & \vdots \\
\dfrac{\partial u_n}{\partial x_1} & \cdots & \dfrac{\partial u_n}{\partial x_l}
\end{bmatrix}
$$

其中，$\begin{bmatrix} \dfrac{\partial u_1}{\partial x_1} & \cdots & \dfrac{\partial u_1}{\partial x_l} \\ \vdots & \ddots & \vdots \\ \dfrac{\partial u_n}{\partial x_1} & \cdots & \dfrac{\partial u_n}{\partial x_l} \end{bmatrix}$ 称为**雅可比矩阵**，可记作 $\dfrac{\partial(u_1,\cdots,u_n)}{\partial(x_1,\cdots,x_l)}$. 利用雅可比矩阵符号，上式亦

可记作

$$\frac{\partial z}{\partial(x_1,x_2,\cdots,x_l)} = \frac{\partial z}{\partial(u_1,u_2,\cdots,u_n)}\frac{\partial(u_1,u_2,\cdots,u_n)}{\partial(x_1,x_2,\cdots,x_l)}$$

（3）特别地，$z = z(u_1(x),\cdots,u_n(x))$，则 $\dfrac{\mathrm{d}z}{\mathrm{d}x} = \sum_{i=1}^{n}\dfrac{\partial z}{\partial u_i}\dfrac{\mathrm{d}u_i}{\mathrm{d}x}$ 称为 z 的**全导数**.

例 7-38 已知 $z = \mathrm{e}^u\sin v$，$u = xy$，$v = x + y$，求 $\dfrac{\partial z}{\partial x},\dfrac{\partial z}{\partial y}$.

解： $\dfrac{\partial z}{\partial u} = \mathrm{e}^u\sin v,\dfrac{\partial z}{\partial v} = \mathrm{e}^u\cos v$ 都连续，$\dfrac{\partial u}{\partial x} = y$，$\dfrac{\partial u}{\partial y} = x$，$\dfrac{\partial v}{\partial x} = 1$，$\dfrac{\partial v}{\partial y} = 1$，由链导法则可知

$$\frac{\partial z}{\partial x} = \frac{\partial z}{\partial u}\frac{\partial u}{\partial x} + \frac{\partial z}{\partial v}\frac{\partial v}{\partial x} = y\mathrm{e}^{xy}\sin(x+y) + \mathrm{e}^{xy}\cos(x+y)$$

$$\frac{\partial z}{\partial y} = \frac{\partial z}{\partial u}\frac{\partial u}{\partial y} + \frac{\partial z}{\partial v}\frac{\partial v}{\partial y} = x\mathrm{e}^{xy}\sin(x+y) + \mathrm{e}^{xy}\cos(x+y)$$

例 7-39 设 $u = f(x,y,z) = \mathrm{e}^{x^2+y^2+z^2}$，而 $z = x^2\sin y$，求 $\dfrac{\partial u}{\partial x}$ 和 $\dfrac{\partial u}{\partial y}$.

解： $f_x'(x,y,z) = 2x\mathrm{e}^{x^2+y^2+z^2}$，$f_y'(x,y,z) = \mathrm{e}^{x^2+y^2+z^2}$，$f_z'(x,y,z) = 2z\mathrm{e}^{x^2+y^2+z^2}$ 都连续，$\dfrac{\partial z}{\partial x} = 2x\sin y$，

$\dfrac{\partial z}{\partial y} = x^2\cos y$，由链导法则可知

$$\frac{\partial u}{\partial x} = f_x' + f_z'\frac{\partial z}{\partial x} = 2x\mathrm{e}^{x^2+y^2+z^2} + 2z\mathrm{e}^{x^2+y^2+z^2}\cdot 2x\sin y$$

$$\frac{\partial u}{\partial y} = f_y' + f_z'\frac{\partial z}{\partial y} = \mathrm{e}^{x^2+y^2+z^2} + 2z\mathrm{e}^{x^2+y^2+z^2}\cdot x^2\cos y$$

例 7-40 设 $y = (\cos x)^{\sin x}$，求 $\dfrac{\mathrm{d}y}{\mathrm{d}x}$.

解： 设 $y = u^v$，其中，$u = \cos x$，$v = \sin x$. $\dfrac{\partial y}{\partial u} = vu^{v-1}$，$\dfrac{\partial y}{\partial v} = u^v\ln u$ 都连续，$\dfrac{\mathrm{d}u}{\mathrm{d}x} = -\sin x$，

$\dfrac{\mathrm{d}v}{\mathrm{d}x} = \cos x$，由链导法则可知，全导数为

$$\frac{\mathrm{d}y}{\mathrm{d}x} = \frac{\partial y}{\partial u}\frac{\mathrm{d}u}{\mathrm{d}x} + \frac{\partial y}{\partial v}\frac{\mathrm{d}v}{\mathrm{d}x} = -\sin^2 x(\cos x)^{\sin x-1} + (\cos x)^{\sin x+1}\ln(\cos x)$$

例 7-41 已知 $f(t)$ 可微，证明：$z = \dfrac{y}{f(x^2-y^2)}$ 满足方程 $\dfrac{1}{x}\dfrac{\partial z}{\partial x} + \dfrac{1}{y}\dfrac{\partial z}{\partial y} = \dfrac{z}{y^2}$.

解：

$$\frac{\partial z}{\partial x} = -\frac{y}{f^2(x^2-y^2)}f'(x^2-y^2)\cdot 2x$$

$$\frac{\partial z}{\partial y} = \frac{f(x^2-y^2) - yf'(x^2-y^2)\cdot(-2y)}{f^2(x^2-y^2)}$$

$$\frac{1}{x}\frac{\partial z}{\partial x} + \frac{1}{y}\frac{\partial z}{\partial y} = -\frac{2yf'(x^2-y^2)}{f^2(x^2-y^2)} + \frac{1}{yf(x^2-y^2)} + \frac{2yf'(x^2-y^2)}{f^2(x^2-y^2)} = \frac{z}{y^2}$$

例 7-42　设 $u = f(x, xy, xyz)$，其中，f 可微，求 $\frac{\partial u}{\partial x}, \frac{\partial u}{\partial z}$.

解：

$$\frac{\partial u}{\partial x} = f_1'\frac{\mathrm{d}x}{\mathrm{d}x} + f_2'\frac{\partial(xy)}{\partial x} + f_3'\frac{\partial(xyz)}{\partial x} = f_1' + yf_2' + yzf_3'$$

$$\frac{\partial u}{\partial z} = f_3'\frac{\partial(xyz)}{\partial z} = xyf_3'$$

注：（1）引入符号 f_i'（$i = 1, 2, 3$）是有必要的；

（2）在不致引起误解和不影响下一步计算的前提下，可以将 $f(x, xy, xyz)$，$f_i'(x, xy, xyz)$ 分别简记为 f，f_i'，以短缩表达式的长度.

例 7-43　设 $z = F(x, y)$，$y = \psi(x)$，其中 F, ψ 都有二阶连续的（偏）导数，求 $\frac{\mathrm{d}^2 z}{\mathrm{d}x^2}$.

解：由全导数公式得 $\frac{\mathrm{d}z}{\mathrm{d}x} = F_1' + F_2'\cdot\psi'(x)$，再次关于 x 求全导数，得

$$\frac{\mathrm{d}^2 z}{\mathrm{d}x^2} = F_{11}'' + F_{12}''\psi'(x) + [F_{21}'' + F_{22}''\psi'(x)]\psi'(x) + F_2'\psi''(x)$$

$$= F_{11}'' + 2F_{12}''\psi'(x) + F_{22}''\psi'^2(x) + F_2'\psi''(x)$$

例 7-44　设 f 具有二阶连续偏导数，求函数 $u = f\left(x, \frac{x}{y}\right)$ 的混合二阶偏导数.

解：由链导法则可知，$\frac{\partial u}{\partial x} = f_1' + \frac{1}{y}f_2'$. 再关于 y 求偏导数，得

$$\frac{\partial^2 u}{\partial x \partial y} = f_{12}''\left(-\frac{x}{y^2}\right) - \frac{1}{y^2}f_2' + \frac{1}{y}f_{22}''\left(-\frac{x}{y^2}\right)$$

$$= -\frac{1}{y^3}(xyf_{12}'' + yf_2' + xf_{22}'')$$

又因为 $\frac{\partial^2 u}{\partial x \partial y}$ 连续，所以 $\frac{\partial^2 u}{\partial x \partial y} = \frac{\partial^2 u}{\partial y \partial x}$.

例 7-45　设 $u = u(x, y)$ 具有二阶连续偏导数，求表达式 $\left(\frac{\partial u}{\partial x}\right)^2 + \left(\frac{\partial u}{\partial y}\right)^2$，$\frac{\partial^2 u}{\partial x^2} + \frac{\partial^2 u}{\partial y^2}$ 在极坐标系中的形式.

解：$r = \sqrt{x^2 + y^2}$，$\frac{\partial r}{\partial x} = \frac{x}{\sqrt{x^2+y^2}} = \frac{x}{r} = \cos\theta$，同理 $\frac{\partial r}{\partial y} = \sin\theta$.

又有 $\tan\theta = \dfrac{y}{x}$ ， $\sec^2\theta\dfrac{\partial\theta}{\partial x} = -\dfrac{y}{x^2}$ ，

$$\frac{\partial\theta}{\partial x} = -\frac{\dfrac{y}{x^2}}{\sec^2\theta} = -\frac{\dfrac{y}{x^2}}{1+\tan^2\theta} = -\frac{\dfrac{y}{x^2}}{1+\dfrac{y^2}{x^2}} = -\frac{y}{x^2+y^2} = -\frac{\sin\theta}{r}$$

同理可得 $\dfrac{\partial\theta}{\partial y} = \dfrac{\cos\theta}{r}$ ．由链导法则可得

$$\frac{\partial u}{\partial x} = \frac{\partial u}{\partial r}\frac{\partial r}{\partial x} + \frac{\partial u}{\partial\theta}\frac{\partial\theta}{\partial x} = \frac{\partial u}{\partial r}\cos\theta - \frac{\partial u}{\partial\theta}\frac{\sin\theta}{r}$$

$$\frac{\partial u}{\partial y} = \frac{\partial u}{\partial r}\frac{\partial r}{\partial y} + \frac{\partial u}{\partial\theta}\frac{\partial\theta}{\partial y} = \frac{\partial u}{\partial r}\sin\theta + \frac{\partial u}{\partial\theta}\frac{\cos\theta}{r}$$

$$\left(\frac{\partial u}{\partial x}\right)^2 + \left(\frac{\partial u}{\partial y}\right)^2 = \left(\frac{\partial u}{\partial r}\right)^2 + \frac{1}{r^2}\left(\frac{\partial u}{\partial\theta}\right)^2$$

$$\frac{\partial^2 u}{\partial x^2} = \frac{\partial}{\partial r}\left(\frac{\partial u}{\partial x}\right)\frac{\partial r}{\partial x} + \frac{\partial}{\partial\theta}\left(\frac{\partial u}{\partial x}\right)\frac{\partial\theta}{\partial x}$$

$$= \left(\frac{\partial^2 u}{\partial r^2}\cos\theta - \frac{\partial^2 u}{\partial\theta\partial r}\frac{\sin\theta}{r} + \frac{\partial u}{\partial\theta}\frac{\sin\theta}{r^2}\right)\cos\theta$$

$$+ \left(\frac{\partial^2 u}{\partial r\partial\theta}\cos\theta - \frac{\partial u}{\partial r}\sin\theta - \frac{\partial^2 u}{\partial\theta^2}\frac{\sin\theta}{r} - \frac{\partial u}{\partial\theta}\frac{\cos\theta}{r}\right)\left(-\frac{\sin\theta}{r}\right)$$

$$\frac{\partial^2 u}{\partial y^2} = \frac{\partial}{\partial r}\left(\frac{\partial u}{\partial y}\right)\frac{\partial r}{\partial y} + \frac{\partial}{\partial\theta}\left(\frac{\partial u}{\partial y}\right)\frac{\partial\theta}{\partial y}$$

$$= \left(\frac{\partial^2 u}{\partial r^2}\sin\theta + \frac{\partial^2 u}{\partial\theta\partial r}\frac{\cos\theta}{r} - \frac{\partial u}{\partial\theta}\frac{\cos\theta}{r^2}\right)\sin\theta$$

$$+ \left(\frac{\partial^2 u}{\partial r\partial\theta}\sin\theta + \frac{\partial u}{\partial r}\cos\theta + \frac{\partial^2 u}{\partial\theta^2}\frac{\cos\theta}{r} - \frac{\partial u}{\partial\theta}\frac{\sin\theta}{r}\right)\frac{\cos\theta}{r}$$

$$\frac{\partial^2 u}{\partial x^2} + \frac{\partial^2 u}{\partial y^2} = \frac{\partial^2 u}{\partial r^2} + \frac{1}{r}\frac{\partial u}{\partial r} + \frac{1}{r^2}\frac{\partial^2 u}{\partial\theta^2}$$

我们知道一元函数一阶微分具有形式不变性： $y = f(u)$ ， $u = g(x)$ ， $y = f[g(x)]$ ， $\mathrm{d}y = f'(u)\mathrm{d}u = f'[g(x)]g'(x)\mathrm{d}x$ ．类似地，多元函数具有全微分形式不变性，定理如下．

定理 7.6 设 $z = z(u,v)$ ， $u = u(x,y)$ ， $v = v(x,y)$ 均可微，则

$$\mathrm{d}z = \frac{\partial z}{\partial u}\mathrm{d}u + \frac{\partial z}{\partial v}\mathrm{d}v = \frac{\partial z}{\partial u}\left(\frac{\partial u}{\partial x}\mathrm{d}x + \frac{\partial u}{\partial y}\mathrm{d}y\right) + \frac{\partial z}{\partial v}\left(\frac{\partial v}{\partial x}\mathrm{d}x + \frac{\partial v}{\partial y}\mathrm{d}y\right)$$

$$= \left(\frac{\partial z}{\partial u}\frac{\partial u}{\partial x} + \frac{\partial z}{\partial v}\frac{\partial v}{\partial x}\right)\mathrm{d}x + \left(\frac{\partial z}{\partial u}\frac{\partial u}{\partial y} + \frac{\partial z}{\partial v}\frac{\partial v}{\partial y}\right)\mathrm{d}y = \frac{\partial z}{\partial x}\mathrm{d}x + \frac{\partial z}{\partial y}\mathrm{d}y$$

全微分形式不变性说明，无论是将 z 视为 u,v 的函数还是 x,y 函数，计算得到的全微分都是相等的.

定理 7.7（全微分的四则运算法则） 已知 u,v 都是可微函数，则

（1）$\mathrm{d}(u \pm v) = \mathrm{d}u \pm \mathrm{d}v$ ；

（2）$\mathrm{d}(uv) = v\mathrm{d}u + u\mathrm{d}v$ ，$\mathrm{d}(cu) = c\mathrm{d}u$ ，$c \in \mathbb{R}$ ；

（3）$\mathrm{d}\left(\dfrac{u}{v}\right) = \dfrac{v\mathrm{d}u - u\mathrm{d}v}{v^2}$ （$v \neq 0$）.

证明： 下面以二元函数 $u(x,y),v(x,y)$ 为例证明.

（1）$z = u(x,y) + v(x,y)$ 的情形.

$$\Delta z = \Delta u + \Delta v = \frac{\partial u}{\partial x}\Delta x + \frac{\partial u}{\partial y}\Delta y + o(\rho) + \frac{\partial v}{\partial x}\Delta x + \frac{\partial v}{\partial y}\Delta y + o(\rho)$$

$$= \left(\frac{\partial u}{\partial x} + \frac{\partial v}{\partial x}\right)\Delta x + \left(\frac{\partial u}{\partial y} + \frac{\partial v}{\partial y}\right)\Delta y + o(\rho)$$

因此，$u(x,y) + v(x,y)$ 在点 (x_0, y_0) 处可微，且

$$\mathrm{d}z = \left(\frac{\partial u}{\partial x} + \frac{\partial v}{\partial x}\right)\Delta x + \left(\frac{\partial u}{\partial y} + \frac{\partial v}{\partial y}\right)\Delta y$$

$$= \frac{\partial u}{\partial x}\Delta x + \frac{\partial u}{\partial y}\Delta y + \frac{\partial v}{\partial x}\Delta x + \frac{\partial v}{\partial y}\Delta y = \mathrm{d}u + \mathrm{d}v$$

$z = u(x,y) - v(x,y)$ 的情形可类似证明.

（2）$z = u(x,y)v(x,y)$ 的情形.

$$\Delta z = [u(x_0, y_0) + \Delta u][v(x_0, y_0) + \Delta v] - u(x_0, y_0)v(x_0, y_0)$$

$$= v(x_0, y_0)\Delta u + u(x_0, y_0)\Delta v + \Delta u \Delta v$$

$$= v(x_0, y_0)\left[\frac{\partial u}{\partial x}\Delta x + \frac{\partial u}{\partial y}\Delta y + o(\rho)\right] + u(x_0, y_0)\left[\frac{\partial v}{\partial x}\Delta x + \frac{\partial v}{\partial y}\Delta y + o(\rho)\right]$$

$$+ \left[\frac{\partial u}{\partial x}\Delta x + \frac{\partial u}{\partial y}\Delta y + o(\rho)\right]\left[\frac{\partial v}{\partial x}\Delta x + \frac{\partial v}{\partial y}\Delta y + o(\rho)\right]$$

因为 $(\Delta x)^2 \leqslant \rho^2$ ，$(\Delta y)^2 \leqslant \rho^2$ ，$|\Delta x \Delta y| \leqslant \dfrac{\rho^2}{2}$ ，所以 $(\Delta x)^2 = o(\rho)$ ，$(\Delta y)^2 = o(\rho)$ ，$\Delta x \Delta y = o(\rho)$.

$$\Delta z = v(x_0, y_0)\left(\frac{\partial u}{\partial x}\Delta x + \frac{\partial u}{\partial y}\Delta y\right) + u(x_0, y_0)\left(\frac{\partial v}{\partial x}\Delta x + \frac{\partial v}{\partial y}\Delta y\right) + o(\rho)$$

$$= \left[\frac{\partial u}{\partial x}v(x_0, y_0) + u(x_0, y_0)\frac{\partial v}{\partial x}\right]\Delta x + \left[\frac{\partial u}{\partial y}v(x_0, y_0) + u(x_0, y_0)\frac{\partial v}{\partial y}\right]\Delta y + o(\rho)$$

因此，$u(x,y)v(x,y)$ 在点 (x_0, y_0) 处可微，且

$$\mathrm{d}z = \left[\frac{\partial u}{\partial x}v(x_0, y_0) + u(x_0, y_0)\frac{\partial v}{\partial x}\right]\Delta x + \left[\frac{\partial u}{\partial y}v(x_0, y_0) + u(x_0, y_0)\frac{\partial v}{\partial y}\right]\Delta y$$

$$= \left(\frac{\partial u}{\partial x}\Delta x + \frac{\partial u}{\partial y}\Delta y\right)v(x_0, y_0) + u(x_0, y_0)\left(\frac{\partial v}{\partial x}\Delta x + \frac{\partial v}{\partial y}\Delta y\right)$$

$$= v(x_0, y_0)\mathrm{d}u + u(x_0, y_0)\mathrm{d}v$$

（3）先证明 $z = \dfrac{1}{u(x, y)}$ 的情形.

$$\Delta z = \frac{1}{u(x_0, y_0) + \Delta u} - \frac{1}{u(x_0, y_0)} = \frac{-\Delta u}{[u(x_0, y_0) + \Delta u]u(x_0, y_0)}$$

由连续性可知 $\dfrac{1}{[u(x_0, y_0) + \Delta u]u(x_0, y_0)} = \dfrac{1}{u^2(x_0, y_0)} + \alpha$，其中，$\alpha \to 0$（$\rho \to 0$）. 于是，

$$\Delta z = -\left[\frac{\partial u}{\partial x}\Delta x + \frac{\partial u}{\partial y}\Delta y + o(\rho)\right]\left[\frac{1}{u^2(x_0, y_0)} + \alpha\right]$$

$$= -\frac{1}{u^2(x_0, y_0)}\frac{\partial u}{\partial x}\Delta x - \frac{1}{u^2(x_0, y_0)}\frac{\partial u}{\partial y}\Delta y + o(\rho)$$

因此，$\dfrac{1}{u(x, y)}$ 在点 (x_0, y_0) 处可微，且

$$dz = -\frac{1}{u^2(x_0, y_0)}\frac{\partial u}{\partial x}\Delta x - \frac{1}{u^2(x_0, y_0)}\frac{\partial u}{\partial y}\Delta y = -\frac{du}{u^2(x_0, y_0)}$$

再由（2）可知，$z = \dfrac{u(x, y)}{v(x, y)}$ 在点 (x_0, y_0) 处可微，且

$$dz = \frac{du}{v} + ud\left(\frac{1}{v}\right) = \frac{du}{v} - u\frac{dv}{v^2} = \frac{vdu - udv}{v^2}$$

例 7-46 求函数 $z = \arctan\dfrac{x}{x^2 + y^2}$ 的全微分与偏导数.

解：

$$dz = \frac{1}{1 + \dfrac{x^2}{(x^2 + y^2)^2}}d\left(\frac{x}{x^2 + y^2}\right)$$

$$= \frac{(x^2 + y^2)^2}{(x^2 + y^2)^2 + x^2} \cdot \frac{(x^2 + y^2)dx - xd(x^2 + y^2)}{(x^2 + y^2)^2}$$

$$= \frac{(x^2 + y^2)dx - 2x^2dx - 2xydy}{(x^2 + y^2)^2 + x^2} = \frac{(y^2 - x^2)dx - 2xydy}{(x^2 + y^2)^2 + x^2}$$

因此，$\dfrac{\partial z}{\partial x} = \dfrac{y^2 - x^2}{(x^2 + y^2)^2 + x^2}$，$\dfrac{\partial z}{\partial y} = \dfrac{-2xy}{(x^2 + y^2)^2 + x^2}$.

例 7-47 设函数 $f(u)$ 具有二阶连续导数，而 $z = f(e^x \sin y)$ 满足方程 $\dfrac{\partial^2 z}{\partial x^2} + \dfrac{\partial^2 z}{\partial y^2} = e^{2x}z$，求 $f(u)$ 满足的微分方程.

解：

$$\frac{\partial z}{\partial x} = f'(e^x \sin y)e^x \sin y$$

$$\frac{\partial^2 z}{\partial x^2} = f''(e^x \sin y)e^{2x}\sin^2 y + f'(e^x \sin y)e^x \sin y$$

$$\frac{\partial z}{\partial y} = f'(e^x \sin y)e^x \cos y$$

$$\frac{\partial^2 z}{\partial y^2} = f''(e^x \sin y)e^{2x} \cos^2 y - f'(e^x \sin y)e^x \sin y$$

$$\frac{\partial^2 z}{\partial x^2} + \frac{\partial^2 z}{\partial y^2} = f''(e^x \sin y)e^{2x} = e^{2x}z = e^{2x}f(e^x \sin y)$$

$f''(e^x \sin y) = f(e^x \sin y)$. 设 $u = e^x \sin y$，则 $f''(u) - f(u) = 0$，即 $f(u)$ 满足的微分方程.

例 7-48 设函数 $f(u)$ 在 $(0, +\infty)$ 内具有二阶导数，且 $z = f\left(\sqrt{x^2 + y^2}\right)$ 满足等式 $\frac{\partial^2 z}{\partial x^2} + \frac{\partial^2 z}{\partial y^2} = 0$，求满足 $f(1) = 0, f'(1) = 1$ 的函数 $f(u)$ 的表达式.

解：
$$\frac{\partial z}{\partial x} = f'\left(\sqrt{x^2 + y^2}\right)\frac{x}{\sqrt{x^2 + y^2}}$$

$$\frac{\partial^2 z}{\partial x^2} = f''\left(\sqrt{x^2 + y^2}\right)\frac{x^2}{x^2 + y^2} + f'\left(\sqrt{x^2 + y^2}\right)\frac{\sqrt{x^2 + y^2} - x\frac{x}{\sqrt{x^2 + y^2}}}{x^2 + y^2}$$

$$= f''\left(\sqrt{x^2 + y^2}\right)\frac{x^2}{x^2 + y^2} + f'\left(\sqrt{x^2 + y^2}\right)\frac{y^2}{(x^2 + y^2)^{\frac{3}{2}}}$$

同理可得
$$\frac{\partial^2 z}{\partial y^2} = f''\left(\sqrt{x^2 + y^2}\right)\frac{y^2}{x^2 + y^2} + f'\left(\sqrt{x^2 + y^2}\right)\frac{x^2}{(x^2 + y^2)^{\frac{3}{2}}}$$

因此
$$\frac{\partial^2 z}{\partial x^2} + \frac{\partial^2 z}{\partial y^2} = f''\left(\sqrt{x^2 + y^2}\right) + \frac{f'\left(\sqrt{x^2 + y^2}\right)}{\sqrt{x^2 + y^2}} = 0$$

设 $u = \sqrt{x^2 + y^2}$，得微分方程 $f''(u) + \frac{f'(u)}{u} = 0$. 设 $p = f'(u)$，则 $\frac{dp}{du} + \frac{p}{u} = 0$，$\frac{dp}{p} = -\frac{du}{u}$，

$\ln p = -\ln u + \ln C_1$，$p = \frac{C_1}{u}$. 代入 $f'(1) = 1$ 得 $C_1 = 1$. $f'(u) = \frac{1}{u}$，$f(u) = \ln u + C_2$. 代入 $f(1) = 0$ 得 $C_2 = 0$. 因此，$f(u) = \ln u$.

习题 7.4

1. 用链导数求下列函数的偏导数.

（1）$z = (x^2 + y^2)\exp\left(\frac{x^2 + y^2}{xy}\right)$；　　　　　（2）$z = \frac{xy}{x + y}\arctan(x + y + xy)$.

2. 求下列函数的全导数.

（1）$u = \tan(3t + 2x^2 - y)$, $x = \frac{1}{t}$, $y = \sqrt{t}$；　（2）$u = e^{x-2y} + \frac{1}{t}$, $x = \sin t$, $y = t^3$.

3. 设 f 与 g 是可微函数，求下列复合函数的一阶偏导数.

（1）$z = f(x+y, x^2+y^2)$； （2）$z = f\left(\dfrac{x}{y}, \dfrac{y}{x}\right)$；

（3）$u = f(xy)g(yz)$； （4）$u = f(x-y^2, y-x^2, xy)$.

4．设 f 具有二阶连续偏导数，对下列函数求指定的偏导数．

（1）$z = f(u, x, y),\ u = xe^y$，求 $\dfrac{\partial^2 z}{\partial x \partial y}$； （2）$z = x^3 f\left(xy, \dfrac{y}{x}\right)$，求 $\dfrac{\partial z}{\partial y}, \dfrac{\partial^2 z}{\partial y^2}$ 及 $\dfrac{\partial^2 z}{\partial x \partial y}$．

5．证明下列函数满足指定的方程．

（1）设 $u = \varphi(x+at) + \psi(x-at)$，其中，$\varphi,\ \psi$ 具有二阶导数，证明 u 满足方程 $\dfrac{\partial^2 u}{\partial t^2} = a^2 \dfrac{\partial^2 u}{\partial x^2}$；

（2）设 $z = f[x + \varphi(y)]$，其中，φ 可微，f 具有二阶连续导数，证明 $\dfrac{\partial z}{\partial x} \dfrac{\partial^2 z}{\partial x \partial y} = \dfrac{\partial z}{\partial y} \dfrac{\partial^2 z}{\partial x^2}$．

6．利用全微分形式不变性和微分运算法则，求下列函数的全微分和偏导数．

（1）$u = f(x-y, x+y)$； （2）$u = f\left(xy, \dfrac{x}{y}\right)$；

（3）$u = f(\sin x + \sin y, \cos x - \cos z)$．

7.5 隐函数求导法

在一元微分学中，我们已经接触到了隐函数及其求导法．有了多元函数的概念及符号后，一元隐函数 $y = y(x)$ 实际上是由含有二元函数的方程 $F(x, y) = 0$ 所确定的．类似地，还可以考虑含有更多变量的方程，如 $F(x, y, z) = 0$．那么，当多元函数 $F(x, y, z)$ 满足何种条件时，$F(x, y, z) = 0$ 可以确定一个隐函数，x, y, z 中谁又是因变量呢？为了回答这个问题，我们不加证明地给出如下定理．

定理 7.8（隐函数存在定理）设函数 $F(x, y, z)$ 在点 (x_0, y_0, z_0) 的某邻域内具有连续偏导数，且 $F(x_0, y_0, z_0) = 0$，$F_z'(x_0, y_0, z_0) \neq 0$，则方程 $F(x, y, z) = 0$ 在点 (x_0, y_0, z_0) 的某邻域内确定唯一一个函数 $z = z(x, y)$，满足 $F(x, y, z(x, y)) \equiv 0$，$z_0 = z(x_0, y_0)$．$z = z(x, y)$ 在 (x_0, y_0) 的某邻域内有连续的偏导数，且有公式 $\dfrac{\partial z}{\partial x} = -\dfrac{F_x'(x, y, z)}{F_z'(x, y, z)}$，$\dfrac{\partial z}{\partial y} = -\dfrac{F_y'(x, y, z)}{F_z'(x, y, z)}$．

注：（1）尽管没有证明该定理，但是在已知隐函数 $z = z(x, y)$ 满足方程 $F(x, y, z(x, y)) \equiv 0$ 的前提下，可由两种方法推导出公式 $\dfrac{\partial z}{\partial x} = -\dfrac{F_x'(x, y, z)}{F_z'(x, y, z)}$，$\dfrac{\partial z}{\partial y} = -\dfrac{F_y'(x, y, z)}{F_z'(x, y, z)}$．

方法一：方程两端同时关于 x 求偏导，得 $F_x' + F_z' \dfrac{\partial z}{\partial x} = 0$．因此，$\dfrac{\partial z}{\partial x} = -\dfrac{F_x'(x, y, z)}{F_z'(x, y, z)}$．同理可得 $\dfrac{\partial z}{\partial y} = -\dfrac{F_y'(x, y, z)}{F_z'(x, y, z)}$．

方法二：方程两端同时取全微分，得 $F_x' \mathrm{d}x + F_y' \mathrm{d}y + F_z' \mathrm{d}z = 0$，$\mathrm{d}z = -\dfrac{F_x'}{F_z'} \mathrm{d}x - \dfrac{F_y'}{F_z'} \mathrm{d}y$．因此，$\dfrac{\partial z}{\partial x} = -\dfrac{F_x'(x, y, z)}{F_z'(x, y, z)}$，$\dfrac{\partial z}{\partial y} = -\dfrac{F_y'(x, y, z)}{F_z'(x, y, z)}$．

以上的推导实际上也体现了隐函数求导法的两种常见思路.

（2）一般地，$\dfrac{\partial x_n}{\partial x_i} = -\dfrac{F'_{x_i}(x_1,\cdots,x_n)}{F'_{x_n}(x_1,\cdots,x_n)}$；特别地，$\dfrac{\mathrm{d}y}{\mathrm{d}x} = -\dfrac{F'_x(x,y)}{F'_y(x,y)}$.

例 7-49 已知 $\dfrac{x^2}{a^2} + \dfrac{y^2}{b^2} + \dfrac{z^2}{c^2} = 1$，求 $\dfrac{\partial z}{\partial x}$，$\dfrac{\partial z}{\partial y}$ 及 $\dfrac{\partial^2 z}{\partial x \partial y}$.

解：方法一：设 $F(x,y,z) = \dfrac{x^2}{a^2} + \dfrac{y^2}{b^2} + \dfrac{z^2}{c^2} - 1 = 0$，则

$$\frac{\partial z}{\partial x} = -\frac{F'_x(x,y,z)}{F'_z(x,y,z)} = -\frac{\dfrac{2x}{a^2}}{\dfrac{2z}{c^2}} = -\frac{c^2}{a^2}\frac{x}{z}$$

$$\frac{\partial z}{\partial y} = -\frac{F'_y(x,y,z)}{F'_z(x,y,z)} = -\frac{\dfrac{2y}{b^2}}{\dfrac{2z}{c^2}} = -\frac{c^2}{b^2}\frac{y}{z}$$

$$\frac{\partial^2 z}{\partial x \partial y} = -\frac{c^2 x}{a^2}\left(-\frac{\dfrac{\partial z}{\partial y}}{z^2}\right) = \frac{c^2 x}{a^2 z^2}\left(-\frac{c^2 y}{b^2 z}\right) = -\frac{c^4}{a^2 b^2}\frac{xy}{z^3}$$

方法二：方程两端求全微分，得 $\dfrac{2x}{a^2}\mathrm{d}x + \dfrac{2y}{b^2}\mathrm{d}y + \dfrac{2z}{c^2}\mathrm{d}z = 0$，

$$\mathrm{d}z = -\frac{\dfrac{x}{a^2}}{\dfrac{z}{c^2}}\mathrm{d}x - \frac{\dfrac{y}{b^2}}{\dfrac{z}{c^2}}\mathrm{d}y = -\frac{c^2 x}{a^2 z}\mathrm{d}x - \frac{c^2 y}{b^2 z}\mathrm{d}y$$

因此，$\dfrac{\partial z}{\partial x} = -\dfrac{c^2}{a^2}\dfrac{x}{z}$，$\dfrac{\partial z}{\partial y} = -\dfrac{c^2}{b^2}\dfrac{y}{z}$. 求 $\dfrac{\partial^2 z}{\partial x \partial y}$ 同方法一.

例 7-50 验证方程 $x^2 + y^2 = 1$ 在点 $(0,1)$ 的某一邻域内能唯一确定一个有连续导数，当 $x = 0$ 时，$y = 1$ 的隐函数 $y = y(x)$，并求这个函数的一阶导数和二阶导数.

解：设 $F(x,y) = x^2 + y^2 - 1 = 0$，则 $F(0,1) = 0$，$F'_y(x,y) = 2y$，$F'_y(0,1) = 2 \neq 0$. 由隐函数存在定理可知，在 $x = 0$ 的某邻域内能够唯一确定函数 $y = y(x)$ 满足 $F(x,y(x)) \equiv 0$，$y(0) = 1$.

$$\frac{\mathrm{d}y}{\mathrm{d}x} = -\frac{F'_x}{F'_y} = -\frac{2x}{2y} = -\frac{x}{y}, \quad \frac{\mathrm{d}y}{\mathrm{d}x}\bigg|_{x=0} = 0$$

$$\frac{\mathrm{d}^2 y}{\mathrm{d}x^2} = -\frac{y - x\dfrac{\mathrm{d}y}{\mathrm{d}x}}{y^2} = -\frac{y - x\left(-\dfrac{x}{y}\right)}{y^2} = -\frac{x^2 + y^2}{y^3} = -\frac{1}{y^3}$$

$$\frac{\mathrm{d}^2 y}{\mathrm{d}x^2}\bigg|_{x=0} = -1$$

例 7-51 设有隐函数 $F\left(\dfrac{x}{z}, \dfrac{y}{z}\right) = 0$，其中，$F$ 的偏导数连续，求 $\dfrac{\partial z}{\partial x}, \dfrac{\partial z}{\partial y}$.

解： 方法一：设 $G(x, y, z) = F\left(\dfrac{x}{z}, \dfrac{y}{z}\right) = 0$，

$$\frac{\partial z}{\partial x} = -\frac{G'_x(x, y, z)}{G'_z(x, y, z)} = -\frac{F'_1 \cdot \dfrac{1}{z}}{F'_1 \cdot \left(-\dfrac{x}{z^2}\right) + F'_2 \cdot \left(-\dfrac{y}{z^2}\right)} = \frac{zF'_1}{xF'_1 + yF'_2}$$

$$\frac{\partial z}{\partial y} = -\frac{G'_y(x, y, z)}{G'_z(x, y, z)} = -\frac{F'_2 \cdot \dfrac{1}{z}}{F'_1 \cdot \left(-\dfrac{x}{z^2}\right) + F'_2 \cdot \left(-\dfrac{y}{z^2}\right)} = \frac{zF'_2}{xF'_1 + yF'_2}$$

方法二：方程两端取全微分，得

$$F'_1 \cdot \mathrm{d}\left(\frac{x}{z}\right) + F'_2 \cdot \mathrm{d}\left(\frac{y}{z}\right) = 0$$

$$F'_1 \frac{z\mathrm{d}x - x\mathrm{d}z}{z^2} + F'_2 \frac{z\mathrm{d}y - y\mathrm{d}z}{z^2} = 0$$

$$\mathrm{d}z = \frac{zF'_1}{xF'_1 + yF'_2}\mathrm{d}x + \frac{zF'_2}{xF'_1 + yF'_2}\mathrm{d}y$$

因此，$\dfrac{\partial z}{\partial x} = \dfrac{zF'_1}{xF'_1 + yF'_2}$，$\dfrac{\partial z}{\partial y} = \dfrac{zF'_2}{xF'_1 + yF'_2}$.

例 7-52 求由 $z - y - x + xe^{z-y-x} = 0$（$1 + xe^{z-y-x} \neq 0$）确定的隐函数 $z = z(x, y)$ 的全微分及偏导数.

解： 方程两端取全微分，得

$$\mathrm{d}z - \mathrm{d}y - \mathrm{d}x + e^{z-y-x}\mathrm{d}x + xe^{z-y-x}(\mathrm{d}z - \mathrm{d}y - \mathrm{d}x) = 0$$

$$(1 + xe^{z-y-x})\mathrm{d}z = [1 + (x-1)e^{z-y-x}]\mathrm{d}x + (1 + xe^{z-y-x})\mathrm{d}y$$

$$\mathrm{d}z = \frac{1 + (x-1)e^{z-y-x}}{1 + xe^{z-y-x}}\mathrm{d}x + \mathrm{d}y$$

因此，$\dfrac{\partial z}{\partial x} = \dfrac{1 + (x-1)e^{z-y-x}}{1 + xe^{z-y-x}}$，$\dfrac{\partial z}{\partial y} = 1$.

类比由一个方程 $F(x, y, z) = 0$ 确定一个隐函数 $z = z(x, y)$，我们可以考虑由方程组 $\begin{cases} F(x, y, u, v) = 0 \\ G(x, y, u, v) = 0 \end{cases}$ 确定两个二元隐函数 $u(x, y), v(x, y)$ 满足 $\begin{cases} F(x, y, u(x, y), v(x, y)) = 0 \\ G(x, y, u(x, y), v(x, y)) = 0 \end{cases}$，则

$$\begin{cases} \dfrac{\partial F}{\partial x} + \dfrac{\partial F}{\partial u}\dfrac{\partial u}{\partial x} + \dfrac{\partial F}{\partial v}\dfrac{\partial v}{\partial x} = 0 \\ \dfrac{\partial G}{\partial x} + \dfrac{\partial G}{\partial u}\dfrac{\partial u}{\partial x} + \dfrac{\partial G}{\partial v}\dfrac{\partial v}{\partial x} = 0 \end{cases}$$

若 $\left|\dfrac{\partial(F,G)}{\partial(u,v)}\right| = \begin{vmatrix} \dfrac{\partial F}{\partial u} & \dfrac{\partial F}{\partial v} \\ \dfrac{\partial G}{\partial u} & \dfrac{\partial G}{\partial v} \end{vmatrix} \neq 0$（这实际上是确定 u,v 作为因变量的充分条件），由克兰姆法则可得

$$\frac{\partial u}{\partial x} = -\frac{\left|\dfrac{\partial(F,G)}{\partial(x,v)}\right|}{\left|\dfrac{\partial(F,G)}{\partial(u,v)}\right|}, \quad \frac{\partial v}{\partial x} = -\frac{\left|\dfrac{\partial(F,G)}{\partial(u,x)}\right|}{\left|\dfrac{\partial(F,G)}{\partial(u,v)}\right|}$$

同理可得

$$\frac{\partial u}{\partial y} = -\frac{\left|\dfrac{\partial(F,G)}{\partial(y,v)}\right|}{\left|\dfrac{\partial(F,G)}{\partial(u,v)}\right|}, \quad \frac{\partial v}{\partial y} = -\frac{\left|\dfrac{\partial(F,G)}{\partial(u,y)}\right|}{\left|\dfrac{\partial(F,G)}{\partial(u,v)}\right|}$$

注： 由行列式的性质可知

$$\frac{\partial u}{\partial x} = -\frac{\left|\dfrac{\partial(F,G)}{\partial(x,v)}\right|}{\left|\dfrac{\partial(F,G)}{\partial(u,v)}\right|} = -\frac{\left|\dfrac{\partial(G,F)}{\partial(x,v)}\right|}{\left|\dfrac{\partial(G,F)}{\partial(u,v)}\right|} = -\frac{\left|\dfrac{\partial(F,G)}{\partial(v,x)}\right|}{\left|\dfrac{\partial(F,G)}{\partial(v,u)}\right|}$$

即在确定分母上的雅可比行列式 $\left|\dfrac{\partial(F,G)}{\partial(u,v)}\right|$ 后，分子上的雅可比行列式仅需将 u 换成 x 即可，其他字母保持不变.

例 7-53 设 $\begin{cases} x^2 + y^2 + z^2 = 50 \\ x + 2y + 3z = 4 \end{cases}$，求 $\dfrac{\mathrm{d}y}{\mathrm{d}x}, \dfrac{\mathrm{d}z}{\mathrm{d}x}$.

解： 设 $\begin{cases} F(x,y,z) = x^2 + y^2 + z^2 - 50 = 0 \\ G(x,y,z) = x + 2y + 3z - 4 = 0 \end{cases}$，有

$$\frac{\mathrm{d}y}{\mathrm{d}x} = -\frac{\left|\dfrac{\partial(F,G)}{\partial(x,z)}\right|}{\left|\dfrac{\partial(F,G)}{\partial(y,z)}\right|} = -\frac{\begin{vmatrix} 2x & 2z \\ 1 & 3 \end{vmatrix}}{\begin{vmatrix} 2y & 2z \\ 2 & 3 \end{vmatrix}} = -\frac{2(3x-z)}{2(3y-2z)} = \frac{z-3x}{3y-2z}$$

$$\frac{\mathrm{d}z}{\mathrm{d}x} = -\frac{\left|\dfrac{\partial(F,G)}{\partial(y,x)}\right|}{\left|\dfrac{\partial(F,G)}{\partial(y,z)}\right|} = -\frac{\begin{vmatrix} 2y & 2x \\ 2 & 1 \end{vmatrix}}{\begin{vmatrix} 2y & 2z \\ 2 & 3 \end{vmatrix}} = -\frac{2(y-2x)}{2(3y-2z)} = \frac{2x-y}{3y-2z}$$

例 7-54 设 $u = u(x)$ 由方程组 $\begin{cases} u = f(x,y,z) \\ g(x,y,z) = 0 \\ h(x,z) = 0 \end{cases}$ 确定，其中，f, g, h 均可微，且 $g'_y \neq 0$，$h'_z \neq 0$，求 $\dfrac{\mathrm{d}u}{\mathrm{d}x}$.

解：设 $\begin{cases} F(x,y,z,u) = f(x,y,z) - u = 0 \\ G(x,y,z,u) = g(x,y,z) = 0 \\ H(x,y,z,u) = h(x,z) = 0 \end{cases}$ ，则

$$\frac{\mathrm{d}u}{\mathrm{d}x} = -\frac{\left|\dfrac{\partial(F,G,H)}{\partial(y,z,x)}\right|}{\left|\dfrac{\partial(F,G,H)}{\partial(y,z,u)}\right|} = -\frac{\begin{vmatrix} f'_y & f'_z & f'_x \\ g'_y & g'_z & g'_x \\ 0 & h'_z & h'_x \end{vmatrix}}{\begin{vmatrix} f'_y & f'_z & -1 \\ g'_y & g'_z & 0 \\ 0 & h'_z & 0 \end{vmatrix}}$$

$$= -\frac{(f'_y g'_z - f'_z g'_y)h'_x - (f'_y g'_x - f'_x g'_y)h'_z}{-g'_y h'_z}$$

$$= \frac{f'_y g'_z h'_x - f'_z g'_y h'_x - f'_y g'_x h'_z + f'_x g'_y h'_z}{g'_y h'_z}$$

例 7-55 设 $z = f(x,u,v)$ ， $u = g(x,y)$ ， $v = h(x,y,u)$ ，其中， f,g,h 均可微，求 $\dfrac{\partial z}{\partial x}$ 及 $\dfrac{\partial z}{\partial y}$ ．

解： $\mathrm{d}z = f'_x \mathrm{d}x + f'_u \mathrm{d}u + f'_v \mathrm{d}v$ ， $\mathrm{d}u = g'_x \mathrm{d}x + g'_y \mathrm{d}y$

$$\mathrm{d}v = h'_x \mathrm{d}x + h'_y \mathrm{d}y + h'_u \mathrm{d}u$$

$$\mathrm{d}z = f'_x \mathrm{d}x + f'_u(g'_x \mathrm{d}x + g'_y \mathrm{d}y) + f'_v(h'_x \mathrm{d}x + h'_y \mathrm{d}y + h'_u \mathrm{d}u)$$

$$= (f'_x + f'_u g'_x + f'_v h'_x)\mathrm{d}x + (f'_u g'_y + f'_v h'_y)\mathrm{d}y + f'_v h'_u \mathrm{d}u$$

$$= (f'_x + f'_u g'_x + f'_v h'_x)\mathrm{d}x + (f'_u g'_y + f'_v h'_y)\mathrm{d}y + f'_v h'_u(g'_x \mathrm{d}x + g'_y \mathrm{d}y)$$

$$= (f'_x + f'_u g'_x + f'_v h'_x + f'_v h'_u g'_x)\mathrm{d}x + (f'_u g'_y + f'_v h'_y + f'_v h'_u g'_y)\mathrm{d}y$$

因此， $\dfrac{\partial z}{\partial x} = f'_x + f'_u g'_x + f'_v h'_x + f'_v g'_x h'_u$ ， $\dfrac{\partial z}{\partial y} = f'_u g'_y + f'_v h'_y + f'_v g'_y h'_u$ ．

例 7-56 设函数 $u = f(x,y,z)$ 有连续偏导数，且 $z = z(x,y)$ 由方程 $x\mathrm{e}^x - y\mathrm{e}^y - z\mathrm{e}^z = 0$ 确定，求 $\mathrm{d}u$ ．

解： $\mathrm{d}u = f'_x \mathrm{d}x + f'_y \mathrm{d}y + f'_z \mathrm{d}z$

$$\mathrm{e}^x \mathrm{d}x + x\mathrm{e}^x \mathrm{d}x - \mathrm{e}^y \mathrm{d}y - y\mathrm{e}^y \mathrm{d}y - \mathrm{e}^z \mathrm{d}z - z\mathrm{e}^z \mathrm{d}z = 0$$

$$\mathrm{d}z = \frac{(x+1)\mathrm{e}^x}{(z+1)\mathrm{e}^z}\mathrm{d}x - \frac{(y+1)\mathrm{e}^y}{(z+1)\mathrm{e}^z}\mathrm{d}y = \frac{x+1}{z+1}\mathrm{e}^{x-z}\mathrm{d}x - \frac{y+1}{z+1}\mathrm{e}^{y-z}\mathrm{d}y$$

$$\mathrm{d}u = f'_x \mathrm{d}x + f'_y \mathrm{d}y + f'_z\left(\frac{x+1}{z+1}\mathrm{e}^{x-z}\mathrm{d}x - \frac{y+1}{z+1}\mathrm{e}^{y-z}\mathrm{d}y\right)$$

$$= \left(f'_x + \frac{x+1}{z+1}\mathrm{e}^{x-z}f'_z\right)\mathrm{d}x + \left(f'_y - \frac{y+1}{z+1}\mathrm{e}^{y-z}f'_z\right)\mathrm{d}y$$

习题 7.5

1. 求下列方程所确定的隐函数 z 的一阶和二阶偏导数．

（1）$\dfrac{x}{z} = \ln \dfrac{z}{y}$；　　　　　　　　　　（2）$x^2 - 2y^2 + z^2 - 4x + 2z - 5 = 0$．

2．利用全微分形式不变性，求下列隐函数 z 的全微分及偏导数．

（1）$xyz + \sqrt{x^2 + y^2 + z^2} = \sqrt{2}$；　　　　（2）$z - y - x + x\mathrm{e}^{z-y-x} = 0$．

3．设 $z = z(x,y)$ 由方程 $ax + by + cz = \varphi(x^2 + y^2 + z^2)$ 确定，其中 φ 可微，证明

$$(cy - bz)\frac{\partial z}{\partial x} + (az - cx)\frac{\partial z}{\partial y} = bx - ay$$

4．设函数 $z = z(x,y)$ 由方程 $F(x + zy^{-1}, y + zx^{-1}) = 0$ 确定，证明

$$x\frac{\partial z}{\partial x} + y\frac{\partial z}{\partial y} = z - xy$$

5．设 $F(x + y + z, x^2 + y^2 + z^2) = 0$ 确定函数 $z = z(x,y)$，其中，F 具有二阶连续偏导数，求 $\dfrac{\partial^2 z}{\partial x \partial y}$．

6．求下列方程组确定的隐函数的导数或偏导数．

（1）$\begin{cases} z = x^2 + y^2 \\ x^2 + 2y^2 + 3z^2 = 20 \end{cases}$，求 $\dfrac{\mathrm{d}y}{\mathrm{d}x}, \dfrac{\mathrm{d}z}{\mathrm{d}x}$；

（2）$\begin{cases} u = f(ux, v + y) \\ v = g(u - x, v^2 y) \end{cases}$，其中，$f, g$ 具有一阶连续偏导数，求 $\dfrac{\partial u}{\partial x}, \dfrac{\partial v}{\partial x}$；

（3）$\begin{cases} x = \mathrm{e}^u + u\sin v \\ y = \mathrm{e}^u - u\cos v \end{cases}$，求 $\dfrac{\partial u}{\partial x}, \dfrac{\partial v}{\partial y}$．

7．设 $u = f(x,y,z)$，$\varphi(x^2, \mathrm{e}^y, z) = 0$，$y = \sin x$，其中，$f, \varphi$ 具有一阶连续偏导数，且 $\dfrac{\partial \varphi}{\partial z} \neq 0$，求 $\dfrac{\mathrm{d}u}{\mathrm{d}x}$．

8．设函数 $z = z(x,y)$ 具有二阶连续偏导数，且 $\dfrac{\partial z}{\partial y} \neq 0$，证明对函数的值域内任意给定的值 C，$f(x,y) = C$ 为直线的充要条件是 $(z'_y)^2 z''_{xx} - 2z'_x z'_y z''_{xy} + (z'_x)^2 z''_{yy} = 0$．

7.6　偏导数的几何应用

7.6.1　空间曲线的切线与法平面

空间曲线有参数方程与方程组两种表示方式，我们首先研究参数方程的情形．曲线 l：$x = x(t)$，$y = y(t)$，$z = z(t)$，$t \in I$．当 $t = t_0$ 时，对应点为 $P_0(x_0, y_0, z_0)$；当 $t = t_0 + \Delta t$ 时，对应点为 $P_1(x_0 + \Delta x, y_0 + \Delta y, z_0 + \Delta z)$，割线 $P_0 P_1$ 的方向向量为 $\{\Delta x, \Delta y, \Delta z\}$ 或 $\left\{\dfrac{\Delta x}{\Delta t}, \dfrac{\Delta y}{\Delta t}, \dfrac{\Delta z}{\Delta t}\right\}$．割线的极限位置是曲线 l 在点 P_0 处的**切线**，$\boldsymbol{t} = \{x'(t_0), y'(t_0), z'(t_0)\}$ 是切线的方向向量，称为曲线 l 在点 P_0 处的**切向量**（如图 7.8 所示）．

曲线 l 在点 P_0 处的切线方程为 $\dfrac{x-x_0}{x'(t_0)}=\dfrac{y-y_0}{y'(t_0)}=\dfrac{z-z_0}{z'(t_0)}$.

过点 P_0 且与切线垂直的平面，称为曲线 l 在点 P_0 处的**法平面**，法平面方程为 $x'(t_0)(x-x_0)+y'(t_0)(y-y_0)+z'(t_0)(z-z_0)=0$.

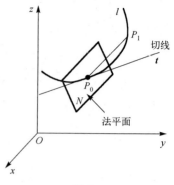

图 7.8

例 7-57 求曲线 $x=t$，$y=t^2$，$z=t^3$ 在点 $P_0(1,1,1)$ 处的切线方程和法平面方程.

解： $x'(t)=1$，$y'(t)=2t$，$z'(t)=3t^2$，点 P_0 对应参数 $t=1$.

切向量： $\boldsymbol{t}=\{x'(t),y'(t),z'(t)\}\big|_{t=1}=\{1,2,3\}$.

切线方程： $\dfrac{x-1}{1}=\dfrac{y-1}{2}=\dfrac{z-1}{3}$.

法平面方程： $(x-1)+2(y-1)+3(z-1)=0$，$x+2y+3z-6=0$.

例 7-58 设曲线 $x=x(t)$，$y=y(t)$，$z=z(t)$ 在任一点的法平面都过原点. 证明：此曲线必在以原点为球心的某球面上.

证明： 切向量 $\boldsymbol{t}=\{x'(t),y'(t),z'(t)\}$，法平面方程为 $x'(t)[X-x(t)]+y'(t)[Y-y(t)]+z'(t)[Z-z(t)]=0$. 因为法平面过原点，所以

$$x'(t)[0-x(t)]+y'(t)[0-y(t)]+z'(t)[0-z(t)]=0$$
$$2x(t)x'(t)+2y(t)y'(t)+2z(t)z'(t)=0$$
$$[x^2(t)+y^2(t)+z^2(t)]'=0$$

因此， $x^2(t)+y^2(t)+z^2(t)=C>0$，即此曲线必在球面 $x^2+y^2+z^2=C$ 上.

注：法平面上点的坐标记为 (X,Y,Z)，是为了与曲线上点的坐标 (x,y,z) 区别开来，以免混淆.

例 7-59 在抛物柱面 $y=6x^2$ 与 $z=12x^2$ 的交线上，求对应 $x=\dfrac{1}{2}$ 的点处的切向量.

解： 选取 x 作为参数，则切向量为

$$\boldsymbol{t}=\left\{\dfrac{\mathrm{d}x}{\mathrm{d}x},\dfrac{\mathrm{d}y}{\mathrm{d}x},\dfrac{\mathrm{d}z}{\mathrm{d}x}\right\}\Big|_{x=\frac{1}{2}}=\{1,12x,24x\}\big|_{x=\frac{1}{2}}=\{1,6,12\}$$

例 7-60 求曲线 $x^2+y^2+z^2=6$，$x+y+z=0$ 在点 $(1,-2,1)$ 处的切线方程及法平面方程.

解： 设 $\begin{cases}F(x,y,z)=x^2+y^2+z^2-6=0\\G(x,y,z)=x+y+z=0\end{cases}$，在点 $(1,-2,1)$ 处，有

$$\left|\dfrac{\partial(F,G)}{\partial(y,z)}\right|\Big|_{(1,-2,1)}=\begin{vmatrix}2y & 2z\\1 & 1\end{vmatrix}\Big|_{(1,-2,1)}=-6\neq0$$

由隐函数存在定理可知，该曲线可以参数化为 $\begin{cases}x=x\\y=y(x)\\z=z(x)\end{cases}$，且

$$\dfrac{\mathrm{d}y}{\mathrm{d}x}=-\dfrac{\left|\dfrac{\partial(F,G)}{\partial(x,z)}\right|}{\left|\dfrac{\partial(F,G)}{\partial(y,z)}\right|}=-\dfrac{\begin{vmatrix}2x & 2z\\1 & 1\end{vmatrix}}{2(y-z)}=\dfrac{z-x}{y-z}，\quad\dfrac{\mathrm{d}y}{\mathrm{d}x}\Big|_{x=1}=\dfrac{0}{-3}=0$$

$$\frac{\mathrm{d}z}{\mathrm{d}x} = -\frac{\left|\dfrac{\partial(F,G)}{\partial(y,x)}\right|}{\left|\dfrac{\partial(F,G)}{\partial(y,z)}\right|} = -\frac{\begin{vmatrix} 2y & 2x \\ 1 & 1 \end{vmatrix}}{2(y-z)} = \frac{x-y}{y-z} , \quad \frac{\mathrm{d}z}{\mathrm{d}x}\bigg|_{x=1} = \frac{3}{-3} = -1$$

因此，切向量 $\boldsymbol{t} = \left\{\dfrac{\mathrm{d}x}{\mathrm{d}x}, \dfrac{\mathrm{d}y}{\mathrm{d}x}, \dfrac{\mathrm{d}z}{\mathrm{d}x}\right\}\bigg|_{x=1} = \{1, 0, -1\}$. 切平面方程为

$$\frac{x-1}{1} = \frac{y+2}{0} = \frac{z-1}{-1}$$

法平面方程为 $(x-1) - (z-1) = 0$, $x - z = 0$.

更一般地，由方程组 $\begin{cases} F(x,y,z) = 0 \\ G(x,y,z) = 0 \end{cases}$ 给出曲线 l（曲面的交线），$P_0(x_0, y_0, z_0) \in l$, 设 F, G 的

偏导数在点 P_0 处连续，且 $\{F_x', F_y', F_z'\}$ 与 $\{G_x', G_y', G_z'\}$ 线性无关（ $\left|\dfrac{\partial(F,G)}{\partial(x,y)}\right|$ 、 $\left|\dfrac{\partial(F,G)}{\partial(y,z)}\right|$ 、 $\left|\dfrac{\partial(F,G)}{\partial(x,z)}\right|$

不全为零）. 不妨设 $\left|\dfrac{\partial(F,G)}{\partial(y,z)}\right| \neq 0$, 则曲线 l 在点 P_0 处的切向量为

$$\left\{1, -\frac{\left|\dfrac{\partial(F,G)}{\partial(x,z)}\right|}{\left|\dfrac{\partial(F,G)}{\partial(y,z)}\right|}, -\frac{\left|\dfrac{\partial(F,G)}{\partial(y,x)}\right|}{\left|\dfrac{\partial(F,G)}{\partial(y,z)}\right|}\right\} = \frac{1}{\left|\dfrac{\partial(F,G)}{\partial(y,z)}\right|}\left\{\left|\dfrac{\partial(F,G)}{\partial(y,z)}\right|, \left|\dfrac{\partial(F,G)}{\partial(z,x)}\right|, \left|\dfrac{\partial(F,G)}{\partial(x,y)}\right|\right\}$$

因此，可取 $\boldsymbol{t} = \left\{\left|\dfrac{\partial(F,G)}{\partial(y,z)}\right|, \left|\dfrac{\partial(F,G)}{\partial(z,x)}\right|, \left|\dfrac{\partial(F,G)}{\partial(x,y)}\right|\right\}$ 为切向量.

例 7-61 求曲线 $\begin{cases} 2x^2 + 3y^2 + z^2 = 9 \\ z^2 = 3x^2 + y^2 \end{cases}$ 上点 $P_0(1, -1, 2)$ 处的切线方程与法平面方程.

解：设 $\begin{cases} F(x,y,z) = 2x^2 + 3y^2 + z^2 - 9 = 0 \\ G(x,y,z) = 3x^2 + y^2 - z^2 = 0 \end{cases}$,

$$\boldsymbol{t} = \left\{\left|\dfrac{\partial(F,G)}{\partial(y,z)}\right|, \left|\dfrac{\partial(F,G)}{\partial(z,x)}\right|, \left|\dfrac{\partial(F,G)}{\partial(x,y)}\right|\right\} = \left\{\begin{vmatrix} 6y & 2z \\ 2y & -2z \end{vmatrix}, \begin{vmatrix} 2z & 4x \\ -2z & 6x \end{vmatrix}, \begin{vmatrix} 4x & 6y \\ 6x & 2y \end{vmatrix}\right\}$$
$$= \{-16yz, 20zx, -28xy\}$$

切向量为 $\boldsymbol{t}|_{(1,-1,2)} = \{32, 40, 28\} = 4\{8, 10, 7\}$.

切线方程为 $\dfrac{x-1}{8} = \dfrac{y+1}{10} = \dfrac{z-2}{7}$.

法平面方程为 $8(x-1) + 10(y+1) + 7(z-2) = 0$, 即 $8x + 10y + 7z - 12 = 0$.

7.6.2 曲面的切平面与法线

曲面 Σ : $F(x,y,z) = 0$, 点 $P_0(x_0, y_0, z_0) \in \Sigma$, $F(x,y,z)$ 在点 P_0 处可微，F_x', F_y', F_z' 在点 P_0 处不同时为零. Σ 上过点 P_0 的任意一条（光滑）曲线 $x = x(t)$, $y = y(t)$, $z = z(t)$, 点 P_0 对应参

数 t_0，$F(x(t),y(t),z(t)) \equiv 0$，方程两端关于参数 t 求导并代入 $t=t_0$，得

$$F_x'(x_0,y_0,z_0)x'(t_0) + F_y'(x_0,y_0,z_0)y'(t_0) + F_z'(x_0,y_0,z_0)z'(t_0) = 0$$

向量 $\boldsymbol{n} = \{F_x'(x_0,y_0,z_0), F_y'(x_0,y_0,z_0), F_z'(x_0,y_0,z_0)\}$ 与曲线的切向量 $\boldsymbol{t} = \{x'(t_0), y'(t_0), z'(t_0)\}$ 垂直. 由曲线的任意性可知，这些切线都在一个平面上，称之为曲面在点 P_0 处的**切平面**，$\boldsymbol{n}$ 为曲面在点 P_0 处的**法向量**.

切平面方程为

$$F_x'(x_0,y_0,z_0)(x-x_0) + F_y'(x_0,y_0,z_0)(y-y_0) + F_z'(x_0,y_0,z_0)(z-z_0) = 0$$

法线方程为

$$\frac{x-x_0}{F_x'(x_0,y_0,z_0)} = \frac{y-y_0}{F_y'(x_0,y_0,z_0)} = \frac{z-z_0}{F_z'(x_0,y_0,z_0)}$$

两个曲面的交线 $\begin{cases} F(x,y,z)=0 \\ G(x,y,z)=0 \end{cases}$，切向量同时垂直于两个曲面的法向量，故 $\boldsymbol{t} = \boldsymbol{n}_F \times \boldsymbol{n}_G =$

$$\begin{vmatrix} \boldsymbol{i} & \boldsymbol{j} & \boldsymbol{k} \\ F_x' & F_y' & F_z' \\ G_x' & G_y' & G_z' \end{vmatrix} = \left\{ \left| \frac{\partial(F,G)}{\partial(y,z)} \right|, \left| \frac{\partial(F,G)}{\partial(z,x)} \right|, \left| \frac{\partial(F,G)}{\partial(x,y)} \right| \right\}$$，这样比较好记.

特别地，曲面 Σ 由 $z=f(x,y)$ 给出，令 $F(x,y,z) = f(x,y) - z = 0$，$\boldsymbol{n} = \{f_x'(x_0,y_0),$ $f_y'(x_0,y_0), -1\}$，点 $P_0(x_0,y_0,z_0)$ 处的切平面方程为

$$z - z_0 = f_x'(x_0,y_0)(x-x_0) + f_y'(x_0,y_0)(y-y_0)$$

法线方程为

$$\frac{x-x_0}{f_x'(x_0,y_0)} = \frac{y-y_0}{f_y'(x_0,y_0)} = \frac{z-z_0}{-1}$$

例 7-62 求椭球面 $\dfrac{x^2}{3} + \dfrac{y^2}{12} + \dfrac{z^2}{27} = 1$ 上点 $P_0(1,2,3)$ 处的切平面方程和法线方程.

解： 设 $F(x,y,z) = \dfrac{x^2}{3} + \dfrac{y^2}{12} + \dfrac{z^2}{27} - 1 = 0$，$\boldsymbol{n} = \{F_x', F_y', F_z'\} = \left\{ \dfrac{2x}{3}, \dfrac{y}{6}, \dfrac{2z}{27} \right\}$，法向量 $\boldsymbol{n}\big|_{(1,2,3)} =$ $\left\{ \dfrac{2}{3}, \dfrac{1}{3}, \dfrac{2}{9} \right\} = \dfrac{1}{9}\{6,3,2\}$.

切平面方程为 $6(x-1) + 3(y-2) + 2(z-3) = 0$，$6x + 3y + 2z - 18 = 0$.

法线方程为 $\dfrac{x-1}{6} = \dfrac{y-2}{3} = \dfrac{z-3}{2}$.

例 7-63 求旋转抛物面 $z = x^2 + y^2 - 1$ 在任意点 $P(x,y,z)$ 处向上的法向量.

解： $\boldsymbol{n} = \left\{ \dfrac{\partial z}{\partial x}, \dfrac{\partial z}{\partial y}, -1 \right\} = \{2x, 2y, -1\}$. 因为 $-1 < 0$，所以取 $\boldsymbol{n}_{\perp} = \{-2x, -2y, 1\}$ 是向上的法向量.

当曲面 Σ 以参数方程 $x = x(u,v)$，$y = y(u,v)$，$z = z(u,v)$ 形式给出时，求 (u_0,v_0) 对应的点 $P_0(x_0,y_0,z_0)$ 处的法向量. 固定 $v = v_0$，得到 Σ 上一条 u 曲线：$x = x(u,v_0)$，$y = y(u,v_0)$，$z = z(u,v_0)$，它的切向量为 $\boldsymbol{t}_u = \left\{ \dfrac{\partial x}{\partial u}, \dfrac{\partial y}{\partial u}, \dfrac{\partial z}{\partial u} \right\}\bigg|_{(u_0,v_0)}$. 同样，$v$ 曲线：$x = x(u_0,v)$，$y = y(u_0,v)$，

$$z = z(u_0, v), \quad \boldsymbol{t}_v = \left\{ \frac{\partial x}{\partial v}, \frac{\partial y}{\partial v}, \frac{\partial z}{\partial v} \right\} \bigg|_{(u_0, v_0)}. \quad \boldsymbol{t}_u \text{ 与 } \boldsymbol{t}_v \text{ 线性无关, 可取法向量 } \boldsymbol{n}_{P_0} = \boldsymbol{t}_u \times \boldsymbol{t}_v = \begin{vmatrix} \boldsymbol{i} & \boldsymbol{j} & \boldsymbol{k} \\ x'_u & y'_u & z'_u \\ x'_v & y'_v & z'_v \end{vmatrix}.$$

例 7-64 求马鞍面 $x = u + v$, $y = u - v$, $z = uv$ 上 $u = 1$, $v = 1$ 对应点处的切平面方程.

解: $u = 1$, $v = 1$ 对应点 $P_0(2, 0, 1)$, 有

$$\boldsymbol{t}_u = \left\{ \frac{\partial x}{\partial u}, \frac{\partial y}{\partial u}, \frac{\partial z}{\partial u} \right\} \bigg|_{u=1, v=1} = \{1, 1, v\} \big|_{u=1, v=1} = \{1, 1, 1\}$$

$$\boldsymbol{t}_v = \left\{ \frac{\partial x}{\partial v}, \frac{\partial y}{\partial v}, \frac{\partial z}{\partial v} \right\} \bigg|_{u=1, v=1} = \{1, -1, u\} \big|_{u=1, v=1} = \{1, -1, 1\}$$

$$\boldsymbol{n} = \boldsymbol{t}_u \times \boldsymbol{t}_v = \begin{vmatrix} \boldsymbol{i} & \boldsymbol{j} & \boldsymbol{k} \\ 1 & 1 & 1 \\ 1 & -1 & 1 \end{vmatrix} = \{2, 0, -2\} = 2\{1, 0, -1\}$$

切方面方程为 $(x - 2) - (z - 1) = 0$, $x - z - 1 = 0$.

7.6.3 二元函数全微分的几何意义

从切平面方程 $z - z_0 = f'_x(x_0, y_0)(x - x_0) + f'_y(x_0, y_0)(y - y_0)$ 可知, 二元函数 $z = f(x, y)$ 在点 (x_0, y_0) 处的全微分等于其切平面 z 坐标的增量. 二元函数 $z = f(x, y)$ 在点 (x_0, y_0) 处可微, 几何上表现为曲面 $z = f(x, y)$ 在点 $P_0(x_0, y_0, z_0)$ 处有切平面, 且此切平面不平行于 z 轴 (如图 7.9 所示).

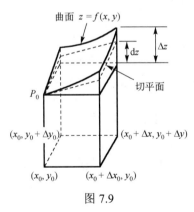

图 7.9

 **习题 7.6**

1. 求下列曲线在指定点处的切线方程与法平面方程.

(1) $x = at$, $y = bt^2$, $z = ct^3$, 在 $t = 1$ 的对应点处;

(2) $x = \cos t + \sin^2 t$, $y = \sin t (1 - \cos t)$, $z = \cos t$, 在 $t = \frac{\pi}{2}$ 的对应点处;

(3) $x = y^2$, $z = x^2$, 在点 $(1, 1, 1)$ 处;

(4) $2x^2 + y^2 + z^2 = 45$, $x^2 + 2y^2 = z$, 在点 $(-2, 1, 6)$ 处.

2．在曲线 $x = t$，$y = t^2$，$z = t^3$ 上求出一点，使曲线在该点处的切线平行于平面 $x + 2y + z = 4$．

3．证明螺旋线 $x = a\cos\theta$，$y = a\sin\theta$，$z = k\theta$（a,k 为常数）上任一点的切向量与 z 轴正向的夹角为定角．

4．求下列曲面上指定点处的切平面方程和法线方程．

（1）$z = \sqrt{x^2 + y^2}$，在点 $(3,4,5)$ 处；

（2）$x^3 + y^3 + z^3 + xyz - 6 = 0$，在点 $(1,2,-1)$ 处；

（3）$x = u + v$，$y = u^2 + v^2$，$z = u^3 + v^3$，在 $(u_0, v_0) = (2,1)$ 的对应点处．

5．在曲面 $z = xy$ 上求一点，使这点的法线垂直于平面 $x + 3y + z + 9 = 0$，并写出此法线方程．

6．设 $f(u,v)$ 可微，证明曲面 $f(ax - bz, ay - cz) = 0$ 上任一点的切平面都与某一定直线平行，其中，a,b,c 是不同时为零的常数．

7．设 $f(u,v)$ 可微，证明曲面 $f\left(\dfrac{y-b}{x-a}, \dfrac{z-c}{x-a}\right) = 0$ 上任一点的切平面都过定点．

8．证明曲面 $xyz = a^3$（$a > 0$）上任一点处的切平面和三个坐标面所围四面体的体积是一常数．

9．设 $f'(x) \neq 0$，证明旋转曲面 $z = f\left(\sqrt{x^2 + y^2}\right)$ 上任一点的法线都与旋转轴 z 相交．

10．求螺旋面 $x = u\cos v$，$y = u\sin v$，$z = av$ 的法线与 z 轴的夹角 θ．

11．证明曲线 $\mathrm{e}^{2x-z} = f\left(\pi y - \sqrt{2}z\right)$ 是柱面，其中，f 可微．

7.7 多元函数的极值

7.7.1 多元函数的无条件极值

定义 7.15 设二元函数 $z = f(X)$ 在点 X_0 的某邻域 $U_\delta(X_0)$ 内有定义，且 $\forall X \in U_\delta(X_0)$，都有 $f(X) \leqslant f(X_0)$（$f(X) \geqslant f(X_0)$），则称函数 $z = f(X)$ 在点 X_0 处取**极大（小）值** $f(X_0)$，并称 X_0 为**极值点**．极大值与极小值统称为函数的**极值**．

注：在上述定义中，由于可以任取 $X \in U_\delta(X_0)$ 比较 $f(X)$ 与 $f(X_0)$ 的大小，即对 X 与 X_0 的相对位置关系没有任何限制（X 可来自 X_0 周围"四面八方"），因此，也称该极值为无条件极值，以区别下文中的条件极值．

例如，$z = f(x,y) = 3x^2 + 4y^2$ 在点 $(0,0)$ 处取极小值，$z = g(x,y) = 1 - \sqrt{x^2 + (y-1)^2}$ 在点 $(0,1)$ 处取极大值．

定理 7.9（极值的必要条件） 设函数 $z = f(X)$ 在点 X_0 处取极值，且在该点处函数的偏导数都存在，则必有 $[f'_x, f'_y] = [0,0]$．

证明：因为 $z = f(X)$ 在点 X_0 处取极值，所以 $z = f(x, y_0)$ 作为一元函数在 $x = x_0$ 处亦取得极值．由可导的一元函数取得极值的必要条件及偏导数的定义可知，$f'_x(x_0, y_0) = 0$．同理可证：$f'_y(x_0, y_0) = 0$．

注：满足 $[f'_x, f'_y] = [0,0]$ 的点 X_0 称为函数 $z = f(X)$ 的驻点．可微函数的极值点必为驻点，但驻点不一定是极值点．例如，$z = xy$，原点 $(0,0)$ 是驻点，但不是极值点．

一元函数有两个判断极值的充分条件，其中，第一充分条件依赖于一元函数在极值点两侧的单调性相反．然而，对多元函数则无法定义一元函数那样的单调性．因此，判断多元函数的无条件极值需要建立类似一元函数极值第二充分条件的结论. 为此, 我们先给出多元函数的一阶泰勒公式.

定理 7.10（多元函数一阶泰勒公式）　若二元函数 $z = f(x, y)$ 在 X_0 的某邻域 $U(X_0)$ 内有二阶连续偏导数, 则对 $U(X_0)$ 内任一点 $X(x, y)$, 存在 θ（$0 < \theta < 1$）, 使得

$$f(x, y) = f(x_0, y_0) + [f_x', f_y']_{X_0} \begin{bmatrix} \Delta x \\ \Delta y \end{bmatrix} + R \qquad (7.1)$$

其中,

$$R = \frac{1}{2!} [\Delta x, \Delta y] \begin{bmatrix} f_{xx}'' & f_{xy}'' \\ f_{yx}'' & f_{yy}'' \end{bmatrix}_{X^*} \begin{bmatrix} \Delta x \\ \Delta y \end{bmatrix} \qquad (7.2)$$

$X^* = (x_0 + \theta \Delta x, y_0 + \theta \Delta y)$. $\boldsymbol{H}(X) = \begin{bmatrix} f_{xx}'' & f_{xy}'' \\ f_{yx}'' & f_{yy}'' \end{bmatrix}_X$ 称为**黑塞矩阵**, 式（7.1）为 $f(x, y)$ 的一阶泰勒公式, 式（7.2）为**拉格朗日型余项**.

证明： 设 $\varphi(t) = f(x_0 + t\Delta x, y_0 + t\Delta y)$, 则 $\varphi(0) = f(x_0, y_0)$, $\varphi(1) = f(x_0 + \Delta x, y_0 + \Delta y) = f(x, y)$.

由一元函数的泰勒中值定理可知,

$$\varphi(1) = \varphi(0) + \varphi'(0)(1 - 0) + \frac{1}{2!} \varphi''(\theta)(1 - 0)^2, \quad 0 < \theta < 1$$

$$\varphi'(t) = f_x'(x_0 + t\Delta x, y_0 + t\Delta y)\Delta x + f_y'(x_0 + t\Delta x, y_0 + t\Delta y)\Delta y$$

$$\varphi'(0) = f_x'(x_0, y_0)\Delta x + f_y'(x_0, y_0)\Delta y$$

$$\varphi''(t) = f_{xx}''(x_0 + t\Delta x, y_0 + t\Delta y)(\Delta x)^2 + f_{xy}''(x_0 + t\Delta x, y_0 + t\Delta y)\Delta x\Delta y$$
$$+ f_{yx}''(x_0 + t\Delta x, y_0 + t\Delta y)\Delta y\Delta x + f_{yy}''(x_0 + t\Delta x, y_0 + t\Delta y)(\Delta y)^2$$

$$= [\Delta x, \Delta y] \begin{bmatrix} f_{xx}'' & f_{xy}'' \\ f_{yx}'' & f_{yy}'' \end{bmatrix}_{(x_0 + t\Delta x, y_0 + t\Delta y)} \begin{bmatrix} \Delta x \\ \Delta y \end{bmatrix}$$

因此, $f(x, y) = f(x_0, y_0) + [f_x', f_y']_{X_0} \begin{bmatrix} \Delta x \\ \Delta y \end{bmatrix} + R$, 其中,

$$R = \frac{1}{2!} [\Delta x, \Delta y] \begin{bmatrix} f_{xx}'' & f_{xy}'' \\ f_{yx}'' & f_{yy}'' \end{bmatrix}_{X^*} \begin{bmatrix} \Delta x \\ \Delta y \end{bmatrix}, \quad X^* = (x_0 + \theta \Delta x, y_0 + \theta \Delta y)$$

推论（带皮亚诺型余项的二阶泰勒公式）　若二元函数 $z = f(x, y)$ 在 X_0 的某邻域 $U(X_0)$ 内有二阶连续偏导数, 则

$$f(x, y) = f(x_0, y_0) + [f_x', f_y']_{X_0} \begin{bmatrix} \Delta x \\ \Delta y \end{bmatrix} + \frac{1}{2!} [\Delta x, \Delta y] \begin{bmatrix} f_{xx}'' & f_{xy}'' \\ f_{yx}'' & f_{yy}'' \end{bmatrix}_{X_0} \begin{bmatrix} \Delta x \\ \Delta y \end{bmatrix} + o(|\Delta X|^2)$$

证明： 因为二阶偏导数连续, 所以

$$f_{xx}''(X^*) = f_{xx}''(X_0) + \alpha, \quad f_{xy}''(X^*) = f_{xy}''(X_0) + \beta, \quad f_{yy}''(X^*) = f_{yy}''(X_0) + \gamma$$

其中, $X^* = (x_0 + \theta \Delta x, y_0 + \theta \Delta y)$（来自定理 7.10）, 且 $\lim\limits_{|\Delta X| \to 0^+} X^* = X_0$, α, β, γ 都是 $|\Delta X| = \sqrt{(\Delta x)^2 + (\Delta y)^2} \to 0^+$ 时的无穷小量. 因此,

$$[\Delta x, \Delta y]\begin{bmatrix} f''_{xx} & f''_{xy} \\ f''_{yx} & f''_{yy} \end{bmatrix}_{X^*}\begin{bmatrix} \Delta x \\ \Delta y \end{bmatrix} = [\Delta x, \Delta y]\begin{bmatrix} f''_{xx} & f''_{xy} \\ f''_{yx} & f''_{yy} \end{bmatrix}_{X_0}\begin{bmatrix} \Delta x \\ \Delta y \end{bmatrix} + \alpha(\Delta x)^2 + 2\beta\Delta x\Delta y + \gamma(\Delta y)^2$$

因为 $(\Delta x)^2, (\Delta y)^2 \leqslant |\Delta X|^2$，$|\Delta x\Delta y| \leqslant \dfrac{(\Delta x)^2 + (\Delta y)^2}{2}$，所以 $\dfrac{(\Delta x)^2}{|\Delta X|^2} \leqslant 1$，$\dfrac{(\Delta y)^2}{|\Delta X|^2} \leqslant 1$，$\dfrac{|\Delta x\Delta y|}{|\Delta X|^2} \leqslant \dfrac{1}{2}$ 都是有界量，从而 $|\Delta X| \to 0$ 时，$\alpha(\Delta x)^2 = o(|\Delta X|^2)$，$\beta\Delta x\Delta y = o(|\Delta X|^2)$，$\gamma(\Delta y)^2 = o(|\Delta X|^2)$. 于是，$\alpha(\Delta x)^2 + 2\beta\Delta x\Delta y + \gamma(\Delta y)^2 = o(|\Delta X|^2)$，得证.

$y = f(x_0, y_0) + f'_x(x_0, y_0)(x - x_0) + f'_y(x_0, y_0)(y - y_0)$ 是曲面 $z = f(x, y)$ 在点 X_0 处的切平面方程. 因此，$R = \dfrac{1}{2!}[\Delta x, \Delta y]\begin{bmatrix} f''_{xx} & f''_{xy} \\ f''_{yx} & f''_{yy} \end{bmatrix}_{X^*}\begin{bmatrix} \Delta x \\ \Delta y \end{bmatrix}$ 是 (x, y) 分别代入曲面方程与切平面方程后二者因变量 z 的差. 因为 $f(x, y)$ 的二阶偏导数连续，所以当 $H(X_0)$ 正定时，曲面位于切平面上方，曲面是局部下凸的；当 $H(X_0)$ 负定时，曲面位于切平面下方，曲面是局部上凸的. 由此可见，黑塞矩阵 $H(X)$ 起着类似一元函数 $f(x)$ 的二阶导数 $f''(x)$ 在凹凸性中的作用.

定理 7.11（极值的充分条件）$f(X) \in \mathbb{C}^2(U_\delta(X_0))$，$X_0$ 是 $f(X)$ 的驻点. 若 $f(X)$ 在点 X_0 的黑塞矩阵 $H(X_0)$ 正（负）定，则 $f(X_0)$ 为 $f(X)$ 的极小（大）值；若 $H(X_0)$ 不定，则 $f(X_0)$ 不是 $f(X)$ 的极值.

证明：方法一：由一阶泰勒公式及 X_0 为驻点，得

$$f(x, y) = f(x_0, y_0) + \dfrac{1}{2!}[\Delta x, \Delta y]\begin{bmatrix} f''_{xx} & f''_{xy} \\ f''_{yx} & f''_{yy} \end{bmatrix}_{X^*}\begin{bmatrix} \Delta x \\ \Delta y \end{bmatrix}$$

其中，$X^* = (x_0 + \theta\Delta x, y_0 + \theta\Delta y)$.

因为 $H(X_0)$ 是正定矩阵，所以其各阶顺序主子式 $f''_{xx}(X_0) > 0$，$\begin{vmatrix} f''_{xx} & f''_{xy} \\ f''_{yx} & f''_{yy} \end{vmatrix}_{X_0} = f''_{xx}(X_0)f''_{yy}(X_0) - [f''_{xy}(X_0)]^2 > 0$. 又因为二阶偏导数 $f''_{xx}, f''_{yy}, f''_{xy}$ 连续，由连续函数的局部保号性可知，存在邻域 $U_\delta(X_0)$ 使得 $X \in U_\delta(X_0)$ 时，仍有 $f''_{xx}(X) > 0$，$\begin{vmatrix} f''_{xx} & f''_{xy} \\ f''_{yx} & f''_{yy} \end{vmatrix}_X > 0$，所以 $H(X)$ 亦正定. 因此，当 $X \in \mathring{U}_\delta(X_0)$ 时，$X^* \in U_\delta(X_0)$（由 X^* 的构造可知），且

$$f(X) - f(X_0) = \dfrac{1}{2!}[\Delta x, \Delta y]\begin{bmatrix} f''_{xx} & f''_{xy} \\ f''_{yx} & f''_{yy} \end{bmatrix}_{X^*}\begin{bmatrix} \Delta x \\ \Delta y \end{bmatrix} > 0$$

（因为 $(\Delta x, \Delta y) \neq (0, 0)$），即 $f(X_0)$ 是极小值.

同理可证：$H(X_0)$ 负定时，$f(X_0)$ 是极大值；$H(X_0)$ 不定时，$f(X_0)$ 不是极值.

方法二：我们先证明一个引理.

引理 7.1 若 A 是 n 阶实对称矩阵，其特征值为 $\lambda_1, \lambda_2, \cdots, \lambda_n \in \mathbb{R}$（重根按重数计），则对任意 n 维单位列向量 x，有 $\min\limits_{1 \leqslant i \leqslant n}\{\lambda_i\} \leqslant x^{\mathrm{T}}Ax \leqslant \max\limits_{1 \leqslant i \leqslant n}\{\lambda_i\}$ 成立.

因为 A 是实对称矩阵，所以存在正交矩阵 P 使得

$$P^{\mathrm{T}}AP = \Lambda = \begin{bmatrix} \lambda_1 & & \\ & \ddots & \\ & & \lambda_n \end{bmatrix}.$$

于是，

$$A = P\Lambda P^{\mathrm{T}}, \quad x^{\mathrm{T}}Ax = x^{\mathrm{T}}P\Lambda P^{\mathrm{T}}x = (P^{\mathrm{T}}x)^{\mathrm{T}}\Lambda(P^{\mathrm{T}}x)$$

设 $y = P^{\mathrm{T}}x = \begin{bmatrix} y_1 \\ \vdots \\ y_n \end{bmatrix}$，则

$$|y| = \sqrt{y^{\mathrm{T}}y} = \sqrt{\left(P^{\mathrm{T}}x\right)^{\mathrm{T}}\left(P^{\mathrm{T}}x\right)} = \sqrt{x^{\mathrm{T}}PP^{\mathrm{T}}x} = \sqrt{x^{\mathrm{T}}x} = 1$$

因为 $x^{\mathrm{T}}Ax = y^{\mathrm{T}}\Lambda y = \lambda_1 y_1^2 + \lambda_2 y_2^2 + \cdots + \lambda_n y_n^2$，且

$$\min_{1\leqslant i\leqslant n}\{\lambda_i\} = \min_{1\leqslant i\leqslant n}\{\lambda_i\}\sum_{i=1}^{n} y_i^2 \leqslant \lambda_1 y_1^2 + \lambda_2 y_2^2 + \cdots + \lambda_n y_n^2$$

$$\leqslant \max_{1\leqslant i\leqslant n}\{\lambda_i\}\sum_{i=1}^{n} y_i^2 = \max_{1\leqslant i\leqslant n}\{\lambda_i\}$$

所以 $\min\limits_{1\leqslant i\leqslant n}\{\lambda_i\} \leqslant x^{\mathrm{T}}Ax \leqslant \max\limits_{1\leqslant i\leqslant n}\{\lambda_i\}$，得证.

下面证明定理 7.11. 由二阶泰勒公式及 X_0 为驻点，得

$$f(x,y) = f(x_0,y_0) + \frac{1}{2!}[\Delta x, \Delta y]\begin{bmatrix} f''_{xx} & f''_{xy} \\ f''_{yx} & f''_{yy} \end{bmatrix}_{X_0}\begin{bmatrix} \Delta x \\ \Delta y \end{bmatrix} + o(|\Delta X|^2)$$

$$\frac{f(X)-f(X_0)}{|\Delta X|^2} = \frac{1}{2!}\left(\frac{\Delta X}{|\Delta X|}\right)^{\mathrm{T}}\begin{bmatrix} f''_{xx} & f''_{xy} \\ f''_{yx} & f''_{yy} \end{bmatrix}_{X_0}\left(\frac{\Delta X}{|\Delta X|}\right) + \frac{o(|\Delta X|^2)}{|\Delta X|^2}$$

其中，$\dfrac{\Delta X}{|\Delta X|}$ 是单位向量.

因为 $H(X_0)$ 是正定矩阵，由引理 7.1 可知，

$$\left(\frac{\Delta X}{|\Delta X|}\right)^{\mathrm{T}}\begin{bmatrix} f''_{xx} & f''_{xy} \\ f''_{yx} & f''_{yy} \end{bmatrix}_{X_0}\left(\frac{\Delta X}{|\Delta X|}\right) \geqslant \min\{\lambda_1, \lambda_2\} > 0$$

其中，λ_1, λ_2 是 $H(X_0)$ 的特征值. 因此，当 $|\Delta X|$ 充分小时，

$$\frac{f(X)-f(X_0)}{|\Delta X|^2} = \frac{1}{2!}\left(\frac{\Delta X}{|\Delta X|}\right)^{\mathrm{T}}\begin{bmatrix} f''_{xx} & f''_{xy} \\ f''_{yx} & f''_{yy} \end{bmatrix}_{X_0}\left(\frac{\Delta X}{|\Delta X|}\right) + \frac{o(|\Delta X|^2)}{|\Delta X|^2} > 0$$

即 $f(X) > f(X_0)$，$f(X_0)$ 是极小值.

同理可证：$H(X_0)$ 负定时，$f(X_0)$ 是极大值；$H(X_0)$ 不定时，$f(X_0)$ 不是极值.

推论 $f(x,y) \in \mathbb{C}^2(U(x_0, y_0))$，$(x_0, y_0)$ 是 $f(x,y)$ 的驻点，记 $A = f''_{xx}(x_0, y_0)$，$B = f''_{xy}(x_0, y_0)$，$C = f''_{yy}(x_0, y_0)$，

（1）若 $AC - B^2 > 0$，则 $f(x_0, y_0)$ 取得 $\begin{cases} \text{极小值}, & A > 0; \\ \text{极大值}, & A < 0 \end{cases}$；

（2）若 $AC-B^2<0$ ，则 $f(x_0,y_0)$ 不是极值；

（3）若 $AC-B^2=0$ ，则不能确定 $f(x_0,y_0)$ 是否为极值.

例 7-65 确定函数 $f(x,y)=x^3-y^2+3x^2+4y-9x$ 的极值.

解： 由 $\begin{cases} f_x'(x,y)=3x^2+6x-9=0 \\ f_y'(x,y)=-2y+4=0 \end{cases}$ 解得驻点：$(-3,2)$ ，$(1,2)$.

$f_{xx}''(x,y)=6x+6$ ，$f_{xy}''(x,y)=0$ ，$f_{yy}''(x,y)=-2$.

（1）在驻点 $(-3,2)$ 处，$A=f_{xx}''(-3,2)=-12<0$ ，$B=f_{xy}''(-3,2)=0$ ，$C=f_{yy}''(-3,2)=-2$ ，$AC-B^2=24>0$ ，$f(-3,2)=31$ 是极大值.

（2）在驻点 $(1,2)$ 处，$A=f_{xx}''(1,2)=12>0$ ，$B=f_{xy}''(1,2)=0$ ，$C=f_{yy}''(1,2)=-2$ ，$AC-B^2=-24<0$ ，$f(1,2)$ 不是极值.

综上，$f(x,y)$ 有唯一的极值 $f(-3,2)=31$ ，且为极大值.

例 7-66 设 $z=z(x,y)$ 是由 $x^2-6xy+10y^2-2yz-z^2+18=0$ 确定的函数，求 $z=z(x,y)$ 的极值点和极值.

解： 方程两端关于 x 求偏导，得

$$2x-6y-2y\frac{\partial z}{\partial x}-2z\frac{\partial z}{\partial x}=0$$

$$x-3y-y\frac{\partial z}{\partial x}-z\frac{\partial z}{\partial x}=0 \tag{7.3}$$

方程两端关于 y 求偏导，得

$$-6x+20y-2z-2y\frac{\partial z}{\partial y}-2z\frac{\partial z}{\partial y}=0$$

$$-3x+10y-z-y\frac{\partial z}{\partial y}-z\frac{\partial z}{\partial y}=0 \tag{7.4}$$

令 $\dfrac{\partial z}{\partial x}=\dfrac{\partial z}{\partial y}=0$ ，得方程组 $\begin{cases} x^2-6xy+10y^2-2yz-z^2+18=0 \\ x-3y=0 \\ -3x+10y-z=0 \end{cases}$ ，解得驻点 $(9,3)$（$z=3$），$(-9,-3)$

（$z=-3$）.

式（7.3）两端关于 x 求偏导，得

$$1-y\frac{\partial^2 z}{\partial x^2}-\left(\frac{\partial z}{\partial x}\right)^2-z\frac{\partial^2 z}{\partial x^2}=0 \tag{7.5}$$

式（7.3）两端关于 y 求偏导，得

$$-3-\frac{\partial z}{\partial x}-y\frac{\partial^2 z}{\partial x\partial y}-\frac{\partial z}{\partial y}\frac{\partial z}{\partial x}-z\frac{\partial^2 z}{\partial x\partial y}=0 \tag{7.6}$$

式（7.4）两端关于 y 求偏导，得

$$10-\frac{\partial z}{\partial y}-\frac{\partial z}{\partial y}-y\frac{\partial^2 z}{\partial y^2}-\left(\frac{\partial z}{\partial y}\right)^2-z\frac{\partial^2 z}{\partial y^2}=0 \tag{7.7}$$

（1）在驻点 $(9,3)$ 处，分别向式（7.5）、式（7.6）、式（7.7）中代入 $x=9$，$y=3$，$z=3$，$\left.\dfrac{\partial z}{\partial x}\right|_{(9,3)} = \left.\dfrac{\partial z}{\partial y}\right|_{(9,3)} = 0$，得

$$A = \left.\frac{\partial^2 z}{\partial x^2}\right|_{(9,3)} = \frac{1}{6} > 0，\quad B = \left.\frac{\partial^2 z}{\partial x \partial y}\right|_{(9,3)} = -\frac{1}{2}$$

$$C = \left.\frac{\partial^2 z}{\partial y^2}\right|_{(9,3)} = \frac{5}{3}，\quad AC - B^2 = \frac{1}{36} > 0$$

因此，$z(9,3)=3$ 是极小值.

（2）在驻点 $(-9,-3)$ 处，分别向式（7.5）、式（7.6）、式（7.7）中代入 $x=-9$，$y=-3$，$z=-3$，$\left.\dfrac{\partial z}{\partial x}\right|_{(9,3)} = \left.\dfrac{\partial z}{\partial y}\right|_{(9,3)} = 0$，得

$$A = \left.\frac{\partial^2 z}{\partial x^2}\right|_{(-9,-3)} = -\frac{1}{6} < 0，\quad B = \left.\frac{\partial^2 z}{\partial x \partial y}\right|_{(-9,-3)} = \frac{1}{2}$$

$$C = \left.\frac{\partial^2 z}{\partial y^2}\right|_{(-9,-3)} = -\frac{5}{3}，\quad AC - B^2 = \frac{1}{36} > 0$$

因此，$z(-9,-3)=-3$ 是极大值.

综上，$z(9,3)=3$ 是极小值，$z(-9,-3)=-3$ 是极大值.

闭区间上一元连续函数可以取得最值，最值应在区间内部（开区间）的极值嫌疑点（驻点、不可导点）和区间端点（边界）之间比较产生. 类似地，有界闭区域上多元连续函数的最值应在区域内部（开区域）的极值嫌疑点（驻点、不可偏导点）和区域边界的极值嫌疑点之间比较产生. 例如，二维有界闭区域的边界是一维的有界闭曲线，对曲线参数化后，多元函数在边界上可转化为关于参数的一元函数进行讨论.

例 7-67 求函数 $z = 1 - x + x^2 + 2y$ 在直线 $x=0$，$y=0$ 及 $x+y=1$ 围成的三角形闭域 D 上的最值.

解： 如图 7.10 所示，记点 $O(0,0)$，$A(1,0)$，$B(0,1)$. 因为 $\dfrac{\partial z}{\partial y} = 2 \neq 0$，所以 $z = z(x,y)$ 在 D 的内部无驻点（极值嫌疑点）. 下面考察 $z = z(x,y)$ 在 ∂D 上的极值嫌疑点.

（1）在线段 $\overline{OA}$ 上，$z = z(x,0) = x^2 - x + 1$（$0 \leqslant x \leqslant 1$），

$$z_{\max} = z(0,0) = z(1,0) = 1，\quad z_{\min} = z\left(\frac{1}{2},0\right) = \frac{3}{4}$$

（2）在线段 $\overline{AB}$ 上，$z = z(x,1-x) = x^2 - 3x + 3$（$0 \leqslant x \leqslant 1$），

$$z_{\max} = z(0,1) = 3，\quad z_{\min} = z(1,0) = 1$$

（3）在线段 $\overline{OB}$ 上，$z = z(0,y) = 1 + 2y$（$0 \leqslant y \leqslant 1$），

$$z_{\max} = z(0,1) = 3，\quad z_{\min} = z(0,0) = 1$$

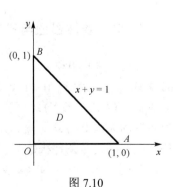

图 7.10

综上，在区域 D 上，$z_{\max}=3$，$z_{\min}=\dfrac{3}{4}$.

例 7-68 在椭球面 $\dfrac{x^2}{a^2}+\dfrac{y^2}{b^2}+\dfrac{z^2}{c^2}=1$ 的内接长方体中，求最大的体积.

解：设长方体在第一卦限的顶点坐标为 (x,y,z)，则 $z=c\sqrt{1-\dfrac{x^2}{a^2}-\dfrac{y^2}{b^2}}$，长方体体积

$$V=8xyz=8cxy\sqrt{1-\frac{x^2}{a^2}-\frac{y^2}{b^2}}$$

设 $f(x,y)=xy\sqrt{1-\dfrac{x^2}{a^2}-\dfrac{y^2}{b^2}}$，$(x,y)\in D=\left\{(x,y)\Big|\dfrac{x^2}{a^2}+\dfrac{y^2}{b^2}\leqslant 1\right\}$，则 $f(x,y)$ 与 $V(x,y)$ 同步取到最大值，且 $f(x,y)$ 的最大值不在 ∂D 上取得.

$$\frac{\partial f}{\partial x}=y\sqrt{1-\frac{x^2}{a^2}-\frac{y^2}{b^2}}+xy\frac{-\dfrac{x}{a^2}}{\sqrt{1-\dfrac{x^2}{a^2}-\dfrac{y^2}{b^2}}}=\frac{y\left(1-\dfrac{2x^2}{a^2}-\dfrac{y^2}{b^2}\right)}{\sqrt{1-\dfrac{x^2}{a^2}-\dfrac{y^2}{b^2}}}$$

$$\frac{\partial f}{\partial y}=\frac{x\left(1-\dfrac{x^2}{a^2}-\dfrac{2y^2}{b^2}\right)}{\sqrt{1-\dfrac{x^2}{a^2}-\dfrac{y^2}{b^2}}}$$

由 $\begin{cases}\dfrac{\partial f}{\partial x}=0\\[2mm]\dfrac{\partial f}{\partial y}=0\end{cases}$ 解得 $f(x,y)$ 在 D 的内部具有唯一的驻点（极值嫌疑点）$\left(\dfrac{a}{\sqrt{3}},\dfrac{b}{\sqrt{3}}\right)$. 因为 $f(x,y)$ 的最大值必在 D 的内部取得且内部的最值点一定是极值点，所以 $f\left(\dfrac{a}{\sqrt{3}},\dfrac{b}{\sqrt{3}}\right)$ 是 $f(x,y)$ 在 D 上的最大值，即

$$V_{\max}=8\frac{a}{\sqrt{3}}\frac{b}{\sqrt{3}}\frac{c}{\sqrt{3}}=\frac{8\sqrt{3}}{9}abc$$

7.7.2 条件极值与拉格朗日乘数法

方程 $\varphi(X)=0$ 确定一条曲线（此处以二元函数为例，局部看是隐函数 $y=y(x)$ 或 $x=x(y)$ 的图像），且点 X_0 在曲线上（$\varphi(X_0)=0$），若任取 $X\in U_{\delta_0}(X_0)$，且满足 $\varphi(X)=0$ 都有 $f(X)\leqslant f(X_0)$（$f(X)\geqslant f(X_0)$），则称 $f(X_0)$ 是 $f(X)$ 在约束条件 $\varphi(X)=0$ 下的条件极值. 因为条件 $\varphi(X)=0$ 约束了与 $f(X_0)$ 比较的点 X 的范围，所以条件极值未必是无条件极值，但无条件极值一定是条件极值.

若 $\varphi(x_0,y_0)=0$，$\varphi_y'(x_0,y_0)\neq 0$，由隐函数存在定理知，$\varphi(x,y)=0$ 在 x_0 的某邻域内确定

一个连续可微函数 $y = y(x)$（$y_0 = y(x_0)$），从而 $z = f(x, y(x))$. 若 $f(x, y)$ 在点 (x_0, y_0) 处取得条件极值，则

$$\left.\frac{\mathrm{d}z}{\mathrm{d}x}\right|_{x=x_0} = f_x'(x_0, y_0) + f_y'(x_0, y_0)\left.\frac{\mathrm{d}y}{\mathrm{d}x}\right|_{x=x_0} = 0$$

又因为 $\left.\dfrac{\mathrm{d}y}{\mathrm{d}x}\right|_{x=x_0} = -\dfrac{\varphi_x'(x_0, y_0)}{\varphi_y'(x_0, y_0)}$，所以 $f_x'(x_0, y_0) - \dfrac{f_y'(x_0, y_0)}{\varphi_y'(x_0, y_0)}\varphi_x'(x_0, y_0) = 0$.

令 $\lambda_0 = -\dfrac{f_y'(x_0, y_0)}{\varphi_y'(x_0, y_0)}$，则 x_0, y_0, λ_0 须满足

$$\begin{cases} f_x'(x_0, y_0) + \lambda_0 \varphi_x'(x_0, y_0) = 0 \\ f_y'(x_0, y_0) + \lambda_0 \varphi_y'(x_0, y_0) = 0 \\ \varphi(x_0, y_0) = 0 \end{cases} \tag{7.8}$$

这恰好相当于函数 $F(x, y, \lambda) = f(x, y) + \lambda \varphi(x, y)$ 在 (x_0, y_0, λ_0) 处取得无条件极值的必要条件. 这种方法称为**拉格朗日乘数法**，$F(x, y, \lambda)$ 称为**拉格朗日函数**.

例 7-69 长方体表面积为 a^2，底面长与宽的比值为 $3:2$，求长、宽与高各为多少时体积最大.

解：设长为 $3x$，宽为 $2x$（$x > 0$），高为 y（$y > 0$），则 $V = 6x^2 y$，$S = 2(6x^2 + 3xy + 2xy) = a^2$. 设拉格朗日函数 $F(x, y, \lambda) = x^2 y + \lambda(12x^2 + 10xy - a^2)$，则方程组

$$\begin{cases} F_x'(x, y, \lambda) = 2xy + \lambda(24x + 10y) = 0 \\ F_y'(x, y, \lambda) = x^2 + 10\lambda x = 0 \\ F_\lambda'(x, y, \lambda) = 12x^2 + 10xy - a^2 = 0 \end{cases}$$

得唯一解 $x = \dfrac{a}{6}$，$y = \dfrac{2}{5}a$.

因此，当长为 $\dfrac{a}{2}$、宽为 $\dfrac{a}{3}$、高为 $\dfrac{2}{5}a$ 时，$V(x, y)$ 取得最大值 $V_{\max} = \dfrac{a^3}{15}$.

注：理论上，拉格朗日乘数法解得的点是取得条件极值的嫌疑点. 若嫌疑点唯一，且已知必取得极值，则该点即是所求的极值点.

例 7-70 用拉格朗日乘数法计算例 7-68.

解：设拉格朗日函数 $F(x, y, z, \lambda) = xyz + \lambda\left(\dfrac{x^2}{a^2} + \dfrac{y^2}{b^2} + \dfrac{z^2}{c^2} - 1\right)$，则方程组

$$\begin{cases} F_x' = yz + 2\lambda \dfrac{x}{a^2} = 0 \\[2mm] F_y' = xz + 2\lambda \dfrac{y}{b^2} = 0 \\[2mm] F_z' = xy + 2\lambda \dfrac{z}{c^2} = 0 \\[2mm] F_\lambda' = \dfrac{x^2}{a^2} + \dfrac{y^2}{b^2} + \dfrac{z^2}{c^2} - 1 = 0 \end{cases}$$

得唯一解

$$\begin{cases} x = \dfrac{a}{\sqrt{3}} \\[2mm] y = \dfrac{b}{\sqrt{3}} \\[2mm] z = \dfrac{c}{\sqrt{3}} \end{cases}$$

因此，$V_{\max} = 8\dfrac{a}{\sqrt{3}}\dfrac{b}{\sqrt{3}}\dfrac{c}{\sqrt{3}} = \dfrac{8\sqrt{3}}{9}abc$.

下面我们考虑多个约束条件的情形. 目标函数为 $u = f(x_1, x_2, \cdots, x_n)$，约束条件为 $\varphi_i(x_1, x_2, \cdots, x_n) = 0$，$i = 1, 2, \cdots, m$，$m < n$.

$m < n$ 是必须的，否则当 $m = n$ 时，方程组 $\varphi_i(x_1, x_2, \cdots, x_n) = 0$ 至多有有限个解，理论上逐个比较大小就可以了.

下面我们仅以目标函数 $u = f(x, y, z)$，约束条件 $\varphi_1(x, y, z) = 0$，$\varphi_2(x, y, z) = 0$ 为例推导多约束条件下的拉格朗日乘数法.

不妨设 $\left| \dfrac{\partial(\varphi_1, \varphi_2)}{\partial(y, z)} \right| \neq 0$，则约束条件确定隐函数 $y = y(x)$，$z = z(x)$，于是 $z = f(x, y(x), z(x))$ 可视作 x 的一元函数. 由全导数公式，得

$$\frac{\mathrm{d}z}{\mathrm{d}x} = f_x' + f_y' \cdot \left(-\frac{\left| \dfrac{\partial(\varphi_1, \varphi_2)}{\partial(x, z)} \right|}{\left| \dfrac{\partial(\varphi_1, \varphi_2)}{\partial(y, z)} \right|} \right) + f_z' \cdot \left(-\frac{\left| \dfrac{\partial(\varphi_1, \varphi_2)}{\partial(y, x)} \right|}{\left| \dfrac{\partial(\varphi_1, \varphi_2)}{\partial(y, z)} \right|} \right) = 0$$

设解为 $x = x_0$，相应地，$y_0 = y(x_0)$，$z_0 = z(x_0)$.

$$f_y' \cdot \left(-\frac{\left| \dfrac{\partial(\varphi_1, \varphi_2)}{\partial(x, z)} \right|}{\left| \dfrac{\partial(\varphi_1, \varphi_2)}{\partial(y, z)} \right|} \right) + f_z' \cdot \left(-\frac{\left| \dfrac{\partial(\varphi_1, \varphi_2)}{\partial(y, x)} \right|}{\left| \dfrac{\partial(\varphi_1, \varphi_2)}{\partial(y, z)} \right|} \right)$$

$$= \frac{-f_y'}{\left| \dfrac{\partial(\varphi_1, \varphi_2)}{\partial(y, z)} \right|} (\varphi_{1x}' \varphi_{2z}' - \varphi_{1z}' \varphi_{2x}') + \frac{-f_z'}{\left| \dfrac{\partial(\varphi_1, \varphi_2)}{\partial(y, z)} \right|} (\varphi_{1y}' \varphi_{2x}' - \varphi_{1x}' \varphi_{2y}')$$

$$= \left(\frac{-f_y' \varphi_{2z}'}{\left| \dfrac{\partial(\varphi_1, \varphi_2)}{\partial(y, z)} \right|} + \frac{f_z' \varphi_{2y}'}{\left| \dfrac{\partial(\varphi_1, \varphi_2)}{\partial(y, z)} \right|} \right) \varphi_{1x}' + \left(\frac{f_y' \varphi_{1z}'}{\left| \dfrac{\partial(\varphi_1, \varphi_2)}{\partial(y, z)} \right|} + \frac{-f_z' \varphi_{1y}'}{\left| \dfrac{\partial(\varphi_1, \varphi_2)}{\partial(y, z)} \right|} \right) \varphi_{2x}'$$

设 $\lambda_1 = \dfrac{-f_y' \varphi_{2z}'}{\left| \dfrac{\partial(\varphi_1, \varphi_2)}{\partial(y, z)} \right|} + \dfrac{f_z' \varphi_{2y}'}{\left| \dfrac{\partial(\varphi_1, \varphi_2)}{\partial(y, z)} \right|}$，$\lambda_2 = \dfrac{f_y' \varphi_{1z}'}{\left| \dfrac{\partial(\varphi_1, \varphi_2)}{\partial(y, z)} \right|} + \dfrac{-f_z' \varphi_{1y}'}{\left| \dfrac{\partial(\varphi_1, \varphi_2)}{\partial(y, z)} \right|}$，$J = \left| \dfrac{\partial(\varphi_1, \varphi_2)}{\partial(y, z)} \right|$，则得到方程组

$$\begin{cases} (-\varphi_{2z}') f_y' + \varphi_{2y}' f_z' = J\lambda_1 \\ \varphi_{1z}' f_y' + (-\varphi_{1y}') f_z' = J\lambda_2 \end{cases}$$，其系数矩阵的行列式为

$$\begin{vmatrix} -\varphi'_{2z} & \varphi'_{2y} \\ \varphi'_{1z} & -\varphi'_{1y} \end{vmatrix} = \varphi'_{2z}\varphi'_{1y} - \varphi'_{2y}\varphi'_{1z} = \begin{vmatrix} \varphi'_{1y} & \varphi'_{1z} \\ \varphi'_{2y} & \varphi'_{2z} \end{vmatrix} = \left|\frac{\partial(\varphi_1,\varphi_2)}{\partial(y,z)}\right| = J$$

由克兰姆法则得

$$f'_y = \frac{\begin{vmatrix} J\lambda_1 & \varphi'_{2y} \\ J\lambda_2 & -\varphi'_{1y} \end{vmatrix}}{J} = -\lambda_1\varphi'_{1y} - \lambda_2\varphi'_{2y}$$

$$f'_z = \frac{\begin{vmatrix} -\varphi'_{2z} & J\lambda_1 \\ \varphi'_{1z} & J\lambda_2 \end{vmatrix}}{J} = -\lambda_1\varphi'_{1z} - \lambda_2\varphi'_{2z}$$

综上，得到方程组

$$\begin{cases} f'_x(x_0,y_0,z_0) + \lambda_1\varphi'_{1x}(x_0,y_0,z_0) + \lambda_2\varphi'_{2x}(x_0,y_0,z_0) = 0 \\ f'_y(x_0,y_0,z_0) + \lambda_1\varphi'_{1y}(x_0,y_0,z_0) + \lambda_2\varphi'_{2y}(x_0,y_0,z_0) = 0 \\ f'_z(x_0,y_0,z_0) + \lambda_1\varphi'_{1z}(x_0,y_0,z_0) + \lambda_2\varphi'_{2z}(x_0,y_0,z_0) = 0 \\ \varphi_1(x_0,y_0,z_0) = 0 \\ \varphi_2(x_0,y_0,z_0) = 0 \end{cases} \quad (7.9)$$

于是可设拉格朗日函数

$$F(x,y,z,\lambda_1,\lambda_2) = f(x,y,z) + \lambda_1\varphi_1(x,y,z) + \lambda_2\varphi_2(x,y,z)$$

方程组（7.9）其实也就是

$$\begin{cases} F'_x(x_0,y_0,z_0,\lambda_1,\lambda_2) = 0 \\ F'_y(x_0,y_0,z_0,\lambda_1,\lambda_2) = 0 \\ F'_z(x_0,y_0,z_0,\lambda_1,\lambda_2) = 0 \\ \varphi_1(x_0,y_0,z_0) = 0 \\ \varphi_2(x_0,y_0,z_0) = 0 \end{cases} \quad (7.10)$$

例 7-71 求旋转抛物面 $z = x^2 + y^2$ 与平面 $x + y + z = 1$ 的交线上到坐标原点最近的点与最远的点.

解： 目标函数 $\rho = \sqrt{x^2 + y^2 + z^2}$，约束条件为 $z = x^2 + y^2$，$x + y + z = 1$. 构造拉格朗日函数

$$F(x,y,z,\lambda_1,\lambda_2) = x^2 + y^2 + z^2 + \lambda_1(x^2 + y^2 - z) + \lambda_2(x + y + z - 1)$$

方程组 $\begin{cases} F'_x = 2x + 2\lambda_1 x + \lambda_2 = 0 \\ F'_y = 2y + 2\lambda_1 y + \lambda_2 = 0 \\ F'_z = 2z - \lambda_1 + \lambda_2 = 0 \\ F'_{\lambda_1} = x^2 + y^2 - z = 0 \\ F'_{\lambda_2} = x + y + z - 1 = 0 \end{cases}$ 得到两组解：

$M_1\left(\dfrac{-1+\sqrt{3}}{2}, \dfrac{-1+\sqrt{3}}{2}, 2-\sqrt{3}\right)$，$\rho_{OM_1} = \sqrt{9-5\sqrt{3}}$，为最近的点；

$M_2\left(\dfrac{-1-\sqrt{3}}{2}, \dfrac{-1-\sqrt{3}}{2}, 2+\sqrt{3}\right)$，$\rho_{OM_2} = \sqrt{9+5\sqrt{3}}$，为最远的点.

 习题 7.7

1. 求 $f(x, y) = \sin x \sin y$ 在点 $\left(\dfrac{\pi}{4}, \dfrac{\pi}{4} \right)$ 处的一阶泰勒公式和二阶泰勒公式.

2. 求下列函数的极值.

（1）$z = 3axy - x^3 - y^3$，$a > 0$；　　　　　　（2）$z = e^{2x}(x + 2y + y^2)$.

3. 求函数 $f(x, y) = 2x^3 - 4x^2 + 2xy - y^2$ 在三角形闭区域 $-2 \leqslant x \leqslant 2$，$x - 1 \leqslant y \leqslant 1$ 上的最大值与最小值，此题的结果说明什么？

4. 在 xOy 平面上求一点，使它到 $x = 0$，$y = 0$ 及 $x + 2y - 16 = 0$ 三条直线的距离的平方和最小.

5. 已知函数 $z = z(x, y)$ 在区域 D 内满足方程 $\dfrac{\partial^2 z}{\partial x^2} \cdot \dfrac{\partial^2 z}{\partial y^2} + a \dfrac{\partial z}{\partial x} + b \dfrac{\partial z}{\partial y} + c = 0$（常数 $c > 0$），证明在 D 内函数 $z = z(x, y)$ 无极值.

6. 求下列函数在指定约束条件下的极值点.

（1）$u = x - 2y + 2z$，条件为 $x^2 + y^2 + z^2 = 1$；

（2）$u = xyz$，条件为 $x^2 + y^2 + z^2 = 1$，$x + y + z = 0$.

7. 某公司通过电台和报纸做某种商品的销售广告，根据统计资料，销售收入 R（万元）与电台广告费用 x（万元）及报纸广告费用 y（万元）之间有经验关系：

$$R = 15 + 14x + 32y - 8xy - 2x^2 - 10y^2$$

（1）在广告费不限的情况下，求最优广告策略；

（2）若提供的广告费为 1.5 万元，求相应的最优广告策略.

8. 在曲面 $z = \sqrt{2 + x^2 + 4y^2}$ 上求一点，使它到平面 $x - 2y + 3z = 1$ 的距离最近.

9. 将长为 l 的线段分为三段，一段围成圆，一段围成正方形，一段围成正三角形，问如何分 l 才能使它们的面积之和最小，并求这个最小值.

7.8　方向导数与梯度

7.8.1　场的基本概念

若在 $D \subset \mathbb{R}^n$ 的每个点上都对应着某个物理量（温度、密度、引力）的一个确定值，则称 D 上分布着该物理量的**场**（温度场、密度场、引力场）. 若该物理量是一个标量，则称该场为**数量场**（温度场、密度场）；若该物理量是一个向量，则称该场为**向量场**（引力场）. 从数学的角度看，数量场 $u = u(P)$ 是从 $D \subset \mathbb{R}^n$ 到 $\mathbb{R}$ 的映射，向量场是 $A = A(P)$ 是从 $D \subset \mathbb{R}^n$ 到 $\mathbb{R}^m$ 的映射. 若分布随时间而改变，则称之为**稳定场**，否则称之为**不稳定场**.

本节介绍稳定场的两个重要概念——方向导数与梯度.

7.8.2　方向导数

由隐函数存在定理可知，在一定条件下方程 $u(P) = C$ 可以确定一个隐函数及其图像. 若 $u(P)$ 是二元函数，则 $u(P) = C$ 确定的是一条曲线，称之为**等值线**；若 $u(P)$ 是三元函数，则 $u(P) = C$ 确定的是一幅曲面，称之为**等值面**. 以等值面为例，所有等值面充满了分布着场的

区域 D ，并把 D 分"层"，不同的等值面不相交，D 内每一点有且仅有一个等值面通过（如图 7.11 所示）.

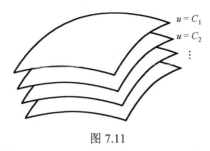

图 7.11

有了等值线的概念，我们来解释拉格朗日乘数法的几何意义. 在式（7.8）中，由 $f_x'(x_0, y_0) + \lambda_0 \varphi_x'(x_0, y_0) = 0$ 及 $f_y'(x_0, y_0) + \lambda_0 \varphi_y'(x_0, y_0) = 0$ 可得

$$f_x'(x_0, y_0) \varphi_y'(x_0, y_0) - f_y'(x_0, y_0) \varphi_x'(x_0, y_0) = 0$$

向量 $\boldsymbol{n} = \{f_x'(x_0, y_0), f_y'(x_0, y_0)\}$ 是等值线 $z_0 = f(x, y)$ 在点 (x_0, y_0) 处的法向量，$\boldsymbol{t} = \{\varphi_y'(x_0, y_0), -\varphi_x'(x_0, y_0)\}$ 是曲线 $\varphi(x, y) = 0$ 在点 (x_0, y_0) 处的切向量. $\boldsymbol{n}$ 与 $\boldsymbol{t}$ 垂直，说明等值线 $z_0 = f(x, y)$ 与曲线 $\varphi(x, y) = 0$ 在点 (x_0, y_0) 处相切. 因此，式（7.8）的解实际上是等值线族 $f(x, y) = C$ 与曲线 $\varphi(x, y) = 0$ 的公切点.

因此，从固定点 $P_0 \in D$ 出发，沿着指定方向的射线 l 移动时，动点 P 必然穿过很多等值面，从而数量场 $u = u(P)$ 的值不断变化. 考察 $u = u(P)$ 在点 P_0 处沿着指定方向的变化率就引出了方向导数的概念.

定义 7.16 设点 $P_0(x_0, y_0, z_0) \in D$ ，l 是从点 P_0 引出的射线，$\boldsymbol{l} = \{\cos\alpha, \cos\beta, \cos\gamma\}$ 为其方向向量，在 l 上取一邻近点 P_0 的动点 P ，记 $|PP_0| = \rho$ ，如果当 $P \xrightarrow{l} P_0$ 时，极限

$$\lim_{\rho \to 0^+} \frac{\Delta u}{\rho} = \lim_{\rho \to 0^+} \frac{u(P) - u(P_0)}{\rho}$$
$$= \lim_{\rho \to 0^+} \frac{u(x_0 + \rho\cos\alpha, y_0 + \rho\cos\beta, z_0 + \rho\cos\gamma) - u(x_0, y_0, z_0)}{\rho}$$

存在，则称此极限为场 $u = u(P)$ 在点 P_0 处沿 $\boldsymbol{l}$ 方向的**方向导数**，记为 $\left. \dfrac{\partial u}{\partial \boldsymbol{l}} \right|_{P_0}$.

我们已经学习过的导数与偏导数实际上可以提供方向导数的例子. 例如，若 $f'(x_0)$ 存在，则沿 x 轴正方向的方向导数为

$$\lim_{\rho \to 0^+} \frac{f(x_0 + \rho) - f(x_0)}{\rho} = f'(x_0)$$

沿 x 轴负方向的方向导数为

$$\lim_{\rho \to 0^+} \frac{f(x_0 + \rho(-1)) - f(x_0)}{\rho} = -\lim_{\rho \to 0^+} \frac{f(x_0 - \rho) - f(x_0)}{-\rho} = -f'(x_0)$$

类似地，若二元函数（数量场）$z = f(x, y)$ 在点 (x_0, y_0) 处存在偏导数 $f_x'(x_0, y_0)$ ，则数量场 $z = f(x, y)$ 在点 (x_0, y_0) 处沿 x 轴正方向 $\boldsymbol{l}_1 = \{1, 0\}$ 的方向导数是 $f_x'(x_0, y_0)$ ，沿 x 轴负方向 $\boldsymbol{l}_2 = \{-1, 0\}$ 的方向导数是 $-f_x'(x_0, y_0)$.

方向导数是一个新概念，下面举例说明它与极限（连续）、偏导数、可微等概念的关系.

例 7-72（方向导数 $\nRightarrow$ 连续）　函数 $f(x,y)=\begin{cases}\dfrac{xy^2}{x^2+y^4}, & (x,y)\neq(0,0)\\ 0, & (x,y)=(0,0)\end{cases}$ 在点 $O(0,0)$ 处沿任意

方向的方向导数都存在，但是 $f(x,y)$ 在点 O 处不连续.

证明：令 $\boldsymbol{l}=\{\cos\alpha,\sin\alpha\}$ 为任意给定的方向，

$$\left.\frac{\partial f}{\partial \boldsymbol{l}}\right|_{(0,0)}=\lim_{\rho\to0^+}\frac{f(\rho\cos\alpha,\rho\sin\alpha)}{\rho}=\lim_{\rho\to0^+}\frac{\rho^3\cos\alpha\sin^2\alpha}{\rho^3(\cos^2\alpha+\rho^2\sin^4\alpha)}$$

$$=\begin{cases}\dfrac{\sin^2\alpha}{\cos\alpha}, & \cos\alpha\neq0\\ 0, & \cos\alpha=0\end{cases}$$

因此，$f(x,y)$ 在点 $O(0,0)$ 处沿任意方向的方向导数都存在. 然而，已知 $\lim\limits_{(x,y)\to(0,0)}f(x,y)$ 不存在，从而 $f(x,y)$ 在点 $O(0,0)$ 处不连续.

注：方向导数的定义中仅仅用到 $f(P)$ 在点 P_0 附近沿着 $\boldsymbol{l}$ 方向上点的信息，显然不足以保证连续这一需要 $f(P)$ 在点 P_0 邻域内信息的性质.

前文说明了偏导数 $f_x'(x_0,y_0)$ 存在可以保证 $f(x,y)$ 在点 (x_0,y_0) 处沿着 x 轴正负方向上的方向导数存在. 由于偏导数的定义不涉及 $f(x,y)$ 在过点 (x_0,y_0) 的"斜线"（不平行于坐标轴）上点的信息，所以即使两个偏导数都存在（但不可微），也不能保证沿着任意方向的方向导数都存在.

例 7-73（偏导数 $\nRightarrow$ 方向导数）　函数 $f(x,y)=\begin{cases}\dfrac{xy}{x^2+y^2}, & (x,y)\neq(0,0)\\ 0, & (x,y)=(0,0)\end{cases}$ 在点 $(0,0)$ 处的两

个偏导数都存在，且 $\left.\dfrac{\partial f}{\partial x}\right|_{(0,0)}=\left.\dfrac{\partial f}{\partial y}\right|_{(0,0)}=0$，但 $f(x,y)$ 在点 $(0,0)$ 处沿任意方向 $\boldsymbol{l}=\{\cos\alpha,\sin\alpha\}$ 的

方向导数都不存在（除了 $\alpha=0,\dfrac{\pi}{2},\pi,\dfrac{3\pi}{2}$）.

证明：$\left.\dfrac{\partial f}{\partial \boldsymbol{l}}\right|_{(0,0)}=\lim\limits_{\rho\to0^+}\dfrac{\rho^2\cos\alpha\sin\alpha}{\rho^3}=\lim\limits_{\rho\to0^+}\dfrac{\cos\alpha\sin\alpha}{\rho}$ 不存在，除了 $\alpha=0,\dfrac{\pi}{2},\pi,\dfrac{3\pi}{2}$.

通过极限定义的量（如曲率），如果用定义计算往往比较麻烦，研究其在某种条件下成立的计算公式是十分必要的. 下面给出方向导数的一个计算公式，需要注意公式成立的条件及其在证明中的作用.

定理 7.12　设 $u=u(x,y,z)$ 在点 $P_0(x_0,y_0,z_0)$ 处可微，则函数 $u(x,y,z)$ 在点 P_0 处沿任意指定方向 $\boldsymbol{l}$ 的方向导数都存在，且

$$\left.\frac{\partial u}{\partial \boldsymbol{l}}\right|_{P_0}=\left.\frac{\partial u}{\partial x}\right|_{P_0}\cos\alpha+\left.\frac{\partial u}{\partial y}\right|_{P_0}\cos\beta+\left.\frac{\partial u}{\partial z}\right|_{P_0}\cos\gamma \tag{7.11}$$

其中，$\cos\alpha$，$\cos\beta$，$\cos\gamma$ 是 $\boldsymbol{l}$ 的方向余弦.

证明：由 $u=u(x,y,z)$ 可微，得

$$\Delta u = \frac{\partial u}{\partial x}\bigg|_{P_0} \Delta x + \frac{\partial u}{\partial y}\bigg|_{P_0} \Delta y + \frac{\partial u}{\partial z}\bigg|_{P_0} \Delta z + o(\rho)$$

其中，$\rho = \sqrt{(\Delta x)^2 + (\Delta y)^2 + (\Delta z)^2}$. 因此，

$$\lim_{\rho \to 0^+} \frac{\Delta u}{\rho} = \lim_{\rho \to 0^+}\left[\frac{\partial u}{\partial x}\bigg|_{P_0} \frac{\Delta x}{\rho} + \frac{\partial u}{\partial y}\bigg|_{P_0} \frac{\Delta y}{\rho} + \frac{\partial u}{\partial z}\bigg|_{P_0} \frac{\Delta z}{\rho} + \frac{o(\rho)}{\rho}\right]$$

$$= \frac{\partial u}{\partial x}\bigg|_{P_0} \cos\alpha + \frac{\partial u}{\partial y}\bigg|_{P_0} \cos\beta + \frac{\partial u}{\partial z}\bigg|_{P_0} \cos\gamma + \lim_{\rho \to 0^+} \frac{o(\rho)}{\rho}$$

$$= \frac{\partial u}{\partial x}\bigg|_{P_0} \cos\alpha + \frac{\partial u}{\partial y}\bigg|_{P_0} \cos\beta + \frac{\partial u}{\partial z}\bigg|_{P_0} \cos\gamma$$

例 7-74　求 $u = x^2 y + y^2 z + z^2 x$ 在点 $P_0(1,1,1)$ 处沿向量 $\boldsymbol{l} = \boldsymbol{i} - 2\boldsymbol{j} + \boldsymbol{k}$ 方向的方向导数.

解：
$$\frac{\partial u}{\partial x} = 2xy + z^2, \quad \frac{\partial u}{\partial y} = x^2 + 2yz, \quad \frac{\partial u}{\partial z} = y^2 + 2zx$$

$$\frac{\partial u}{\partial x}\bigg|_{P_0} = \frac{\partial u}{\partial y}\bigg|_{P_0} = \frac{\partial u}{\partial z}\bigg|_{P_0} = 3, \quad \boldsymbol{l}^0 = \left\{\frac{1}{\sqrt{6}}, -\frac{2}{\sqrt{6}}, \frac{1}{\sqrt{6}}\right\}$$

$$\frac{\partial u}{\partial \boldsymbol{l}}\bigg|_{P_0} = \frac{\partial u}{\partial x}\bigg|_{P_0} \cos\alpha + \frac{\partial u}{\partial y}\bigg|_{P_0} \cos\beta + \frac{\partial u}{\partial z}\bigg|_{P_0} \cos\gamma$$

$$= 3 \cdot \frac{1}{\sqrt{6}} + 3 \cdot \left(-\frac{2}{\sqrt{6}}\right) + 3 \cdot \frac{1}{\sqrt{6}} = 0$$

式（7.11）的证明过程说明可微可以保证方向导数存在，但是反之不成立. 下面的例子说明，即使在一点处沿任意方向的方向导数都存在，也无法保证偏导数都存在，更不用说可微了.

例 7-75　函数 $u = \sqrt{x^2 + y^2 + z^2}$ 在点 $(0,0,0)$ 处沿任意方向 $\boldsymbol{l} = \{\cos\alpha, \cos\beta, \cos\gamma\}$ 的方向导数为

$$\frac{\partial u}{\partial \boldsymbol{l}}\bigg|_{(0,0,0)} = \lim_{\rho \to 0^+} \frac{\sqrt{(\rho\cos\alpha)^2 + (\rho\cos\beta)^2 + (\rho\cos\gamma)^2} - \sqrt{0^2 + 0^2 + 0^2}}{\rho}$$

$$= \lim_{\rho \to 0^+} \frac{\rho}{\rho} = 1$$

然而，$u = \sqrt{x^2 + y^2 + z^2}$ 在点 $(0,0,0)$ 处偏导数都不存在.

注：当方向导数计算公式成立时，沿着相反方向的方向导数是相反数关系. 但是，本例说明并非所有沿着相反方向的方向导数都是相反数关系，它们甚至可能相等.

7.8.3　梯度

若数量场 $u = u(P)$ 在点 P_0 处可微，则方向导数可以通过公式

$$\frac{\partial u}{\partial \boldsymbol{l}}\bigg|_{P_0} = \frac{\partial u}{\partial x}\bigg|_{P_0} \cos\alpha + \frac{\partial u}{\partial y}\bigg|_{P_0} \cos\beta + \frac{\partial u}{\partial z}\bigg|_{P_0} \cos\gamma$$

来计算，其中，

$$\left.\frac{\partial u}{\partial x}\right|_{P_0}\cos\alpha+\left.\frac{\partial u}{\partial y}\right|_{P_0}\cos\beta+\left.\frac{\partial u}{\partial z}\right|_{P_0}\cos\gamma$$

可以看成两个向量的内积.

记 $\boldsymbol{l}^0=(\cos\alpha)\boldsymbol{i}+(\cos\beta)\boldsymbol{j}+(\cos\gamma)\boldsymbol{k}$ 为 $\boldsymbol{l}$ 的单位化，$\boldsymbol{G}=\left.\frac{\partial u}{\partial x}\right|_{P_0}\boldsymbol{i}+\left.\frac{\partial u}{\partial y}\right|_{P_0}\boldsymbol{j}+\left.\frac{\partial u}{\partial z}\right|_{P_0}\boldsymbol{k}$，则

$$\left.\frac{\partial u}{\partial l}\right|_{P_0}=\boldsymbol{G}\cdot\boldsymbol{l}^0=|\boldsymbol{G}|\cos\langle\boldsymbol{G},\boldsymbol{l}\rangle=\mathrm{Prj}_l\boldsymbol{G}$$

即 $\left.\frac{\partial u}{\partial l}\right|_{P_0}$ 是 $\boldsymbol{G}$ 在 $\boldsymbol{l}$ 方向上的投影. 下面我们给出向量 $\boldsymbol{G}$ 的正式定义.

定义 7.17 数量场 $u=u(P)$ 在点 P 处的**梯度**是向量，并记为

$$\mathbf{grad}\,u=\frac{\partial u}{\partial x}\boldsymbol{i}+\frac{\partial u}{\partial y}\boldsymbol{j}+\frac{\partial u}{\partial z}\boldsymbol{k}$$

注：梯度是 $u=u(P)$ 在点 P 的变化率最大的向量，其模恰好等于这个最大的变化率. 梯度 $\mathbf{grad}\,u=\frac{\partial u}{\partial x}\boldsymbol{i}+\frac{\partial u}{\partial y}\boldsymbol{j}+\frac{\partial u}{\partial z}\boldsymbol{k}$ 恰好是过点 P 的等值面 $u(x,y,z)=C$ 在点 P 处的一个法向量，且指向数量场增加的方向（如图 7.12 所示）.

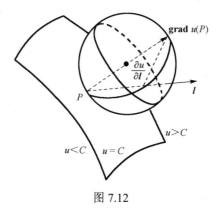

图 7.12

例 7-76 设 $f(x,y,z)=x^2+y^2+z^2$，求 $\mathbf{grad}\,f\big|_{(1,-1,2)}$.

解：

$$\mathbf{grad}\,f\big|_{(1,-1,2)}=\left\{\frac{\partial f}{\partial x},\frac{\partial f}{\partial y},\frac{\partial f}{\partial z}\right\}\bigg|_{(1,-1,2)}=\{2x,2y,2z\}\big|_{(1,-1,2)}=\{2,-2,4\}$$

由偏导数的计算法则易得梯度运算法则：

（1）$\mathbf{grad}\,C=\boldsymbol{0}$；

（2）$\mathbf{grad}\,(C_1u_1+C_2u_2)=C_1\,\mathbf{grad}\,u_1+C_2\,\mathbf{grad}\,u_2$；

（3）$\mathbf{grad}(u_1u_2)=u_1\,\mathbf{grad}\,u_2+u_2\,\mathbf{grad}\,u_1$；

（4）$\mathbf{grad}\left(\dfrac{u_1}{u_2}\right)=\dfrac{u_2\,\mathbf{grad}\,u_1-u_1\,\mathbf{grad}\,u_2}{u_2^2}$；

（5） $\mathbf{grad}\,f(u)=f'(u)\,\mathbf{grad}\,u$.

例 7-77 求 $\mathbf{grad}\,\dfrac{1}{x^2+y^2}$.

解：

$$\mathbf{grad}\,\frac{1}{x^2+y^2}=-\frac{1}{(x^2+y^2)^2}\,\mathbf{grad}(x^2+y^2)$$

$$=-\frac{1}{(x^2+y^2)^2}\{2x,2y\}=\left\{-\frac{2x}{(x^2+y^2)^2},\ -\frac{2y}{(x^2+y^2)^2}\right\}$$

例 7-78 设一礼堂的顶部是一个半椭球面，其方程为 $z=4\sqrt{1-\dfrac{x^2}{16}-\dfrac{y^2}{36}}$，求下雨时过房顶上点 $P(1,3,\sqrt{11})$ 处的雨水行走的路线方程.

解：

$$\frac{\partial z}{\partial x}=4\frac{-\dfrac{x}{16}}{\sqrt{1-\dfrac{x^2}{16}-\dfrac{y^2}{36}}}=\frac{-\dfrac{x}{4}}{\sqrt{1-\dfrac{x^2}{16}-\dfrac{y^2}{36}}}$$

$$\frac{\partial z}{\partial y}=4\frac{-\dfrac{y}{36}}{\sqrt{1-\dfrac{x^2}{16}-\dfrac{y^2}{36}}}=\frac{-\dfrac{y}{9}}{\sqrt{1-\dfrac{x^2}{16}-\dfrac{y^2}{36}}}$$

$$\mathbf{grad}\,z=\left\{\frac{\partial z}{\partial x},\frac{\partial z}{\partial y}\right\}=\frac{-1}{\sqrt{1-\dfrac{x^2}{16}-\dfrac{y^2}{36}}}\left\{\frac{x}{4},\frac{y}{9}\right\}$$

因此，$\dfrac{\mathrm{d}x}{\dfrac{x}{4}}=\dfrac{\mathrm{d}y}{\dfrac{y}{9}}$，$\displaystyle\int\frac{\mathrm{d}y}{y}=\frac{4}{9}\int\frac{\mathrm{d}x}{x}$，$\ln y=\dfrac{4}{9}\ln x+\ln C$，$y=Cx^{\frac{4}{9}}$. 代入 $y(1)=3$，得 $C=3$. 因此，

$y=3x^{\frac{4}{9}}$ 是该路线在 xOy 平面上的投影曲线. 雨水的路线方程可表示为 $\begin{cases}z=4\sqrt{1-\dfrac{x^2}{16}-\dfrac{y^2}{36}} \\[2mm] y=3x^{\frac{4}{9}}\end{cases}$.

习题 7.8

1．求数量场 $u=x^2+y^2-2z^2+3xy+xyz-2z-3y$ 在点 $(1,2,3)$ 处的梯度，及沿方向 $\boldsymbol{l}=(1,-1,0)$ 的方向导数.

2．设数量场 $u=x^2+2y^2+3z^2+xy+3x-2y-6z$，求

（1）梯度为零向量的点；

（2）在点 $(2,0,1)$ 处，沿哪个方向，u 的变化率最大，并求此最大变化率；

（3）使其梯度垂直于 Oz 轴的点.

3．求 $u=xyz$ 在点 $M(3,4,5)$ 处沿锥面 $z=\sqrt{x^2+y^2}$ 的法线方向的方向导数.

4. 求 $u = 1 - \dfrac{x^2}{a^2} - \dfrac{y^2}{b^2}$ 在点 $\left(\dfrac{a}{\sqrt{2}}, \dfrac{b}{\sqrt{2}} \right)$ 处沿曲线 $\dfrac{x^2}{a^2} + \dfrac{y^2}{b^2} = 1$ 的内法线的方向导数.

5. 求函数 $w = \mathrm{e}^{-2y} \ln(x + z^2)$ 在点 $(\mathrm{e}^2, 1, \mathrm{e})$ 处沿曲面 $x = \mathrm{e}^{u+v}$，$y = \mathrm{e}^{u-v}$，$z = \mathrm{e}^{uv}$ 的法向量的方向导数.

6. 函数 $z = f(x, y)$ 在点 $(0,0)$ 处可微，沿 $\boldsymbol{i} + \sqrt{3}\boldsymbol{j}$ 方向的方向导数为 1；沿 $\sqrt{3}\boldsymbol{i} + \boldsymbol{j}$ 方向的方向导数为 $\sqrt{3}$，求 $f(x, y)$ 在点 $(0,0)$ 处变化最快的方向和这个最大的变化率.

综合题

1. 设 $f(x, y, z)$ 在原点处连续，其他点处可微，且 $x\dfrac{\partial f}{\partial x} + y\dfrac{\partial f}{\partial y} + z\dfrac{\partial f}{\partial z} > a\sqrt{x^2 + y^2 + z^2}$，则 $f(0,0,0)$ 是 $f(x, y, z)$ 的（　　　）.

（A）最大值　　　　　　　　　　（B）最小值

（C）极大值，不是最大值　　　　（D）极小值，不是最小值

2. 设 $z = \sin(xy)$，求 $\dfrac{\partial^3 z}{\partial x \partial y^2}, \dfrac{\partial^3 z}{\partial y \partial x \partial y}, \dfrac{\partial^3 z}{\partial y^2 \partial x}$.

3. 设 $x = f(u, v, w)$，$y = g(u, v, w)$，$z = h(u, v, w)$，确定 u, v, w 是 x, y, z 的函数. 求 $\dfrac{\partial u}{\partial x}$.

4. 设 $x = \varphi(u, v)$，$y = \psi(u, v)$，$z = f(u, v)$，确定 z 是 x, y 的二元函数，试求出偏导数 $\dfrac{\partial z}{\partial x}$ 及 $\dfrac{\partial z}{\partial y}$ 的计算公式.

5. 已知 $z = f(x, y)$ 在点 P_0 处可微，$\boldsymbol{l}_1 = (2, -2)$，$\boldsymbol{l}_2 = (-2, 0)$，且 $\left. \dfrac{\partial u}{\partial \boldsymbol{l}_1} \right|_{P_0} = 1$，$\left. \dfrac{\partial u}{\partial \boldsymbol{l}_2} \right|_{P_0} = -3$. 求 z 在 P_0 处的梯度、全微分及沿 $\boldsymbol{l} = \{3, 2\}$ 方向的方向导数.

6. 设函数 $u = F(x, y, z)$ 在条件 $\varphi(x, y, z) = 0$ 和 $\psi(x, y, z) = 0$ 下，在点 (x_0, y_0, z_0) 处取极值 m. 试证三个曲面 $F(x, y, z) = m, \varphi(x, y, z) = 0$ 和 $\psi(x, y, z) = 0$ 在点 (x_0, y_0, z_0) 处的三条法线共面. 这里 F, φ, ψ 都具有一阶连续偏导数，且每个函数的三个偏导数不同时为零.

7. 利用求条件极值的方法，证明对任何正数 a, b, c，都有不等式 $abc^3 \leqslant 27 \left(\dfrac{a + b + c}{5} \right)^5$.

第8章

多元数量值函数积分学

8.1 黎曼积分

多元数量值函数（数量场）$f:D \subset \mathbb{R}^n \to \mathbb{R}$ 的种类很多，可分别定义在平面区域、空间区域、曲线、曲面等欧式空间的子集上. 尽管如此，多元数量值函数的积分却可以在黎曼积分的统一框架下定义. 实际上，一元函数的定积分也是黎曼积分的一种，因此我们对黎曼积分并不陌生. 下面先通过两个例子引入最简单的多元数量值函数积分——二重积分，再从定积分与二重积分中找出共性，给出抽象的黎曼积分定义.

8.1.1 二重积分的概念

例 8-1 曲顶柱体的体积（对应一元情形的曲边梯形面积）.

设有一空间立体 Ω，底是 xOy 平面上的有界区域 D，侧面是以 D 的边界曲线为准线、母线平行于 z 轴的柱面，顶是曲面 $z = f(x,y)$. 当 $(x,y) \in D$，$f(x,y)$ 在 D 上连续，且 $f(x,y) \geqslant 0$ 时，称之为**曲顶柱体**（如图 8.1 所示）. 为了表达曲顶柱体的体积，采取以下步骤.

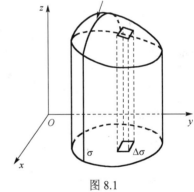

图 8.1

（1）用任意一组曲线网将区域 D 分成 n 个小区域 $\Delta\sigma_1, \Delta\sigma_2, \cdots, \Delta\sigma_n$，以这些小区域的边界曲线为准线，作母线平行于 z 轴的柱面，这些柱面将原来的曲顶柱体 Ω 划分成 n 个小曲顶柱体 $\Delta\Omega_1, \Delta\Omega_2, \cdots, \Delta\Omega_n$.

（2）由于 $f(x,y)$ 连续，可将小曲顶柱体近似地看成小平顶柱体，于是 $V_i \approx f(\xi_i, \eta_i)\Delta\sigma_i$，$\forall(\xi_i, \eta_i) \in \Delta\sigma_i$.

（3）$V = \sum_{i=1}^{n} V_i \approx \sum_{i=1}^{n} f(\xi_i, \eta_i)\Delta\sigma_i$.

（4）区域的直径为区域上任意两点间距离的最大值，设 n 个小区域的直径的最大值为 λ，则 $V = \lim_{\lambda \to 0^+} \sum_{i=1}^{n} f(\xi_i, \eta_i)\Delta\sigma_i$.

上述过程可总结为分割、取点、作积求和、取极限四个步骤.

例 8-2 平面薄片的质量（对应已知线段线密度求质量）.

平面薄片占有 xOy 平面上的区域 D，它在点 (x,y) 处的面密度为 $\rho(x,y)$（$\rho(x,y) > 0$），且 $\rho(x,y)$ 在 D 上连续，求平面薄片的质量 M.

（1）将 D 分成 n 个小区域 $\Delta\sigma_1, \Delta\sigma_2, \cdots, \Delta\sigma_n$，用 λ_i 记 $\Delta\sigma_i$ 的直径.

（2） $M_i \approx \rho(\xi_i, \eta_i) \Delta\sigma_i$, $\forall(\xi_i, \eta_i) \in \Delta\sigma_i$.

（3） $M = \sum\limits_{i=1}^{n} M_i \approx \sum\limits_{i=1}^{n} \rho(\xi_i, \eta_i) \Delta\sigma_i$.

（4） $\lambda = \max\limits_{1 \leqslant i \leqslant n}\{\lambda_i\} \to 0^+$ 时， $M = \lim\limits_{\lambda \to 0^+} \sum\limits_{i=1}^{n} \rho(\xi_i, \eta_i) \Delta\sigma_i$.

上述过程同样可总结为分割、取点、作积求和、取极限四个步骤，可见这些是具有共性的。由此，我们正式引入二重积分的定义。

定义 8.1 $f(x, y)$ 是闭区域 D 上的有界函数，将区域 D 分成小区域 $\Delta\sigma_1, \Delta\sigma_2, \cdots, \Delta\sigma_n$， $\lambda_i = \sup\limits_{P_1, P_2 \in \Delta\sigma_i}\{\rho(P_1, P_2)\}$ 表示 $\Delta\sigma_i$ 的直径， $\lambda = \max\limits_{1 \leqslant i \leqslant n}\{\lambda_i\}$ 称为**分割细度**， $\forall(\xi_i, \eta_i) \in \Delta\sigma_i$，作乘积 $f(\xi_i, \eta_i)\Delta\sigma_i$，作和式 $\sum\limits_{i=1}^{n} f(\xi_i, \eta_i)\Delta\sigma_i$. 若极限 $\lim\limits_{\lambda \to 0^+} \sum\limits_{i=1}^{n} f(\xi_i, \eta_i)\Delta\sigma_i$ 存在且与分割、取点方式无关，则称此极限为函数 $f(x, y)$ 在区域 D 上的二重积分，记作 $\iint\limits_{D} f(x, y)\mathrm{d}\sigma$. $f(x, y)$ 称为**被积函数**， $f(x, y)\mathrm{d}\sigma$ 称为**被积表达式**， $\mathrm{d}\sigma$ 称为**面积微元**， x, y 称为**积分变量**， D 称为**积分区域**.

8.1.2 黎曼积分的概念

定积分的被积函数定义在区间 $[a, b] \subset \mathbb{R}$ 上，二重积分的被积函数定义在平面区域 $D \subset \mathbb{R}^2$ 上，下面考虑定义在更一般的欧式空间子集 $\Omega \subset \mathbb{R}^n$ 上数值函数的积分。

定义 8.2 设 $f(P)$ 是几何形体 Ω 上有定义的函数，将 Ω 分割为 n 个小的几何形体 $\Delta\Omega_1, \Delta\Omega_2, \cdots, \Delta\Omega_n$，同时用它们表示其度量（面积、体积或弧长），称数 $d_i = \sup\limits_{P_1, P_2 \in \Delta\Omega_i}\{\rho(P_1, P_2)\}$ 为 $\Delta\Omega_i$ 的直径，记 $\lambda = \max\limits_{1 \leqslant i \leqslant n}\{\lambda_i\}$. 任取点 $P_i \in \Delta\Omega_i$（ $i = 1, 2, \cdots, n$），作乘积的和式 $\sum\limits_{i=1}^{n} f(P_i)\Delta\Omega_i$，如果不论怎样分割 Ω 及怎样取点 P_i，极限 $\lim\limits_{\lambda \to 0^+} \sum\limits_{i=1}^{n} f(P_i)\Delta\Omega_i$ 都存在且相等,则称此极限为函数 $f(P)$ 在几何形体 Ω 上的**黎曼积分**，记为 $\int\limits_{\Omega} f(P)\mathrm{d}\Omega$，称 $f(P)$ 在 Ω 上**可积**. 其中， $f(P)$ 为**被积函数**， $f(P)\mathrm{d}\Omega$ 为**被积表达式**， Ω 为**积分域**， $\mathrm{d}\Omega$ 为**度量微元**.

注：函数 $u = f(P)$ 是不依赖坐标系选择的客观存在，例如， $u = x^2 + y^2$ 与 $u = r^2$ 表示同一个定义在 $\mathbb{R}^2$ 上的函数. 类似地， $\mathrm{d}\Omega$ 在不同坐标系下也有不同的形式. 此处黎曼积分的定义是不依赖坐标系选择的.

黎曼积分的可积函数类刻画与判定不在本章范围内. 下面不加证明地指出一大类可积函数，这可以保证我们通常遇到的初等函数在有定义的区域上是可积的.

定理 8.1 若 $f(P)$ 在有界闭域 Ω 上连续，则 $f(P)$ 在 Ω 上可积.

8.1.3 黎曼积分的分类

不同几何体 Ω 上数值函数的黎曼积分定义都是类似的，差别仅仅在于 Ω 上的距离（涉及 λ_i）与度量（涉及 $\Delta\Omega_i$）不同. 因此，我们没有必要针对每种几何体上的数值函数分别给出黎曼积分的定义. 表 8.1 所示为已经学过的和将要学的几种常见的黎曼积分.

表 8.1　常见的黎曼积分

Ω 类型	积分形式	积分类型
有限闭区间 $[a,b]$	$\int_a^b f(x)\mathrm{d}x$	定积分
平面区域 $D \subseteq \mathbb{R}^2$	$\iint_D f(P)\mathrm{d}\sigma$	二重积分
空间区域 $\Omega \subseteq \mathbb{R}^3$	$\iiint_\Omega f(P)\mathrm{d}\Omega$	三重积分
空间（平面）曲线 $\Gamma \subseteq \mathbb{R}^3$（或 $\mathbb{R}^2$）	$\int_\Gamma f(P)\mathrm{d}s$	第一型曲线积分（关于弧长的曲线积分）
空间曲面 $S \subseteq \mathbb{R}^3$	$\iint_S f(P)\mathrm{d}S$	第一型曲面积分（关于面积的曲面积分）

注：（1）这里有个规律，Ω 是几维的几何体，黎曼积分就要用到几条积分符号，随后就得用几次定积分来计算这个黎曼积分. 值得注意的是，几何体所在欧式空间的维数并不一定等于该几何体自身的维数. 例如，空间曲线 $\Gamma \subset \mathbb{R}^3$ 是 1 维几何体，而 $\mathbb{R}^3$ 却是 3 维的. 类似地，也不能想当然地认为 $f(P)$ 是几元函数就需要用几条积分符号. 实际上，$f(P)$ 的自变量个数与 $\mathbb{R}^n$ 的维数是一致的，与 Ω 的维数无关.

（2）此处的数量值函数 $f(P)$ 及度量微元 $\mathrm{d}\Omega$ 都独立于 Ω 所在欧式空间的坐标系选取. 因此，黎曼积分也是独立于坐标系选取的客观存在. 但是，同一黎曼积分在不同坐标系下的计算难度存在差异，如何选择恰当的坐标系来计算黎曼积分将在后面讨论.

8.1.4　黎曼积分的性质

性质是与定义紧密相连的，定义相同的各种黎曼积分自然具有一些共同的性质. 下面列出的一些性质在定积分的情形下曾经证明过，其证明过程在黎曼积分的情形下并无本质差异. 因此，本节不加证明地列出这些性质，仅对其中部分性质加以必要说明.

$1°$ 当 $f(P) \equiv 1$ 时，它在 Ω 上的积分等于 Ω 的度量，即 $\int_\Omega \mathrm{d}\Omega = \Omega$.

注：由于不清楚 Ω 的维数，这里笼统地用了一条积分符号.

$2°$ $\int_\Omega [c_1 f_1(P) + c_2 f_2(P)]\mathrm{d}\Omega = c_1 \int_\Omega f_1(P)\mathrm{d}\Omega + c_2 \int_\Omega f_2(P)\mathrm{d}\Omega$（线性性质）.

$3°$ 对积分域的可加性质：若将 Ω 分割为两部分 Ω_1, Ω_2（其中，$\Omega_1 \cap \Omega_2$ 的度量为零），则 $\int_\Omega f(P)\mathrm{d}\Omega = \int_{\Omega_1} f(P)\mathrm{d}\Omega + \int_{\Omega_2} f(P)\mathrm{d}\Omega$.

注：$\Omega_1 \cap \Omega_2$ 的维数通常小于 Ω（Ω_1, Ω_2），而低维几何体的高维度量为零（点的长度为零，线的面积为零，面的体积为零等）.

$4°$ 比较性质：

（i）若 $\forall P \in \Omega$，$f(P) \leqslant g(P)$，则 $\int_\Omega f(P)\mathrm{d}\Omega \leqslant \int_\Omega g(P)\mathrm{d}\Omega$；

（ii）$\left| \int_\Omega f(P)\mathrm{d}\Omega \right| \leqslant \int_\Omega |f(P)|\mathrm{d}\Omega$.

$5°$ 估值性质：若 $m \leqslant f(P) \leqslant M$，$\forall P \in \Omega$，则 $m\Omega \leqslant \int_\Omega f(P)\mathrm{d}\Omega \leqslant M\Omega$.

$6°$ 积分中值定理：若 $f(P)$ 在有界闭域 Ω 上连续，则在 Ω 上至少存在一点 P^*，使得

$$\int_\Omega f(P)\mathrm{d}\Omega = f(P^*)\Omega.$$

7° 对称性质：在空间直角坐标系下，积分域 Ω 关于 yOz 坐标面对称，若被积函数关于积分变量 x 是奇函数（即满足 $f(-x,y,z)=-f(x,y,z)$），则 $\int_\Omega f(x,y,z)\mathrm{d}\Omega = 0$；若被积函数关于积分变量 x 是偶函数（即满足 $f(-x,y,z)=f(x,y,z)$），则 $\int_\Omega f(x,y,z)\mathrm{d}\Omega = 2\int_{\Omega_+} f(x,y,z)\mathrm{d}\Omega$，其中，$\Omega_+ = \{(x,y,z)\,|\,(x,y,z)\in\Omega \text{ 且 } x\geq 0\}$. 关于坐标（积分变量）$y,z$ 的类似性质也成立.

例 8-3　估计二重积分 $I = \iint_D (x^2 + 4y^2 + 9)\mathrm{d}\sigma$ 的值，D 是圆域 $x^2 + y^2 \leq 4$.

解： 设 $f(x,y) = x^2 + 4y^2 + 9$，则由方程组 $\begin{cases} f'_x(x,y) = 2x = 0 \\ f'_y(x,y) = 8y = 0 \end{cases}$ 解得唯一的驻点 $(0,0)$，且 $f(0,0) = 9$. 将边界 ∂D 参数化为 $\begin{cases} x = 2\cos\theta \\ y = 2\sin\theta \end{cases}$（$0 \leq \theta \leq 2\pi$），则在 ∂D 上 $z = f(2\cos\theta, 2\sin\theta) = 12\sin^2\theta + 13 \in [13,25]$. 综上，$\forall (x,y) \in D$，有 $9 \leq f(x,y) \leq 25$，因此，由估值性质可知 $36\pi = 9S_D \leq \iint_D f(x,y)\mathrm{d}\sigma \leq 25S_D = 100\pi$.

例 8-4　比较积分 $I_1 = \iint_D \ln(x+y)\mathrm{d}\sigma$，$I_2 = \iint_D (x+y)^2\mathrm{d}\sigma$，$I_3 = \iint_D (x+y)\mathrm{d}\sigma$ 的大小，其中，D 是由直线 $x = 0$，$y = 0$，$x + y = \dfrac{1}{2}$ 和 $x + y = 1$ 所围成的.

解： 如图 8.2 所示，在积分域 D 上，$\dfrac{1}{2} \leq x + y \leq 1$，$\ln(x+y) \leq 0 < \dfrac{1}{4} \leq (x+y)^2 \leq x + y$. 因此，由比较性质可知 $I_1 < I_2 < I_3$.

注： 因为被积函数都是连续函数，且 $(x+y)^2 = x + y$ 并不在整个 D 上成立，所以严格不等号成立.

例 8-5　比较 $\iint_D (x+y)^2\mathrm{d}\sigma$ 与 $\iint_D (x+y)^3\mathrm{d}\sigma$ 的大小，其中，$D : (x-2)^2 + (y-1)^2 \leq 2$.

解： 如图 8.3 所示，$\forall (x,y) \in D$，$x + y \geq 1$，且等号仅在点 $(1,0)$ 处成立. 因此，在 D 上，$(x+y)^2 \leq (x+y)^3$，且等号仅在点 $(1,0)$ 处成立. 由比较性质及被积函数的连续性可知，

$$\iint_D (x+y)^2\mathrm{d}\sigma < \iint_D (x+y)^3\mathrm{d}\sigma.$$

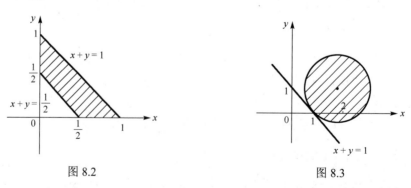

图 8.2　　　　　　　　　　　　　　图 8.3

例 8-6　设 $f(x,y)$ 在 $D_r = \{(x,y)\,|\,x^2 + y^2 \leq r^2\}$ 上连续，$f(0,0) = 2$，求极限

$$\lim_{r \to 0^+} \frac{\iint_{D_r} f(x,y)\mathrm{d}\sigma}{r^2}$$

解：由积分中值定理可知，存在 $(\xi_r, \eta_r) \in D_r$ 使得

$$\iint_{D_r} f(x,y)\mathrm{d}\sigma = f(\xi_r, \eta_r)\pi r^2$$

且 $(\xi_r, \eta_r) \to (0,0)$（$r \to 0^+$）. 因此，

$$\lim_{r \to 0^+} \frac{\iint_{D_r} f(x,y)\mathrm{d}\sigma}{r^2} = \lim_{r \to 0^+} \frac{f(\xi_r, \eta_r)\pi r^2}{r^2} = \pi \lim_{r \to 0^+} f(\xi_r, \eta_r) = \pi f(0,0) = 2\pi$$

 习题 8.1

1. 试将二曲面 $z = 8 - x^2 - y^2$ 和 $z = x^2 + y^2$ 所围立体之体积 V 表示为黎曼积分.

2. 在 $x^2 + y^2 \leqslant 2ax$ 与 $x^2 + y^2 \leqslant 2ay$（$a > 0$）的公共部分的平面板 σ 上，电荷面密度为 $\mu(x, y) = \sqrt{x^2 + y^2}$，试将 σ 上的总电荷量 Q 表示为黎曼积分.

3. 设球体 $x^2 + y^2 + z^2 \leqslant a^2$ 的质量体密度 $\rho = 1$，在球外点 $(0,0,h)$ 处有一单位质点，$h > a$，试将此球对这个质点的万有引力 $\boldsymbol{F}$ 在 z 轴上的分量 F_z 表示为黎曼积分.

4. 一物质曲线 L，其形状由方程组

$$\begin{cases} x^2 + y^2 + z^2 = 1 \\ x + y + z = 1 \end{cases}$$

确定，其质量线密度 $\rho(x, y, z) = x^2 + y^2$，试将此曲线 L 的质量 m 表示为黎曼积分.

5. 设有一太阳灶，其聚光镜是旋转抛物面 S，设旋转轴为 z 轴，顶点在原点处，已知聚光镜的口径是 4，深为 1，聚光镜将太阳能汇聚在灶上，已知聚光镜的能流（即单位面积传播的能量）是 z 的函数 $p = \dfrac{1}{\sqrt{1+z}}$，试用黎曼积分表示聚光镜汇聚的总能量 W.

6. 估计下列积分值.

（1）$\displaystyle\iint_\sigma (x + y + 10)\mathrm{d}\sigma$，积分域 σ 为圆域 $x^2 + y^2 \leqslant 4$；

（2）$\displaystyle\iiint_V (x^2 + y^2 + z^2)\mathrm{d}V$，积分域 V 为球域 $x^2 + y^2 + z^2 \leqslant R^2$.

7. 指出下列积分值.

（1）$\displaystyle\iint_S (xe^z + x^2 \sin y)\mathrm{d}S$，曲面 $S: x^2 + y^2 + z^2 = 1, z \geqslant 0$；

（2）$\displaystyle\iint_D |y|\mathrm{d}\sigma$，积分域 $D: 0 \leqslant x \leqslant 1, -1 \leqslant y \leqslant 1$.

8. 设 D 是 xOy 平面上以 $(1,1)$，$(-1,1)$ 和 $(-1,-1)$ 为顶点的三角形区域，D_1 是 D 在第一象限的部分，证明

$$\iint_D (xy + \cos x \sin y)\mathrm{d}\sigma = 2\iint_{D_1} \cos x \sin y\mathrm{d}\sigma$$

9. 指出下列积分值.

（1）$\displaystyle\int_l (x^2 + y^2)\mathrm{d}s$，曲线 l 是下半圆周 $y = -\sqrt{1-x^2}$；

（2）$\iint_S f(x^2 + y^2 + z^2)\mathrm{d}S$，曲面 S 是球面 $x^2 + y^2 + z^2 = R^2$．

10．设函数 $f(x,y,z)$ 连续，$f(0,0,0) \neq 0$，V_t 是以原点为球心、t 为半径的球形域，求 $t \to 0$ 时，下列积分是 t 的几阶无穷小．

（1）三重积分 $\iiint_{V_t} f(x,y,z)\mathrm{d}V$；

（2）第一型曲面积分 $\iint_{S_t} f(x,y,z)\mathrm{d}S$，$S_t$ 是 V_t 的表面；

（3）第一型曲线积分 $\int_{c_t} f(x,y,z)\mathrm{d}s$，$c_t$ 是曲面 S_t 与平面 $x + y + z = 0$ 的交线．

8.2 二重积分的计算

定积分的几何意义是曲边梯形正负面积的代数和．类似地，由例 8-1 可知，二重积分的几何意义是曲顶柱体正负体积的代数和．我们在定积分的应用中学习过已知平行截面面积 $S(x)$ 求立体体积的公式 $V = \int_a^b S(x)\mathrm{d}x$．本节将以此为模型推导直角坐标系下计算二重积分的累次积分的方法．

8.2.1 直角坐标系下二重积分的计算

如图 8.4 所示，用与坐标轴平行的直线网分割 σ，$\Delta\sigma = \Delta x \Delta y$，直角坐标系下的面积微元 $\mathrm{d}\sigma = \mathrm{d}x\mathrm{d}y$，二重积分可表示为 $\iint_\sigma f(x,y)\mathrm{d}x\mathrm{d}y$．

下面按照 σ 的形状分两种情况来讨论．

$1°$ σ 为 x–型闭域：$\{(x,y)\,|\,y_1(x) \leq y \leq y_2(x), a \leq x \leq b\}$，其中，$y_1(x), y_2(x) \in C[a,b]$．

如图 8.5 所示，用平面 $X = x$ 截曲顶柱体，所得截面是平行于 yOz 平面的曲边梯形，截面面积为 $S(x) = \int_{y_1(x)}^{y_2(x)} f(x,y)\mathrm{d}y$．由已知平行截面面积的立体体积公式，得 $V = \int_a^b S(x)\mathrm{d}x = \int_a^b \left[\int_{y_1(x)}^{y_2(x)} f(x,y)\mathrm{d}y \right]\mathrm{d}x$．习惯上，记作 $\int_a^b \mathrm{d}x \int_{y_1(x)}^{y_2(x)} f(x,y)\mathrm{d}y$，称为**累次积分**，即

$$\iint_\sigma f(x,y)\mathrm{d}x\mathrm{d}y = \int_a^b \mathrm{d}x \int_{y_1(x)}^{y_2(x)} f(x,y)\mathrm{d}y$$

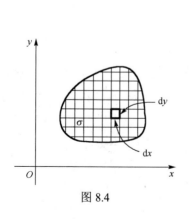

图 8.4

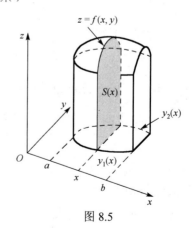

图 8.5

类似可得：

2° σ 为 y - 型区域：$\{(x,y)\,|\,x_1(y) \le x \le x_2(y), c \le y \le d\}$，其中，$x_1(y), x_2(y) \in C[c,d]$，则 $\iint_\sigma f(x,y)\mathrm{d}x\mathrm{d}y = \int_c^d \mathrm{d}y \int_{x_1(y)}^{x_2(y)} f(x,y)\mathrm{d}x$.

注：（1）$f(x,y)$ 在 σ 上不恒正或者仅仅可积，累次积分公式仍成立.

（2）σ 不属于 x - 型区域或 y - 型区域时，可先将 σ 分割为若干 x - 型区域或 y - 型区域，再利用积分区域的可加性分别积分.

（3）根据积分域和被积函数来确定累次积分的次序.

例 8-7 计算 $\iint_\sigma xy\mathrm{d}x\mathrm{d}y$，其中，$\sigma$ 是曲线 $y = x^2$，$x = y^2$ 围成的有界域.

解：积分域如图 8.6 所示，可视作 x - 区域. 于是，

$$\iint_D xy\mathrm{d}x\mathrm{d}y = \int_0^1 x\mathrm{d}x \int_{x^2}^{\sqrt{x}} y\mathrm{d}y = \frac{1}{2}\int_0^1 (x^2 - x^5)\mathrm{d}x = \frac{1}{2}\left(\frac{1}{3} - \frac{1}{6}\right) = \frac{1}{12}$$

注：本例中，被积函数 $f(x,y) = xy$ 是关于自变量 x, y 都对称的，积分域 σ 是关于 x 轴、y 轴都对称的，因此采取任何一种累次积分顺序都是难度相当的.

例 8-8 计算 $\iint_\sigma \dfrac{x}{y}\mathrm{d}x\mathrm{d}y$，其中，$\sigma$ 是由曲线 $xy = 1$，$x = \sqrt{y}$ 和 $y = 2$ 围成的有界域.

解：积分域如图 8.7 所示，可视作 y - 型区域. 于是，

$$\iint_\sigma \frac{x}{y}\mathrm{d}x\mathrm{d}y = \int_1^2 \frac{\mathrm{d}y}{y} \int_{\frac{1}{y}}^{\sqrt{y}} x\mathrm{d}x = \frac{1}{2}\int_1^2 (1 - y^{-3})\mathrm{d}y = \frac{1}{2}\left(1 - \frac{3}{8}\right) = \frac{5}{16}$$

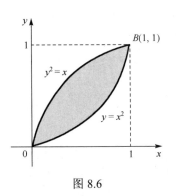

图 8.6

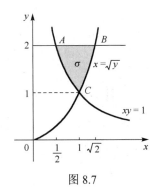

图 8.7

注：本例的积分域也可以视作 x - 型区域，将二重积分化为先 y 后 x 的累次积分. 但是，由于积分域的下方边界分为曲线段 $\overset{\frown}{AC}$、$\overset{\frown}{CB}$ 两段，因此该二重积分必须分成两个先 y 后 x 的累次积分之和，且需要用分部积分法处理被积函数 $x\ln x$，计算量较大. 相比之下，本例适合采取先 x 后 y 的累次积分顺序.

例 8-9 求椭圆抛物面 $z = 1 - \dfrac{x^2}{a^2} - \dfrac{y^2}{b^2}$ 及平面 $z = 0$ 所围立体的体积 V.

解：如图 8.8 所示，V 是定义在 $\sigma = \left\{(x,y)\,\middle|\,\dfrac{x^2}{a^2} + \dfrac{y^2}{b^2} \le 1\right\}$ 上的二元函数 $f(x,y) = 1 - \dfrac{x^2}{a^2} - \dfrac{y^2}{b^2}$

的曲顶柱体体积. 因此，$V = \iint_{\sigma} \left(1 - \dfrac{x^2}{a^2} - \dfrac{y^2}{b^2}\right) \mathrm{d}x\mathrm{d}y$. 因为被积函数 $f(x,y)$ 关于变量 x, y 都是偶函数，且积分域关于 x 轴、y 轴都是对称的，由二重积分的奇偶对称性可知

$$V = \iint_{\sigma} \left(1 - \dfrac{x^2}{a^2} - \dfrac{y^2}{b^2}\right) \mathrm{d}x\mathrm{d}y = 4 \iint_{\sigma_1} \left(1 - \dfrac{x^2}{a^2} - \dfrac{y^2}{b^2}\right) \mathrm{d}x\mathrm{d}y$$

其中，

$$\sigma = \left\{(x,y) \,\middle|\, \dfrac{x^2}{a^2} + \dfrac{y^2}{b^2} \leqslant 1, x \geqslant 0, y \geqslant 0\right\}$$

$\sigma_1 = \left\{(x,y) \,\middle|\, 0 \leqslant y \leqslant b\sqrt{1 - \dfrac{x^2}{a^2}}, 0 \leqslant x \leqslant a\right\}$ 是 x–型区域，因此，

$$V = 4 \iint_{\sigma_1} \left(1 - \dfrac{x^2}{a^2} - \dfrac{y^2}{b^2}\right) \mathrm{d}x\mathrm{d}y$$

$$= 4 \int_0^a \mathrm{d}x \int_0^{b\sqrt{1 - \frac{x^2}{a^2}}} \left(1 - \dfrac{x^2}{a^2} - \dfrac{y^2}{b^2}\right) \mathrm{d}y = \dfrac{8}{3} b \int_0^a \left(1 - \dfrac{x^2}{a^2}\right)^{\frac{3}{2}} \mathrm{d}x$$

$$\overset{x = a\sin\theta}{=\!=\!=} \dfrac{8}{3} ab \int_0^{\frac{\pi}{2}} \cos^4\theta \mathrm{d}\theta = \dfrac{8}{3} ab \cdot \dfrac{3}{4} \cdot \dfrac{1}{2} \cdot \dfrac{\pi}{2} = \dfrac{\pi}{2} ab$$

注：最后一步定积分用到 Wallis 公式，当 $n \geqslant 2$ 时，

$$I_n = \int_0^{\frac{\pi}{2}} \sin^n x \mathrm{d}x = \int_0^{\frac{\pi}{2}} \cos^n x \mathrm{d}x = \begin{cases} \dfrac{n-1}{n} \cdot \dfrac{n-3}{n-2} \cdot \cdots \cdot \dfrac{1}{2} \cdot \dfrac{\pi}{2}, & n \text{为偶数} \\[3mm] \dfrac{n-1}{n} \cdot \dfrac{n-3}{n-2} \cdot \cdots \cdot \dfrac{2}{3}, & n \text{为奇数} \end{cases}$$

例 8-10 计算 $\iint_{\sigma} \mathrm{e}^{x^2} \mathrm{d}x\mathrm{d}y$，其中，$\sigma$ 由不等式 $x \leqslant 1$，$0 \leqslant y \leqslant x$ 确定.

解：积分域如图 8.9 所示，可视作 x–型区域. 于是，

$$\iint_{\sigma} \mathrm{e}^{x^2} \mathrm{d}x\mathrm{d}y = \int_0^1 \mathrm{e}^{x^2} \mathrm{d}x \int_0^x \mathrm{d}y = \int_0^1 x\mathrm{e}^{x^2} \mathrm{d}x = \dfrac{1}{2} \int_0^1 \mathrm{e}^{x^2} \mathrm{d}(x^2) = \dfrac{1}{2} \left(\mathrm{e}^{x^2} \Big|_0^1\right) = \dfrac{1}{2}(\mathrm{e} - 1)$$

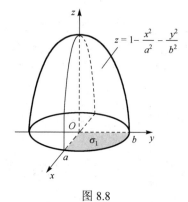

图 8.8

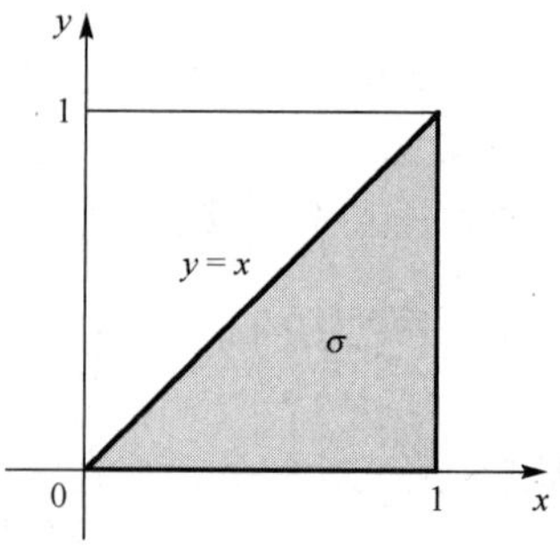

图 8.9

注：本例的积分域同时也是 $y-$型区域，但是先 x 后 y 的累次积分首先要处理被积函数 e^{x^2} 的不定积分. 可以证明 e^{x^2} 的原函数不是初等函数，导致我们无法直接进行关于积分变量 x 的定积分，因此舍弃了这一累次积分顺序.

例 8-11 计算 $\iint_\sigma xy\mathrm{d}\sigma$，其中，$\sigma$ 是由抛物线 $y^2 = x$ 及直线 $y = x-2$ 围成的区域.

解： 如图 8.10 所示，积分域 σ 可视作 $y-$型区域：$\{(x,y)\,|\,y^2 \le x \le y+2, -1 \le y \le 2\}$. 因此，

$$\iint_\sigma xy\mathrm{d}\sigma = \int_{-1}^2 y\mathrm{d}y \int_{y^2}^{y+2} x\mathrm{d}x = \frac{1}{2}\int_{-1}^2 (-y^5 + y^3 + 4y^2 + 4y)\mathrm{d}y = \frac{45}{8}$$

由例 8-8 和例 8-10 可以看出，选择恰当的累次积分顺序对更简便地计算出积分值甚至能否计算出积分值都是至关重要的. 因此，当一种累次积分顺序不便于计算时，我们自然会考虑累次积分换序. 在换序之前，要先依据现有的累次积分上下限画出积分域，再根据积分域给出另一种累次积分.

例 8-12 交换累次积分 $\int_a^b \mathrm{d}x \int_a^x f(x,y)\mathrm{d}y$ 的积分次序.

解： 如图 8.11 所示，积分域也可视作 $y-$型区域：$\{(x,y)\,|\,y \le x \le b, a \le x \le b\}$. 因此，

$$\int_a^b \mathrm{d}x \int_a^x f(x,y)\mathrm{d}y = \int_a^b \mathrm{d}y \int_y^b f(x,y)\mathrm{d}x$$

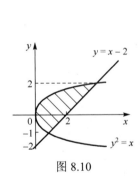

图 8.10

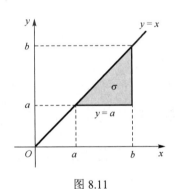

图 8.11

例 8-13 试将累次积分 $\int_0^1 \mathrm{d}x \int_0^x f(x,y)\mathrm{d}y + \int_1^2 \mathrm{d}x \int_0^{2-x} f(x,y)\mathrm{d}y$ 换序.

解： 如图 8.12 所示，积分域可视作 $y-$型区域：$\{(x,y)\,|\,y \le x \le 2-y, 0 \le y \le 1\}$. 因此，

$$\int_0^1 \mathrm{d}x \int_0^x f(x,y)\mathrm{d}y + \int_1^2 \mathrm{d}x \int_0^{2-x} f(x,y)\mathrm{d}y = \int_0^1 \mathrm{d}y \int_y^{2-y} f(x,y)\mathrm{d}x$$

例 8-14 将下面的累次积分换序：$\int_0^{2a} \mathrm{d}x \int_{\sqrt{2ax-x^2}}^{\sqrt{2ax}} f(x,y)\mathrm{d}y$ （$a > 0$）.

解： 如图 8.13 所示，积分域可分割为 3 个 $y-$型区域：

$$\sigma_1 = \left\{(x,y)\,\middle|\,\frac{y^2}{2a} \le x \le a - \sqrt{a^2 - y^2}, 0 \le y \le a\right\}$$

$$\sigma_2 = \left\{(x,y)\,\middle|\,a + \sqrt{a^2 - y^2} \le x \le 2a, 0 \le y \le a\right\}$$

$$\sigma_3 = \left\{ (x,y) \left| \frac{y^2}{2u} \leqslant x \leqslant 2a, a \leqslant y \leqslant 2a \right. \right\}$$

因此，

$$\int_0^{2a} \mathrm{d}x \int_{\sqrt{2ax-x^2}}^{\sqrt{2ax}} f(x,y)\mathrm{d}y = \int_0^a \mathrm{d}y \int_{\frac{y^2}{2a}}^{a-\sqrt{a^2-y^2}} f(x,y)\mathrm{d}x + \int_0^a \mathrm{d}y \int_{a+\sqrt{a^2-y^2}}^{2a} f(x,y)\mathrm{d}x$$

$$+ \int_a^{2a} \mathrm{d}y \int_{\frac{y^2}{2a}}^{2a} f(x,y)\mathrm{d}x$$

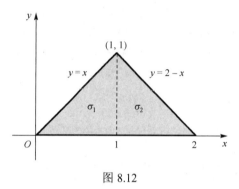

图 8.12

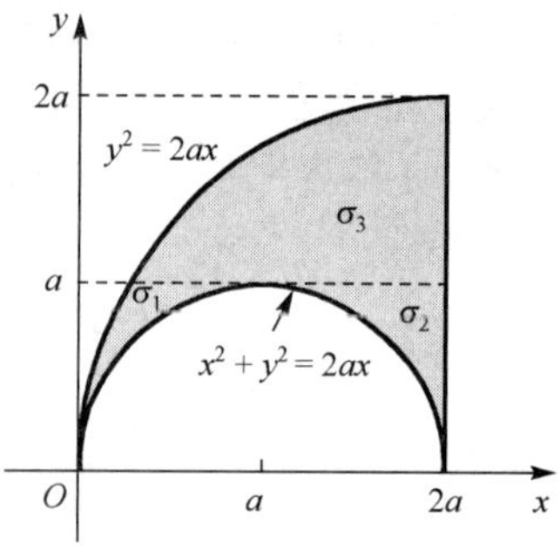

图 8.13

例 8-15 证明：$\displaystyle\int_0^a \mathrm{d}x \int_0^x f(y)\mathrm{d}y = \int_0^a (a-x)f(x)\mathrm{d}x$（$a>0$）.

证明： 如图 8.14 所示，左侧累次积分的积分域可视作 $y-$型区域：$\{(x,y)\,|\,y \leqslant x \leqslant a,\ 0 \leqslant y \leqslant a\}$. 因此，

$$\text{左侧} = \int_0^a f(y)\mathrm{d}y \int_y^a \mathrm{d}x = \int_0^a f(y)(a-y)\mathrm{d}y = \text{右侧}$$

例 8-16 计算 $\displaystyle\int_0^1 \frac{f(x)}{\sqrt{x}}\mathrm{d}x$，其中，$f(x)=\displaystyle\int_1^x \frac{\ln(t+1)}{t}\mathrm{d}t$.

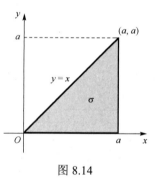

图 8.14

解：

$$\int_0^1 \frac{f(x)}{\sqrt{x}}\mathrm{d}x = \int_0^1 \frac{\mathrm{d}x}{\sqrt{x}} \int_1^x \frac{\ln(y+1)}{y}\mathrm{d}y = -\int_0^1 \frac{\mathrm{d}x}{\sqrt{x}} \int_x^1 \frac{\ln(y+1)}{y}\mathrm{d}y = -\int_0^1 \frac{\ln(y+1)}{y}\mathrm{d}y \int_0^y \frac{\mathrm{d}x}{\sqrt{x}}$$

$$= -2\int_0^1 \frac{\ln(y+1)}{\sqrt{y}}\mathrm{d}y = -4\left[\sqrt{y}\ln(y+1)\Big|_0^1 - \int_0^1 \frac{\sqrt{y}}{y+1}\mathrm{d}y \right] = -4\ln 2 + 4\int_0^1 \frac{\sqrt{y}}{y+1}\mathrm{d}y$$

$$= -4\ln 2 + 8\int_0^1 \frac{t^2}{t^2+1}\mathrm{d}t = -4\ln 2 + 8\int_0^1 \left(1 - \frac{1}{1+t^2} \right)\mathrm{d}t = -4\ln 2 + 8 - 2\pi$$

8.2.2 极坐标系下二重积分的计算

在极坐标系下，设函数 $f(r,\theta) \in C(\sigma)$，其中，$\sigma$：$\alpha \leqslant \theta \leqslant \beta$，$r_1(\theta) \leqslant r \leqslant r_2(\theta)$，$r_1(\theta)$，$r_2(\theta) \in C[\alpha,\beta]$. 如图 8.15 所示，用 $r=r_0$，$\theta=\theta_0$ 的曲线网分割 σ，其中具有代表性的一小片圆扇形的面积 $\Delta\sigma \approx r\Delta\theta\Delta r$. 因此，面积微元 $\mathrm{d}\sigma = r\mathrm{d}r\mathrm{d}\theta$，有

$$\iint_\sigma f(P)\mathrm{d}\sigma = \lim_{\lambda \to 0^+} \sum_{i=1}^n f(r_i,\theta_i)r_i \Delta r_i \Delta \theta_i = \iint_\sigma f(r,\theta)r\mathrm{d}r\mathrm{d}\theta$$

在极坐标系下，通常将 σ 视作 $\theta-$ 型区域. 实际上，积分域 σ 在 θOr 平面中的图像如图 8.16 所示.

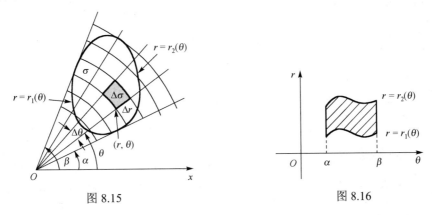

图 8.15　　　　　　　　　　　　　　图 8.16

类似于直角坐标系下化二重积分为累次积分的做法，得到先 r 后 θ 的累次积分：

$$\iint_\sigma f(r,\theta)r\mathrm{d}r\mathrm{d}\theta = \int_\alpha^\beta \mathrm{d}\theta \int_{r_1(\theta)}^{r_2(\theta)} f(r,\theta)r\mathrm{d}r$$

在极坐标下，将二重积分化为先 r 后 θ 的累次积分有以下四种常见情况。

1° 极点 O 在区域 σ 外（如图 8.17 所示），则

$$\iint_\sigma f(r,\theta)\mathrm{d}\sigma = \int_\alpha^\beta \mathrm{d}\theta \int_{r_1(\theta)}^{r_2(\theta)} f(r,\theta)r\mathrm{d}r$$

2° 极点 O 在区域 σ 的边界上（如图 8.18 所示），则

$$\iint_D f(r,\theta)\mathrm{d}\sigma = \int_\alpha^\beta \mathrm{d}\theta \int_0^{r(\theta)} f(r,\theta)r\mathrm{d}r$$

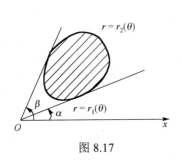 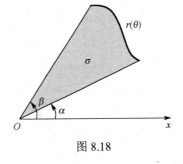

图 8.17　　　　　　　　　　　　　　图 8.18

3° 极点 O 在区域 D 的内部（如图 8.19 所示），则

$$\iint_D f(r,\theta)\mathrm{d}\sigma = \int_0^{2\pi} \mathrm{d}\theta \int_0^{r(\theta)} f(r,\theta)r\mathrm{d}r$$

4° 环形域，且极点 O 在环形域内部（如图 8.20 所示），则

$$\iint_\sigma f(x,y)\mathrm{d}\sigma = \int_0^{2\pi} \mathrm{d}\theta \int_{r_1(\theta)}^{r_2(\theta)} f(r,\theta)r\mathrm{d}r$$

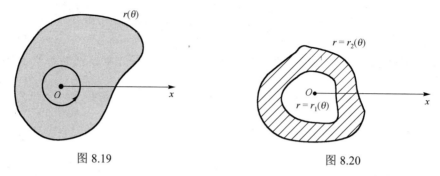

图 8.19　　　　　　　　　　　　　　图 8.20

直角坐标系下的二重积分化为极坐标系下的二重积分公式为

$$\iint_\sigma f(x,y)\mathrm{d}x\mathrm{d}y = \iint_\sigma f(r\cos\theta, r\sin\theta)r\mathrm{d}r\mathrm{d}\theta$$

影响积分计算的不仅有积分域，还有被积函数．当积分区域为圆形、扇形、圆环、扇环，被积函数含有 x^2+y^2，x^2-y^2，xy，$\dfrac{y}{x}$ 时，可以考虑用极坐标计算二重积分．

例 8-17　求圆柱面 $x^2+y^2=ay$（$a>0$），锥面 $z=\sqrt{x^2+y^2}$ 与平面 $z=0$ 围成立体的体积 V．

解：如图 8.21 所示，所求立体体积 V 实际上是定义在闭区域 $D=\{(x,y)\,|\,x^2+y^2\leqslant ay\}$ 上的二元函数 $z=\sqrt{x^2+y^2}$ 的曲顶柱体体积．因此，

$$V = \iint_D \sqrt{x^2+y^2}\,\mathrm{d}x\mathrm{d}y = 2\iint_{D_+}\sqrt{x^2+y^2}\,\mathrm{d}x\mathrm{d}y\ (D_+=\{(x,y)\,|\,x^2+y^2\leqslant ay, x\geqslant0\})$$

$$= 2\int_0^{\frac{\pi}{2}}\mathrm{d}\theta\int_0^{a\sin\theta}r^2\mathrm{d}r = \frac{2a^3}{3}\int_0^{\frac{\pi}{2}}\sin^3\theta\mathrm{d}\theta = \frac{2}{3}a^3\cdot\frac{2}{3}=\frac{4}{9}a^3$$

例 8-18　计算双纽线 $(x^2+y^2)^2=2a^2(x^2-y^2)$（$a>0$）所围图形的面积．

解：如图 8.22 所示，双纽线所围区域 D 关于 x 轴、y 轴都是对称的．因此，$S_D=4S_{D_1}$，其中，

$$D_1 = \left\{(\theta,r)\,\middle|\,0\leqslant r\leqslant\sqrt{2}a\sqrt{\cos2\theta}, 0\leqslant\theta\leqslant\frac{\pi}{4}\right\}$$

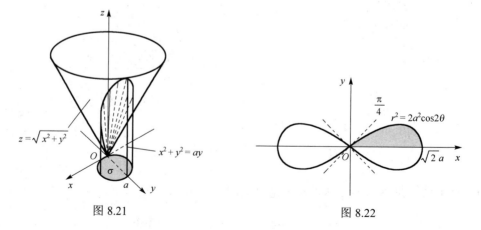

图 8.21　　　　　　　　　　　　　　图 8.22

是 D 在第一象限的部分.

$$S_D = 4S_{D_1} = 4\iint_{D_1} r\mathrm{d}\theta\mathrm{d}r = 4\int_0^{\frac{\pi}{4}}\mathrm{d}\theta\int_0^{\sqrt{2}a\sqrt{\cos 2\theta}} r\mathrm{d}r$$

$$= 4a^2\int_0^{\frac{\pi}{4}}\cos 2\theta\mathrm{d}\theta = 2a^2\left(\sin 2\theta\Big|_0^{\frac{\pi}{4}}\right) = 2a^2(1-0) = 2a^2$$

例 8-19 证明：概率积分 $\displaystyle\int_0^{+\infty}\mathrm{e}^{-x^2}\mathrm{d}x = \frac{\sqrt{\pi}}{2}$.

证明： $\displaystyle\int_0^{+\infty}\mathrm{e}^{-x^2}\mathrm{d}x = \lim_{a\to+\infty}\int_0^a\mathrm{e}^{-x^2}\mathrm{d}x = \left[\left(\lim_{a\to+\infty}\int_0^a\mathrm{e}^{-x^2}\mathrm{d}x\right)^2\right]^{\frac{1}{2}}$

$$\left(\lim_{a\to+\infty}\int_0^a\mathrm{e}^{-x^2}\mathrm{d}x\right)^2 = \lim_{a\to+\infty}\left(\int_0^a\mathrm{e}^{-x^2}\mathrm{d}x\right)^2 = \lim_{a\to+\infty}\int_0^a\mathrm{e}^{-x^2}\mathrm{d}x\int_0^a\mathrm{e}^{-y^2}\mathrm{d}y = \lim_{a\to+\infty}\iint_{D_a}\mathrm{e}^{-(x^2+y^2)}\mathrm{d}x\mathrm{d}y$$

如图 8.23 所示，$D_a = \{(x,y)\,|\,0\leqslant x\leqslant a, 0\leqslant y\leqslant a\}$，$\sigma_a = \{(x,y)\,|\,x^2+y^2\leqslant a^2, x\geqslant 0, y\geqslant 0\}$. 因为被积函数 $\mathrm{e}^{-(x^2+y^2)}$ 恒正，所以

$$\iint_{\sigma_a}\mathrm{e}^{-(x^2+y^2)}\mathrm{d}x\mathrm{d}y < \iint_{D_a}\mathrm{e}^{-(x^2+y^2)}\mathrm{d}x\mathrm{d}y < \iint_{\sigma_{\sqrt{2}a}}\mathrm{e}^{-(x^2+y^2)}\mathrm{d}x\mathrm{d}y$$

$$\iint_{\sigma_a}\mathrm{e}^{-(x^2+y^2)}\mathrm{d}x\mathrm{d}y = \int_0^{\frac{\pi}{2}}\mathrm{d}\theta\int_0^a r\mathrm{e}^{-r^2}\mathrm{d}r = \frac{\pi}{2}\left(-\frac{1}{2}\mathrm{e}^{-r^2}\Big|_0^a\right) = \frac{\pi}{2}\left(\frac{1}{2}-\frac{1}{2}\mathrm{e}^{-a^2}\right)$$

因为

$$\lim_{a\to+\infty}\iint_{\sigma_a}\mathrm{e}^{-(x^2+y^2)}\mathrm{d}x\mathrm{d}y = \lim_{a\to+\infty}\iint_{\sigma_{\sqrt{2}a}}\mathrm{e}^{-(x^2+y^2)}\mathrm{d}x\mathrm{d}y = \frac{\pi}{4}$$

所以由夹挤准则可知，$\displaystyle\lim_{a\to+\infty}\iint_{D_a}\mathrm{e}^{-(x^2+y^2)}\mathrm{d}x\mathrm{d}y = \frac{\pi}{4}$. 因此，$\displaystyle\int_0^{+\infty}\mathrm{e}^{-x^2}\mathrm{d}x = \sqrt{\frac{\pi}{4}} = \frac{\sqrt{\pi}}{2}$.

注： 标准正态分布的概率密度函数 $\varphi(x) = \dfrac{1}{\sqrt{2\pi}}\mathrm{e}^{-\frac{x^2}{2}}$，则

$$\int_{-\infty}^{+\infty}\varphi(x)\mathrm{d}x = \int_{-\infty}^{+\infty}\frac{1}{\sqrt{2\pi}}\mathrm{e}^{-\frac{x^2}{2}}\mathrm{d}x \xlongequal{\frac{x}{\sqrt{2}}=t} \frac{2}{\sqrt{\pi}}\int_0^{+\infty}\mathrm{e}^{-t^2}\mathrm{d}t = \frac{2}{\sqrt{\pi}}\cdot\frac{\sqrt{\pi}}{2} = 1$$

因此，本例的积分与正态分布的概率计算有着密切联系，故而称之为概率积分.

例 8-20 试将直角坐标系下的累次积分

$$\int_0^1\mathrm{d}x\int_{\sqrt{1-x^2}}^{\sqrt{4-x^2}}f(x,y)\mathrm{d}y + \int_1^2\mathrm{d}x\int_0^{\sqrt{4-x^2}}f(x,y)\mathrm{d}y$$

化为极坐标系下的累次积分.

解： 前后两个累次积分的积分域如图 8.24 所示，它们可以合并成为一个积分域：$\left\{(\theta,r)\,\Big|\,1\leqslant r\leqslant 2, 0\leqslant\theta\leqslant\dfrac{\pi}{2}\right\}$. 因此，

$$\int_0^1 \mathrm{d}x \int_{\sqrt{1-x^2}}^{\sqrt{4-x^2}} f(x,y)\mathrm{d}y + \int_1^2 \mathrm{d}x \int_0^{\sqrt{4-x^2}} f(x,y)\mathrm{d}y = \int_0^{\frac{\pi}{2}} \mathrm{d}\theta \int_1^2 f(r\cos\theta, r\sin\theta) r \mathrm{d}r$$

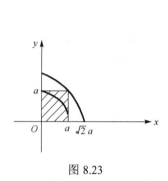

图 8.23

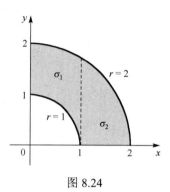

图 8.24

8.2.3 二重积分的对换对称性

若有积分域 $D_{xy} \subset \mathbb{R}^2$，设 $D_{yx} = \{(x,y)\,|\,(y,x) \in D_{xy}\}$，易见 D_{xy} 与 D_{yx} 关于直线 $y = x$ 对称. 二重积分是数值积分，因此也是不依赖符号选取的，即

$$\iint_{D_{xy}} f(x,y)\mathrm{d}x\mathrm{d}y = \iint_{D_{yx}} f(y,x)\mathrm{d}x\mathrm{d}y \quad （对换 x,y）$$

特别地，若 $D_{xy} = D_{yx}$，则

$$\iint_{D_{xy}} f(x,y)\mathrm{d}x\mathrm{d}y = \iint_{D_{xy}} f(y,x)\mathrm{d}x\mathrm{d}y$$

若 $f(x,y) = f(y,x)$，则

$$\iint_{D_{xy}} f(x,y)\mathrm{d}x\mathrm{d}y = \iint_{D_{yx}} f(x,y)\mathrm{d}x\mathrm{d}y$$

对换 x,y 后，二重积分的积分域与被积函数至少有一个不变，称为**对换对称性**.

例 8-21 设闭区域 σ：$(x-1)^2 + (y-1)^2 \leqslant 2$，计算二重积分

$$\iint_\sigma [\cos^2(x+y^2) + \sin^2(x^2+y)]\mathrm{d}\sigma$$

解：易见积分域 σ 关于 x 轴、y 轴都对称，因此

$$\begin{aligned}
\iint_\sigma [\cos^2(x+y^2) + \sin^2(x^2+y)]\mathrm{d}\sigma &= \iint_\sigma \cos^2(x+y^2)\mathrm{d}\sigma + \iint_\sigma \sin^2(x^2+y)\mathrm{d}\sigma \\
&= \iint_\sigma \cos^2(x+y^2)\mathrm{d}\sigma + \iint_\sigma \sin^2(y^2+x)\mathrm{d}\sigma \\
&= \iint_\sigma [\cos^2(x+y^2) + \sin^2(x+y^2)]\mathrm{d}\sigma = \iint_\sigma \mathrm{d}\sigma = 2\pi
\end{aligned}$$

例 8-22 设区域 $D = \{(x,y)\,|\,x^2+y^2 \leqslant 4, x \geqslant 0, y \geqslant 0\}$，$f(x)$ 为区间 $[0,2]$ 上的正值连续函数，a,b 为常数，则 $\displaystyle\iint_D \frac{a\sqrt{f(x)} + b\sqrt{f(y)}}{\sqrt{f(x)} + \sqrt{f(y)}}\mathrm{d}\sigma = ($ $)$.

（A）$ab\pi$ （B）$\dfrac{ab\pi}{2}$ （C）$(a+b)\pi$ （D）$\dfrac{(a+b)\pi}{2}$

解：区域 D 关于 x 轴、y 轴都对称，由对换对称性可知，

$$\iint_D \frac{a\sqrt{f(x)}+b\sqrt{f(y)}}{\sqrt{f(x)}+\sqrt{f(y)}}\mathrm{d}\sigma = \iint_D \frac{a\sqrt{f(y)}+b\sqrt{f(x)}}{\sqrt{f(y)}+\sqrt{f(x)}}\mathrm{d}\sigma$$

$$\iint_D \frac{a\sqrt{f(x)}+b\sqrt{f(y)}}{\sqrt{f(x)}+\sqrt{f(y)}}\mathrm{d}\sigma = \frac{1}{2}\left[\iint_D \frac{a\sqrt{f(x)}+b\sqrt{f(y)}}{\sqrt{f(x)}+\sqrt{f(y)}}\mathrm{d}\sigma + \iint_D \frac{a\sqrt{f(y)}+b\sqrt{f(x)}}{\sqrt{f(x)}+\sqrt{f(y)}}\mathrm{d}\sigma\right]$$

$$= \frac{1}{2}\iint_D \frac{a\sqrt{f(x)}+b\sqrt{f(y)}+a\sqrt{f(y)}+b\sqrt{f(x)}}{\sqrt{f(x)}+\sqrt{f(y)}}\mathrm{d}\sigma$$

$$= \frac{1}{2}\iint_D \frac{(a+b)\left[\sqrt{f(x)}+\sqrt{f(y)}\right]}{\sqrt{f(x)}+\sqrt{f(y)}}\mathrm{d}\sigma = \frac{a+b}{2}\iint_D \mathrm{d}\sigma$$

$$= \frac{a+b}{2}\cdot\frac{4\pi}{4} = \frac{a+b}{2}\pi$$

答案选择（D）.

例 8-23 设 D 是 xOy 平面上以点 $A(1,1)$，$B(-1,1)$，$C(-1,-1)$ 为顶点的三角形区域，D_1 是 D 在第一象限的部分，则 $\iint_D (xy+\cos x\sin y)\mathrm{d}x\mathrm{d}y = （\qquad）$.

（A）$2\iint_{D_1}\cos x\sin y\mathrm{d}x\mathrm{d}y$　　　　（B）$2\iint_{D_1} xy\mathrm{d}x\mathrm{d}y$

（C）$4\iint_{D_1}(xy+\cos x\sin y)\mathrm{d}x\mathrm{d}y$　　（D）0

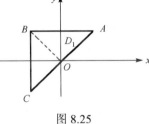

图 8.25

解：如图 8.25 所示，积分域 D 可以分成 $\triangle OAB$ 和 $\triangle OBC$ 两部分．其中，$\triangle OAB$ 关于 y 轴对称，$\triangle OBC$ 关于 x 轴对称．因此，由二重积分的奇偶对称性可知，

$$\iint_D (xy+\cos x\sin y)\mathrm{d}x\mathrm{d}y = \iint_D xy\mathrm{d}x\mathrm{d}y + \iint_D \cos x\sin y\mathrm{d}x\mathrm{d}y$$

$$= \iint_{\triangle OAB} xy\mathrm{d}x\mathrm{d}y + \iint_{\triangle OBC} xy\mathrm{d}x\mathrm{d}y + \iint_{\triangle OAB}\cos x\sin y\mathrm{d}x\mathrm{d}y$$

$$+ \iint_{\triangle OBC}\cos x\sin y\mathrm{d}x\mathrm{d}y$$

$$= \iint_{\triangle OAB}\cos x\sin y\mathrm{d}x\mathrm{d}y = 2\iint_{D_1}\cos x\sin y\mathrm{d}x\mathrm{d}y$$

答案选择（A）.

8.2.4 二重积分的变量代换

设由变换式 $u=u(x,y)$，$v=v(x,y)$ 引进新变量 u,v 以替代直角坐标 x,y，并且要求在这个变换下，坐标 (x,y) 与数对 (u,v) 是一一对应的，即由 $\begin{cases} u=u(x,y) \\ v=v(x,y) \end{cases}$ 可以反解出 $\begin{cases} x=x(u,v) \\ y=y(u,v) \end{cases}$. 下面推导 (x,y) 坐标系与 (u,v) 坐标系下面积微元的关系.

如图 8.26 所示，假设以曲线网 $u(x,y)=u_i$，$v(x,y)=v_j$ 分割积分区域 D. 设坐标变换 $\begin{cases} x=x(u,v) \\ y=y(u,v) \end{cases}$ 下点 (u_{i-1},v_{j-1})，(u_i,v_{j-1})，(u_i,v_j)，(u_{i-1},v_j) 的对应点分别为 $A_1(x_{i-1},y_{j-1})$，

$B_1(x_i,\ y_{j-1})$，$\quad C_1(x_i,\ y_j)$，$\quad D_1(x_{i-1},\ y_j)$.

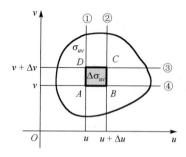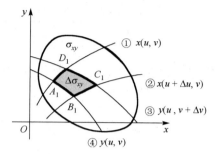

图 8.26

若 Δu_i，Δv_j 充分小，则四边形 $A_1B_1C_1D_1$ 可以近似地看成平行四边形. 这是因为（以 $\overline{A_1B_1}$ 与 $\overline{D_1C_1}$ 比较为例）

$$\overline{A_1B_1} - \{x(u_i,v_{j-1})-x(u_{i-1},v_{j-1}),y(u_i,v_{j-1})-y(u_{i-1},v_{j-1})\}$$

$$\overline{D_1C_1} = \{x(u_i,v_j)-x(u_{i-1},v_j),y(u_i,v_j)-y(u_{i-1},v_j)\}$$

而

$$x(u_i,v_{j-1})-x(u_{i-1},v_{j-1}) = x'_u(u_{i-1},v_{j-1})\Delta u_i + o(\Delta u_i)$$

$$y(u_i,v_{j-1})-y(u_{i-1},v_{j-1}) = y'_u(u_{i-1},v_{j-1})\Delta u_i + o(\Delta u_i)$$

$$x(u_i,v_j)-x(u_{i-1},v_j) = x'_u(u_{i-1},v_j)\Delta u_i + o(\Delta u_i)$$

$$y(u_i,v_j)-y(u_{i-1},v_j) = y'_u(u_{i-1},v_j)\Delta u_i + o(\Delta u_i)$$

即

$$\overline{A_1B_1} \approx \Delta u_i\{x'_u(u_{i-1},v_{j-1}),y'_u(u_{i-1},v_{j-1})\}$$

$$\overline{D_1C_1} \approx \Delta u_i\{x'_u(u_{i-1},v_j),y'_u(u_{i-1},v_j)\}$$

且 $\{x'_u(u_{i-1},v_{j-1}),y'_u(u_{i-1},v_{j-1})\}$ 与 $\{x'_u(u_{i-1},v_j),y'_u(u_{i-1},v_j)\}$ 近似平行（ $x(u,v),y(u,v)$ 一阶偏导数连续）.

$$S_{A_1B_1C_1D_1} \approx \left|\overline{A_1B_1}\times\overline{A_1D_1}\right| \approx \begin{vmatrix} x'_u(u_{i-1},v_{j-1})\Delta u_i & y'_u(u_{i-1},v_{j-1})\Delta u_i \\ x'_v(u_{i-1},v_{j-1})\Delta v_j & y'_v(u_{i-1},v_{j-1})\Delta v_j \end{vmatrix} = \left\|\frac{\partial(x,y)}{\partial(u,v)}\right\|_{(u_{i-1},v_{j-1})}\Delta u_i\Delta v_j$$

于是

$$d\sigma = dxdy = \left\|\frac{\partial(x,y)}{\partial(u,v)}\right\|dudv$$

$$\iint_{\sigma_{xy}} f(x,y)dxdy = \iint_{\sigma_{uv}} f(x(u,v),y(u,v))\left\|\frac{\partial(x,y)}{\partial(u,v)}\right\|dudv$$

例如，$\begin{cases} x = r\cos\theta \\ y = r\sin\theta \end{cases}$ ，则 $\left| \dfrac{\partial(x,y)}{\partial(\theta,r)} \right| = \begin{vmatrix} -r\sin\theta & \cos\theta \\ r\cos\theta & \sin\theta \end{vmatrix} = -r$ ，$\left\| \dfrac{\partial(x,y)}{\partial(\theta,r)} \right\| = r$ ．因此，

$$\iint_{\sigma_{xy}} f(x,y)\mathrm{d}x\mathrm{d}y = \iint_{\sigma_{\theta r}} f(r\cos\theta, r\sin\theta)r\mathrm{d}\theta\mathrm{d}r$$

这就是我们前面得到的直角坐标系下二重积分转化为极坐标系下二重积分的公式．

例 8-24 试计算椭球体 $\dfrac{x^2}{a^2} + \dfrac{y^2}{b^2} + \dfrac{z^2}{c^2} \leqslant 1$ （$a,b,c > 0$）的体积．

解： 设 $D = \left\{ (x,y) \left| \dfrac{x^2}{a^2} + \dfrac{y^2}{b^2} \leqslant 1 \right. \right\}$ ，$D_1 = \left\{ (x,y) \left| \dfrac{x^2}{a^2} + \dfrac{y^2}{b^2} \leqslant 1, x \geqslant 0, y \geqslant 0 \right. \right\}$ ，则

$$V = 2\iint_D c\sqrt{1 - \dfrac{x^2}{a^2} - \dfrac{y^2}{b^2}}\,\mathrm{d}x\mathrm{d}y = 8c\iint_{D_1} \sqrt{1 - \dfrac{x^2}{a^2} - \dfrac{y^2}{b^2}}\,\mathrm{d}x\mathrm{d}y$$

设 $\begin{cases} x = ar\cos\theta \\ y = br\sin\theta \end{cases}$ ，则 $\left\| \dfrac{\partial(x,y)}{\partial(\theta,r)} \right\| = abr$ ，

$$D_1 = \left\{ (\theta, r) \left| 0 \leqslant \theta \leqslant \dfrac{\pi}{2}, 0 \leqslant r \leqslant 1 \right. \right\}$$

$$V = 8abc\iint_{D_1} \sqrt{1 - r^2}\,r\mathrm{d}\theta\mathrm{d}r = 8abc\int_0^{\frac{\pi}{2}}\mathrm{d}\theta\int_0^1 r\sqrt{1-r^2}\,\mathrm{d}r = \dfrac{4}{3}\pi abc$$

例 8-25 计算积分 $\iint_D (\sqrt{x} + \sqrt{y})\mathrm{d}x\mathrm{d}y$ ，其中，D 是由曲线 $\sqrt{x} + \sqrt{y} = 1$ 与坐标轴围成的区域．

解： 设 $\begin{cases} x = u^2 \\ y = v^2 \end{cases}$ （$u, v > 0$），则 $\left| \dfrac{\partial(x,y)}{\partial(u,v)} \right| = \begin{vmatrix} 2u & 0 \\ 0 & 2v \end{vmatrix} = 4uv$ ，$D = \{(u,v) \,|\, u + v \leqslant 1, u, v \geqslant 0\}$ ．因此，

$$\iint_D (\sqrt{x} + \sqrt{y})\mathrm{d}x\mathrm{d}y = \iint_D (u + v)4uv\mathrm{d}u\mathrm{d}v = 4\int_0^1 u\mathrm{d}u\int_0^{1-u} v(u+v)\mathrm{d}v$$

$$= \dfrac{4}{3}\int_0^1 u(1-u)^3\,\mathrm{d}u + 2\int_0^1 u^2(1-u)^2\,\mathrm{d}u = \dfrac{2}{15}$$

例 8-26 求积分 $\iint_D x^3 y^3 \mathrm{d}x\mathrm{d}y$ ，其中，D 是由四条抛物线 $y^2 = px$ ，$y^2 = qx$ ，$x^2 = ay$ ，$x^2 = by$ 围成的区域（$0 < p < q$ ，$0 < a < b$）．

解： 设 $u = \dfrac{x^2}{y}$ ，$v = \dfrac{y^2}{x}$ ，则积分域

$$D = \{(u,v) \,|\, a \leqslant u \leqslant b, p \leqslant v \leqslant q\}, \quad \left| \dfrac{\partial(u,v)}{\partial(x,y)} \right| = \begin{vmatrix} \dfrac{2x}{y} & -\dfrac{x^2}{y^2} \\ -\dfrac{y^2}{x^2} & \dfrac{2y}{x} \end{vmatrix} = 3$$

$\left| \dfrac{\partial(x,y)}{\partial(u,v)} \right| = \dfrac{1}{3}$ ．因此，

$$\iint_D x^3 y^3 \mathrm{d}x\mathrm{d}y = \iint_D u^3 v^3 \cdot \frac{1}{3} \mathrm{d}u\mathrm{d}v = \frac{1}{3} \int_a^b u^3 \mathrm{d}u \int_p^q v^3 \mathrm{d}v = \frac{1}{48}(b^4 - a^4)(q^4 - p^4)$$

注：因为 $\dfrac{\partial(x,y)}{\partial(u,v)} = \left[\dfrac{\partial(u,v)}{\partial(x,y)}\right]^{-1}$，所以本例中已知 $\begin{cases} u = \dfrac{x^2}{y} \\ v = \dfrac{y^2}{x} \end{cases}$ 时，并不一定需要先反解出

$\begin{cases} x = x(u,v) \\ y = y(u,v) \end{cases}$ 再计算 $\left|\dfrac{\partial(x,y)}{\partial(u,v)}\right|$.

例 8-27 计算 $\displaystyle\iint_\sigma y^2 \mathrm{d}\sigma$，其中，$\sigma$ 为由 $x > 0$，$y > 0$，$1 \leq xy \leq 3$，$1 \leq \dfrac{y}{x} \leq 2$ 所限定的区域.

解：设 $u = xy$，$v = \dfrac{y}{x}$，则积分域

$$\sigma = \{(u,v) \mid 1 \leq u \leq 3, 1 \leq v \leq 2\}$$

$$\left|\frac{\partial(u,v)}{\partial(x,y)}\right| = \begin{vmatrix} y & x \\ -\dfrac{y}{x^2} & \dfrac{1}{x} \end{vmatrix} = \frac{2y}{x} = 2v, \quad \left|\frac{\partial(x,y)}{\partial(u,v)}\right| = \frac{1}{2v}$$

因此，

$$\iint_\sigma y^2 \mathrm{d}\sigma = \iint_\sigma uv \cdot \frac{1}{2v} \mathrm{d}u\mathrm{d}v = \frac{1}{2} \int_1^3 u\mathrm{d}u \int_1^2 \mathrm{d}v = 2$$

例 8-28 计算 $\displaystyle\iint_\sigma [(x+y)^2 + (x-y)^2] \mathrm{d}\sigma$，其中，区域 σ 是以 $(0,0)$，$(1,1)$，$(2,0)$ 和 $(1,-1)$ 为顶点的正方形.

解：设 $u = x+y$，$v = x-y$，则积分域（如图 8.27 所示）

$$\sigma = \{(u,v) \mid 0 \leq u \leq 2, 0 \leq v \leq 2\}, \quad \left|\frac{\partial(u,v)}{\partial(x,y)}\right| = \begin{vmatrix} 1 & 1 \\ 1 & -1 \end{vmatrix} = -2$$

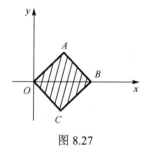

图 8.27

$\left|\dfrac{\partial(x,y)}{\partial(u,v)}\right| = -\dfrac{1}{2}$. 因此，

$$\iint_\sigma [(x+y)^2 + (x-y)^2] \mathrm{d}\sigma = \iint_\sigma (u^2 + v^2) \cdot \frac{1}{2} \mathrm{d}u\mathrm{d}v$$

$$= \frac{1}{2}\left(\int_0^2 u^2 \mathrm{d}u \int_0^2 \mathrm{d}v + \int_0^2 \mathrm{d}u \int_0^2 v^2 \mathrm{d}v\right) = \frac{16}{3}$$

 习题 8.2

1. 画出下列积分域 σ 的图形，并把其上的二重积分 $\displaystyle\iint_\sigma f(x,y) \mathrm{d}\sigma$ 化为不同次序的累次积分.

（1）σ 由直线 $x+y = 1$，$x-y = 1$，$x = 0$ 围成；

（2）σ 由直线 $y = 0$，$y = a$，$y = x$，$y = x - 2a$（$a > 0$）围成；

（3）$\sigma: xy \geq 1$，$y \leq x$，$0 \leq x \leq 2$；

（4）$\sigma: x^2 + y^2 \leq 1$，$x \geq y^2$；

（5）$\sigma: 4x^2 + 9y^2 \geq 36$，$y^2 \leq x + 4$ 的有界域.

2. 计算下列二重积分.

（1）$\iint_D \dfrac{x^2}{1+y^2} d\sigma$，其中，$D: 0 \leq x \leq 1, 0 \leq y \leq 1$；

（2）$\iint_D (x+y) d\sigma$，其中，D 是以 $O(0,0)$，$A(1,0)$，$B(1,1)$ 为顶点的三角形区域；

（3）$\iint_D \dfrac{x^2}{y^2} d\sigma$，其中，$D$ 是由 $y=2$，$y=x$，$xy=1$ 围成的区域；

（4）$\iint_D \cos(x+y) dxdy$，其中，D 是由 $x=0$，$y=x$，$y=\pi$ 围成的区域；

（5）$\iint_D \dfrac{x\sin y}{y} dxdy$，其中，$D$ 由 $y=x$，$y=x^2$ 围成；

（6）$\iint_D y^2 dxdy$，其中，D 由横轴和摆线 $x=a(t-\sin t)$，$y=a(1-\cos t)$ 的一拱（$0 \leq t \leq 2\pi$，$a>0$）围成；

（7）$\iint_D \sqrt{1-\sin^2(x+y)} dxdy$，其中，$D: 0 \leq x \leq \pi, 0 \leq y \leq \pi$.

3. 计算下列二重积分.

（1）$\iint_\sigma [x^2 y + \sin(xy^2)] d\sigma$，其中，$\sigma$ 是由 $x^2 - y^2 = 1$，$y=0$，$y=1$ 围成的区域；

（2）$\iint_\sigma x|y| dxdy$，$\sigma: y \leq x, x \leq 1, y \geq -\sqrt{2-x^2}$；

（3）$\iint_\sigma (1-2x+\sin y^3) dxdy$，$\sigma: x^2 + y^2 \leq R^2$.

4. 画出下列累次积分的积分域 σ，并改变累次积分的次序.

（1）$\int_1^e dx \int_0^{\ln x} f(x,y) dy$；　　　　　（2）$\int_0^1 dx \int_x^{2x} f(x,y) dy$；

（3）$\int_0^1 dy \int_{\sqrt{y}}^{\sqrt[3]{y}} f(x,y) dx$；　　　　　（4）$\int_0^1 dy \int_{\sqrt{1-y^2}}^{-\sqrt{1-y^2}} f(x,y) dx$；

（5）$\int_{\frac{1}{2}}^{\frac{1}{\sqrt{2}}} dx \int_{\frac{1}{2}}^x f(x,y) dy + \int_{\frac{1}{\sqrt{2}}}^1 dx \int_{x^2}^x f(x,y) dy$；

（6）$\int_0^{\frac{a}{2}} dy \int_{\sqrt{a^2-2ay}}^{\sqrt{a^2-y^2}} f(x,y) dx + \int_{\frac{a}{2}}^a dy \int_0^{\sqrt{a^2-x^2}} f(x,y) dx$.

5. 计算 $\int_0^1 dx \int_{x^2}^1 \dfrac{xy}{\sqrt{1+y^3}} dy$.

6. 求由曲面 $z=x^2+y^2$，$y=x^2$，$y=1$，$z=0$ 围成立体的体积.

7. 求圆柱体 $x^2+y^2 \leq a^2$ 与 $x^2+z^2 \leq a^2$ 的公共部分的体积.

8. 曲线 $xy=1$ 及直线 $x+y=\dfrac{5}{2}$ 围成的平面板，质量面密度等于 $\dfrac{1}{x}$，求板的质量.

9. 计算下列二重积分.

（1）$\iint_D \ln(1+x^2+y^2)\mathrm{d}\sigma$，其中，$D$ 为 $x^2+y^2 \leqslant 1$ 的圆域；

（2）$\iint_D \sqrt{a^2-x^2-y^2}\,\mathrm{d}\sigma$，$D:x^2+y^2 \leqslant ay, |y| \geqslant |x|$（$a>0$）；

（3）$\iint_D \sin\sqrt{x^2+y^2}\,\mathrm{d}\sigma$，$D:\pi^2 \leqslant x^2+y^2 \leqslant 4\pi^2$；

（4）$\iint_D (x^2+y^2)\mathrm{d}\sigma$，$D:x^2+y^2 \geqslant 2x, x^2+y^2 \leqslant 4x$；

（5）$\iint_D (x^2+y^2)^{\frac{3}{2}}\mathrm{d}\sigma$，$D:x^2+y^2 \leqslant 1, x^2+y^2 \leqslant 2x$；

（6）$\iint_D \arctan\dfrac{y}{x}\mathrm{d}x\mathrm{d}y$，$D:1 \leqslant x^2+y^2 \leqslant 4, x \geqslant 0, y \geqslant 0$；

（7）$\iint_D |x^2+y^2-4|\mathrm{d}x\mathrm{d}y$，$D:x^2+y^2 \leqslant 16$；

（8）$\iint_D \sqrt{x^2+y^2}\,\mathrm{d}x\mathrm{d}y$，$D:0 \leqslant x \leqslant a, 0 \leqslant y \leqslant a$.

10. 用二重积分计算下列平面区域的面积.

（1）心脏线 $r=a(1-\cos\theta)$ 内，圆 $r=a$ 外的公共区域；

（2）曲线 $(x^2+y^2)^2=8a^2xy$（$a>0$）围成的区域.

8.3 三重积分的计算

我们在 8.1 节提过，三重积分的表达式中有三条积分符号，最终需要通过三次定积分来实现计算. 在实践中，我们采取"1+2"或者"2+1"的策略，即将三次定积分划分成一次定积分和一次二重积分来处理. 而定积分和二重积分的计算方法都是已知的，这样就解决了三重积分的计算问题. 下面介绍具体的划分方法.

8.3.1 直角坐标系下三重积分的计算

如图 8.28 所示，用平行于坐标面的平面 $x=x_i$，$y=y_j$，$z=z_k$（$i=1,2,\cdots,n_1$，$j=1,2,\cdots,n_2$，$k=1,2,\cdots,n_3$）分割 V，所得的具有代表性的一小块立体的体积 $\Delta V_{ijk}=\Delta x_i \Delta y_j \Delta z_k$. 因此，直角坐标系下的体积微元 $\mathrm{d}V=\mathrm{d}x\mathrm{d}y\mathrm{d}z$，从而三重积分可表示为

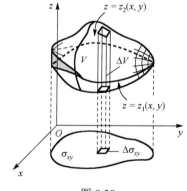

图 8.28

$$\iiint_V f(P)\mathrm{d}V = \iiint_V f(x,y,z)\mathrm{d}x\mathrm{d}y\mathrm{d}z$$

1. 投影法（先一后二法）

设 $f(x,y,z) \in C(V)$，V 在 xOy 坐标面上的投影区域是 σ_{xy}，且

$$V=\{(x,y,z) \mid z_1(x,y) \leqslant z \leqslant z_2(x,y), (x,y) \in \sigma_{xy}\}$$

其中，$z_1(x,y), z_2(x,y) \in C(\sigma_{xy})$，即 V 可称为 (x,y)-型区域. 将 σ_{xy} 分割为 $\Delta\sigma_i$（$i=1,2,\cdots,m$），ΔV_i 为对应的细柱体，再用 $z=z_j$（$j=1,2,\cdots,n_i$）分割 ΔV_i 为 ΔV_{ij}，$(x,y,z_j) \in \Delta V_{ij}$，

$$\sum_{j=1}^{n_i} f(x,y,z_{ij})\Delta V_{ij} = \left[\sum_{j=1}^{n_i} f(x,y,z_{ij})\Delta z_{ij}\right]\Delta \sigma_i \approx \left[\int_{z_1(x,y)}^{z_2(x,y)} f(x,y,z)\mathrm{d}z\right]\Delta \sigma_i$$

$$\iiint_V f(x,y,z)\mathrm{d}x\mathrm{d}y\mathrm{d}z = \iint_{\sigma_{xy}} \mathrm{d}\sigma \int_{z_1(x,y)}^{z_2(x,y)} f(x,y,z)\mathrm{d}z$$

若 σ_{xy} 为 $x-$ 型闭域：$\{(x,y)\,|\,y_1(x)\leqslant y\leqslant y_2(x),a\leqslant x\leqslant b\}$，则

$$\iiint_V f(x,y,z)\mathrm{d}x\mathrm{d}y\mathrm{d}z = \int_a^b \mathrm{d}x \int_{y_1(x)}^{y_2(x)} \mathrm{d}y \int_{z_1(x,y)}^{z_2(x,y)} f(x,y,z)\mathrm{d}z$$

注：（1）当 σ_{xy} 为 $y-$ 型闭域：$\{(x,y)\,|\,x_1(y)\leqslant x\leqslant x_2(y),c\leqslant y\leqslant d\}$ 时，三重积分可化为累次积分 $\int_c^d \mathrm{d}y \int_{x_1(y)}^{x_2(y)} \mathrm{d}x \int_{z_1(x,y)}^{z_2(x,y)} f(x,y,z)\mathrm{d}z$.

（2）积分域 V 亦可向 yOz 或 zOx 坐标面投影.

例 8-29 计算 $\iiint_V \dfrac{1}{(1+x+y+z)^3}\mathrm{d}V$，其中，$V$ 由平面 $x+y+z=1$ 及 3 个坐标面围成.

解：设 $\sigma_{xy} = \{(x,y)\,|\,0\leqslant y\leqslant 1-x,0\leqslant x\leqslant 1\}$，则

$$V = \{(x,y,z)\,|\,0\leqslant z\leqslant 1-x-y,(x,y)\in\sigma_{xy}\}$$

因此，

$$\begin{aligned}
\iiint_V \frac{1}{(1+x+y+z)^3}\mathrm{d}V &= \iint_{\sigma_{xy}} \mathrm{d}x\mathrm{d}y \int_0^{1-x-y} \frac{1}{(1+x+y+z)^3}\mathrm{d}z \\
&= \frac{1}{2}\iint_{\sigma_{xy}}\left[(1+x+y)^{-2}-\frac{1}{4}\right]\mathrm{d}x\mathrm{d}y \\
&= \frac{1}{2}\int_0^1 \mathrm{d}x \int_0^{1-x}(1+x+y)^{-2}\mathrm{d}y - \frac{1}{8}\iint_{\sigma_{xy}}\mathrm{d}x\mathrm{d}y \\
&= \frac{1}{2}\int_0^1\left(\frac{1}{1+x}-\frac{1}{2}\right)\mathrm{d}x - \frac{1}{8}\cdot\frac{1}{2} \\
&= \frac{1}{2}\left[\ln(1+x)\big|_0^1\right] - \frac{1}{4} - \frac{1}{16} = \frac{1}{2}\ln 2 - \frac{5}{16}
\end{aligned}$$

例 8-30 计算 $I = \iiint_V z\mathrm{d}V$，其中，$V$ 是由曲面 $z=\sqrt{1-x^2-y^2}$ 及平面 $z=0$ 围成的上半球体.

解：设 $\sigma_{xy} = \{(x,y)\,|\,x^2+y^2\leqslant 1\}$，则

$$V = \{(x,y,z)\,|\,0\leqslant z\leqslant\sqrt{1-x^2-y^2},(x,y)\in\sigma_{xy}\}$$

因此，

$$\begin{aligned}
I = \iiint_V z\mathrm{d}V &= \iint_{\sigma_{xy}} \mathrm{d}x\mathrm{d}y \int_0^{\sqrt{1-x^2-y^2}} z\mathrm{d}z = \frac{1}{2}\iint_{\sigma_{xy}}(1-x^2-y^2)\mathrm{d}x\mathrm{d}y \\
&= \frac{1}{2}\left[\iint_{\sigma_{xy}}\mathrm{d}x\mathrm{d}y - \iint_{\sigma_{xy}}(x^2+y^2)\mathrm{d}x\mathrm{d}y\right]
\end{aligned}$$

$$= \frac{1}{2} \cdot \pi - \frac{1}{2} \int_0^{2\pi} \mathrm{d}\theta \int_0^1 r^3 \mathrm{d}r = \frac{\pi}{2} - \frac{1}{2} \cdot 2\pi \cdot \frac{1}{4} = \frac{\pi}{4}$$

2．截面法（先二后一法）

积分域 V 夹在 $z = a$，$z = b$ 两个平面之间，在区间 $[a,b]$ 内任取 z_i 作垂直于 z 轴的平面截 V，设截面为 σ_{z_i}，将 σ_{z_i} 分割为 $\Delta \sigma_{ij}$，则

$$\sum_{i=1}^n \sum_{j=1}^{n_i} f(x_{ij}, y_{ij}, z_i) \Delta \sigma_{ij} \Delta z_i = \sum_{i=1}^n \left[\sum_{j=1}^{n_i} f(x_{ij}, y_{ij}, z_i) \Delta \sigma_{ij} \right] \Delta z_i$$

$$\approx \sum_{i=1}^n \left[\iint_{\sigma_{z_i}} f(x, y, z_i) \mathrm{d}x\mathrm{d}y \right] \Delta z_i \approx \int_a^b \left[\iint_{\sigma_z} f(x, y, z) \mathrm{d}x\mathrm{d}y \right] \mathrm{d}z$$

即 $\iiint_V f(x, y, z) \mathrm{d}V = \int_a^b \mathrm{d}x \iint_{\sigma_x} f(x, y, z) \mathrm{d}y\mathrm{d}z$．

注：用截面法重新计算例 8-30，比较两种计算方法下二重积分部分计算量的大小．

例 8-31 已知椭球体 V：$\dfrac{x^2}{a^2} + \dfrac{y^2}{b^2} + \dfrac{z^2}{c^2} \leqslant 1$ 内点 (x, y, z) 处质量的体密度 $\rho = \dfrac{x^2}{a^2} + \dfrac{y^2}{b^2} + \dfrac{z^2}{c^2}$，求椭球的质量．

解：

$$m = \iiint_V \left(\frac{x^2}{a^2} + \frac{y^2}{b^2} + \frac{z^2}{c^2} \right) \mathrm{d}x\mathrm{d}y\mathrm{d}z$$

$$= \iiint_V \frac{x^2}{a^2} \mathrm{d}x\mathrm{d}y\mathrm{d}z + \iiint_V \frac{y^2}{b^2} \mathrm{d}x\mathrm{d}y\mathrm{d}z + \iiint_V \frac{z^2}{c^2} \mathrm{d}x\mathrm{d}y\mathrm{d}z$$

计算 $\iiint_V \dfrac{x^2}{a^2} \mathrm{d}x\mathrm{d}y\mathrm{d}z$．用平面 $X = x$ 截 V，得到截面（投影）区域

$$\sigma_x = \left\{ (y, z) \,\middle|\, \frac{y^2}{b^2} + \frac{z^2}{c^2} \leqslant 1 - \frac{x^2}{a^2} \right\}$$

则

$$V = \left\{ (x, y, z) \,\middle|\, -a \leqslant x \leqslant a, (y, z) \in \sigma_x \right\}$$

因此，

$$\iiint_V \frac{x^2}{a^2} \mathrm{d}x\mathrm{d}y\mathrm{d}z = \frac{1}{a^2} \int_{-a}^a x^2 \mathrm{d}x \iint_{\sigma_x} \mathrm{d}y\mathrm{d}z = \frac{1}{a^2} \int_{-a}^a x^2 \cdot \pi bc \left(1 - \frac{x^2}{a^2} \right) \mathrm{d}x$$

$$= \frac{2\pi bc}{a^2} \left(\int_0^a x^2 \mathrm{d}x - \frac{1}{a^2} \int_0^a x^4 \mathrm{d}x \right) = \frac{2\pi bc}{a^2} \cdot \frac{2}{15} a^3 = \frac{4}{15} \pi abc$$

令 x 与 y 对换，a 与 b 对换，则

$$\iiint_V \frac{x^2}{a^2} \mathrm{d}x\mathrm{d}y\mathrm{d}z = \iiint_V \frac{y^2}{b^2} \mathrm{d}x\mathrm{d}y\mathrm{d}z$$

类似地，

$$\iiint_V \frac{x^2}{a^2} dxdydz = \iiint_V \frac{z^2}{c^2} dxdydz$$

因此，$m = 3 \cdot \frac{4}{15} \pi abc = \frac{4}{5} \pi abc$．

8.3.2 柱坐标系下三重积分的计算

已知直角坐标系下点的坐标 (x, y, z)，若对其中两个分量 x, y 进行极坐标化，则得到**柱坐标** (θ, r, z)，且 $\begin{cases} x = r\cos\theta \\ y = r\sin\theta \\ z = z \end{cases}$ （如图 8.29 所示）．

如图 8.30 所示，用坐标面 $\theta = \theta_i$，$r = r_j$，$z = z_k$（$i = 1, 2, \cdots, n_1$，$j = 1, 2, \cdots, n_2$，$k = 1, 2, \cdots, n_3$）分割 V，所得具有代表性的一小块立体的体积 $\Delta V \approx r_j \Delta\theta_i \Delta r_j \Delta z_k$．因此，柱坐标系下体积微元 $dV = r d\theta dr dz$．

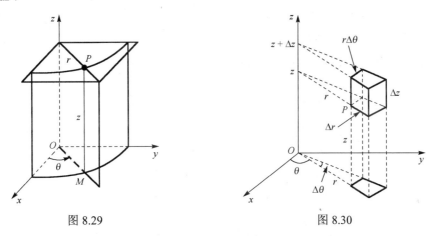

图 8.29　　　　　　　　　　图 8.30

因此，三重积分在柱坐标系下可以写成累次积分：

$$\iiint_V f(P)dV = \iint_V f(\theta, r, z) r d\theta dr dz$$

$$= \int_a^b dz \iint_{\sigma_z} f(\theta, r, z) r d\theta dr \qquad （截面法）$$

$$= \iint_{\sigma_{\theta r}} r d\theta dr \int_{z_1(\theta, r)}^{z_2(\theta, r)} f(\theta, r, z) dz \qquad （投影法）$$

特别地，若 V：$\alpha \leq \theta \leq \beta$，$r_1(\theta) \leq r \leq r_2(\theta)$，$z_1(\theta, r) \leq z \leq z_2(\theta, r)$，则有累次积分

$$\iiint_V f(\theta, r, z) r dr d\theta dz = \int_\alpha^\beta d\theta \int_{r_1(\theta)}^{r_2(\theta)} r dr \int_{z_1(\theta, r)}^{z_2(\theta, r)} f(\theta, r, z) dz$$

直角坐标系下三重积分与柱坐标系下三重积分的关系为

$$\iiint_V f(x, y, z) dxdydz = \iiint_V f(r\cos\theta, r\sin\theta, z) r d\theta dr dz$$

注：当积分域 V 在 xOy 平面上的投影 σ_{xy}（或截面投影 σ_z）是圆、圆环、扇形、扇环，

被积函数是 $x^2 + y^2$，$x^2 - y^2$，xy，$\dfrac{y}{x}$ 之一与 z 的复合函数时，用柱坐标计算三重积分比较方便.

例 8-32 计算 $\iiint_V z\sqrt{x^2 + y^2}\mathrm{d}V$，其中，$V$ 由半圆柱面 $x^2 + y^2 - 2x = 0$（$y \geqslant 0$）及平面 $y = 0$，$z = 0$，$z = a > 0$ 围成.

解： 如图 8.31 所示，$\sigma_{xy} = \left\{(\theta, r)\,\middle|\,0 \leqslant r \leqslant 2\cos\theta, 0 \leqslant \theta \leqslant \dfrac{\pi}{2}\right\}$，$V = \{(x, y, z)\,|\,(x, y) \in \sigma_{xy},\ 0 \leqslant z \leqslant a\}$. 因此，

$$\iiint_V z\sqrt{x^2 + y^2}\mathrm{d}V = \iint_{\sigma_{xy}} r^2\mathrm{d}\theta\mathrm{d}r \int_0^a z\mathrm{d}z = \frac{1}{2}a^2 \int_0^{\frac{\pi}{2}} \mathrm{d}\theta \int_0^{2\cos\theta} r^2\mathrm{d}r$$

$$= \frac{1}{2}a^2 \cdot \frac{8}{3} \int_0^{\frac{\pi}{2}} \cos^3\theta\mathrm{d}\theta = \frac{4}{3}a^2 \cdot \frac{2}{3} = \frac{8}{9}a^2$$

例 8-33 求曲面 $2z = x^2 + y^2$ 与 $z = 2$ 所围立体的质量 m，已知立体内任一点的质量的体密度 μ 与该点到 z 轴的距离的平方成正比.

解： 如图 8.32 所示，$V = \{(\theta, r, z)\,|\,0 \leqslant z \leqslant 2, 0 \leqslant \theta \leqslant 2\pi, 0 \leqslant r \leqslant \sqrt{2z}\}$，则

$$m = \iiint_V k(x^2 + y^2)\mathrm{d}V = k\int_0^2 \mathrm{d}z \iint_{\sigma_z} r^3\mathrm{d}\theta\mathrm{d}r$$

$$= k\int_0^2 \mathrm{d}z \int_0^{2\pi} \mathrm{d}\theta \int_0^{\sqrt{2z}} r^3\mathrm{d}r = k \cdot 2\pi \cdot \frac{4}{4} \int_0^2 z^2\mathrm{d}z = \frac{16}{3}\pi k$$

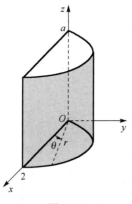

图 8.31

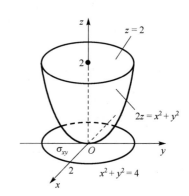

图 8.32

例 8-34 计算 $\iiint_V \dfrac{\mathrm{e}^{z^2}}{\sqrt{x^2 + y^2}}\mathrm{d}x\mathrm{d}y\mathrm{d}z$，其中，$V$ 是由锥面 $z = \sqrt{x^2 + y^2}$ 与平面 $z = 1$，$z = 2$ 围成的锥台体.

解： 如图 8.33 所示，$V = \{(x, y, z)\,|\,1 \leqslant z \leqslant 2, 0 \leqslant \theta \leqslant 2\pi, 0 \leqslant r \leqslant z\}$，则

$$\iiint_V \frac{\mathrm{e}^{z^2}}{\sqrt{x^2 + y^2}}\mathrm{d}x\mathrm{d}y\mathrm{d}z = \int_1^2 \mathrm{e}^{z^2}\mathrm{d}z \iint_{\sigma_z} \mathrm{d}\theta\mathrm{d}r = \int_1^2 \mathrm{e}^{z^2}\mathrm{d}z \int_0^{2\pi} \mathrm{d}\theta \int_0^z \mathrm{d}r$$

$$= \pi \int_1^2 2z\mathrm{e}^{z^2}\mathrm{d}z = \pi\left(\mathrm{e}^{z^2}\Big|_1^2\right) = \pi(\mathrm{e}^4 - \mathrm{e})$$

例 8-35 计算 $\iiint_\Omega xyz\mathrm{d}x\mathrm{d}y\mathrm{d}z$，其中，$\Omega$ 为球面 $x^2 + y^2 + z^2 = 1$ 及 3 个坐标面围成的位于第一卦限的立体.

解：如图 8.34 所示，$\Omega = \left\{(\theta, r, z)\Big| 0 \leqslant \theta \leqslant \dfrac{\pi}{2}, 0 \leqslant r \leqslant 1, 0 \leqslant z \leqslant \sqrt{1-r^2}\right\}$，则

$$\iiint_\Omega xyz\mathrm{d}x\mathrm{d}y\mathrm{d}z = \iint_{\sigma_{xy}} r^3\cos\theta\sin\theta\mathrm{d}\theta\mathrm{d}r\int_0^{\sqrt{1-r^2}} z\mathrm{d}z$$

$$= \frac{1}{2}\int_0^{\frac{\pi}{2}}\cos\theta\sin\theta\mathrm{d}\theta\int_0^1 r^3(1-r^2)\mathrm{d}r = \frac{1}{2}\cdot\frac{1}{2}\cdot\frac{1}{12} = \frac{1}{48}$$

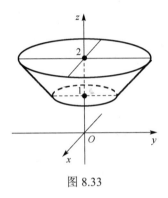

图 8.33

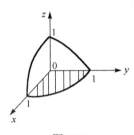

图 8.34

8.3.3　球坐标系下三重积分的计算

如图 8.35 所示，设有直角坐标系下的点 $P(x, y, z)$，令 $\rho = |\mathbf{OP}|$（$0 \leqslant \rho < +\infty$），$\varphi$ 是向量 $\mathbf{OP}$ 与 z 轴正半轴的夹角. 设点 P 在 xOy 平面上的投影为点 P'，θ 是向量 $\mathbf{OP'}$ 与 x 轴正半轴的夹角. 于是，得到点 P 的**球坐标** (ρ, φ, θ)，并且满足 $\begin{cases} x = \rho\sin\varphi\cos\theta \\ y = \rho\sin\varphi\sin\theta \\ z = \rho\cos\varphi \end{cases}$.

如图 8.36 所示，用 $\rho = \rho_i$，$\varphi = \varphi_j$，$\theta = \theta_k$（$i = 1, 2, \cdots, n_1$，$j = 1, 2, \cdots, n_2$，$k = 1, 2, \cdots, n_3$）分割 V，所得具有代表性的一小块立体的体积

$$\Delta V \approx \rho_i\Delta\varphi_j \cdot \Delta\rho_i \cdot \rho_i\sin\varphi_j\Delta\theta_k = \rho_i^2\sin\varphi_j\Delta\rho_i\Delta\varphi_j\Delta\theta_k$$

因此，球坐标系下的体积微元 $\mathrm{d}V = \rho^2\sin\varphi\mathrm{d}\rho\mathrm{d}\varphi\mathrm{d}\theta$，三重积分在球坐标系可表示为

$$\iiint_V f(P)\mathrm{d}V = \iiint_V f(\rho, \varphi, \theta)\rho^2\sin\varphi\mathrm{d}\rho\mathrm{d}\varphi\mathrm{d}\theta$$

特别地，若 V：$\alpha \leqslant \theta \leqslant \beta$，$\varphi_1(\theta) \leqslant \varphi \leqslant \varphi_2(\theta)$，$\rho_1(\theta, \varphi) \leqslant \rho \leqslant \rho_2(\theta, \varphi)$，则

$$\iiint_V f(\rho, \varphi, \theta)\rho^2\sin\varphi\mathrm{d}\rho\mathrm{d}\varphi\mathrm{d}\theta = \int_\alpha^\beta\mathrm{d}\theta\int_{\varphi_1(\theta)}^{\varphi_2(\theta)}\sin\varphi\mathrm{d}\varphi\int_{\rho_1(\theta,\varphi)}^{\rho_2(\theta,\varphi)} f(\rho, \varphi, \theta)\rho^2\mathrm{d}\rho$$

直角坐标系下三重积分与球坐标系下三重积分的关系为

$$\iiint_V f(x,y,z)\mathrm{d}x\mathrm{d}y\mathrm{d}z = \iiint_V f(\rho\sin\varphi\cos\theta, \rho\sin\varphi\sin\theta, \rho\cos\varphi)\rho^2\sin\varphi\mathrm{d}\rho\mathrm{d}\varphi\mathrm{d}\theta$$

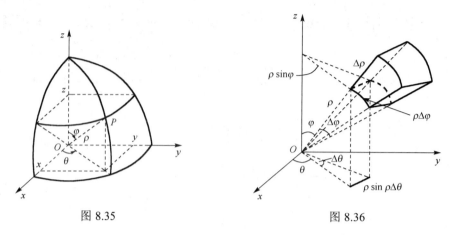

图 8.35　　　　　　　　　　　图 8.36

注：当积分域 V 是球心在原点，或者球心在坐标轴上而球面过原点的球；或者是球的一部分；或者是顶点在原点、以坐标轴为轴的圆锥体，被积函数是 $x^2 + y^2 + z^2$ 的函数时，用球坐标计算三重积分比较简便.

例 8-36　求半径为 R 的球体体积.

解： 在球坐标系下 $V = \{(\theta,\varphi,\rho) \mid 0 \leqslant \theta \leqslant 2\pi, 0 \leqslant \varphi \leqslant \pi, 0 \leqslant \rho \leqslant R\}$，则

$$V = \iiint_V \mathrm{d}V = \iiint_V \rho^2\sin\varphi\mathrm{d}\rho\mathrm{d}\varphi\mathrm{d}\theta = \int_0^{2\pi}\mathrm{d}\theta\int_0^\pi\sin\varphi\mathrm{d}\varphi\int_0^R\rho^2\mathrm{d}\rho = 2\pi\cdot 2\cdot\frac{R^3}{3} = \frac{4}{3}\pi R^3$$

例 8-37　计算 $I = \iiint_V \sqrt{x^2+y^2+z^2}\mathrm{d}V$，其中 $V: x^2+y^2+z^2 \geqslant 2Rz$，且 $x^2+y^2+z^2 \leqslant 2R^2$，$z \geqslant 0$.

解： 如图 8.37 所示，$V = \left\{(\theta,\varphi,\rho) \middle| 0 \leqslant \theta \leqslant 2\pi, \frac{\pi}{4} \leqslant \varphi \leqslant \frac{\pi}{2}, 2R\cos\varphi \leqslant \rho \leqslant \sqrt{2}R\right\}$. 因此，

$$I = \iiint_V \rho^3\sin\varphi\mathrm{d}\rho\mathrm{d}\varphi\mathrm{d}\theta = \int_0^{2\pi}\mathrm{d}\theta\int_{\frac{\pi}{4}}^{\frac{\pi}{2}}\sin\varphi\mathrm{d}\varphi\int_{2R\cos\varphi}^{\sqrt{2}R}\rho^3\mathrm{d}\rho$$

$$= 2\pi\cdot\frac{1}{4}\cdot 4R^4\int_{\frac{\pi}{4}}^{\frac{\pi}{2}}(1-4\cos^4\varphi)\sin\varphi\mathrm{d}\varphi$$

$$= 2\pi R^4\left(\frac{4}{5}\cos^5\varphi - \cos\varphi\right)\Bigg|_{\frac{\pi}{4}}^{\frac{\pi}{2}} = 2\pi R^4\cdot\frac{4}{5}\cdot\frac{\sqrt{2}}{2} = \frac{4\sqrt{2}}{5}\pi R^4$$

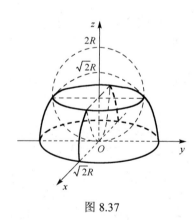

图 8.37

例 8-38　设有一高为 h、母线长为 l 的正圆锥，质量的体密度 μ 为常数，另有一质量为 m 的质点在锥的顶点上，试求锥对质点的万有引力.

解： 如图 8.38 所示，$V = \left\{(\theta,\varphi,\rho) \middle| 0 \leqslant \theta \leqslant 2\pi, 0 \leqslant \varphi \leqslant \arccos\frac{h}{l}, 0 \leqslant \rho \leqslant \frac{h}{\cos\varphi}\right\}$. 质点对 V 内任意一点 (θ,φ,ρ) 处质量微元的万有引力可表示为

$$\mathrm{d}\boldsymbol{F} = \frac{km\mu\mathrm{d}V}{\rho^2}\{\cos\alpha,\cos\beta,\cos\gamma\} = \frac{km\mu\rho^2\sin\varphi\mathrm{d}\rho\mathrm{d}\varphi\mathrm{d}\theta}{\rho^2}\{\cos\theta,\sin\theta,\cos\varphi\}$$

$$= km\mu\sin\varphi\mathrm{d}\rho\mathrm{d}\varphi\mathrm{d}\theta\{\cos\theta,\sin\theta,\cos\varphi\}$$

因此,

$$F_x = \iiint_V km\mu\sin\varphi\cos\theta\mathrm{d}\rho\mathrm{d}\varphi\mathrm{d}\theta = km\mu\int_0^{2\pi}\cos\theta\mathrm{d}\theta\int_0^{\arccos\frac{h}{l}}\sin\varphi\mathrm{d}\varphi\int_0^{\frac{h}{\cos\varphi}}\mathrm{d}\rho$$

$$= 0\left(\int_0^{2\pi}\cos\theta\mathrm{d}\theta = 0\right)$$

同理可得 $F_y = 0$,

$$F_z = \iiint_V km\mu\sin\varphi\cos\varphi\mathrm{d}\rho\mathrm{d}\varphi\mathrm{d}\theta = km\mu\int_0^{2\pi}\mathrm{d}\theta\int_0^{\arccos\frac{h}{l}}\sin\varphi\cos\varphi\mathrm{d}\varphi\int_0^{\frac{h}{\cos\varphi}}\mathrm{d}\rho$$

$$= 2\pi km\mu h\int_0^{\arccos\frac{h}{l}}\sin\varphi\mathrm{d}\varphi = 2\pi km\mu h\left(1 - \frac{h}{l}\right) .$$

例 8-39 已知在极坐标下，对数螺线 $r = a\mathrm{e}^{\frac{\theta}{4}}$，$0 \le \theta \le \pi$ （$a > 0$）绕极轴旋转一周围成的旋转体 V，其内各点质量的体密度等于点到极点的距离，求 V 的质量 m.

解： 如图 8.39 所示，以极轴为 z 轴建立直角坐标系，则

$$V = \left\{(\theta,\varphi,\rho)\,\middle|\,0 \le \theta \le 2\pi, 0 \le \varphi \le \pi, 0 \le \rho \le a\mathrm{e}^{\frac{\varphi}{4}}\right\}$$

因此,

$$m = \iiint_V \rho\mathrm{d}V = \iiint_V \rho^3\sin\varphi\mathrm{d}\rho\mathrm{d}\varphi\mathrm{d}\theta = \int_0^{2\pi}\mathrm{d}\theta\int_0^{\pi}\sin\varphi\mathrm{d}\varphi\int_0^{a\mathrm{e}^{\frac{\varphi}{4}}}\rho^3\mathrm{d}\rho$$

$$= 2\pi\cdot\frac{a^4}{4}\int_0^{\pi}\mathrm{e}^{\varphi}\sin\varphi\mathrm{d}\varphi = \frac{\pi}{4}a^4(\mathrm{e}^{\pi}+1)$$

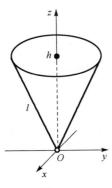

图 8.38

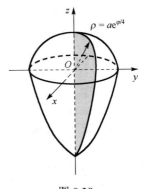

图 8.39

8.3.4 三重积分一般的变量代换

设由变换 $\begin{cases} x = x(u,v,w) \\ y = y(u,v,w) \\ z = z(u,v,w) \end{cases}$ 引进新变量 u,v,w 以代替变量 x,y,z，它们建立了 $O'uvw$ 空间中区

域 $\varOmega_{uvw}$ 与 $Oxyz$ 空间中区域 $\varOmega_{xyz}$ 之间的一一对应. 若函数 $x(u,v,w)$，$y(u,v,w)$，$z(u,v,w)$ 对各变量都有连续的一阶偏导数，类似于二重积分的变量代换，则有

$$\iiint_{\varOmega_{xyz}} f(x,y,z)\mathrm{d}x\mathrm{d}y\mathrm{d}z = \iiint_{\varOmega_{uvw}} f(x(u,v,w),y(u,v,w),z(u,v,w))\left\|\frac{\partial(x,y,z)}{\partial(u,v,w)}\right\|\mathrm{d}u\mathrm{d}v\mathrm{d}w$$

例如，直角坐标与柱坐标的变换

$$\begin{cases} x = r\cos\theta \\ y = r\sin\theta \\ z = z \end{cases}$$

$$\left\|\frac{\partial(x,y,z)}{\partial(r,\theta,z)}\right\| = \left\|\begin{matrix} \cos\theta & -r\sin\theta & 0 \\ \sin\theta & r\cos\theta & 0 \\ 0 & 0 & 1 \end{matrix}\right\| = r$$

直角坐标与球坐标的变换

$$\begin{cases} x = \rho\sin\varphi\cos\theta \\ y = \rho\sin\varphi\sin\theta \\ z = \rho\cos\varphi \end{cases}$$

$$\left\|\frac{\partial(x,y,z)}{\partial(\rho,\varphi,\theta)}\right\| = \left\|\begin{matrix} \sin\varphi\cos\theta & \rho\cos\varphi\cos\theta & -\rho\sin\varphi\sin\theta \\ \sin\varphi\sin\theta & \rho\cos\varphi\sin\theta & \rho\sin\varphi\cos\theta \\ \cos\varphi & -\rho\sin\varphi & 0 \end{matrix}\right\| = \rho^2\sin\varphi$$

例 8-40　计算椭球体 $\dfrac{x^2}{a^2} + \dfrac{y^2}{b^2} + \dfrac{z^2}{c^2} \leqslant 1$ 的体积.

解：设 $\begin{cases} x = a\rho\sin\varphi\cos\theta \\ y = b\rho\sin\varphi\sin\theta \\ z = c\rho\cos\varphi \end{cases}$，则 $\left|\dfrac{\partial(x,y,z)}{\partial(\rho,\varphi,\theta)}\right| = abc\rho^2\sin\varphi$，

$$V = \{(\theta,\varphi,\rho) \mid 0 \leqslant \theta \leqslant 2\pi, 0 \leqslant \varphi \leqslant \pi, 0 \leqslant \rho \leqslant 1\}$$

因此，

$$V = \iiint_V \mathrm{d}V = \iiint_V abc\rho^2\sin\varphi\mathrm{d}\rho\mathrm{d}\varphi\mathrm{d}\theta = abc\int_0^{2\pi}\mathrm{d}\theta\int_0^{\pi}\sin\varphi\mathrm{d}\varphi\int_0^1\rho^2\mathrm{d}\rho$$

$$= abc\cdot 2\pi\cdot 2\cdot\frac{1}{3} = \frac{4\pi}{3}abc$$

例 8-41　计算曲面 $\left(\dfrac{x}{a}\right)^{\frac{2}{3}} + \left(\dfrac{y}{b}\right)^{\frac{2}{3}} + \left(\dfrac{z}{c}\right)^{\frac{2}{3}} = 1$ 围成的立体 V 的体积.

解：设 $\begin{cases} x = au^3 \\ y = bv^3 \\ z = cw^3 \end{cases}$，则

$$\left|\frac{\partial(x,y,z)}{\partial(u,v,w)}\right| = \begin{vmatrix} 3au^2 & 0 & 0 \\ 0 & 3bv^2 & 0 \\ 0 & 0 & 3cw^2 \end{vmatrix} = 27abcu^2v^2w^2$$

$$V = \{(u,v,w) \mid u^2 + v^2 + w^2 \leqslant 1\}$$

因此,

$$V = \iiint_V dV = \iiint_V 27abcu^2v^2w^2 du dv dw$$

$$= 27abc \iiint_V \rho^2 \sin^2\varphi\cos^2\theta \cdot \rho^2 \sin^2\varphi\sin^2\theta \cdot \rho^2\cos^2\varphi \cdot \rho^2 \sin\varphi d\rho d\varphi d\theta$$

$$= 27abc \int_0^{2\pi} \cos^2\theta\sin^2\theta d\theta \int_0^\pi \sin^5\varphi\cos^2\varphi d\varphi \int_0^1 \rho^8 d\rho = \frac{4}{35}\pi abc$$

例 8-42 计算三重积分 $\iiint_V xyz(1-x-y-z)^2 dxdydz$,其中,区域 V 是由坐标面 $x=0$,$y=0$,$z=0$ 与平面 $x+y+z=1$ 围成的四面体.

解:设 $\begin{cases} x = u(1-v) \\ y = uv(1-w), \ \text{则} \\ z = uvw \end{cases}$

$$\left|\frac{\partial(x,y,z)}{\partial(u,v,w)}\right| = \begin{vmatrix} 1-v & -u & 0 \\ v(1-w) & u(1-w) & -uv \\ vw & uw & uv \end{vmatrix} = u^2v$$

$$V = \{(u,v,w) \mid 0 \leqslant u \leqslant 1, 0 \leqslant v \leqslant 1, 0 \leqslant w \leqslant 1\}$$

因此,

$$\iiint_V xyz(1-x-y-z)^2 dxdydz = \iiint_V u(1-v) \cdot uv(1-w) \cdot uvw \cdot (1-u)^2 \cdot u^2 v du dv dw$$

$$= \int_0^1 u^5(1-u)^2 du \int_0^1 v^3(1-v)dv \int_0^1 w(1-w)dw$$

$$= \frac{1}{168} \times \frac{1}{20} \times \frac{1}{6} = \frac{1}{20160}$$

 习题 8.3

1. 将三重积分 $\iiint_V f(x,y,z)dV$ 化为直角坐标系下的累次积分,积分域 V 分别为:

(1) 由曲面 $z=x^2+2y^2$ 及 $z=2-x^2$ 围成的区域;

(2) 由曲面 $z=1-\sqrt{x^2+y^2}$,平面 $z=x(x \geqslant 0)$ 及 $x=0$ 围成的区域;

(3) 由不等式组 $0 \leqslant x \leqslant \sin z, x^2+y^2 \leqslant 1, 0 \leqslant z \leqslant \pi$ 确定的区域.

2. 在直角坐标系下,计算下列三重积分.

(1) $\iiint_V xy^2z^3 dV$,其中,V 是由曲面 $z=xy, y=x, x=1, z=0$ 围成的区域;

(2) $\iiint_V y\cos(x+z)dV$,其中,V 是由柱面 $y=\sqrt{x}$ 和平面 $y=0, z=0, x+z=\frac{\pi}{2}$ 围成的区域;

（3）$\iiint_V z^2 \mathrm{d}x\mathrm{d}y\mathrm{d}z$，其中，$V$ 是由 $\dfrac{x}{a}+\dfrac{y}{b}+\dfrac{z}{c}=1, x=0, y=0, z=0$ 围成的区域；

（4）$\iiint_V y^2 \mathrm{d}x\mathrm{d}y\mathrm{d}z$，其中，$V: \dfrac{x^2}{a^2}+\dfrac{y^2}{b^2}+\dfrac{z^2}{c^2} \leqslant 1$；

（5）$\iiint_V (x+y+z)\mathrm{d}V$，其中，$V$ 是由不等式组 $0 \leqslant x \leqslant a, 0 \leqslant y \leqslant b, 0 \leqslant z \leqslant c$ 限定的区域；

（6）$\iiint_V y[1+xf(z)]\mathrm{d}V$，其中，$V$ 是由不等式组 $-1 \leqslant x \leqslant 1, x^3 \leqslant y \leqslant 1, 0 \leqslant z \leqslant x^2+y^2$ 限定的区域，函数 $f(z)$ 为任一连续函数.

3. 将下列累次积分化为柱面或球面坐标系下的累次积分，并计算之.

（1）$\displaystyle\int_0^1 \mathrm{d}x \int_0^{\sqrt{1-x^2}} \mathrm{d}y \int_0^{\sqrt{1-x^2-y^2}} (x^2+y^2)\mathrm{d}z$；

（2）$\displaystyle\int_0^2 \mathrm{d}x \int_0^{\sqrt{2x-x^2}} \mathrm{d}y \int_0^a z\sqrt{x^2+y^2}\,\mathrm{d}z$.

4. 计算下列三重积分.

（1）$\iiint_V (z+x^2+y^2)\mathrm{d}V$，其中，$V$ 是由曲线 $\begin{cases} y^2=2z \\ x=0 \end{cases}$ 绕 z 轴旋转一周而成的曲面与平面 $z=4$ 围成的立体；

（2）$\iiint_V \dfrac{1}{1+x^2+y^2}\mathrm{d}V$，其中，$V$ 是由锥面 $x^2+y^2=z^2$ 及平面 $z=1$ 围成的空间区域；

（3）$\iiint_V (x^2+y^2)\mathrm{d}V$，其中，$V$ 是旋转抛物面 $2z=x^2+y^2$ 与平面 $z=2, z=8$ 围成的空间区域；

（4）$\iiint_V (x^2+y^2)\mathrm{d}V$，其中，$V$ 是两个半球面 $z=\sqrt{A^2-x^2-y^2}, z=\sqrt{a^2-x^2-y^2}$（$A>a$）及平面 $z=0$ 围成的区域；

（5）$\iiint_V (x+z)\mathrm{d}V$，其中，$V$ 是由锥面 $z=\sqrt{x^2+y^2}$ 与球面 $z=\sqrt{1-x^2-y^2}$ 围成的区域；

（6）$\iiint_V \dfrac{x^2+y^2}{z^2}\mathrm{d}V$，其中，$V$ 是由不等式组 $x^2+y^2+z^2 \geqslant 1, x^2+y^2+(z-1)^2 \leqslant 1$ 确定的空间区域；

（7）$\iiint_V (x^3y-3xy^2+3xy)\mathrm{d}V$，其中，$V$ 是球 $(x-1)^2+(y-1)^2+(z-1)^2 \leqslant 1$.

5. 已知曲面 $x=\sqrt{y-z^2}$ 与 $\dfrac{1}{2}\sqrt{y}=x$ 及平面 $y=1$ 所围之立体的体密度为 $|z|$，求其质量 m.

6. 用三重积分求下列立体的体积 V.

（1）由曲面 $az=x^2+y^2, 2az=a^2-x^2-y^2$（$a>0$）围成的立体；

（2）由不等式组 $x^2+y^2-z^2 \leqslant 0, x^2+y^2+z^2 \leqslant a^2$ 确定的立体；

（3）由闭曲面 $(x^2+y^2+z^2)^2=a^3z$（$a>0$）围成的立体.

7. 设 $f(x)$ 连续，$F(t)=\iiint_V [z^2+f(x^2+y^2)]\mathrm{d}V$，其中，$V$ 由不等式组 $0 \leqslant z \leqslant h, x^2+y^2 \leqslant t^2$ 确定，求 $\dfrac{\mathrm{d}F}{\mathrm{d}t}$.

8. 有一融化过程中的雪堆，高 $h = h(t)$（t 为时间），侧面方程为 $z = h(t) - \dfrac{2(x^2 + y^2)}{h(t)}$（长度单位为 cm，时间单位为 h）. 已知体积减少的速率与侧面积成正比（比例系数为 0.9），问原高 $h(0) = 130\mathrm{cm}$ 的这个雪堆全部融化需要多少小时？

8.4 第一型曲线积分

如图 8.40 所示，$l : x = x(t)$，$y = y(t)$（$\alpha \le t \le \beta$）是以 A, B 为端点的平面曲线段，$x(t), y(t)$ 在区间 $[\alpha, \beta]$ 上连续可微（即曲线 l 是光滑的）. 若函数 $f(x, y)$ 在 l 上连续，则对弧长的曲线积分（第一型曲线积分）

$$\int_l f(x, y)\mathrm{d}s = \int_{\widehat{AB}} f(x, y)\mathrm{d}s = \lim_{\lambda \to 0^+} \sum_{i=1}^{n} f(\xi_i, \eta_i)\Delta s_i$$

存在.

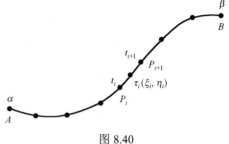

图 8.40

设点 A 对应 $t = \alpha$，点 B 对应 $t = \beta$，则对区间 $[\alpha, \beta]$ 的分割 $\alpha = t_0 < t_1 < \cdots < t_{n-1} < t_n = \beta$，相应地得到对曲线 $\widehat{AB}$ 的分割，且由积分中值定理得

$$\Delta s_i = \int_{t_{i-1}}^{t} \sqrt{[x'(t)]^2 + [y'(t)]^2}\,\mathrm{d}t = \sqrt{[x'(\tau_i)]^2 + [y'(\tau_i)]^2}\,\Delta t_i$$

因此，

$$\lim_{\lambda \to 0^+} \sum_{i=1}^{n} f(\xi_i, \eta_i)\Delta s_i = \lim_{\lambda \to 0^+} \sum_{i=1}^{n} f(x(\tau_i), y(\tau_i))\sqrt{[x'(\tau_i)]^2 + [y'(\tau_i)]^2}\,\Delta t_i$$

$$= \int_{\alpha}^{\beta} f(x(t), y(t))\sqrt{[x'(t)]^2 + [y'(t)]^2}\,\mathrm{d}t$$

注：（1）因为 $\mathrm{d}s = \sqrt{[x'(t)]^2 + [y'(t)]^2}\,\mathrm{d}t > 0$，所以 $\mathrm{d}t > 0$，定积分上限必须大于下限.

（2）类似地，对空间曲线段 $\widehat{AB}$：$x = x(t)$，$y = y(t)$，$z = z(t)$，$\alpha \le t \le \beta$，有

$$\int_l f(x, y, z)\mathrm{d}s = \int_{\alpha}^{\beta} f(x(t), y(t), z(t))\sqrt{[x'(t)]^2 + [y'(t)]^2 + [z'(t)]^2}\,\mathrm{d}t$$

例 8-43 计算 $\int_l y\mathrm{d}s$，其中，（1）l 为曲线 $y^2 = 4x$ 上点 $(0,0)$ 与点 $(1,2)$ 之间的弧段；（2）l 为心形线 $r = a(1 + \cos\theta)$ 的下半部分.

解：（1）选取 y 作为参数，则

$$\mathrm{d}s = \sqrt{1 + \left(\frac{\mathrm{d}x}{\mathrm{d}y}\right)^2}\,\mathrm{d}y = \sqrt{1 + \frac{y^2}{4}}\,\mathrm{d}y$$

$$\int_l y\mathrm{d}s = \int_0^2 y\sqrt{1 + \frac{y^2}{4}}\,\mathrm{d}y = 2\left[\frac{2}{3}\left(1 + \frac{y^2}{4}\right)^{\frac{3}{2}}\right]\Bigg|_0^2 = \frac{4}{3}(2\sqrt{2} - 1)$$

（2）如图 8.41 所示，以极角 θ（$\pi \le \theta \le 2\pi$）为参数，则

$$ds = \sqrt{r^2(\theta) + r'^2(\theta)}d\theta = \sqrt{a^2(1+\cos\theta)^2 + a^2(-\sin\theta)^2}d\theta$$
$$= \sqrt{2}a\sqrt{1+\cos\theta}d\theta$$

$$\int_l y ds = \int_\pi^{2\pi} a(1+\cos\theta)\sin\theta \cdot \sqrt{2}a\sqrt{1+\cos\theta}d\theta = \sqrt{2}a^2 \int_\pi^{2\pi}(1+\cos\theta)^{\frac{3}{2}}\sin\theta d\theta$$

$$= (-\sqrt{2})a^2 \left[\frac{2}{5}(1+\cos\theta)^{\frac{5}{2}} \Big|_\pi^{2\pi} \right] = -\frac{16}{5}a^2$$

例 8-44 计算 $\int_{\widehat{BB'}} x|y|ds$，其中，$\widehat{BB'}$ 是椭圆 $x = a\cos t$，$y = b\sin t$（$a > b > 0$）的右半部分.

解： 如图 8.42 所示，$\widehat{BB'}$ 关于 x 轴对称，被积函数 $x|y|$ 关于变量 y 是偶函数，因此 $\int_{\widehat{BB'}} x|y|ds = 2\int_{\widehat{BA}} xy ds$.

$$ds = \sqrt{\left(\frac{dx}{dt}\right)^2 + \left(\frac{dy}{dt}\right)^2}dt = \sqrt{a^2(-\sin t)^2 + b^2\cos^2 t}dt$$

曲线段 $\widehat{BA}$ 对应的参数范围是 $0 \leqslant t \leqslant \dfrac{\pi}{2}$，因此

$$\int_{\widehat{BB'}} x|y|ds = 2\int_0^{\frac{\pi}{2}} a\cos t \cdot b\sin t \sqrt{a^2\sin^2 t + b^2\cos^2 t}dt$$

$$= \frac{ab}{a^2-b^2}\int_0^{\frac{\pi}{2}} \sqrt{(a^2-b^2)\sin^2 t + b^2}d[(a^2-b^2)\sin^2 t + b^2]$$

$$= \frac{ab}{a^2-b^2} \cdot \frac{2}{3}[(a^2-b^2)\sin^2 t + b^2]^{\frac{3}{2}}\Big|_0^{\frac{\pi}{2}} = \frac{2ab(a^2+ab+b^2)}{3(a+b)}$$

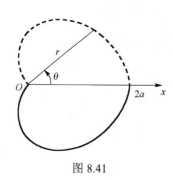

图 8.41

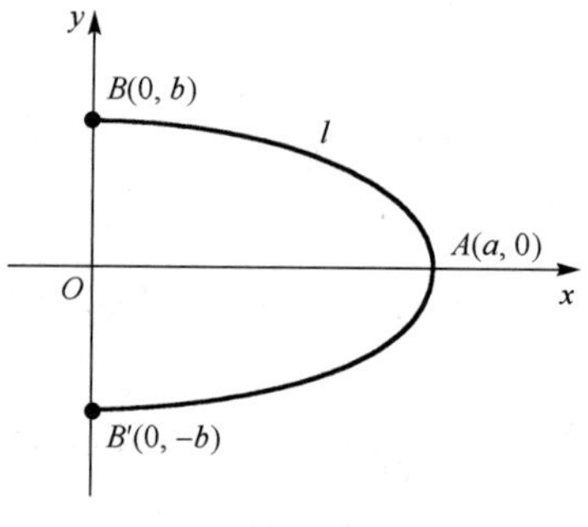

图 8.42

例 8-45 设 l 是圆柱螺线的一段：$x = a\cos t$，$y = a\sin t$，$z = bt$，$0 \leqslant t \leqslant 2\pi$. 计算：
（1）l 的弧长；（2）$\int_l \dfrac{ds}{x^2 + y^2 + z^2}$.

解：（1）

$$ds = \sqrt{\left(\frac{dx}{dt}\right)^2 + \left(\frac{dy}{dt}\right)^2 + \left(\frac{dz}{dt}\right)^2}dt = \sqrt{a^2(-\sin t)^2 + a^2\cos^2 t + b^2}dt = \sqrt{a^2+b^2}dt$$

$$l = \int_l \mathrm{d}s = \int_0^{2\pi} \sqrt{a^2(-\sin t)^2 + a^2\cos^2 t + b^2}\,\mathrm{d}t = 2\pi\sqrt{a^2 + b^2}$$

（2）

$$\int_l \frac{\mathrm{d}s}{x^2 + y^2 + z^2} = \int_0^{2\pi} \frac{\sqrt{a^2 + b^2}\,\mathrm{d}t}{a^2\cos^2 t + a^2\sin^2 t + b^2 t^2}$$

$$= \sqrt{a^2 + b^2}\int_0^{2\pi} \frac{\mathrm{d}t}{a^2 + b^2 t^2} = \frac{\sqrt{a^2 + b^2}}{ab}\int_0^{2\pi} \frac{\mathrm{d}\left(\dfrac{bt}{a}\right)}{1 + \left(\dfrac{bt}{a}\right)^2}$$

$$= \frac{\sqrt{a^2 + b^2}}{ab}\left(\arctan\frac{bt}{a}\Big|_0^{2\pi}\right) = \frac{\sqrt{a^2 + b^2}}{ab}\arctan\left(2\pi\frac{b}{a}\right)$$

如图 8.43 所示，当 $f(x, y) \geq 0$ 时，平面曲线 l 上第一型曲线积分 $\int_l f(x, y)\mathrm{d}s$ 在几何上表示以 l 为准线、母线平行于 z 轴的柱面之介于平面 $z = 0$ 和曲线 $z = f(x, y)$ 之间的那部分面积.

例 8-46 求圆柱面 $x^2 + y^2 = Rx$ 被截在球面 $x^2 + y^2 + z^2 = R^2$ 内部的柱面的面积.

解： 如图 8.44 所示，xOy 平面上的曲线 l 可表示为 $r = R\cos\theta$（$0 \leq \theta \leq \dfrac{\pi}{2}$），则

$$\mathrm{d}s = \sqrt{r^2(\theta) + r'^2(\theta)}\,\mathrm{d}\theta = \sqrt{R^2\cos^2\theta + R^2(-\sin\theta)^2}\,\mathrm{d}\theta = R\mathrm{d}\theta$$

$$S = 4\int_l \sqrt{R^2 - x^2 - y^2}\,\mathrm{d}s = 4\int_0^{\frac{\pi}{2}} \sqrt{R^2 - R^2\cos^2\theta}\cdot R\mathrm{d}\theta = 4R^2$$

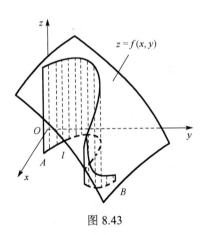

图 8.43

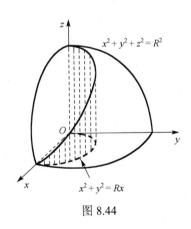

图 8.44

例 8-47 计算空间曲线积分 $\oint_C (z + y^2)\mathrm{d}s$，其中，$C$ 为球面 $x^2 + y^2 + z^2 = a^2$ 与平面 $x + y + z = 0$ 的交线.

解： $C : \begin{cases} x^2 + y^2 + z^2 = a^2 \\ x + y + z = 0 \end{cases}$，易见 C 关于坐标 x, y, z 满足对换对称性. 因此，

$$\oint_C x\mathrm{d}s = \oint_C y\mathrm{d}s = \oint_C z\mathrm{d}s，\quad \oint_C x^2\mathrm{d}s \oint_C y^2\mathrm{d}s = \oint_C z^2\mathrm{d}s$$

$$\oint_C (z + y^2) ds = \oint_C z ds + \oint_C y^2 ds = \frac{1}{3} \oint_C (x + y + z) ds + \frac{1}{3} \oint_C (x^2 + y^2 + z^2) ds$$

$$= \frac{1}{3} \oint_C 0 ds + \frac{1}{3} \oint_C a^2 ds = \frac{2\pi}{3} a^3$$

例 8-48 设 l 为椭圆 $\dfrac{x^2}{4} + \dfrac{y^2}{3} = 1$，其周长记为 a，计算 $\oint_l (2xy + 3x^2 + 4y^2) ds$.

解： $\oint_l (2xy + 3x^2 + 4y^2) ds = 2 \oint_l xy ds + \oint_l (3x^2 + 4y^2) ds$

因为 l 关于 y 轴是对称的，且被积函数 xy 关于变量 x 是奇函数，所以 $\oint_l xy ds = 0$. 又因为在 l 上成立 $3x^2 + 4y^2 = 12$，所以

$$\oint_l (2xy + 3x^2 + 4y^2) ds = \oint_l (3x^2 + 4y^2) ds = 12 \oint_l ds = 12a$$

 习题 8.4

1. 计算下列对弧长的（第一型）曲线积分.

(1) $\displaystyle\int_l \sqrt{2y} ds$，其中，$l$ 为摆线 $x = a(t - \sin t), y = a(1 - \cos t)$ 的一拱；

(2) $\displaystyle\int_l (x^{\frac{4}{3}} + y^{\frac{4}{3}}) ds$，其中，$l$ 为星形线 $x = a\cos^3 t, y = a\sin^3 t \left(0 \leq t \leq \dfrac{\pi}{2}\right)$ 在第一象限内的弧；

(3) $\displaystyle\oint_C \sqrt{x^2 + y^2} ds$，其中，$C$ 是圆周 $x^2 + y^2 = ax$；

(4) $\displaystyle\int_l x ds$，其中，l 为双曲线 $xy = 1$ 上点 $\left(\dfrac{1}{2}, 2\right)$ 到点 $(1,1)$ 的弧段；

(5) $\displaystyle\int_l |y| ds$，其中，$l$ 为 $x = \sqrt{1 - y^2}$；

(6) $\displaystyle\oint_C e^{\sqrt{x^2 + y^2}} ds$，其中，$C$ 为曲线 $x^2 + y^2 = a^2$，直线 $y = x$ 及 x 轴正半轴在第一象限内所围平面区域的边界线；

(7) $\displaystyle\int_L z ds$，其中，L 为空间曲线 $x = t\cos t, y = t\sin t, z = t$ 从 $t = 0$ 到 $t = t_0$ 的弧段；

(8) $\displaystyle\int_L \dfrac{z^2}{x^2 + y^2} ds$，其中，$L$ 为螺线 $x = a\cos t, y = a\sin t, z = at$ 从 $t = 0$ 到 $t = 2\pi$ 的弧段；

(9) $\displaystyle\oint_C (2xy + 3x^2 + 4y^2) ds$，其中，$C$ 为椭圆 $\dfrac{x^2}{4} + \dfrac{y^2}{3} = 1$，设其周长为 a；

(10) $\displaystyle\oint_L (2yz + 2zx + 2xy) ds$，其中，$L$ 是空间圆周 $\begin{cases} x^2 + y^2 + z^2 = a^2 \\ x + y + z = \dfrac{3}{2} a \end{cases}$；

(11) $\displaystyle\oint_L (x^2 + y^2) ds$，其中，$L$ 是空间圆周 $\begin{cases} x^2 + y^2 + z^2 = 1 \\ x + y + z = 0 \end{cases}$；

(12) $\displaystyle\oint_C (2x^2 + 3y^2) ds$，其中，$C$ 是曲线 $x^2 + y^2 = 2(x + y)$.

2．求下列柱面片的面积.

（1）圆柱面 $x^2 + y^2 = R^2$ 介于坐标面 xOy 及柱面 $z = R + \dfrac{x^2}{R}$ 之间的一块；

（2）圆柱面 $x^2 + y^2 = 1$ 被抛物柱面 $x = z^2$ 截下的一块（用定积分表示，不必计算）.

3．试用曲线积分计算由曲线 $L: y = \dfrac{x^2}{4} - \dfrac{1}{2}\ln x$ （$1 \leqslant x \leqslant 2$）绕直线 $y = \dfrac{3}{4}x - \dfrac{9}{8}$ 旋转所成旋转曲面的面积.

4．设悬链线 $y = \dfrac{a}{2}\left(\mathrm{e}^{\frac{x}{a}} + \mathrm{e}^{-\frac{x}{a}}\right)$ 上每一点的密度与该点的纵坐标成反比，且在点 $(0, a)$ 处的密度等于 δ，试求曲线在横坐标 $x_1 = 0$ 及 $x_2 = a$ 之间一段的质量（$a > 0$）.

8.5 第一型曲面积分的计算

设空间曲面 $S: z = z(x, y)$，$(x, y) \in \sigma_{xy}$，其中，σ_{xy} 为曲面 S 在 xOy 平面上的投影区域. 函数 $f(x, y, z)$ 在曲面 S 上连续，则对面积的曲面积分（第一型曲面积分）

$$\iint_S f(x, y, z)\mathrm{d}S = \lim_{\lambda \to 0^+} \sum_{i=1}^{n} f(x_i, y_i, z_i)\Delta S_i$$

存在.

如果 $z(x, y)$ 在 σ_{xy} 上有连续的一阶偏导数（$z = z(x, y)$ 可微，S 有切平面），分割 σ_{xy}（相应地分割曲面 S），设 $\Delta\sigma_i$ 为一典型小片，任取 $M(x_i, y_i) \in \Delta\sigma_i$，过曲面上的对应点 $P(x_i, y_i, z(x_i, y_i))$ 作曲面 S 的切平面 T，设 ΔS_i，ΔT_i 是以 $\Delta\sigma_i$ 的边界为准线、母线平行于 z 轴的柱面，从曲面 S 和切平面 T 上截下的部分（如图 8.45 所示）. 如果同时用 $\Delta\sigma_i$，ΔS_i，ΔT_i 表示其面积数，则由图 8.46 可知 $\Delta S_i \approx \Delta T_i$，$\Delta T_i = \dfrac{\Delta\sigma_i}{\cos\gamma}$，其中，$\gamma$ 为切平面 T 与 xOy 平面之间的二面角，等于点 P 处曲面 S 的法向量 $\boldsymbol{n} = \left\{-\dfrac{\partial z}{\partial x}, -\dfrac{\partial z}{\partial y}, 1\right\}\Big|_{(x_i, y_i)}$ 与 z 轴正向 $\boldsymbol{k} = \{0, 0, 1\}$ 的夹角，即

$$\cos\gamma = \frac{1}{\sqrt{1 + \left(\dfrac{\partial z}{\partial x}\right)^2 + \left(\dfrac{\partial z}{\partial y}\right)^2}}\Bigg|_{(x_i, y_i)}$$

因此，

$$\Delta S_i \approx \Delta T_i = \sqrt{1 + \left(\frac{\partial z}{\partial x}\right)^2 + \left(\frac{\partial z}{\partial y}\right)^2}\Bigg|_{(x_i, y_i)} \Delta\sigma_i$$

$$\lim_{\lambda \to 0^+} \sum_{i=1}^{n} f(x_i, y_i, z_i)\Delta S_i = \lim_{\lambda \to 0^+} \sum_{i=1}^{n} f(x_i, y_i, z(x_i, y_i))\sqrt{1 + \left(\frac{\partial z}{\partial x}\right)^2 + \left(\frac{\partial z}{\partial y}\right)^2}\Bigg|_{(x_i, y_i)} \Delta\sigma_i$$

$$= \iint_{\sigma_{xy}} f(x,y,z(x,y)) \sqrt{1+\left(\frac{\partial z}{\partial x}\right)^2 + \left(\frac{\partial z}{\partial y}\right)^2} \, \mathrm{d}\sigma$$

即第一型曲面积分可以转化为该曲面在坐标面上投影区域的二重积分来计算.

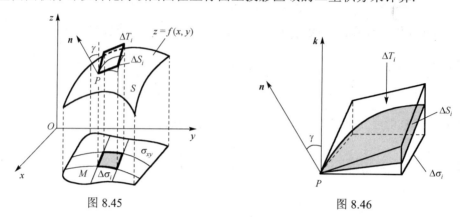

图 8.45　　　　　　　　　　　　　图 8.46

注：类似地，若曲面 S 由 $x = x(y,z)$（$(y,z) \in \sigma_{yz}$）给出，则

$$\iint_S f(x,y,z)\mathrm{d}S = \iint_{\sigma_{yz}} f(x(y,z),y,z) \sqrt{1+\left(\frac{\partial x}{\partial y}\right)^2 + \left(\frac{\partial x}{\partial z}\right)^2} \, \mathrm{d}y\mathrm{d}z$$

也就是说，第一型曲面积分的投影计算要视曲面方程的给出方式（自变量选取）而定，投影的方式并不是固定的.

更一般地，设曲面 S 有参数方程 $\begin{cases} x = x(u,v) \\ y = y(u,v) \\ z = z(u,v) \end{cases}$. 如图 8.47 所示，以 $u-$曲线 $\begin{cases} x = x(u,v_0) \\ y = y(u,v_0) \\ z = z(u,v_0) \end{cases}$ 与

$v-$曲线 $\begin{cases} x = x(u_0,v) \\ y = y(u_0,v) \\ z = z(u_0,v) \end{cases}$ 作为曲线网分割 S.

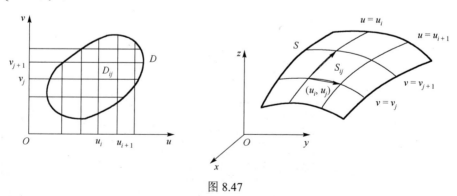

图 8.47

面积 ΔS_{ij} 近似于由向量 $\boldsymbol{r}(u_{i+1},v_j) - \boldsymbol{r}(u_i,v_j)$ 和 $\boldsymbol{r}(u_i,v_{j+1}) - \boldsymbol{r}(u_i,v_j)$ 为邻边构成的平行四边形的面积，即

$$\Delta S_{ij} = \left| [\boldsymbol{r}(u_{i+1},v_j) - \boldsymbol{r}(u_i,v_j)] \times [\boldsymbol{r}(u_i,v_{j+1}) - \boldsymbol{r}(u_i,v_j)] \right|$$

其中，

$$r(u_{i+1}, v_j) - r(u_i, v_j) = r_u'(u_i, v_j)\Delta u_i + o(\Delta u_i)$$

$$r(u_i, v_{j+1}) - r(u_i, v_j) = r_v'(u_i, v_j)\Delta v_j + o(\Delta v_j)$$

于是，$\Delta S_{ij} \approx \left| r_u'(u_i, v_j) \times r_v'(u_i, v_j) \right| \Delta u_i \Delta v_j$，$\mathrm{d}S = \left| r_u' \times r_v' \right| \mathrm{d}u\mathrm{d}v$ 为面积微元.

$$\left| r_u' \times r_v' \right|^2 = \left| r_u' \right|^2 \left| r_v' \right|^2 - (r_u' \cdot r_v')^2 = EG - F^2$$

其中，$E = (x_u')^2 + (y_u')^2 + (z_u')^2$，$G = (x_v')^2 + (y_v')^2 + (z_v')^2$，$F = x_u'x_v' + y_u'y_v' + z_u'z_v'$.

因此，

$$\iint_S f(x,y,z)\mathrm{d}S = \iint_{\sigma_{uv}} f(x(u,v), y(u,v), z(u,v))\sqrt{EG - F^2}\,\mathrm{d}u\mathrm{d}v$$

特别地，由 $\begin{cases} x = x \\ y = y \\ z = z(x,y) \end{cases}$，有 $E = 1^2 + 0^2 + (z_x')^2$，$G = 0^2 + 1^2 + (z_y')^2$，$F = z_x'z_y'$，$EG - F^2 =$

$1 + (z_x')^2 + (z_y')^2$，$\mathrm{d}S = \sqrt{1 + (z_x')^2 + (z_y')^2}\,\mathrm{d}x\mathrm{d}y$，如前证.

例 8-49　计算 $\iint_S (x^2 + y^2 + z^2)\mathrm{d}S$，其中，$S$ 为锥面 $z = \sqrt{x^2 + y^2}$ 介于平面 $z = 0$ 及 $z = 1$ 之间的部分.

解： 如图 8.48 所示，曲面 S 在 xOy 平面上的投影区域

$$\sigma_{xy} = \{(x,y) \mid x^2 + y^2 \le 1\}$$

$$\frac{\partial z}{\partial x} = \frac{x}{\sqrt{x^2 + y^2}}, \quad \frac{\partial z}{\partial y} = \frac{y}{\sqrt{x^2 + y^2}}$$

$$\mathrm{d}S = \sqrt{1 + \left(\frac{\partial z}{\partial x}\right)^2 + \left(\frac{\partial z}{\partial y}\right)^2}\,\mathrm{d}x\mathrm{d}y = \sqrt{2}\mathrm{d}x\mathrm{d}y$$

因此，

$$\iint_S (x^2 + y^2 + z^2)\mathrm{d}S = \iint_{\sigma_{xy}} (x^2 + y^2 + x^2 + y^2)\sqrt{2}\mathrm{d}x\mathrm{d}y$$

$$= 2\sqrt{2} \iint_{\sigma_{xy}} (x^2 + y^2)\mathrm{d}x\mathrm{d}y = 2\sqrt{2} \iint_{\sigma_{xy}} r^3\mathrm{d}r\mathrm{d}\theta$$

$$= 2\sqrt{2} \int_0^{2\pi} \mathrm{d}\theta \int_0^1 r^3\mathrm{d}r = 2\sqrt{2} \cdot 2\pi \cdot \frac{1}{4} = \sqrt{2}\pi$$

例 8-50　计算 $\iint_S (x^3 + x^2y + z)\mathrm{d}S$，其中，$S$ 为球面 $z = \sqrt{a^2 - x^2 - y^2}$ 之位于平面 $z = h$（$0 < h < a$）上方的部分.

解： 方法一：如图 8.49 所示，曲面 S：$z = \sqrt{a^2 - x^2 - y^2}$，$(x,y) \in \sigma_{xy} = \{(x,y) \mid x^2 + y^2 \le a^2 - h^2\}$，则

$$\frac{\partial z}{\partial x} = \frac{-x}{\sqrt{a^2 - x^2 - y^2}}$$

$$\frac{\partial z}{\partial y} = \frac{-y}{\sqrt{a^2 - x^2 - y^2}}$$

$$dS = \sqrt{1 + \left(\frac{\partial z}{\partial x}\right)^2 + \left(\frac{\partial z}{\partial y}\right)^2}\, dxdy = \frac{a\,dxdy}{\sqrt{a^2 - x^2 - y^2}}$$

因为曲面 S 关于坐标面 yOz，xOz 都是对称的，所以

$$\iint_S x^3 dS = \iint_S x^2 y\, dS = 0$$

$$\iint_S (x^3 + x^2 y + z)dS = \iint_S x^3 dS + \iint_S x^2 y\, dS + \iint_S z\, dS$$

$$= \iint_S z\, dS = \iint_{\sigma_{xy}} \sqrt{a^2 - x^2 - y^2} \cdot \frac{a\,dxdy}{\sqrt{a^2 - x^2 - y^2}}$$

$$= a \iint_{\sigma_{xy}} dxdy = a\pi(a^2 - h^2)$$

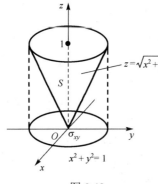

图 8.48

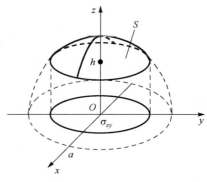

图 8.49

方法二：设 $\begin{cases} x = a\sin\varphi\cos\theta \\ y = a\sin\varphi\sin\theta \\ z = a\cos\varphi \end{cases}$，则

$$S = \left\{ (\theta,\varphi) \,\middle|\, 0 \leqslant \theta \leqslant 2\pi, 0 \leqslant \varphi \leqslant \arccos\frac{h}{a} \right\}$$

$$E = (a\cos\varphi\cos\theta)^2 + (a\cos\varphi\sin\theta)^2 + (-a\sin\varphi)^2 = a^2$$

$$G = (-a\sin\varphi\sin\theta)^2 + (a\sin\varphi\cos\theta)^2 + 0^2 = a^2\sin^2\varphi$$

$$F = 0, \quad dS = \sqrt{EG - F^2}\, d\varphi d\theta = a^2\sin\varphi\, d\varphi d\theta$$

$$\iint_S (x^3 + x^2 y + z)\mathrm{d}S = \iint_S z\mathrm{d}S = \iint_S a\cos\varphi \cdot a^2 \sin\varphi \mathrm{d}\varphi \mathrm{d}\theta$$

$$= a^3 \int_0^{2\pi} \mathrm{d}\theta \int_0^{\arccos\frac{h}{a}} \sin\varphi\cos\varphi \mathrm{d}\varphi = a\pi(a^2 - h^2)$$

例 8-51 计算 $I = \oiint_S xyz\mathrm{d}S$，其中，$S$ 是平面 $x + y + z = 1$ 与三个坐标面围成的四面体的表面.

解： 如图 8.50 所示，设 S_1, S_2, S_3, S_4 依次表示四面体的四个侧面，则

$$I = \oiint_S xyz\mathrm{d}S = \iint_{S_1} xy0\mathrm{d}S + \iint_{S_2} 0yz\mathrm{d}S + \iint_{S_3} x0z\mathrm{d}S + \iint_{S_4} xyz\mathrm{d}S = \iint_{S_4} xyz\mathrm{d}S$$

$$S_4: \quad z = 1 - x - y$$

$$(x, y) \in \sigma_{xy} = \{(x, y) \mid 0 \leqslant y \leqslant 1 - x, 0 \leqslant x \leqslant 1\}$$

$$\frac{\partial z}{\partial x} = -1, \quad \frac{\partial z}{\partial y} = -1$$

$$\mathrm{d}S = \sqrt{1 + \left(\frac{\partial z}{\partial x}\right)^2 + \left(\frac{\partial z}{\partial y}\right)^2}\,\mathrm{d}x\mathrm{d}y = \sqrt{3}\mathrm{d}x\mathrm{d}y$$

因此，

$$I = \iint_{S_4} xyz\mathrm{d}S = \iint_{\sigma_{xy}} xy(1 - x - y)\sqrt{3}\mathrm{d}x\mathrm{d}y$$

$$= \sqrt{3} \int_0^1 x\mathrm{d}x \int_0^{1-x} y(1 - x - y)\mathrm{d}y = \frac{\sqrt{3}}{6} \int_0^1 x(1-x)^3 \mathrm{d}x = \frac{\sqrt{3}}{120}$$

例 8-52 求被围在柱面 $x^2 + y^2 = Rx$ 内的上半球面 $z = \sqrt{R^2 - x^2 - y^2}$ 的面积 S.

解： 如图 8.51 所示，曲面 S：$z = \sqrt{R^2 - x^2 - y^2}$，$(x, y) \in \sigma_{xy} = \left\{(\theta, r) \,\middle|\, -\dfrac{\pi}{2} \leqslant \theta \leqslant \dfrac{\pi}{2}, \right.$ $\left. 0 \leqslant r \leqslant R\cos\theta\right\}$，则

$$\mathrm{d}S = \frac{R\mathrm{d}x\mathrm{d}y}{\sqrt{R^2 - x^2 - y^2}}$$

$$S = \iint_S \mathrm{d}S = \iint_{\sigma_{xy}} \frac{R\mathrm{d}x\mathrm{d}y}{\sqrt{R^2 - x^2 - y^2}} = R\iint_{\sigma_{xy}} \frac{r\mathrm{d}r\mathrm{d}\theta}{\sqrt{R^2 - r^2}}$$

$$= R \int_{-\frac{\pi}{2}}^{\frac{\pi}{2}} \mathrm{d}\theta \int_0^{R\cos\theta} \frac{r\mathrm{d}r}{\sqrt{R^2 - r^2}} = R^2 \int_{-\frac{\pi}{2}}^{\frac{\pi}{2}} (1 - |\sin\theta|)\mathrm{d}\theta$$

$$= 2R^2 \int_0^{\frac{\pi}{2}} (1 - \sin\theta)\mathrm{d}\theta = 2R^2 \left(\frac{\pi}{2} - 1\right) = (\pi - 2)R^2$$

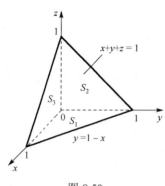

图 8.50

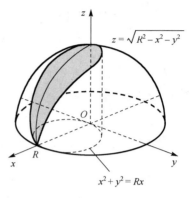

图 8.51

例 8-53 设 S 是柱面 $x^2 + y^2 = a^2$ 被平面 $z = 0$ 和 $z = h$（$h > 0$）所截下的一块柱面. 计算第一型曲面积分 $\iint_S (x^4 + y^4) \mathrm{d}S$.

解： 设 $\begin{cases} x = a\cos\theta \\ y = a\sin\theta \\ z = z \end{cases}$，则

$$S = \{(\theta, z) \mid 0 \leqslant \theta \leqslant 2\pi, 0 \leqslant z \leqslant h\}$$

$$S_1 = \left\{(\theta, z) \mid 0 \leqslant \theta \leqslant \frac{\pi}{2}, 0 \leqslant z \leqslant h\right\}$$

$$\boldsymbol{r}_\theta' = \{-a\sin\theta, a\cos\theta, 0\}, \quad \boldsymbol{r}_z' = \{0, 0, 1\}$$

$$E = a^2, \quad G = 1, \quad F = 0, \quad \mathrm{d}S = \sqrt{EG - F^2}\,\mathrm{d}\theta\mathrm{d}z = a\mathrm{d}\theta\mathrm{d}z$$

因此，

$$\iint_S (x^4 + y^4)\mathrm{d}S = 2\iint_S x^4\mathrm{d}S = 8\iint_{S_1} a^4\cos^4\theta \cdot a\mathrm{d}\theta\mathrm{d}z$$

$$= 8a^5 \int_0^{\frac{\pi}{2}} \cos^4\theta\mathrm{d}\theta \int_0^h \mathrm{d}z = 8a^5 \cdot \frac{3}{4} \cdot \frac{1}{2} \cdot \frac{\pi}{2} \cdot h = \frac{3}{2}\pi a^5 h$$

例 8-54 已知 S：$x^2 + y^2 + z^2 = a^2$，$z \geqslant 0$，$a > 0$. 求 $\iint_S x^2\mathrm{d}S$.

解： 由对换对称性可知 $\iint_S x^2\mathrm{d}S = \iint_S y^2\mathrm{d}S$. 设 $S_全$ 为整个球面 $x^2 + y^2 + z^2 = a^2$，则由对换对称性和奇偶对称性可知，

$$\iint_S z^2\mathrm{d}S = \frac{1}{2}\iint_{S_全} z^2\mathrm{d}S = \frac{1}{2}\iint_{S_全} x^2\mathrm{d}S = \iint_S x^2\mathrm{d}S$$

因此，

$$\iint_S x^2\mathrm{d}S = \frac{1}{3}\iint_S (x^2 + y^2 + z^2)\mathrm{d}S = \frac{1}{6}\iint_{S_全} (x^2 + y^2 + z^2)\mathrm{d}S$$

$$= \frac{a^2}{6} \iint_{S_{\hat{\pm}}} \mathrm{d}S = \frac{a^2}{6} \cdot 4\pi a^2 = \frac{2}{3}\pi a^4$$

 习题 8.5

1. 计算下列对面积的（第一型）曲面积分.

（1）$\iint_S \left(2x + \frac{4}{3}y + z\right)\mathrm{d}S$，其中，$S$ 为平面 $\frac{x}{2} + \frac{y}{3} + \frac{z}{4} = 1$ 在第一卦限中的部分；

（2）$\iint_S x^2 y^2 \mathrm{d}S$，其中，$S$ 为上半球面 $z = \sqrt{R^2 - x^2 - y^2}$；

（3）$\iint_S \frac{1}{x^2 + y^2 + z^2} \mathrm{d}S$，其中，$S$ 是下半球面 $z = -\sqrt{R^2 - x^2 - y^2}$；

（4）$\iint_S |y| \sqrt{z} \mathrm{d}S$，其中，$S$ 是曲面 $z = x^2 + y^2 (z \leqslant 1)$；

（5）$\iint_S (xy + yz + zx)\mathrm{d}S$，其中，$S$ 是锥面 $z = \sqrt{x^2 + y^2}$ 被曲面 $x^2 + y^2 = 2ax$（$a > 0$）所截下的部分；

（6）$\iint_{\Sigma} (3x^2 + y^2 + 2z^2)\mathrm{d}S$，其中，$\Sigma$ 为球面 $(x-1)^2 + (y-1)^2 + (z-1)^2 = 3$.

2. 已知抛物面薄壳 $z = \frac{1}{2}(x^2 + y^2)$（$0 \leqslant z \leqslant 1$）的质量面密度 $\mu(x, y, z) = z$，求此薄壳的质量.

3. 证明不等式：$\oiint_{\Sigma} (x + y + z + \sqrt{3}a)^3 \mathrm{d}S \geqslant 108\pi a^5$（$a > 0$），其中，$\Sigma$ 是球面 $x^2 + y^2 + z^2 - 2ax - 2ay - 2az + 2a^2 = 0$.

4. 设 S 为椭球面 $\frac{x^2}{2} + \frac{y^2}{2} + z^2 = 1$ 的上半部分，点 $P(x, y, z) \in S$，π 为 S 在点 P 处的切平面，$\rho(x, y, z)$ 为原点 $(0,0,0)$ 到平面 π 的距离，求 $\iint_S \frac{z}{\rho(x, y, z)} \mathrm{d}S$.

5. 求下列曲面的面积.

（1）锥面 $y^2 + z^2 = x^2$ 含在圆柱面 $x^2 + y^2 = a^2$ 内的部分；

（2）锥面 $z = \sqrt{x^2 + y^2}$ 被抛物柱面 $z^2 = 2x$ 截下的部分；

（3）旋转抛物面 $2z = x^2 + y^2$ 被圆柱面 $x^2 + y^2 = 1$ 截下的部分；

（4）双曲抛物面 $z = xy$ 被圆柱面 $x^2 + y^2 = a^2$ 截下的部分；

（5）球面 $x^2 + y^2 + z^2 = 3a^2$ 含在旋转抛物面 $x^2 + y^2 - 2az = 0$（$a > 0$）上方的部分.

6. 设半径为 R 的球面 Σ 的球心在定球面 $x^2 + y^2 + z^2 = a^2$（$a > 0$）上，问 R 取何值时，球面 Σ 在定球面内部的那部分的面积最大.

8.6 黎曼积分的应用实例

黎曼积分本身具有深刻的几何和物理背景，可以用来求几何体的度量与质量、功等物理量. 本节介绍黎曼积分在物体质心、转动惯量方面的应用.

8.6.1 物体质心

对在点 $P_i(x_i, y_i, z_i)$ 处具有质量 m_i（$i = 1, 2, \cdots, n$）的离散质点系统，其**质心**坐标为

$$\overline{x} = \frac{\sum\limits_{i=1}^{n} x_i m_i}{\sum\limits_{i=1}^{n} m_i}, \quad \overline{y} = \frac{\sum\limits_{i=1}^{n} y_i m_i}{\sum\limits_{i=1}^{n} m_i}, \quad \overline{z} = \frac{\sum\limits_{i=1}^{n} z_i m_i}{\sum\limits_{i=1}^{n} m_i}$$

注：$\overline{x} = \dfrac{\sum\limits_{i=1}^{n} x_i m_i}{\sum\limits_{i=1}^{n} m_i} = \sum\limits_{i=1}^{n} \dfrac{m_i}{\sum\limits_{i=1}^{n} m_i} x_i = \sum\limits_{i=1}^{n} w_i x_i$，其中，$w_i = \dfrac{m_i}{\sum\limits_{i=1}^{n} m_i} > 0$，$\sum\limits_{i=1}^{n} w_i = 1$. w_i 称为**权重**，

$\overline{x}$ 是 x_i 的**加权平均值**，类似概率论中数学期望的思想.

如果在几何体 Ω 上，质量分布密度为连续函数 $\mu(P)$，则 Ω 的**质心**坐标为

$$\overline{x} = \frac{\int_{\Omega} x\mu(P)\mathrm{d}\Omega}{\int_{\Omega} \mu(P)\mathrm{d}\Omega}, \quad \overline{y} = \frac{\int_{\Omega} y\mu(P)\mathrm{d}\Omega}{\int_{\Omega} \mu(P)\mathrm{d}\Omega}, \quad \overline{z} = \frac{\int_{\Omega} z\mu(P)\mathrm{d}\Omega}{\int_{\Omega} \mu(P)\mathrm{d}\Omega}$$

特别地，当 $\mu(P)$ 为常数时，质心也称**形心**，且上式可简化为

$$\overline{x} = \frac{\int_{\Omega} x\mathrm{d}\Omega}{\int_{\Omega} \mathrm{d}\Omega}, \quad \overline{y} = \frac{\int_{\Omega} y\mathrm{d}\Omega}{\int_{\Omega} \mathrm{d}\Omega}, \quad \overline{z} = \frac{\int_{\Omega} z\mathrm{d}\Omega}{\int_{\Omega} \mathrm{d}\Omega}$$

注：由于黎曼积分的一般性，这里的 Ω 包括空间立体、曲面、曲线及平面区域、平面曲线. 当 Ω 在 xOy 平面上时，$\overline{z} = 0$ 可以忽略不写.

例 8-55 求位于两圆 $r = 2\sin\theta$，$r = 4\sin\theta$ 之间的均质薄板 σ 的质心.

解：如图 8.52 所示，因为 σ 是均质的，所以质心就是形心：

$$\overline{x} = \frac{\iint_{\sigma} x\mathrm{d}\sigma}{\iint_{\sigma} \mathrm{d}\sigma}, \quad \overline{y} = \frac{\iint_{\sigma} y\mathrm{d}\sigma}{\iint_{\sigma} \mathrm{d}\sigma}$$

σ 关于 y 轴对称，$\sigma_1 = \left\{ (\theta, r) \middle| 0 \leqslant \theta \leqslant \dfrac{\pi}{2}, 2\sin\theta \leqslant r \leqslant 4\sin\theta \right\}$，则

$$\iint_{\sigma} \mathrm{d}\sigma = 4\pi - \pi = 3\pi, \quad \iint_{\sigma} x\mathrm{d}\sigma = 0$$

$$\iint_{\sigma} y\mathrm{d}\sigma = 2\iint_{\sigma_1} r^2 \sin\theta \mathrm{d}r\mathrm{d}\theta = 2\int_0^{\frac{\pi}{2}} \sin\theta\mathrm{d}\theta \int_{2\sin\theta}^{4\sin\theta} r^2\mathrm{d}r$$

$$= 2 \cdot \frac{56}{3} \int_0^{\frac{\pi}{2}} \sin^4\theta\mathrm{d}\theta = 2 \cdot \frac{56}{3} \cdot \frac{3}{4} \cdot \frac{1}{2} \cdot \frac{\pi}{2} = 7\pi$$

因此，$\overline{x} = 0$，$\overline{y} = \dfrac{7}{3}$，即形心为 $\left(0, \dfrac{7}{3} \right)$.

例 8-56 已知图 8.53 中球底锥的体密度 $\mu = k(x^2 + y^2 + z^2)$，k 为常数，求其质心.

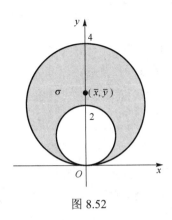

图 8.52

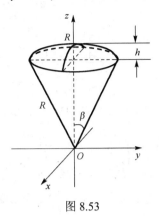

图 8.53

解： V 关于坐标面 yOz，xOz 都是对称的，因此

$$\iiint_V x \cdot k(x^2 + y^2 + z^2)\mathrm{d}V = \iiint_V y \cdot k(x^2 + y^2 + z^2)\mathrm{d}V = 0$$

$$\iiint_V k(x^2 + y^2 + z^2)\mathrm{d}V = k\iiint_V \rho^4 \sin\varphi \mathrm{d}\rho \mathrm{d}\varphi \mathrm{d}\theta = k\int_0^{2\pi}\mathrm{d}\theta \int_0^\beta \sin\varphi \mathrm{d}\varphi \int_0^R \rho^4 \mathrm{d}\rho$$

$$= k \cdot 2\pi \cdot (1-\cos\beta) \cdot \frac{R^5}{5} = \frac{2\pi}{5}kR^5(1-\cos\beta)$$

$$\iiint_V z \cdot k(x^2 + y^2 + z^2)\mathrm{d}V = k\iiint_V \rho^5 \sin\varphi \cos\varphi \mathrm{d}\rho \mathrm{d}\varphi \mathrm{d}\theta = k\int_0^{2\pi}\mathrm{d}\theta \int_0^\beta \sin\varphi \cos\varphi \mathrm{d}\varphi \int_0^R \rho^5 \mathrm{d}\rho$$

$$= k \cdot 2\pi \cdot \frac{1}{2}\sin^2\varphi \cdot \frac{R^6}{6} = \frac{\pi}{6}kR^6\sin^2\varphi$$

因此，$\bar{x} = \bar{y} = 0$，

$$\bar{z} = \frac{5}{12} \cdot \frac{R\sin^2\beta}{1-\cos\beta} = \frac{5}{12}R(1+\cos\beta) = \frac{5}{12}(2R-h)$$

质心坐标为 $\left(0, 0, \dfrac{5}{12}(2R-h)\right)$.

例 8-57 求均匀球体 $x^2 + y^2 + z^2 = 2az$ 挖去小球体 $x^2 + y^2 + z^2 = az$ 后，所余下部分的质心.

解： 设 $\bar{x} = \dfrac{\iiint_V x\mathrm{d}V}{\iiint_V \mathrm{d}V}$，$\bar{y} = \dfrac{\iiint_V y\mathrm{d}V}{\iiint_V \mathrm{d}V}$，$\bar{z} = \dfrac{\iiint_V z\mathrm{d}V}{\iiint_V \mathrm{d}V}$.

$$\iiint_V \mathrm{d}V = \frac{4}{3}\pi a^3 - \frac{4}{3}\pi\left(\frac{a}{2}\right)^3 = \frac{7\pi}{6}a^3$$

$$\iiint_V x\mathrm{d}V = \iiint_V y\mathrm{d}V = 0$$

$$\iiint_V z\mathrm{d}V = \iiint_V \rho\cos\varphi \cdot \rho^2 \sin\varphi \mathrm{d}\rho \mathrm{d}\varphi \mathrm{d}\theta = \int_0^{2\pi}\mathrm{d}\theta \int_0^{\frac{\pi}{2}} \sin\varphi \cos\varphi \mathrm{d}\varphi \int_{a\cos\varphi}^{2a\cos\varphi} \rho^3 \mathrm{d}\rho$$

$$= 2\pi \cdot \frac{15a^4}{4} \int_0^{\frac{\pi}{2}} \sin\varphi \cos^5\varphi \mathrm{d}\varphi = \frac{5}{4}\pi a^4$$

因此，$\bar{x} = \bar{y} = 0$，$\bar{z} = \dfrac{\frac{5}{4}\pi a^4}{\frac{7}{6}\pi a^3} = \dfrac{15}{14}a$，形心坐标为 $\left(0, 0, \dfrac{15}{14}a\right)$.

例 8-58 求半径为 R 的均匀半球壳 S 的重心.

解：设 $\bar{x} = \dfrac{\iint_S x\mathrm{d}S}{\iint_S \mathrm{d}S}$，$\bar{y} = \dfrac{\iint_S y\mathrm{d}S}{\iint_S \mathrm{d}S}$，$\bar{z} = \dfrac{\iint_S z\mathrm{d}S}{\iint_S \mathrm{d}S}$.

$$\iint_S \mathrm{d}S = 2\pi R^2 , \quad \iint_S x\mathrm{d}S = \iint_S y\mathrm{d}S = 0$$

$$\iint_S z\mathrm{d}S = \iint_S R\cos\varphi \cdot R^2 \sin\varphi \mathrm{d}\varphi \mathrm{d}\theta = R^3 \int_0^{2\pi} \mathrm{d}\theta \int_0^{\frac{\pi}{2}} \sin\varphi \cos\varphi \mathrm{d}\varphi = R^3 \cdot 2\pi \cdot \frac{1}{2} = \pi R^3$$

因此，$\bar{x} = \bar{y} = 0$，$\bar{z} = \dfrac{\pi R^3}{2\pi R^2} = \dfrac{R}{2}$，形心坐标为 $\left(0, 0, \dfrac{R}{2}\right)$.

8.6.2 转动惯量

力学中，离散的质点系统对一个定轴的转动惯量为 $\sum\limits_{i=1}^n r_i^2 m_i$，其中，$m_i$ 和 r_i 分别表示第 i 个质点的质量和它到定轴的距离.

对一个刚体 Ω，设质量分部密度是 Ω 上的连续函数 $\mu(P)$，Ω 对定轴的转动惯量为 $I = \int_\Omega r^2 \mu(P)\mathrm{d}\Omega$，其中，$r$ 是点 P 到定轴的距离. 特别地，在空间直角坐标系中，刚体 Ω 关于 x 轴，y 轴，z 轴的转动惯量分别为 $I_x = \int_\Omega (y^2 + z^2)\mu(P)\mathrm{d}\Omega$，$I_y = \int_\Omega (x^2 + z^2)\mu(P)\mathrm{d}\Omega$，$I_z = \int_\Omega (x^2 + y^2)\mu(P)\mathrm{d}\Omega$.

例 8-59 求底半径为 R、高为 l 的均匀圆柱体（体密度为 ρ）对其轴线的转动惯量.

解：

$$\begin{aligned}
I_z &= \iiint_V (x^2 + y^2)\rho\mathrm{d}V = \rho \iiint_V r^2 \cdot r\mathrm{d}r\mathrm{d}\theta\mathrm{d}z \\
&= \rho \int_0^{2\pi} \mathrm{d}\theta \int_0^R r^3 \mathrm{d}r \int_0^l z \\
&= \rho \cdot 2\pi \cdot \frac{R^4}{4} \cdot l = \frac{\pi R^4 \rho l}{2}
\end{aligned}$$

例 8-60 由平面 $\dfrac{x}{a} + \dfrac{y}{b} + \dfrac{z}{c} = 1$ 及三个坐标面围成的立体的体密度 $\mu \equiv 1$，求该立体对三个坐标轴的转动惯量.

解：如图 8.54 所示，

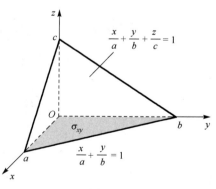

图 8.54

$$I_x = \iiint_V (y^2 + z^2)\mu dV = \int_0^a dx \int_0^{b\left(1-\frac{x}{a}\right)} dy \int_0^{c\left(1-\frac{x}{a}-\frac{y}{b}\right)} (y^2 + z^2)dz$$

$$= c \int_0^a dx \int_0^{b\left(1-\frac{x}{a}\right)} \left[\left(1-\frac{x}{a}\right)y^2 - \frac{1}{b}y^3 + \frac{c^2}{3}\left(1-\frac{x}{a}-\frac{y}{b}\right)^3\right] dy$$

$$= c \cdot \frac{b(b^2+c^2)}{12} \int_0^a \left(1-\frac{x}{a}\right)^4 dx = \frac{bc(b^2+c^2)}{12} \cdot \frac{a}{5} = \frac{abc(b^2+c^2)}{60}$$

同理可得， $I_y = \dfrac{abc(a^2+c^2)}{60}$ ， $I_z = \dfrac{abc(a^2+b^2)}{60}$.

例 8-61 有一均质圆柱螺线 l： $x = a\cos t$ ， $y = a\sin t$ ， $z = bt$ ， $0 \leqslant t \leqslant 2\pi$ ．（1）求 l 的质心；（2）求 l 对 z 轴的转动惯量 I_z ．

解：（1）因为 l 是均质的，所以质心就是形心： $\overline{x} = \dfrac{\displaystyle\int_l x ds}{\displaystyle\int_l ds}$ ， $\overline{y} = \dfrac{\displaystyle\int_l y ds}{\displaystyle\int_l ds}$ ， $\overline{z} = \dfrac{\displaystyle\int_l z ds}{\displaystyle\int_l ds}$ ．

$$\int_l ds = \int_0^{2\pi} \sqrt{a^2(-\sin t)^2 + a^2\cos^2 t + b^2} dt = 2\pi\sqrt{a^2+b^2}$$

$$\int_l x ds = \int_0^{2\pi} a\cos t \sqrt{a^2+b^2} dt = a\sqrt{a^2+b^2} \int_0^{2\pi} \cos t dt = 0$$

$$\int_l y ds = \int_0^{2\pi} a\sin t \sqrt{a^2+b^2} dt = a\sqrt{a^2+b^2} \int_0^{2\pi} \sin t dt = 0$$

$$\int_l z ds = \int_0^{2\pi} bt\sqrt{a^2+b^2} dt = b\sqrt{a^2+b^2} \int_0^{2\pi} t dt = 2\pi^2 b\sqrt{a^2+b^2}$$

因此， $\overline{x} = \overline{y} = 0$ ， $\overline{z} = \dfrac{2\pi^2 b\sqrt{a^2+b^2}}{2\pi\sqrt{a^2+b^2}} = \pi b$ ，质心坐标为 $(0, 0, \pi b)$ ．

（2）

$$I_z = \int_l (x^2 + y^2)\mu ds = \mu \int_0^{2\pi} a^2 \cdot \sqrt{a^2+b^2} dt = 2\pi\mu a^2 \sqrt{a^2+b^2} = ma^2$$

其中， $m = 2\pi\mu\sqrt{a^2+b^2}$ ．

例 8-62 考虑在 xOy 平面上的投影域为 σ_{xy}： $-1 \leqslant x \leqslant 1$ ， $x^2 \leqslant y \leqslant 1$ 的曲面 S： $z = x^2 + y^2$ 的部分，其质量的面密度 $\mu = (1 + 4x^2 + 4y^2)^{-\frac{1}{2}}$ ．（1）求 S 的质心；（2）求 S 对 z 轴的转动惯量 I_z ．

解：（1）如图 8.55 所示，曲面 S 关于坐标面 yOz 对称， $\dfrac{\partial z}{\partial x} = 2x$ ， $\dfrac{\partial z}{\partial y} = 2y$ ，

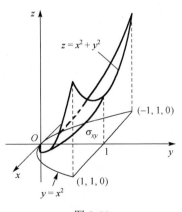

图 8.55

$$dS = \sqrt{1 + \left(\frac{\partial z}{\partial x}\right)^2 + \left(\frac{\partial z}{\partial y}\right)^2} dxdy = \sqrt{1 + 4x^2 + 4y^2} dxdy$$

因此，

$$\iint_S \mu dS = \iint_{\sigma_{xy}} (1 + 4x^2 + 4y^2)^{-\frac{1}{2}}(1 + 4x^2 + 4y^2)^{\frac{1}{2}} dxdy$$

$$= \int_{-1}^1 dx \int_{x^2}^1 dy = 2\int_0^1 (1-x^2)dx = 2\left(1 - \frac{1}{3}\right) = \frac{4}{3}$$

$$\iint_S x\mu dS = \iint_S x(1 + 4x^2 + 4y^2)^{-\frac{1}{2}} dS = 0$$

$$\iint_S y\mu dS = \iint_{\sigma_{xy}} y(1 + 4x^2 + 4y^2)^{-\frac{1}{2}}(1 + 4x^2 + 4y^2)^{\frac{1}{2}} dxdy = \int_{-1}^1 dx \int_{x^2}^1 ydy = \int_0^1 (1-x^4) = \frac{4}{5}$$

$$\iint_S z\mu dS = \iint_{\sigma_{xy}} (x^2 + y^2)(1 + 4x^2 + 4y^2)^{-\frac{1}{2}}(1 + 4x^2 + 4y^2)^{\frac{1}{2}} dxdy = 2\int_0^1 dx \int_{x^2}^1 (x^2 + y^2)dy$$

$$= 2\int_0^1 x^2 dx \int_{x^2}^1 dy + 2\int_0^1 dx \int_{x^2}^1 y^2 dy = 2\int_0^1 (x^2 - x^4)dx + \frac{2}{3}\int_0^1 (1-x^6)dx$$

$$= 2\left(\frac{1}{3} - \frac{1}{5}\right) + \frac{2}{3}\left(1 - \frac{1}{7}\right) = \frac{4}{15} + \frac{4}{7} = \frac{88}{105}$$

因此，$\bar{x} = 0$，$\bar{y} = \frac{3}{5}$，$\bar{z} = \frac{22}{35}$，质心坐标为 $\left(0, \frac{3}{5}, \frac{22}{35}\right)$.

（2）$I_z = \iint_S (x^2 + y^2)\mu dS = \frac{88}{105}$.

 习题 8.6

1. 设平面薄片由抛物线 $y = x^2$ 及直线 $y = x$ 围成，其面密度 $\mu = x^2 y$，求该薄片的质心位置.

2. 设均质立体由旋转抛物面 $z = x^2 + y^2$ 及平面 $z = 1$ 围成，试求其质心.

3. 设均质立体由抛物柱面 $y = \sqrt{x}, y = 2\sqrt{x}$，平面 $z = 0$ 及 $x + z = 6$ 四个面围成，求其质心.

4. 设锥面形薄壳 $z = \frac{h}{R}\sqrt{x^2 + y^2}$（$0 \leq z \leq h, R, h$ 为常数）的面密度 $\mu = 1$，求其质心.

5. 求八分之一球面 $x^2 + y^2 + z^2 = R^2, x \geq 0, y \geq 0, z \geq 0$ 的边界线的质心，设曲线的线密度 $\rho = 1$.

6. 求半径为 r、高为 h 的均匀圆柱体绕其轴线的转动惯量，设体密度 $\mu = 1$.

7. 由上半球面 $x^2 + y^2 + z^2 = 2$ 与锥面 $z = \sqrt{x^2 + y^2}$ 围成的均匀物体，设体密度为 μ_0，求其对 z 轴的转动惯量 I_z.

8. 已知均质的半球壳 $z = \sqrt{a^2 - x^2 - y^2}$ 的面密度为 μ_0，求其对 z 轴的转动惯量 I_z（试用

球坐标计算 I_z ）.

9. 已知物质曲线 $\begin{cases} x^2 + y^2 + z^2 = R^2 \\ x^2 + y^2 = Rx \end{cases}$ （ $z \geqslant 0$ ）的线密度为 $\sqrt{x}$ ，求其对三个坐标轴的转动惯量之和 $I_x + I_y + I_z$.

8.7 含参变量的积分

设 $f(x,y)$ 在闭区域 $D:\begin{cases} a \leqslant x \leqslant b \\ \alpha \leqslant y \leqslant \beta \end{cases}$ 上连续，则对任何 $x \in [a,b]$ ，称积分 $\varphi(x) = \int_\alpha^\beta f(x,y)\mathrm{d}y$ 为含参变量 x 的积分， x 称为参变量. 同理， $\psi(y) = \int_a^b f(x,y)\mathrm{d}x$ 称为含参变量 y 的积分， $y \in [\alpha, \beta]$.

下面以 $\varphi(x)$ 为例讨论含参变量积分的性质.

定理 8.2（连续性定理） 设 $f(x,y)$ 在 $D:\begin{cases} a \leqslant x \leqslant b \\ \alpha \leqslant y \leqslant \beta \end{cases}$ 上连续，则 $\varphi(x) = \int_\alpha^\beta f(x,y)\mathrm{d}y$ 在闭区间 $[a,b]$ 上连续.

证明：由于 $f(x,y)$ 在有界闭区域 D 上连续，因此 $f(x,y)$ 在 D 上一致连续，即 $\forall \varepsilon > 0$ ， $\exists \delta > 0$ ，当 $|\Delta x| < \delta$ 时，对任意 $y \in [\alpha, \beta]$ ，恒有 $|f(x + \Delta x, y) - f(x,y)| < \varepsilon$. 因此， $\forall x \in [a,b]$ ，

$$\left| \varphi(x + \Delta x) - \varphi(x) \right| = \left| \int_\alpha^\beta f(x + \Delta x, y)\mathrm{d}y - \int_\alpha^\beta f(x,y)\mathrm{d}y \right|$$
$$= \left| \int_\alpha^\beta [f(x + \Delta x, y) - f(x,y)]\mathrm{d}y \right| \leqslant \int_\alpha^\beta |f(x + \Delta x, y) - f(x,y)|\mathrm{d}y$$
$$< \int_\alpha^\beta \varepsilon \mathrm{d}y = \varepsilon(\beta - \alpha)$$

所以 $\lim\limits_{\Delta x \to 0} \varphi(x + \Delta x) = \varphi(x)$ ，即 $\varphi(x)$ 在 $[a,b]$ 上连续.

注：由定理 8.2 可知，极限与积分两种运算可交换顺序，即

$$\lim_{x \to x_0} \int_\alpha^\beta f(x,y)\mathrm{d}y = \lim_{x \to x_0} \varphi(x) = \varphi(x_0) = \int_\alpha^\beta f(x_0,y)\mathrm{d}y = \int_\alpha^\beta \left[\lim_{x \to x_0} f(x,y) \right]\mathrm{d}y$$

定理 8.3（可微性定理） 设 $f(x,y)$ 及 $f_x'(x,y)$ 在矩形区域 $D:\begin{cases} a \leqslant x \leqslant b \\ \alpha \leqslant y \leqslant \beta \end{cases}$ 上连续，则函数 $\varphi(x) = \int_\alpha^\beta f(x,y)\mathrm{d}y$ 在 $[a,b]$ 上有连续的导数，且 $\varphi'(x) = \dfrac{\mathrm{d}}{\mathrm{d}x} \int_\alpha^\beta f(x,y)\mathrm{d}y = \int_\alpha^\beta f_x'(x,y)\mathrm{d}y$.

证明： $\forall x \in [a,b]$ ，

$$\frac{\varphi(x + \Delta x) - \varphi(x)}{\Delta x} = \frac{1}{\Delta x}\left[\int_\alpha^\beta f(x + \Delta x, y)\mathrm{d}y - \int_\alpha^\beta f(x,y)\mathrm{d}y \right] = \int_\alpha^\beta \frac{f(x + \Delta x, y) - f(x,y)}{\Delta x}\mathrm{d}y$$
$$= \int_\alpha^\beta f_x'(x + \theta \Delta x, y)\mathrm{d}y, \qquad 0 < \theta < 1$$

$$\lim_{\Delta x \to 0} \frac{\varphi(x + \Delta x) - \varphi(x)}{\Delta x} = \lim_{\Delta x \to 0} \int_\alpha^\beta f_x'(x + \theta \Delta x, y)\mathrm{d}y = \int_\alpha^\beta \left[\lim_{\Delta x \to 0} f_x'(x + \theta \Delta x, y) \right]\mathrm{d}y$$

$$= \int_\alpha^\beta f_x'(x,y)\mathrm{d}y$$

因此，$\varphi(x)$ 可导，且 $\varphi'(x) = \int_\alpha^\beta f_x'(x,y)\mathrm{d}y$．

注：由定理 8.3 可知，求导与积分两种运算可以交换顺序，即

$$\frac{\mathrm{d}}{\mathrm{d}x}\int_\alpha^\beta f(x,y)\mathrm{d}y = \int_\alpha^\beta \left[\frac{\partial}{\partial x}f(x,y)\right]\mathrm{d}y$$

推论（积分换序）　设 $f(x,y)$ 在 D：$\begin{cases} a \leqslant x \leqslant b \\ \alpha \leqslant y \leqslant \beta \end{cases}$ 上连续，则

$$\int_\alpha^\beta \mathrm{d}y \int_a^b f(x,y)\mathrm{d}x = \int_a^b \mathrm{d}x \int_\alpha^\beta f(x,y)\mathrm{d}y$$

证明：设 $I(t) = \int_\alpha^t \mathrm{d}y \int_a^b f(x,y)\mathrm{d}x - \int_a^b \mathrm{d}x \int_\alpha^t f(x,y)\mathrm{d}y$，则

$$I(\alpha) = \int_\alpha^\alpha \mathrm{d}y \int_a^b f(x,y)\mathrm{d}x - \int_a^b \mathrm{d}x \int_\alpha^\alpha f(x,y)\mathrm{d}y = 0$$

$$I'(t) = \int_a^b f(x,t)\mathrm{d}x - \int_a^b f(x,t)\mathrm{d}x = 0$$

因此，$I(t) \equiv I(\alpha) = 0$，即

$$\int_\alpha^\beta \mathrm{d}y \int_a^b f(x,y)\mathrm{d}x = \int_a^b \mathrm{d}x \int_\alpha^\beta f(x,y)\mathrm{d}y$$

定理 8.4　设函数 $f(x,y)$ 及 $f_x'(x,y)$ 在 D：$\begin{cases} a \leqslant x \leqslant b \\ \alpha \leqslant y \leqslant \beta \end{cases}$ 上连续，$u(x), v(x)$ 在 $[a,b]$ 上可微，

$\varphi(x) = \int_{u(x)}^{v(x)} f(x,y)\mathrm{d}y$．当 $a \leqslant x \leqslant b$ 时，有 $\alpha \leqslant u(x) \leqslant \beta$，$\alpha \leqslant v(x) \leqslant \beta$，则

$$\varphi'(x) = \int_{u(x)}^{v(x)} f_x'(x,y)\mathrm{d}y + f(x,v(x))v'(x) - f(x,u(x))u'(x)$$

证明：设 $F(x,u,v) = \int_u^v f(x,y)\mathrm{d}y$，$\varphi(x) = F(x,u(x),v(x))$，则

$$\varphi'(x) = F_x' + F_u' \cdot \frac{\mathrm{d}u}{\mathrm{d}x} + F_v' \cdot \frac{\mathrm{d}v}{\mathrm{d}x} = \int_{u(x)}^{v(x)} f_x'(x,y)\mathrm{d}y - f(x,u(x)) \cdot u'(x) + f(x,v(x)) \cdot v'(x)$$

例 8-63　设 $I(x) = \int_x^{x^2} \frac{\sin(xy)}{y}\mathrm{d}y$，求 $I'(x)$．

解：

$$I'(x) = \int_x^{x^2} \cos(xy)\mathrm{d}y + \frac{\sin x^3}{x^2} \cdot 2x - \frac{\sin x^2}{x}$$

$$= \frac{\sin x^3 - \sin x^2}{x} + \frac{2\sin x^3}{x} - \frac{\sin x^2}{x} = \frac{3\sin x^3 - 2\sin x^2}{x}$$

例 8-64 求极限 $\lim\limits_{n\to\infty}\displaystyle\int_0^1\dfrac{1}{1+\left(1+\dfrac{x}{n}\right)^n}\mathrm{d}x$.

解：设 $f(x,u)=\begin{cases}\dfrac{1}{1+(1+xu)^{\frac{1}{u}}}, & u\neq 0 \\[2mm] \dfrac{1}{1+\mathrm{e}^x}, & u=0\end{cases}$，则 $f(x,u)$ 在闭区域 D：$0\leqslant x\leqslant 1$，$0\leqslant u\leqslant 1$ 上连

续，于是有

$$\lim_{u\to 0^+}\int_0^1 f(x,u)\mathrm{d}x=\int_0^1\Big[\lim_{u\to 0^+}f(x,u)\Big]\mathrm{d}x=\int_0^1 f(x,0)\mathrm{d}x=\int_0^1\frac{1}{1+\mathrm{e}^x}\mathrm{d}x=\int_0^1\frac{\mathrm{e}^{-x}}{\mathrm{e}^{-x}+1}\mathrm{d}x$$

$$=-\int_0^1\frac{\mathrm{d}(\mathrm{e}^{-x}+1)}{\mathrm{e}^{-x}+1}=-\Big[\ln(\mathrm{e}^{-x}+1)\big|_0^1\Big]$$

$$=-\ln(\mathrm{e}^{-1}+1)+\ln 2=\ln\frac{2}{\mathrm{e}^{-1}+1}=\ln\frac{2\mathrm{e}}{\mathrm{e}+1}$$

 习题 8.7

1. 计算 $I(r)=\displaystyle\int_0^\pi\ln(1-2r\cos x+r^2)\mathrm{d}x$，$|r|<1$.

2. 求积分 $\displaystyle\int_0^1\frac{\ln(1+x)}{1+x^2}\mathrm{d}x$ 的值.

 **综合题**

1. 求曲面 $\sqrt{x}+\sqrt{y}+\sqrt{z}=\sqrt{a}$（$a>0$）与三个坐标面围成的立体的体积.

2. 计算 $\displaystyle\iint_D\mathrm{d}x\mathrm{d}y$，其中，$D$ 是由不等式组：$x\geqslant 0,y\geqslant 0,(x^2+y^2)^3\leqslant 4a^2x^2y^2$ 确定的区域（$a>0$）.

3. 已知 $f(x)$ 具有三阶连续导数，且 $f(0)=f'(0)=f''(0)=-1$，$f(2)=-\dfrac{1}{2}$，计算累次积分

$$I=\int_0^2\mathrm{d}x\int_0^x\sqrt{(2-x)(2-y)}f'''(y)\mathrm{d}y$$

4. 计算二重积分 $\displaystyle\iint_\sigma\sqrt{|y-x^2|}\mathrm{d}x\mathrm{d}y$，其中，$\sigma$ 是由直线 $x=-1,x=1,y=0$ 及 $y=2$ 围成的区域.

5. 设函数 $f(x)$ 在区间 $[0,1]$ 上连续，并设 $\displaystyle\int_0^1 f(x)\mathrm{d}x=A$，求 $\displaystyle\int_0^1\mathrm{d}x\int_x^1 f(x)f(y)\mathrm{d}y$.

6. 计算 $\displaystyle\int_{-\infty}^{+\infty}\int_{-\infty}^{+\infty}\min\{x,y\}\mathrm{e}^{-(x^2+y^2)}\mathrm{d}x\mathrm{d}y$.

7. 证明抛物面 $z=x^2+y^2+1$ 上任意点处的切平面与抛物面 $z=x^2+y^2$ 围成的立体的体积为一定值，并求出此值.

8．求抛物面 $z = x^2 + y^2 + 1$ 的一个切平面，使得它与该抛物面及圆柱面 $(x-1)^2 + y^2 = 1$ 围成立体的体积最小，并求出这个最小的体积．

9．设有一个由 $y = \ln x, y = 0, x = e$ 围成的均质薄片，面密度 $\mu = 1$，求此薄片绕直线 $x = t$ 的转动惯量 $I(t)$，并求 $I(t)$ 的最小值．

10．设有一半径为 R、高为 H 的圆柱形容器，盛有 $\dfrac{2}{3}H$ 高的水，放在离心机上高速旋转，受离心力的作用，水面呈抛物面形，问当水刚要溢出容器时，液面的最低点在何处．

11．设 $f(t)$ 连续，试证

$$\iint_D f(x-y)\mathrm{d}x\mathrm{d}y = \int_{-A}^{A} f(t)(A-|t|)\mathrm{d}t$$

其中，A 为正的常数，D：$|x| \leqslant \dfrac{A}{2}$，$|y| \leqslant \dfrac{A}{2}$．

12．设函数 $f(x)$ 在区间 $[0,1]$ 上连续、正值且单调递减，试证

$$\frac{\int_0^1 xf^2(x)\mathrm{d}x}{\int_0^1 xf(x)\mathrm{d}x} \leqslant \frac{\int_0^1 f^2(x)\mathrm{d}x}{\int_0^1 f(x)\mathrm{d}x}$$

13．试证

$$\iiint_{x^2+y^2+z^2\leqslant 1} f(z)\mathrm{d}x\mathrm{d}y\mathrm{d}z = \pi \int_{-1}^{1} f(u)(1-u^2)\mathrm{d}u$$

并利用这个式子计算

$$\iiint_{x^2+y^2+x^2\leqslant 1} (z^4 + z^2\sin^3 z)\mathrm{d}x\mathrm{d}y\mathrm{d}z$$

14．已知函数 $F(t) = \iiint_\Omega f(x^2+y^2+z^2)\mathrm{d}x\mathrm{d}y\mathrm{d}z$，其中，$f$ 为可微函数，积分域 Ω 为球体 $x^2+y^2+z^2 \leqslant t^2$，求 $F'(t)$．

15．计算 $\iiint_V \left|\sqrt{x^2+y^2+z^2}-1\right|\mathrm{d}V$，其中，$V$ 是由锥面 $z = \sqrt{x^2+y^2}$ 与平面 $z = 1$ 围成的立体．

16．求 $\iiint_V (x+2y+3z)\mathrm{d}V$，其中，$V$ 为圆锥体，其顶点在原点 $(0,0,0)$ 处，底为平面 $x+y+z = 3$ 上以点 $(1,1,1)$ 为圆心、1 为半径的圆．

17．试求由连续曲线 $y = f(x) > 0$，直线 $x = a, x = b$ 及 x 轴围成的曲边梯形绕 x 轴旋转一周所形成的旋转体，当体密度 $\mu = 1$ 时，对 x 轴的转动惯量．

18．已知

$$f(x,y,z) = \begin{cases} x^2+y^2, & z \geqslant \sqrt{x^2+y^2} \\ 0, & z < \sqrt{x^2+y^2} \end{cases}$$

计算曲面积分 $\iint_{x^2+y^2+z^2=R^2} f(x,y,z)\mathrm{d}S$．

19. 理解曲面积分的定义，试通过球面坐标计算均质球壳 $x^2 + y^2 + z^2 = R^2$ 对 z 轴的转动惯量 I_z，设面密度为 μ_0.

20. 试用曲线积分求平面曲线段 $l: y = \dfrac{1}{3}x^3 + 2x, 0 \le x \le 1$ 绕直线 $L: y = \dfrac{4}{3}x$ 旋转一周所产生的旋转面的面积 S.

21. 计算对弧长的曲线积分 $\displaystyle\int_l (|x| + |y|)^2 (1 + \sin xy)\mathrm{d}s$，其中，$l$ 是以原点为圆心的单位圆的圆周.

第9章

多元向量值函数积分学

9.1 向量场

9.1.1 向量场与向量线

在 7.8 节中，我们已经接触到了向量场的概念. 稳定向量场的数学表示是定义在场 $D \subset \mathbb{R}^n$ 内的向量值函数 $\boldsymbol{F} = \boldsymbol{F}(M) \in \mathbb{R}^m$，$M \in D$. 在本章中，我们主要研究 $n = m$ 的情形，其中，$n = 2$ 的情形对应于平面向量场：$\boldsymbol{F} = P(x,y)\boldsymbol{i} + Q(x,y)\boldsymbol{j}$，$(x,y) \in D$；$n = 3$ 的情形对应于空间向量场：$\boldsymbol{F} = P(x,y,z)\boldsymbol{i} + Q(x,y,z)\boldsymbol{j} + R(x,y,z)\boldsymbol{k}$，$(x,y,z) \in D$.

在向量场中，若曲线 l 上每点处的切线与该点的场向量重合（如图 9.1 所示），则称曲线 l 为向量场的**向量线**. 例如，流速场的流线、静电场的电力线、磁场的磁力线等都是向量线. 若向量线的参数方程为 $x = x(t)$，$y = y(t)$，$z = z(t)$，$t \in T$，则其在点 $(x(t), y(t), z(t))$ 处的切向量为 $\{x'(t), y'(t), z'(t)\}$ 或 $\mathrm{d}t\{x'(t), y'(t), z'(t)\} = \{x'(t)\mathrm{d}t, y'(t)\mathrm{d}t, z'(t)\mathrm{d}t\} = \{\mathrm{d}x, \mathrm{d}y, \mathrm{d}z\}$. 又因为 $\boldsymbol{F} = \{P(x,y,z), Q(x,y,z), R(x,y,z)\}$ 与 $\{\mathrm{d}x, \mathrm{d}y, \mathrm{d}z\}$ 平行，所以 $\dfrac{\mathrm{d}x}{P(x,y,z)} = \dfrac{\mathrm{d}y}{Q(x,y,z)} = \dfrac{\mathrm{d}z}{R(x,y,z)}$.

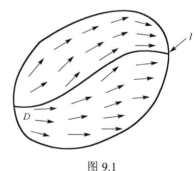

图 9.1

注：（1）整个向量场被向量线充满.

（2）当 P, Q, R 在 D 内连续时，通过场内每点有且仅有一条向量线穿过，向量线互不相交.

例 9-1 在坐标原点处电荷 q 产生的电场中，点 $M(x,y,z)$ 处的电场强度为 $\boldsymbol{E} = \dfrac{q}{4\pi\varepsilon r^2}\boldsymbol{r}^0$，其中，$r = |\boldsymbol{r}|$，$\boldsymbol{r} = x\boldsymbol{i} + y\boldsymbol{j} + z\boldsymbol{k}$，$\boldsymbol{r}^0$ 是 $\boldsymbol{r}$ 方向的单位向量. 求电场强度场 $\boldsymbol{E}$ 的向量线——电力线.

解：因为 $\boldsymbol{E} = \dfrac{q}{4\pi\varepsilon r^3}(x\boldsymbol{i} + y\boldsymbol{j} + z\boldsymbol{k})$，所以电力线方程为

$$\frac{\mathrm{d}x}{\dfrac{qx}{4\pi\varepsilon r^3}} = \frac{\mathrm{d}y}{\dfrac{qy}{4\pi\varepsilon r^3}} = \frac{\mathrm{d}z}{\dfrac{qz}{4\pi\varepsilon r^3}}$$

从而有 $\dfrac{\mathrm{d}x}{x} = \dfrac{\mathrm{d}y}{y} = \dfrac{\mathrm{d}z}{z}$. 通解为 $y = C_1 x$，$z = C_2 x$，其中，C_1, C_2 为两个任意常数. 由此可见，电

力线是从原点（点电荷 q ）发出的射线族.

9.1.2　向径的导数

设曲线 l 的参数方程为 $x = x(t)$ ，$y = y(t)$ ，$\alpha \leqslant t \leqslant \beta$. 当动点 M 在 l 上移动时，动点的向径 $\boldsymbol{r} = \mathbf{OM} = x(t)\boldsymbol{i} + y(t)\boldsymbol{j}$ 是 t 的向量值函数 $\boldsymbol{r} = \boldsymbol{r}(t)$ ，称为曲线 l 的**向量式方程**（称 l 为 $\boldsymbol{r} = \boldsymbol{r}(t)$ 的终端曲线）. 下面讨论向量值函数 $\boldsymbol{r} = \boldsymbol{r}(t)$ 的导数，如图 9.2 所示.

$$\Delta \boldsymbol{r} = \boldsymbol{r}(t + \Delta t) - \boldsymbol{r}(t) = \mathbf{MM}_1 = (\Delta x)\boldsymbol{i} + (\Delta y)\boldsymbol{j}$$

$$\frac{\Delta \boldsymbol{r}}{\Delta t} = \frac{\Delta x}{\Delta t}\boldsymbol{i} + \frac{\Delta y}{\Delta t}\boldsymbol{j}$$

因此，

$$\boldsymbol{r}'(t) = \lim_{\Delta t \to 0} \frac{\Delta \boldsymbol{r}}{\Delta t} = \lim_{\Delta t \to 0} \left(\frac{\Delta x}{\Delta t}\boldsymbol{i} + \frac{\Delta y}{\Delta t}\boldsymbol{j} \right) = x'(t)\boldsymbol{i} + y'(t)\boldsymbol{j}$$

注：（1）向量值函数的导数等于它的每个分量对 t 求导后相加.

（2）$\boldsymbol{r}'(t)$ 是曲线 l 在 t 的对应点 M 处沿 t 增加方向的切向量.

因为

$$x'(t) = \frac{\mathrm{d}x}{\mathrm{d}s}\frac{\mathrm{d}s}{\mathrm{d}t} = \cos \alpha \cdot \frac{\mathrm{d}s}{\mathrm{d}t} ， \quad y'(t) = \frac{\mathrm{d}y}{\mathrm{d}s}\frac{\mathrm{d}s}{\mathrm{d}t} = \cos \beta \cdot \frac{\mathrm{d}s}{\mathrm{d}t}$$

所以 $\boldsymbol{r}'(t) = \{\cos \alpha, \cos \beta\} \dfrac{\mathrm{d}s}{\mathrm{d}t}$ ，其中，$\cos \alpha$ ，$\cos \beta$ 为曲线 $\boldsymbol{r} = \boldsymbol{r}(t)$ 上 t 处沿弧长 s 增加方向的切向量的方向余弦（弧微分 $\mathrm{d}s = \sqrt{(\mathrm{d}x)^2 + (\mathrm{d}y)^2}$ ）. $|\boldsymbol{r}'(t)| = \left| \dfrac{\mathrm{d}s}{\mathrm{d}t} \right|$ ，即 $\boldsymbol{r}'(t)$ 的模长等于弧长 s 关于参数 t 的导数的绝对值. $\boldsymbol{r} = \boldsymbol{r}(t)$ 的微分 $\mathrm{d}\boldsymbol{r} = \boldsymbol{r}'(t)\mathrm{d}t = \{\cos \alpha, \cos \beta\}\mathrm{d}s$ 是曲线 l 在 t 的对应点 M 处沿弧长 s 增加方向的切向量（如图 9.3 所示），称为**弧长微元向量**，记作 $\mathrm{d}\boldsymbol{s}$.

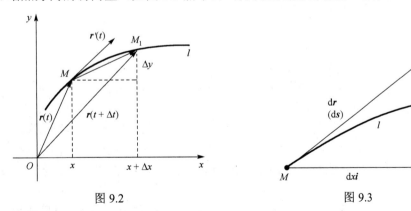

图 9.2　　　　　　　　　　图 9.3

对空间向量值函数 $\boldsymbol{r}(t) = x(t)\boldsymbol{i} + y(t)\boldsymbol{j} + z(t)\boldsymbol{k}$ ，类似地有

$$\boldsymbol{r}'(t) = x'(t)\boldsymbol{i} + y'(t)\boldsymbol{j} + z'(t)\boldsymbol{k} = \{\cos \alpha, \cos \beta, \cos \gamma\}\frac{\mathrm{d}s}{\mathrm{d}t}$$

$$\mathrm{d}\boldsymbol{r} = (\mathrm{d}x)\boldsymbol{i} + (\mathrm{d}y)\boldsymbol{j} + (\mathrm{d}z)\boldsymbol{k} = \{\cos \alpha, \cos \beta, \cos \gamma\}\mathrm{d}s = \mathrm{d}\boldsymbol{s}$$

其中，$\cos\alpha,\cos\beta,\cos\gamma$ 为曲线 $\boldsymbol{r} = \boldsymbol{r}(t)$ 上 t 对应点处沿弧长 s 增加方向的切向方向余弦.

第一型曲线积分（8.4 节）是定义在曲线上的数量值函数关于曲线弧长的黎曼积分，所涉及的曲线不带有方向性. 本章涉及的曲线都是带有方向性的（弧长增加的方向与曲线的方向一致，参数增加的方向则未必与曲线的方向一致），称为有向曲线，需注意二者之间的区别.

9.2　第二型曲线积分

9.2.1　第二型曲线积分的定义

例 9-2　设有一平面连续力场 $\boldsymbol{F}(x,y) = P(x,y)\boldsymbol{i} + Q(x,y)\boldsymbol{j}$，$(x,y) \in D$，一质点在场内从点 A 沿光滑曲线弧 l 移动到点 B，求力 $\boldsymbol{F}$ 对质点做的功 W．

解：当 $\boldsymbol{F}$ 为常力，l 为有向直线段 $\boldsymbol{AB}$ 时，$W = \boldsymbol{F} \cdot \boldsymbol{AB}$．若力 $\boldsymbol{F} = F(x)\boldsymbol{i}$ 为变力，则 $W = \int_{x_1}^{x_2} F(x)\mathrm{d}x$．

回到一般情形：用曲线 l 上的点 $A = M_0, M_1, M_2, \cdots, M_{n-1}, M_n = B$ 将 $\overset{\frown}{AB}$ 分为 n 段，设 $M_k(x_k, y_k)$，$\Delta x_k = x_k - x_{k-1}$，$\Delta y_k = y_k - y_{k-1}$（$k = 1,2,\cdots,n$），记 $\lambda = \max\limits_{1 \leqslant k \leqslant n} \left\{ \left| \overset{\frown}{M_{k-1}M_k} \right| \right\}$. 如图 9.4 所示，在任一典型的有向弧段 $\overset{\frown}{M_{k-1}M_k}$ 上，可用 $\boldsymbol{M}_{k-1}\boldsymbol{M}_k = (\Delta x_k)\boldsymbol{i} + (\Delta y_k)\boldsymbol{j}$ 近似代替 $\overset{\frown}{M_{k-1}M_k}$，$\forall(\xi_k, \eta_k) \in \overset{\frown}{M_{k-1}M_k}$，则变力 $\boldsymbol{F}(x,y)$ 沿有向弧段 $\overset{\frown}{M_{k-1}M_k}$ 所做的功

$$\Delta W_k \approx \boldsymbol{F}(\xi_k, \eta_k) \cdot \boldsymbol{M}_{k-1}\boldsymbol{M}_k = P(\xi_k, \eta_k)\Delta x_k + Q(\xi_k, \eta_k)\Delta y_k.$$

于是，

$$W = \sum_{k=1}^{n} \Delta W_k \approx \sum_{k=1}^{n} \boldsymbol{F}(\xi_k, \eta_k) \cdot \boldsymbol{M}_{k-1}\boldsymbol{M}_k$$

$$= \sum_{k=1}^{n} [P(\xi_k, \eta_k)\Delta x_k + Q(\xi_k, \eta_k)\Delta y_k]$$

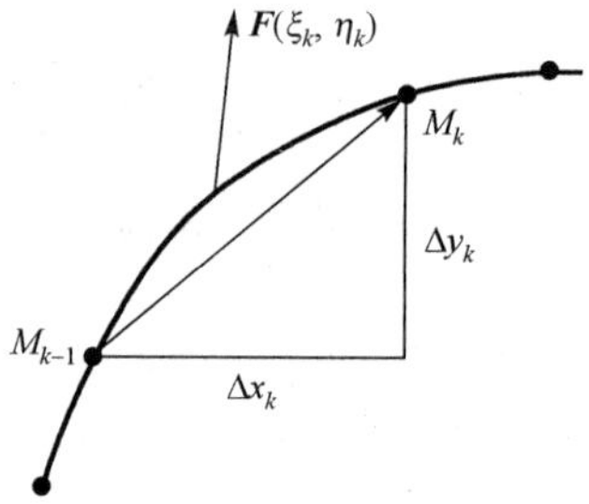

图 9.4

当分割细度 $\lambda \to 0^+$ 时，取极限得

$$W = \lim_{\lambda \to 0^+} \sum_{k=1}^{n} \boldsymbol{F}(\xi_k, \eta_k) \cdot \boldsymbol{M}_{k-1}\boldsymbol{M}_k = \lim_{\lambda \to 0^+} \sum_{k=1}^{n} [P(\xi_k, \eta_k)\Delta x_k + Q(\xi_k, \eta_k)\Delta y_k]$$

上述过程也可归纳为"分割、取点、作积求和、取极限"四步，只不过这里的"积"不再是实数之间的标量乘积，而是力 $\boldsymbol{F}(\xi_k, \eta_k)$ 与位移 $\boldsymbol{M}_{k-1}\boldsymbol{M}_k$ 之间的向量内积. 更进一步，将力做功抽象到定义在有向曲线上的向量值函数与弧长微元向量的内积，得到如下更一般的定义.

定义 9.1　设 l 为 xOy 平面上由点 A 到点 B 的一条光滑的有向曲线段，向量函数 $\boldsymbol{F}(x,y) = P(x,y)\boldsymbol{i} + Q(x,y)\boldsymbol{j}$ 在 l 上有定义. 用 l 上的点 $A = M_0, M_1, M_2, \cdots, M_{n-1}, M_n = B$ 将 $\overset{\frown}{AB}$ 分为 n 段，设 $M_k(x_k, y_k)$，$\Delta x_k = x_k - x_{k-1}$，$\Delta y_k = y_k - y_{k-1}$（$k = 1,2,\cdots,n$），在每个有向弧段 $\overset{\frown}{M_{k-1}M_k}$ 上任取一点 (ξ_k, η_k). 记 $\lambda = \max\limits_{1 \leqslant k \leqslant n} \left\{ \left| \overset{\frown}{M_{k-1}M_k} \right| \right\}$，如果极限

$$\lim_{\lambda \to 0^+} \sum_{k=1}^{n} \boldsymbol{F}(\xi_k, \eta_k) \cdot \mathbf{M}_{k-1}\mathbf{M}_k = \lim_{\lambda \to 0^+} \sum_{k=1}^{n} [P(\xi_k, \eta_k)\Delta x_k + Q(\xi_k, \eta_k)\Delta y_k]$$

存在，且与 M_k，(ξ_k, η_k)（$k = 1, 2, \cdots, n$）的取法无关，则称此极限值为**向量函数 $\boldsymbol{F}(x, y)$ 在有向弧 l 上的曲线积分**，或称为函数 $P(x, y), Q(x, y)$ 在有向曲线弧 l（$\overset{\frown}{AB}$）上的**第二型曲线积分**，记为 $\int_l \boldsymbol{F} \cdot \mathrm{d}\boldsymbol{s}$ 或 $\int_l P(x, y)\mathrm{d}x + Q(x, y)\mathrm{d}y$. 称 $\int_l P(x, y)\mathrm{d}x = \lim_{\lambda \to 0^+} \sum_{k=1}^{n} P(\xi_k, \eta_k)\Delta x_k$ 为函数 $P(x, y)$ 沿有向弧 l 对坐标 x 的曲线积分. 称 $\int_l Q(x, y)\mathrm{d}y$ 为函数 $Q(x, y)$ 沿有向弧 l 对坐标 y 的曲线积分.

类似地可以定义向量函数 $\boldsymbol{F}(x, y, z) = P(x, y, z)\boldsymbol{i} + Q(x, y, z)\boldsymbol{j} + R(x, y, z)\boldsymbol{k}$ 沿空间有向曲线 Γ 的曲线积分

$$\int_\Gamma \boldsymbol{F} \cdot \mathrm{d}\boldsymbol{s} = \int_\Gamma P(x, y, z)\mathrm{d}x + Q(x, y, z)\mathrm{d}y + R(x, y, z)\mathrm{d}z$$

及函数 P, Q, R 沿有向曲线 Γ 对坐标 x, y, z 的曲线积分

$$\int_\Gamma P(x, y, z)\mathrm{d}x = \lim_{\lambda \to 0^+} \sum_{k=1}^{n} P(\xi_k, \eta_k, \zeta_k)\Delta x_k$$

$$\int_\Gamma Q(x, y, z)\mathrm{d}y = \lim_{\lambda \to 0^+} \sum_{k=1}^{n} Q(\xi_k, \eta_k, \zeta_k)\Delta y_k$$

$$\int_\Gamma R(x, y, z)\mathrm{d}z = \lim_{\lambda \to 0^+} \sum_{k=1}^{n} R(\xi_k, \eta_k, \zeta_k)\Delta z_k$$

在定义 9.1 中，$\int_{\overset{\frown}{AB}} P(x, y)\mathrm{d}x$ 是 $\int_l \boldsymbol{F} \cdot \mathrm{d}\boldsymbol{s}$ 的一个组成部分. 实际上，$\int_{\overset{\frown}{AB}} P(x, y)\mathrm{d}x = \lim_{\lambda \to 0^+} \sum_{i=1}^{n} P(\xi_i, \eta_i)\Delta x_i$ 也可以按照"分割、取点、作积求和、取极限"四步单独定义. 只不过，这里的"积"是数 $P(\xi_i, \eta_i)$ 与数 Δx_i 的标量乘积. 无论是 Δx_i 还是 $\mathrm{d}x$，它们在定积分的定义和表达式中都曾出现过，这启发我们思考定积分与关于坐标的曲线积分之间的联系.

定积分是我们学习的第一种黎曼积分. 然而，定积分并没有记成黎曼积分通常的形式 $\int_{[a,b]} f(x)\mathrm{d}x$，而是记作 $\int_a^b f(x)\mathrm{d}x$，并且规定 $\int_b^a f(x)\mathrm{d}x = -\int_a^b f(x)\mathrm{d}x$，这就使得定积分也具有沿着区间 $[a, b]$ 的方向性. 在黎曼积分的定义下，分割区间 $[a, b]$（$a < b$）时，必有 $a = x_0 < x_1 < \cdots < x_{n-1} < x_n = b$，从而保证 $\Delta x_i = x_i - x_{i-1} > 0$，凸显其小区间长度的意义. 而在第二型曲线积分的定义下，若遇到 $a > b$ 的情形，则由 a 到 b 分割区间 $[b, a]$：$a = x_0 > x_1 > \cdots > x_{n-1} > x_n = b$，$\Delta x_i = x_i - x_{i-1} < 0$，$\Delta x_i = -|\Delta x_i|$，于是

$$\int_a^b f(x)\mathrm{d}x = \lim_{\lambda > 0^+} \sum_{i=1}^{n} f(\xi_i)\Delta x_i = -\lim_{\lambda \to 0^+} \sum_{i=1}^{n} f(\xi_i)|\Delta x_i| = -\int_b^a f(x)\mathrm{d}x$$

由此可见，定积分具有关于弧长的曲线积分和关于坐标的曲线积分两重性质.

由定义可以证明第二型曲线积分（关于坐标的曲线积分）具有下列性质：

（1）$\int_{\overset{\frown}{AB}} (k_1 f_1 + k_2 f_2)\mathrm{d}x = k_1 \int_{\overset{\frown}{AB}} f_1 \mathrm{d}x + k_2 \int_{\overset{\frown}{AB}} f_2 \mathrm{d}x$；

（2） $\displaystyle\int_{\widehat{AB}} f\mathrm{d}x = \int_{\widehat{AC}} f\mathrm{d}x + \int_{\widehat{CB}} f\mathrm{d}x$ ；

（3） $\displaystyle\int_{\widehat{AB}} f\mathrm{d}x = -\int_{\widehat{BA}} f\mathrm{d}x$.

注： 这里仅以关于坐标 x 的曲线积分为例陈述性质，相关性质很容易推广到一般的第二型曲线积分上.

9.2.2 第二型曲线积分的计算

由定义 $\displaystyle\int_{\widehat{AB}} \boldsymbol{F}\cdot\mathrm{d}\boldsymbol{s} = \lim_{\lambda\to 0^+}\sum_{i=1}^{n}\boldsymbol{F}(P_i)\cdot\mathbf{M}_{i-1}\mathbf{M}_i$ 可知，第二型曲线积分值与坐标系的选取是无关的. 然而，若想算出具体积分值，则必须建立恰当的坐标系，并通过将关于坐标的曲线积分实现转化为定积分来计算. 为此，下面先介绍关于坐标的曲线积分的参数化计算方法.

设以点 A 为起点、点 B 为终点的平面曲线段 $\widehat{AB}$ 的参数方程为 $x=x(t)$ ， $y=y(t)$ ， $t:\alpha\to\beta$ （即 $t=\alpha$ 、 $t=\beta$ 分别对应于点 A 、点 B ）， $x(t),y(t)\in C^1[\alpha,\beta]$ （或 $C^1[\beta,\alpha]$ ）（称 $\widehat{AB}$ 是**光滑的**），且其导数不同时为零（称 $\widehat{AB}$ 是**不退化的**）. 函数 $P(x,y),Q(x,y)$ 在 $\widehat{AB}$ 上连续. 当 $\alpha<\beta$ 时，设有对区间 $[\alpha,\beta]$ 的分割： $\alpha=t_0<t_1<\cdots<t_{n-1}<t_n=\beta$ ；当 $\alpha>\beta$ 时，设有对区间 $[\beta,\alpha]$ 的分割： $\alpha=t_0>t_1>\cdots>t_{n-1}>t_n=\beta$. 设 $x_k=x(t_k)$ （ $k=1,2,\cdots,n$ ），则由拉格朗日中值定理可知， $\Delta x_k=x_k-x_{k-1}=x'(\tau_k)\Delta t_k$ ， $\Delta t_k=t_k-t_{k-1}$ ， τ_k 介于 t_{k-1} 与 t_k 之间. 设存在 $M_1,M_2>0$ 使得 $\forall t\in[\alpha,\beta]$ (或 $[\beta,\alpha]$)， $|x'(t)|\leqslant M_1$ ， $|y'(t)|\leqslant M_2$ ，则

$$\Delta s_k = \left|\int_{t_{k-1}}^{t_k}\sqrt{x'^2(t)+y'^2(t)}\mathrm{d}t\right| \leqslant \sqrt{M_1^2+M_2^2}\,|\Delta t_k|$$

从而，当 $\lambda=\max_{1\leqslant k\leqslant n}|\Delta t_k|\to 0^+$ 时，必有 $\max_{1\leqslant k\leqslant n}\Delta s_k\to 0^+$. 因此，

$$\int_{\widehat{AB}} P(x,y)\mathrm{d}x = \lim_{\lambda\to 0^+}\sum_{k=1}^{n}P(x(\tau_k),y(\tau_k))x'(\tau_k)\Delta t_k = \int_{\alpha}^{\beta}P(x(t),y(t))x'(t)\mathrm{d}t$$

同理， $\displaystyle\int_{\widehat{AB}} Q(x,y)\mathrm{d}y = \int_{\alpha}^{\beta}Q(x(t),y(t))y'(t)\mathrm{d}t$.

注：（1）空间光滑的曲线上的第二型曲线积分有类似的结果，即 $\widehat{AB}:x=x(t),y=y(t),$ $z=z(t)$ ， $t:\alpha\to\beta$ ， $x(t),y(t),z(t)\in C^1[\alpha,\beta]$ （或 $C^1[\beta,\alpha]$ ），且其导数不同时为零，函数 $P(x,y,z),Q(x,y,z),R(x,y,z)$ 在 $\widehat{AB}$ 上连续，则

$$\int_{\widehat{AB}} P(x,y,z)\mathrm{d}x + Q(x,y,z)\mathrm{d}y + R(x,y,z)\mathrm{d}z$$

$$= \int_{\alpha}^{\beta}[P(x(t),y(t),z(t))x'(t) + Q(x(t),y(t),z(t))y'(t) + R(x(t),y(t),z(t))z'(t)]\mathrm{d}t$$

（2）两种类型的曲线积分都要转化成以曲线参数为积分变量的定积分. 但是，第一型曲线积分要求积分下限必须小于积分上限，以保证弧微分是正的；第二型曲线积分要求以起点的参数为积分下限，以终点的参数为积分上限，可能积分下限大于积分上限，需要注意二者的差别.

例 9-3 计算 $\displaystyle\int_{\widehat{AB}} xy\mathrm{d}x$ ，其中， $\widehat{AB}$ 是抛物线 $y^2=x$ 上从点 $A(1,-1)$ 到点 $B(1,1)$ 的有向弧段.

解： 如图 9.5 所示，有向弧段 $\widehat{AB}$ 可以选择纵坐标 y 作为参数： $x=y^2$ ， $y:-1\to 1$ ，则

$$\int_{\widehat{AB}} xy\,\mathrm{d}x = \int_{-1}^{1} y^2 \cdot y \cdot 2y\,\mathrm{d}y = \int_{-1}^{1} 2y^4\,\mathrm{d}y = 4\int_{0}^{1} y^4\,\mathrm{d}y = \frac{4}{5}$$

注：本例也可以选择横坐标 x 作为参数，但是 $\widehat{AB}$ 要分成两段，相应地有两个定积分，显然不如选择 y 作为参数好.

例 9-4　计算 $\int_{\Gamma} x\,\mathrm{d}x + y\,\mathrm{d}y + (x + y - 1)\mathrm{d}z$，其中，$\Gamma$ 是由点 $A(1,1,1)$ 到点 $B(2,3,4)$ 的直线段.

解：$\mathbf{AB} = \{1,2,3\}$，则直线 AB 的方程为 $\dfrac{x-1}{1} = \dfrac{y-1}{2} = \dfrac{z-1}{3}$. 由此，可设 $\begin{cases} x = t + 1 \\ y = 2t + 1 \\ z = 3t + 1 \end{cases}$，

$t : 0 \to 1$. 因此，

$$\int_{\Gamma} x\,\mathrm{d}x + y\,\mathrm{d}y + (x + y - 1)\mathrm{d}z = \int_{0}^{1} [(t+1) + (2t+1) \cdot 2 + (t+1+2t+1-1) \cdot 3]\mathrm{d}t$$

$$= \int_{0}^{1} (14t + 6)\mathrm{d}t = 13$$

例 9-5　计算 $\int_{l} x^2\,\mathrm{d}x + (y - x)\mathrm{d}y$，其中，（1）$l$ 是上半圆周 $y = \sqrt{a^2 - x^2}$ 逆时针方向；（2）l 是 x 轴上由点 $A(a,0)$ 到点 $B(-a,0)$ 的线段.

解：如图 9.6 所示.

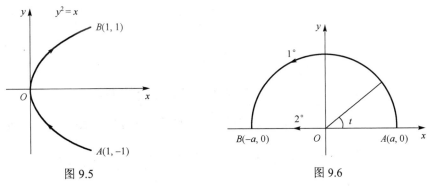

图 9.5　　　　　　　　图 9.6

（1）设有向弧段 $\widehat{AB}$ 的参数方程为 $\begin{cases} x = a\cos\theta \\ y = a\sin\theta \end{cases}$，$\theta : 0 \to \pi$，则

$$\int_{l} x^2\,\mathrm{d}x + (y - x)\mathrm{d}y = \int_{0}^{\pi} [a^2\cos^2\theta \cdot a(-\sin\theta) + (a\sin\theta - a\cos\theta)a\cos\theta]\mathrm{d}\theta$$

$$= a^2 \int_{0}^{\pi} (-a\cos^2\theta\sin\theta + \sin\theta\cos\theta - \cos^2\theta)\mathrm{d}\theta = -\frac{2}{3}a^3 - \frac{\pi}{2}a^2$$

（2）线段 AB 上 $y = 0$，$x : a \to -a$，则

$$\int_{\overline{AB}} x^2\,\mathrm{d}x + (y - x)\mathrm{d}y = \int_{a}^{-a} x^2\,\mathrm{d}x = -\frac{2}{3}a^3$$

注：由本例可见，即使对相同的积分表达式与相同的起点、终点，第二型曲线积分的值也与路径有关.

例 9-6　位于原点 $(0,0,0)$ 处的电荷 q 产生的静电场中，一单位正电荷沿光滑曲线 $\Gamma : x =$

$x(t), y = y(t), z = z(t)$ 从点 A 移动到点 B，设 A 对应 $t = \alpha$，B 对应 $t = \beta$，求电场所做的功 W．

解： $\boldsymbol{F} = \dfrac{kq}{r^2} \cdot \dfrac{\boldsymbol{r}}{r} = \dfrac{kq}{r^3}\boldsymbol{r}$，其中，$\boldsymbol{r} = \{x, y, z\}$，$r = \sqrt{x^2 + y^2 + z^2}$，则

$$W = \int_{\widehat{AB}} \boldsymbol{F} \cdot \mathrm{d}\boldsymbol{s} = kq \int_{\widehat{AB}} \frac{x\mathrm{d}x + y\mathrm{d}y + z\mathrm{d}z}{(x^2 + y^2 + z^2)^{\frac{3}{2}}} = kq \int_\alpha^\beta \frac{[x(t)x'(t) + y(t)y'(t) + z(t)z'(t)]\mathrm{d}t}{[x^2(t) + y^2(t) + z^2(t)]^{\frac{3}{2}}}$$

$$= \frac{kq}{2} \int_\alpha^\beta \frac{\mathrm{d}[x^2(t) + y^2(t) + z^2(t)]}{[x^2(t) + y^2(t) + z^2(t)]^{\frac{3}{2}}} \overset{r = \sqrt{x^2 + y^2 + z^2}}{=\!=\!=\!=\!=} \frac{kq}{2} \int_{r_1}^{r_2} \frac{\mathrm{d}(r^2)}{r^3} \left(\begin{array}{l} r_1 = \sqrt{x^2(\alpha) + y^2(\alpha) + z^2(\alpha)} \\ r_2 = \sqrt{x^2(\beta) + y^2(\beta) + z^2(\beta)} \end{array} \right)$$

$$= kq \int_{r_1}^{r_2} \frac{\mathrm{d}r}{r^2} = kq \left(-\frac{1}{r}\Big|_{r_1}^{r_2} \right) = kq \left(\frac{1}{r_1} - \frac{1}{r_2} \right)$$

做功只与起点和终点的位置有关，与路径无关，具有这种特性的力场称为保守力场，如重力场、电场．例 9-6 说明，不同于例 9-5，确实存在着仅与起点、终点有关，而与路径无关的第二型曲线积分的例子．

例 9-7 计算 $\displaystyle\int_L x^2\mathrm{d}y + 2xy\mathrm{d}x$，其中，$L$ 为（1）抛物线 $y = x^2$ 上从 $O(0,0)$ 到 $B(1,1)$ 的一段弧；（2）抛物线 $x = y^2$ 从 $O(0,0)$ 到 $B(1,1)$ 的一段弧；（3）有向折线 OAB，这里 O, A, B 依次是点 $(0,0), (1,0), (1,1)$．

解：（1）$\displaystyle\int_L x^2\mathrm{d}y + 2xy\mathrm{d}x = \int_0^1 (x^2 \cdot 2x + 2x \cdot x^2)\mathrm{d}x = 1$

（2）$\displaystyle\int_L x^2\mathrm{d}y + 2xy\mathrm{d}x = \int_0^1 (y^4 + 2y^2 \cdot y \cdot 2y)\mathrm{d}y = 1$

（3）$\displaystyle\int_L x^2\mathrm{d}y + 2xy\mathrm{d}x = \int_{\overline{OA}} 2xy\mathrm{d}x + \int_{\overline{AB}} x^2\mathrm{d}y = \int_0^1 0\mathrm{d}x + \int_0^1 1^2\mathrm{d}y = 1$

注：（1）由本例及例 9-5 的第（2）问可见，对水平的有向线段 AB：$x: a \to b$，$y = y_0$，则

$$\int_{\overline{AB}} P(x,y)\mathrm{d}x + Q(x,y)\mathrm{d}y = \int_{\overline{AB}} P(x,y)\mathrm{d}x = \int_a^b P(x, y_0)\mathrm{d}x$$

同理，对竖直的有向线段 CD：$x = x_0$，$y: c \to d$，则

$$\int_{\overline{CD}} P(x,y)\mathrm{d}x + Q(x,y)\mathrm{d}y = \int_{\overline{CD}} Q(x,y)\mathrm{d}y = \int_c^d Q(x_0, y)\mathrm{d}y$$

可见，水平与竖直有向线段上的第二型曲线积分相对较容易计算．

（2）本例给出的三种路径下，第二型曲线积分的值相同．但是，这并不足以说明第二型曲线积分与路径无关．关于平面上第二型曲线积分与路径关系的条件，将在 9.4 节详细论述．

例 9-8 求 $I = \displaystyle\int_L (y - z)\mathrm{d}x + (z - x)\mathrm{d}y + (x - y)\mathrm{d}z$，其中，$L$ 是球面 $x^2 + y^2 + z^2 = R^2$ 与平面 $y = x\tan\alpha$ 的交线，方向沿 x 轴正向看为顺时针，其中，$0 < \alpha < \dfrac{\pi}{2}$．

解： 由球坐标可设 L 的参数方程为 $\begin{cases} x = R\sin\varphi\cos\alpha \\ y = R\sin\varphi\sin\alpha, \quad \varphi: 2\pi \to 0，则 \\ z = R\cos\varphi \end{cases}$

$$I = \int_L (y-z)\mathrm{d}x + (z-x)\mathrm{d}y + (x-y)\mathrm{d}z$$

$$= R^2 \int_{2\pi}^{0} [(\sin\varphi\cos\alpha\varphi - \cos\varphi)\cos\varphi\cos\alpha + (\cos\varphi - \sin\varphi\cos\alpha)\cos\varphi\sin\alpha$$

$$+ \sin\varphi(\cos\alpha - \sin\alpha)(-\sin\varphi)]\mathrm{d}\varphi$$

$$= R^2 \int_{\pi}^{-\pi} [-\cos^2\varphi\cos\alpha + \cos^2\varphi\sin\alpha - \sin^2\varphi(\cos\alpha - \sin\alpha)]\mathrm{d}\varphi$$

$$= R^2 \int_{\pi}^{-\pi} (-\cos\varphi - \sin^2\varphi)(\cos\alpha - \sin\alpha)\mathrm{d}\varphi$$

$$= R^2 \int_{-\pi}^{\pi} (\cos\alpha - \sin\alpha)\mathrm{d}\varphi = 2\pi(\cos\alpha - \sin\alpha)R^2$$

9.2.3 两种类型曲线积分的关系

设有向曲线段 Γ 的参数方程为 $x = x(t)$ ， $y = y(t)$ ， $z = z(t)$ ，起点对应 $t = \alpha$ ，终点对应 $t = \beta$ ， $x(t), y(t), z(t)$ 有连续的导数且不同时为零. t 对应点处切向量 $\{x'(t), y'(t), z'(t)\}$ 与 t 的增加方向一致，而该点处与弧长 s 增加方向（Γ 的方向）一致的切向量的方向余弦为

$$\cos\alpha = \frac{\pm x'(t)}{\sqrt{[x'(t)]^2 + [y'(t)]^2 + [z'(t)]^2}}$$

$$\cos\beta = \frac{\pm y'(t)}{\sqrt{[x'(t)]^2 + [y'(t)]^2 + [z'(t)]^2}}$$

$$\cos\gamma = \frac{\pm z'(t)}{\sqrt{[x'(t)]^2 + [y'(t)]^2 + [z'(t)]^2}}$$

当 Γ 的方向与 t 增加的方向一致时，取正号；反之，取负号. 因此，

$$\int_{\Gamma} P(x,y,z)\mathrm{d}x = \int_{\alpha}^{\beta} P(x(t), y(t), z(t))x'(t)\mathrm{d}t$$

$$= \pm \int_{\alpha}^{\beta} P(x(t), y(t), z(t))\cos\alpha\sqrt{[x'(t)]^2 + [y'(t)]^2 + [z'(t)]^2}\mathrm{d}t$$

$$= \int_{\Gamma} P(x,y,z)\cos\alpha\,\mathrm{d}s$$

同理，有

$$\int_{\Gamma} Q(x,y,z)\mathrm{d}y = \int_{\Gamma} Q(x,y,z)\cos\beta\,\mathrm{d}s$$

$$\int_{\Gamma} R(x,y,z)\mathrm{d}z = \int_{\Gamma} R(x,y,z)\cos\gamma\,\mathrm{d}s$$

即

$$\int_{\Gamma} \boldsymbol{F} \cdot \mathrm{d}\boldsymbol{s} = \int_{\Gamma} [P(x,y,z)\cos\alpha + Q(x,y,z)\cos\beta + R(x,y,z)\cos\gamma]\mathrm{d}s$$

这是第二型曲线积分转化为第一型曲线积分的公式. 设 $\boldsymbol{t}^0 = \{\cos\alpha, \cos\beta, \cos\gamma\}$ ，则

$$\int_{\Gamma} \boldsymbol{F} \cdot \mathrm{d}\boldsymbol{s} = \int_{\Gamma} \boldsymbol{F} \cdot \boldsymbol{t}^0 \mathrm{d}s = \int_{\Gamma} \mathrm{Prj}_{\boldsymbol{t}} \boldsymbol{F} \mathrm{d}s$$

例 9-9 曲线 L 是取逆时针方向的圆 $x^2 + y^2 = R^2$（$R > 0$），计算第二型曲线积分 $\oint_L -y\mathrm{d}x + x\mathrm{d}y$.

解： 任取 L 上一点 (x, y)，则该点处与 L 同向的单位切向量是 $\left\{-\dfrac{y}{R}, \dfrac{x}{R}\right\}$，即 $\cos\alpha = -\dfrac{y}{R}$，$\sin\alpha = \dfrac{x}{R}$. 因此，

$$\oint_L -y\mathrm{d}x + x\mathrm{d}y = \oint_L [(-y)\cos\alpha + x\sin\alpha]\mathrm{d}s = \oint_L \left[(-y)\left(-\frac{y}{R}\right) + x \cdot \frac{x}{R}\right]\mathrm{d}s$$

$$= \oint_L R\mathrm{d}s = R \cdot 2\pi R = 2\pi R^2$$

 习题 9.2

1. 计算 $\oint_l x\mathrm{d}y$，其中，l 是由坐标轴和直线 $\dfrac{x}{2} + \dfrac{y}{3} = 1$ 围成的三角形逆时针方向的回路.

2. 计算 $\displaystyle\int_l (x^2 - 2xy)\mathrm{d}x + (y^2 - 2xy)\mathrm{d}y$，其中，$l$ 为抛物线 $y = x^2$ 对应于 x 由 -1 增加到 1 的那一段弧.

3. 计算 $\displaystyle\int_l (2a - y)\mathrm{d}x - (a - y)\mathrm{d}y$，其中，$l$ 为摆线 $x = a(t - \sin t), y = a(1 - \cos t)$ 一拱，$0 \leqslant t \leqslant 2\pi$.

4. 计算 $\displaystyle\oint_l \dfrac{(x+y)\mathrm{d}x - (x-y)\mathrm{d}y}{x^2 + y^2}$，其中，$l$ 为圆周 $x^2 + y^2 = a^2$ 顺时针方向.

5. 计算 $\displaystyle\int_l (x^2 + y^2)\mathrm{d}x + (x^2 - y^2)\mathrm{d}y$，其中，$l$ 为曲线 $y = 1 - |1 - x|$ 对应于 x 由 0 增加到 2 的一段.

6. 计算 $\displaystyle\int_\Gamma y\mathrm{d}x + z\mathrm{d}y + x\mathrm{d}z$，其中，$\Gamma$ 为螺旋线 $x = a\cos t, y = a\sin t, z = bt$ 从 $t = 0$ 到 $t = 2\pi$ 的一段.

7. 计算 $\displaystyle\int_\Gamma x\mathrm{d}x + y\mathrm{d}y + (x + y - 1)\mathrm{d}z$，其中，$\Gamma$ 是从点 $(1, 1, 1)$ 到点 $(4, 7, 10)$ 的直线段.

8. 计算 $\displaystyle\int_l 2x\mathrm{e}^{xy}\mathrm{d}x + y\mathrm{e}^{xy}\mathrm{d}y$，其中，$l$ 是从 $A(1, 0)$ 沿椭圆 $x^2 + \dfrac{y^2}{2} = 1$ 至点 $B(0, \sqrt{2})$ 逆时针弧段.

9. 计算 $\displaystyle\oint_\Gamma (y^2 + z^2)\mathrm{d}x + (z^2 + x^2)\mathrm{d}y + (x^2 + y^2)\mathrm{d}z$，其中，$\Gamma$ 为 $\begin{cases} x^2 + y^2 + z^2 = 4x \\ x^2 + y^2 = 2x \end{cases}$（$z \geqslant 0$）从 z 轴正向看 Γ 取逆时针方向.

10. 设 $\overset{\frown}{AB}$ 在极坐标系下的方程为 $r = f(\theta)$，其中，$f(\theta)$ 在 $[0, 2\pi]$ 上具有连续的导数，且 $\theta = \alpha$ 对应点 A，$\theta = \beta$ 对应点 B（$0 \leqslant \alpha \leqslant \beta \leqslant 2\pi$），试证

$$\int_{\overset{\frown}{AB}} -y\mathrm{d}x + x\mathrm{d}y = \int_\alpha^\beta f^2(\theta)\mathrm{d}\theta$$

11. 设 $\overset{\frown}{MEN}$ 是由点 $M(0, -1)$ 沿右半圆 $x = \sqrt{1 - y^2}$ 经点 $E(1, 0)$ 到点 $N(0, 1)$ 的弧段，求

$$\int_{\overparen{MEN}} |y| \mathrm{d}x + y^3 \mathrm{d}y .$$

12. 设 xOy 平面内有一力场 $\boldsymbol{F}(M)$，它的方向指向原点，大小等于点 M 到原点的距离.

（1）求质点从 $A(a,0)$ 沿椭圆 $\dfrac{x^2}{a^2} + \dfrac{y^2}{b^2} = 1$ 逆时针移动到点 $B(0,b)$，力场做的功；

（2）质点按逆时针方向沿椭圆 $\dfrac{x^2}{a^2} + \dfrac{y^2}{b^2} = 1$ 运动一周后，力场做的功.

13. 设 Γ 是弧长为 s 的光滑曲线段，函数 $P(x,y,z), Q(x,y,z), R(x,y,z)$ 在 Γ 上连续，且 $M = \max\limits_{\Gamma}\left\{\sqrt{P^2 + Q^2 + R^2}\right\}$，证明 $\left|\int_{\Gamma} P\mathrm{d}x + Q\mathrm{d}y + R\mathrm{d}z\right| \leqslant Ms$.

14. 将 $\int_{l} P(x,y)\mathrm{d}x + Q(x,y)\mathrm{d}y$ 化为对弧长的曲线积分，其中，

（1）l 为从点 $(0,0)$ 到点 $(1,1)$ 的抛物线 $y = \sqrt{x}$；

（2）l 为从点 $(1,1)$ 到点 $(0,0)$ 的抛物线 $y = x^2$.

9.3 格林公式及平面流速场的环量与旋度

若 $f(x) \in C[a,b]$，$F(x)$ 是 $f(x)$ 在 $[a,b]$ 上的一个原函数，则由牛顿-莱布尼茨公式可知，$\int_a^b f(x)\mathrm{d}x = F(b) - F(a)$. 在 9.2 节，我们曾经提过 $\int_a^b f(x)\mathrm{d}x$ 可以视作区间 $[a,b]$ 上的第二型曲线积分，是一维几何体（线段）上的"一维"积分（用一条积分号表示）；而 $F(a)$、$F(b)$ 都是函数 $F(x)$ 在一个点上的赋值，可以视作零维几何体（点）上的"零维"积分，且 $F(b) - F(a)$ 是有序相减的，与定积分由 a 到 b 的方向性是直接相关的. 在实数轴（$\mathbb{R}$）上，零维的端点 a,b 是一维的区间 $[a,b]$ 的边界，牛顿-莱布尼茨公式将一维几何体上的积分转化为其零维边界上的积分，并保持一定的方向性. 将高维几何体上的积分转化为低维边界上的积分，并非牛顿-莱布尼茨公式的特性，而是一类公式的共性，其中包括本章将要介绍的格林公式、高斯公式、斯托克斯公式等.

9.3.1 格林公式

定理 9.1 设 xOy 平面上闭区域 D 由分段光滑且不自相交的闭曲线 C 围成，函数 $P(x,y)$，$Q(x,y)$ 在 D 上有连续的一阶偏导数，则有格林公式

$$\oint_C P(x,y)\mathrm{d}x + Q(x,y)\mathrm{d}y = \iint_D \left(\frac{\partial Q}{\partial x} - \frac{\partial P}{\partial y}\right)\mathrm{d}x\mathrm{d}y \tag{9.1}$$

其中，闭曲线积分按 C 的正向进行. 闭曲线 C 的正向是指你沿此方向前进时，C 所围成的区域 D 在你的左侧（如图 9.7 所示），记作 C^+；反之，称为负向，记作 C^-.

下面分析证明的思路与步骤.

（1）在第二型曲线积分 $\oint_C P(x,y)\mathrm{d}x + Q(x,y)\mathrm{d}y$ 中，$P(x,y)$ 与 $Q(x,y)$ 实际上是相互独立的. 若令 $Q(x,y) \equiv 0$，则由式（9.1）得到

$$\oint_C P(x,y)\mathrm{d}x = -\iint_D \frac{\partial P}{\partial y}\mathrm{d}x\mathrm{d}y \tag{9.2}$$

同理，若令 $P(x,y) \equiv 0$，则得到

$$\oint_C Q(x,y)\mathrm{d}y = \iint_D \frac{\partial Q}{\partial x}\mathrm{d}x\mathrm{d}y \tag{9.3}$$

因此，证明式（9.1）可以通过分别证明式（9.2）、式（9.3）来实现.

（2）以式（9.2）为例，左侧是"一维"的关于坐标的曲线积分，右侧是"二维"的二重积分，两侧积分的"维数"不同，无法直接比较. 为此，将左侧转化为以 x 为积分变量的定积分，将右侧转化为先 y 后 x 的累次积分，两侧有望在以 x 为积分变量的定积分这一共同形式上相等. 而 $\iint_D \frac{\partial P}{\partial y}\mathrm{d}x\mathrm{d}y$ 化为先 y 后 x 的累次积分对积分区域 D 的类型是有要求的，即必须是 x-型区域. 因此，证明式（9.2）要先对 x-型区域进行证明，再将一般的区域分割为若干 x-型区域逐块使用格林公式，其中分割线反向计算两次相互抵消. 对式（9.3）的证明可采取类似策略，且从 y-型区域入手.

（3）如果在一个平面区域 D 内，任一闭曲线所围的区域都完全含于 D，则称 D 是**单连通域**（无空洞），否则称为**复连通域**（有空洞）（如图 9.8 所示）. 对复连通域，其边界 ∂D 分为外边界 C_1 和内边界 C_2. 按照闭合曲线正向的要求，C_1 须是逆时针方向的，C_2 须是顺时针方向的.

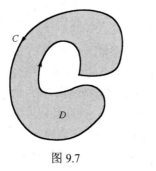

图 9.7　　　　　　　　　　　　　图 9.8

对式（9.2）的证明，应先证明对单连通域成立，再将复连通域分割为若干单连通域逐块使用格林公式，其中分割线方向计算两次相互抵消.

通过以上分析，下面仅需给出式（9.2）在 x-型区域成立的证明即可.

证明： 如图 9.9 所示，有 x-型区域 $D = \{(x,y) \mid y_1(x) \leqslant y \leqslant y_2(x), a \leqslant x \leqslant b\}$，$\partial D$ 取逆时针方向，则

$$
\begin{aligned}
\oint_{\partial D} P(x,y)\mathrm{d}x &= \oint_{\overparen{AB}} P(x,y)\mathrm{d}x + \oint_{\overparen{BC}} P(x,y)\mathrm{d}x \\
&\quad + \oint_{\overparen{CD}} P(x,y)\mathrm{d}x + \oint_{\overparen{DA}} P(x,y)\mathrm{d}x \\
&= \int_a^b P(x,y_1(x))\mathrm{d}x + 0 + \int_b^a P(x,y_2(x))\mathrm{d}x + 0 \\
&= \int_a^b [P(x,y_1(x)) - P(x,y_2(x))]\mathrm{d}x - \iint_D \frac{\partial P}{\partial y}\mathrm{d}x\mathrm{d}y \\
&= -\int_a^b \mathrm{d}x \int_{y_1(x)}^{y_2(x)} \frac{\partial P}{\partial y}\mathrm{d}y
\end{aligned}
$$

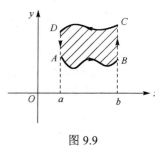

图 9.9

$$= -\int_a^b [P(x, y_2(x)) - P(x, y_1(x))]\mathrm{d}x = \int_a^b [P(x, y_1(x)) - P(x, y_2(x))]\mathrm{d}x$$

因此，式（9.2）成立，得证.

推论 $\oint_C x\mathrm{d}y = -\oint_C y\mathrm{d}x = \iint_D \mathrm{d}x\mathrm{d}y$，其中，$C$ 取正向，D 为 C 所围成的区域.

例 9-10 求椭圆 $\dfrac{x^2}{a^2} + \dfrac{y^2}{b^2} = 1$（$a, b > 0$）所围的面积 S.

解： 设 $D = \left\{ (x, y) \left| \dfrac{x^2}{a^2} + \dfrac{y^2}{b^2} \leqslant 1 \right. \right\}$，$\partial D$ 取正向，且 ∂D 可以参数化为 $\begin{cases} x = a\cos\theta \\ y = b\sin\theta \end{cases}$，$\theta : 0 \to 2\pi$，

则由格林公式可知

$$S = \oint_{\partial D} x\mathrm{d}y = \int_0^{2\pi} a\cos\theta \cdot b\cos\theta\,\mathrm{d}\theta = ab\int_0^{2\pi} \cos^2\theta\,\mathrm{d}\theta = \pi ab$$

例 9-11 计算 $I = \oint_C (yx^3 + \mathrm{e}^y)\mathrm{d}x + (xy^3 + x\mathrm{e}^y - 2y)\mathrm{d}y$，其中，$C$ 为圆周 $x^2 + y^2 = 2$ 的正向.

解： C 所围区域 $D = \{(x, y) | x^2 + y^2 \leqslant 2\}$ 关于 x 轴、y 轴都是对称的，有

$$P(x, y) = yx^3 + \mathrm{e}^y，\quad Q(x, y) = xy^3 + x\mathrm{e}^y - 2y$$

$$\frac{\partial Q}{\partial x} - \frac{\partial P}{\partial y} = y^3 + \mathrm{e}^y - x^3 - \mathrm{e}^y = y^3 - x^3$$

则由格林公式可知

$$I = \oint_C (yx^3 + \mathrm{e}^y)\mathrm{d}x + (xy^3 + x\mathrm{e}^y - 2y)\mathrm{d}y = \iint_D \left(\frac{\partial Q}{\partial x} - \frac{\partial P}{\partial y} \right)\mathrm{d}x\mathrm{d}y = \iint_D (y^3 - x^3)\mathrm{d}x\mathrm{d}y = 0$$

例 9-12 计算 $J = \int_{\widehat{AO}} (\mathrm{e}^x \sin y - my)\mathrm{d}x + (\mathrm{e}^x \cos y - m)\mathrm{d}y$，其中，$\widehat{AO}$ 是从点 $A(a, 0)$ 到点 $O(0, 0)$ 的上半圆周 $x^2 + y^2 = ax$.

解： 设闭合曲线 $\widehat{AO} + \overline{OA}$ 所围区域为 D，有

$$P(x, y) = \mathrm{e}^x \sin y - my，\quad Q(x, y) = \mathrm{e}^x \cos y - m$$

$$\frac{\partial Q}{\partial x} - \frac{\partial P}{\partial y} = \mathrm{e}^x \cos y - \mathrm{e}^x \cos y + m = m$$

由格林公式可知

$$\begin{aligned}
J &= \int_{\widehat{AO}} (\mathrm{e}^x \sin y - my)\mathrm{d}x + (\mathrm{e}^x \cos y - m)\mathrm{d}y \\
&= \int_{\widehat{AO} + \overline{OA}} (\mathrm{e}^x \sin y - my)\mathrm{d}x + (\mathrm{e}^x \cos y - m)\mathrm{d}y \\
&\quad - \int_{\overline{OA}} (\mathrm{e}^x \sin y - my)\mathrm{d}x + (\mathrm{e}^x \cos y - m)\mathrm{d}y \\
&= \iint_D \left(\frac{\partial Q}{\partial x} - \frac{\partial P}{\partial y} \right)\mathrm{d}x\mathrm{d}y - \int_0^a (\mathrm{e}^x \cdot 0 - m \cdot 0)\mathrm{d}x \\
&= \iint_D m\,\mathrm{d}x\mathrm{d}y - 0 = m \cdot \frac{1}{2} \cdot \pi \left(\frac{a}{2} \right)^2 = \frac{\pi}{8} a^2 m
\end{aligned}$$

例 9-13 计算第二型曲线积分 $\oint_L \dfrac{x\mathrm{d}y - y\mathrm{d}x}{x^2 + y^2}$，其中，

（1）L 是圆周 $x^2 + y^2 = a^2$，沿逆时针方向.

（2）L 是任一条包含原点的分段光滑闭曲线（不通过原点），沿逆时针方向.

解：（1）代入曲线 L 的方程，由格林公式可知

$$I = \frac{1}{a^2} \oint_L x\mathrm{d}y - y\mathrm{d}x = \frac{1}{a^2} \iint_D 2\mathrm{d}x\mathrm{d}y = \frac{2}{a^2} \cdot \pi a^2 = 2\pi$$

（2）设 $L_\varepsilon：x^2 + y^2 = \varepsilon^2$（$\varepsilon > 0$），逆时针方向. 令 ε 充分小，使得 L_ε 完全包含在 L 内. 设

$$P(x,y) = \frac{-y}{x^2 + y^2}，\quad Q(x,y) = \frac{x}{x^2 + y^2}$$

有

$$\frac{\partial Q}{\partial x} = \frac{\partial}{\partial x}\left(\frac{x}{x^2 + y^2}\right) = \frac{(x^2 + y^2) - x \cdot 2x}{(x^2 + y^2)^2} = \frac{y^2 - x^2}{(x^2 + y^2)^2}$$

$$\frac{\partial P}{\partial y} = \frac{\partial}{\partial x}\left(\frac{-y}{x^2 + y^2}\right) = \frac{-(x^2 + y^2) - (-y) \cdot 2y}{(x^2 + y^2)^2} = \frac{y^2 - x^2}{(x^2 + y^2)^2}$$

$$\frac{\partial Q}{\partial x} - \frac{\partial P}{\partial y} = 0$$

由格林公式可知

$$\oint_L \frac{x\mathrm{d}y - y\mathrm{d}x}{x^2 + y^2} = \oint_{L + L_\varepsilon^-} \frac{x\mathrm{d}y - y\mathrm{d}x}{x^2 + y^2} - \oint_{L_\varepsilon^-} \frac{x\mathrm{d}y - y\mathrm{d}x}{x^2 + y^2} = \iint_D \left(\frac{\partial Q}{\partial x} - \frac{\partial P}{\partial y}\right)\mathrm{d}x\mathrm{d}y + \oint_{L_\varepsilon} \frac{x\mathrm{d}y - y\mathrm{d}x}{x^2 + y^2}$$

$$= \iint_D 0\mathrm{d}x\mathrm{d}y + \frac{1}{\varepsilon^2} \oint_{L_\varepsilon} x\mathrm{d}y - y\mathrm{d}x = 0 + \frac{1}{\varepsilon^2} \iint_{D_\varepsilon} 2\mathrm{d}x\mathrm{d}y = \frac{2}{\varepsilon^2} \cdot \pi\varepsilon^2 = 2\pi$$

例 9-14 设 $f(x)$ 在 $[1,4]$ 上具有连续的导数，且 $f(1) = f(4)$，计算曲线积分 $I = \oint_L \dfrac{f(xy)}{y}\mathrm{d}y$，其中，$L$ 是 $y = x$，$y = 4x$，$xy = 1$，$xy = 4$ 围成的区域 D 的正向边界.

解： 由格林公式得 $I = \iint_D f'(xy)\mathrm{d}x\mathrm{d}y$. 令 $u = \dfrac{y}{x}$，$v = xy$，则 $D = \{(u,v)\,|\,1 \leqslant u \leqslant 4,$
$1 \leqslant v \leqslant 4\}$，有

$$\frac{\partial(x,y)}{\partial(u,v)} = \frac{1}{\dfrac{\partial(u,v)}{\partial(x,y)}} = \frac{1}{\begin{vmatrix} -\dfrac{y}{x^2} & \dfrac{1}{x} \\ y & x \end{vmatrix}} = \frac{1}{-\dfrac{2y}{x}} = -\frac{1}{2u}$$

因此，

$$I = \iint_D f'(xy)\mathrm{d}x\mathrm{d}y = \iint_D f'(v) \cdot \frac{1}{2u}\mathrm{d}u\mathrm{d}v = \frac{1}{2}\int_1^4 \frac{\mathrm{d}u}{u}\int_1^4 f'(v)\mathrm{d}v$$

$$= \frac{1}{2}(\ln 4 - \ln 1)[f(4) - f(1)] = 0$$

9.3.2 平面流速场的环量与旋度

设在 xOy 平面区域 G 内，有一个不可压缩的流体的流速场 $v = P(x, y)\boldsymbol{i} + Q(x, y)\boldsymbol{j}$，$(x, y) \in G$，$P(x, y), Q(x, y)$ 具有连续的偏导数，C 是 G 内一条光滑的不自相交的正向闭曲线，则曲线积分 $\Gamma = \oint_C \boldsymbol{v} \cdot \mathrm{d}\boldsymbol{s} = \oint_C P(x, y)\mathrm{d}x + Q(x, y)\mathrm{d}y$ 称为流速场 $\boldsymbol{v}$ 沿闭曲线 C 的**环量**（环流）.

由格林公式可知 $\Gamma = \iint_D \left(\dfrac{\partial Q}{\partial x} - \dfrac{\partial P}{\partial y} \right) \mathrm{d}x\mathrm{d}y$，这说明沿闭曲线 C 的环量，取决于曲线 C 所围的区域 D 内各点处 $\dfrac{\partial Q}{\partial x} - \dfrac{\partial P}{\partial y}$ 的值. 为了说明这个值的意义，下面以 $\dfrac{\partial Q}{\partial x} > 0$，$\dfrac{\partial P}{\partial y} < 0$ 的情形为例进行分析. 如图 9.10 所示，$\dfrac{\partial Q}{\partial x} > 0$，说明随着 x 的增加，铅垂分速度增大；$\dfrac{\partial P}{\partial y} < 0$，说明随着 y 的增加，水平分速度减小. 此时，$\dfrac{\partial Q}{\partial x} - \dfrac{\partial P}{\partial y} > 0$，受此流速场作用的微粒将作逆时针转动，而且 $\dfrac{\partial Q}{\partial x} - \dfrac{\partial P}{\partial y}$ 越大，转动越快.

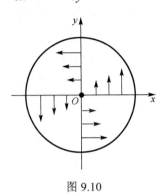

图 9.10

一般地，当 $\dfrac{\partial Q}{\partial x} - \dfrac{\partial P}{\partial y} > 0$ 时，微粒将作逆时针转动；当 $\dfrac{\partial Q}{\partial x} - \dfrac{\partial P}{\partial y} < 0$ 时，微粒将作顺时针转动；当 $\dfrac{\partial Q}{\partial x} - \dfrac{\partial P}{\partial y} = 0$ 时，微粒将只作平动，不转动. 可见，$\dfrac{\partial Q}{\partial x} - \dfrac{\partial P}{\partial y}$ 可以表征 (x, y) 处流体微粒转动的情况. 因为转动是有方向的，所以称向量 $\left(\dfrac{\partial Q}{\partial x} - \dfrac{\partial P}{\partial y} \right) \boldsymbol{k}$ 为平面流速场的**旋度**，记作 $\mathbf{rot}\,\boldsymbol{v}$.

由二重积分的积分中值定理可知

$$\left(\frac{\partial Q}{\partial x} - \frac{\partial P}{\partial y} \right)_M = \lim_{C \to M} \frac{1}{S} \oint_C \boldsymbol{v} \cdot \mathrm{d}\boldsymbol{s}$$

其中，$C \to M$ 表示闭曲线 C 向所围的区域内一点 M 无限收缩. 因此，

$$\mathbf{rot}\,\boldsymbol{v}(M) = \left(\lim_{C \to M} \frac{\Gamma}{S} \right) \boldsymbol{k} = \left(\lim_{C \to M} \frac{1}{S} \oint_C \boldsymbol{v} \cdot \mathrm{d}\boldsymbol{s} \right) \boldsymbol{k}$$

这是平面流速场旋度的积分形式，可知其与坐标系的选取无关. 有了环量与旋度的概念，格林公式（9.1）的物理意义是，沿平面闭曲线 C 的环量等于 C 所包围的平面区域内各点旋度的总积累.

 **习题 9.3**

1．利用曲线积分计算星形线 $x = a\cos^3 t, y = a\sin^3 t$ 所围图形的面积.

2．计算 $\oint_C x^2\mathrm{d}x + xe^{y^2}\mathrm{d}y$，其中，$C$ 是由直线 $y = x - 1, y = 1$ 及 $x = 1$ 围成的三角形区域边界线的正向.

3．设 C 为 xOy 平面一顺时针方向简单闭曲线，且 $\oint_C (x-2y)\mathrm{d}x + (4x+3y)\mathrm{d}y = -9$，求曲线 C 围成的区域的面积.

4．计算 $\oint_C \mathrm{e}^x[(1-\cos y)\mathrm{d}x - (y-\sin y)\mathrm{d}y]$，其中，$C$ 是区域 $0<x<\pi, 0<y<\sin x$ 的边界的正向闭曲线.

5．计算 $\oint_C (x^3 - x^2 y)\mathrm{d}x + (xy^2 - y^3)\mathrm{d}y$，其中，$C$ 是圆周 $x^2 + y^2 = a^2$（$a>0$）顺时针方向一周.

6．计算 $\oint_C y(2x-1)\mathrm{d}x - x(x+1)\mathrm{d}y$，其中，$C$ 是正向椭圆周 $b^2 x^2 + a^2 y^2 = a^2 b^2$.

7．计算 $\oint_C \dfrac{yx^2\mathrm{d}x - xy^2\mathrm{d}y}{1+\sqrt{x^2+y^2}}$，其中，$C$ 是由曲线 $l_1: y = -\sqrt{1-x^2}$ 和直线 $l_2: y=0$（$-1 \leqslant x \leqslant 1$）构成的顺时针闭曲线.

8．计算 $\int_l (x+y)^2 \mathrm{d}x + (x+y^2\sin y)\mathrm{d}y$，其中，$l$ 是从点 $A(1,1)$ 沿曲线 $y=x^2$ 到点 $B(-1,1)$ 的弧段.

9．计算 $\int_l \sqrt{x^2+y^2}\,\mathrm{d}x + [x + y\ln(x+\sqrt{x^2+y^2})]\mathrm{d}y$，其中，$l$ 是从点 $B(2,1)$ 沿上半圆 $y = 1 + \sqrt{1-(x-1)^2}$ 到点 $A(0,1)$ 的弧段.

10．计算 $\int_l (3xy+\sin x)\mathrm{d}x + (x^2 - y\mathrm{e}^y)\mathrm{d}y$，其中，$l$ 是从点 $(0,0)$ 到点 $(4,8)$ 的抛物线段 $y = x^2 - 2x$.

11．计算曲线积分 $I = \int_l [u'_x(x,y) + xy]\mathrm{d}x + u'_y(x,y)\mathrm{d}y$，其中，$l$ 是从点 $A(0,1)$ 沿曲线 $y = \dfrac{\sin x}{x}$ 到点 $B(\pi,0)$ 的曲线段. $u(x,y)$ 在 xOy 平面上具有二阶连续偏导数，且 $u(0,1)=1$，$u(\pi,0) = \pi$.

12．设有平面流速场 $\boldsymbol{v}(x,y) = [\mathrm{e}^x(y^3 - 2y) - y^2]\boldsymbol{i} + [\mathrm{e}^x(3y^2 - 2) - x]\boldsymbol{j}$.
（1）求各点的旋度；
（2）求沿椭圆 $C: 4(x-3)^2 + 9y^2 = 36$ 逆时针方向的环流.

13．设 $u = u(x,y), v = v(x,y), w = w(x,y)$ 在有界闭区域 D 上有连续的一阶偏导数，C 是 D 的边界线，证明

$$\iint_D \left(u\frac{\partial w}{\partial x} + v\frac{\partial w}{\partial y} \right)\mathrm{d}x\mathrm{d}y = \oint_{C^+} w(u\mathrm{d}y - v\mathrm{d}x) - \iint_D \left(\frac{\partial u}{\partial x} + \frac{\partial u}{\partial y} \right)w\mathrm{d}x\mathrm{d}y$$

9.4 平面曲线积分与路径无关的条件及保守场

9.4.1 平面曲线积分与路径无关的条件

由微积分学基本定理可知，若 $f(x) \in C[a,b]$，则对变上限积分函数 $\Phi(x) = \int_a^x f(t)\mathrm{d}t$（$a \leqslant x \leqslant b$），有 $\mathrm{d}\Phi = f(x)\mathrm{d}x$ 成立，即被积表达式 $f(x)\mathrm{d}x$ 是原函数 $\Phi(x)$ 的微分. 类似地，若表达式 $P(x,y)\mathrm{d}x + Q(x,y)\mathrm{d}y$ 是某二元函数 $u(x,y)$ 的全微分，即 $\mathrm{d}u = P(x,y)\mathrm{d}x + Q(x,y)\mathrm{d}y$，则称

$u(x, y)$ 是 $P(x, y)\mathrm{d}x + Q(x, y)\mathrm{d}y$ 的**原函数**.

一般来说，由 (x_0, y_0) 到 (x, y) 的曲线 l，$u(x, y) = \int_l P(x, y)\mathrm{d}x + Q(x, y)\mathrm{d}y$ 依赖积分路径 l. 如果对区域 G 内任意两点 A, B 及从 A 到 B 的任意两条曲线 l_1, l_2，都有

$$\int_{l_1} P(x, y)\mathrm{d}x + Q(x, y)\mathrm{d}y = \int_{l_2} P(x, y)\mathrm{d}x + Q(x, y)\mathrm{d}y$$

则称在 G 内曲线积分（与起点和终点有关）$\int_l P(x, y)\mathrm{d}x + Q(x, y)\mathrm{d}y$ 与**路径无关**. 当积分与路径无关时，$u(x, y) = \int_l P(x, y)\mathrm{d}x + Q(x, y)\mathrm{d}y$ 才是一个关于 x, y 的二元函数，并且可以类似变上限积分函数记作

$$u(x, y) = \int_{(x_0, y_0)}^{(x, y)} P(u, v)\mathrm{d}u + Q(u, v)\mathrm{d}v$$

定理 9.2 设函数 $P(x, y), Q(x, y)$ 在单连通区域 G 内有连续的一阶偏导数，则下列四命题相互等价.

（i）在 G 内，对任一闭路 C，积分 $\int_C P(x, y)\mathrm{d}x + Q(x, y)\mathrm{d}y = 0$.

（ii）在 G 内，曲线积分 $\int_{\widehat{AB}} P(x, y)\mathrm{d}x + Q(x, y)\mathrm{d}y$ 与路径无关.

（iii）在 G 内，表达式 $P(x, y)\mathrm{d}x + Q(x, y)\mathrm{d}y$ 是某函数 $u(x, y)$ 的全微分，即有 $\mathrm{d}u = P(x, y)\mathrm{d}x + Q(x, y)\mathrm{d}y$.

（iv）在 G 内，$P(x, y), Q(x, y)$ 满足条件 $\dfrac{\partial P}{\partial y} = \dfrac{\partial Q}{\partial x}$.

证明：（i）$\Rightarrow$（ii）设 A, B 为 G 内任意两点，$\widehat{AMB}$ 和 $\widehat{ANB}$ 是 G 内从 A 到 B 的任意两条曲线弧，则有

$$\int_{\widehat{AMB}} P\mathrm{d}x + Q\mathrm{d}y - \int_{\widehat{ANB}} P\mathrm{d}x + Q\mathrm{d}y = \oint_{\widehat{AMBNA}} P\mathrm{d}x + Q\mathrm{d}y = 0$$

于是

$$\int_{\widehat{AMB}} P\mathrm{d}x + Q\mathrm{d}y = \int_{\widehat{ANB}} P\mathrm{d}x + Q\mathrm{d}y$$

（ii）$\Rightarrow$（iii）因为曲线积分与路径无关，所以二元函数 $u(x, y) = \int_{(x_0, y_0)}^{(x, y)} P(u, v)\mathrm{d}u + Q(u, v)\mathrm{d}v$ 定义良好. 下面先证明 $\dfrac{\partial u}{\partial x} = P(x, y)$. 如图 9.11 所示，设点 $A(x_0, y_0)$，点 $B(x, y)$，点 $B'(x + \Delta x, y)$，则

$$u(x + \Delta x, y) = u(x, y) + \int_{\overline{BB'}} P\mathrm{d}x + Q\mathrm{d}y$$

$$= u(x, y) + \int_x^{x+\Delta x} P(u, y)\mathrm{d}u$$

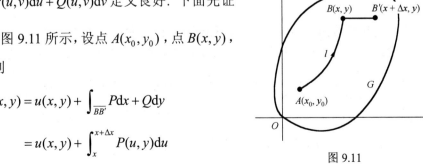

图 9.11

由积分中值定理可知

$$\int_x^{x+\Delta x} P(u,y)\mathrm{d}u = P(x+\theta\Delta x, y)\Delta x$$

其中，$0 \le \theta \le 1$. 因此，

$$\Delta_x u = P(x+\theta\Delta x, y)\Delta x$$

$$\frac{\partial u}{\partial x} = \lim_{\Delta x \to 0} \frac{\Delta_x u}{\Delta x} = \lim_{\Delta x \to 0} P(x+\theta\Delta x, y) = P(x,y)$$

同理可证，$\dfrac{\partial u}{\partial y} = Q(x,y)$. 因为 $P(x,y), Q(x,y)$ 连续，所以 $u(x,y)$ 可微，且 $\mathrm{d}u = P\mathrm{d}x + Q\mathrm{d}y$.

（iii）$\Rightarrow$（iv）因为 $\mathrm{d}u = P\mathrm{d}x + Q\mathrm{d}y$，所以 $\dfrac{\partial u}{\partial x} = P(x,y)$，$\dfrac{\partial u}{\partial y} = Q(x,y)$. 又因为 $P(x,y), Q(x,y)$ 具有连续的一阶偏导数，所以

$$\frac{\partial P}{\partial y} = \frac{\partial^2 u}{\partial x \partial y} = \frac{\partial^2 u}{\partial y \partial x} = \frac{\partial Q}{\partial x}$$

（iv）$\Rightarrow$（i）设 C 是 G 内任一闭曲线（不妨设是正向的），因为 G 是单连通的，所以 C 所围的区域 D 含于 G. 由格林公式可知

$$\oint_C P\mathrm{d}x + Q\mathrm{d}y = \iint_D \left(\frac{\partial Q}{\partial x} - \frac{\partial P}{\partial y} \right)\mathrm{d}x\mathrm{d}y = 0$$

注：（1）关于区域 G 单连通的要求是不可少的. 在例 9-13 中，$\dfrac{\partial Q}{\partial x} = \dfrac{\partial P}{\partial y}$ 在区域 $G = \{(x,y) \mid x^2 + y^2 \ne 0\}$（不是单连通的）内成立，对任一条包含原点的分段光滑的正向闭曲线 L（不通过原点），都有 $\oint_C P(x,y)\mathrm{d}x + Q(x,y)\mathrm{d}y = 2\pi \ne 0$ 成立. 此时，（iv）$\Rightarrow$（i）不成立.

（2）在复连通区域内的连续可微的向量场，条件（iv）不能保证（i）、（ii）、（iii）成立，但此时（i）、（ii）、（iii）仍等价.（i）$\Leftrightarrow$（ii）显然，（ii）$\Rightarrow$（iii）已给出，下面证明（iii）$\Rightarrow$（ii）.

$$\int_\alpha^\beta [P(x(t),y(t))x'(t) + Q(x(t),y(t))y'(t)]\mathrm{d}t = \int_\alpha^\beta \left(\frac{\partial u}{\partial x}\frac{\mathrm{d}x}{\mathrm{d}t} + \frac{\partial u}{\partial y}\frac{\mathrm{d}y}{\mathrm{d}t} \right)\mathrm{d}t$$

$$= \int_\alpha^\beta \frac{\mathrm{d}u}{\mathrm{d}t}\mathrm{d}t = u(x(\beta),y(\beta)) - u(x(\alpha),y(\alpha))$$

与路径无关.

在单连通区域内，当第二型曲线积分与路径无关时，可以选择容易计算的路径，如水平或竖直的路径. 当被积表达式的原函数 $u(x,y)$ 可求时，也可以通过推广的牛顿-莱布尼茨公式

$$\int_{(x_1,y_1)}^{(x_2,y_2)} P(x,y)\mathrm{d}x + Q(x,y)\mathrm{d}y = u(x_2,y_2) - u(x_1,y_1)$$

来计算.

例 9-15 计算 $\displaystyle\int_l (x^4 + 4xy^3)\mathrm{d}x + (6x^2y^2 - 5y^4)\mathrm{d}y$，其中，$l$ 是从点 $O(0,0)$ 到点 $A\left(\dfrac{\pi}{2},1\right)$ 的正弦曲线 $y = \sin x$.

解：方法一：设 $P(x,y) = x^4 + 4xy^3$，$Q(x,y) = 6x^2y^2 - 5y^4$，则 $\dfrac{\partial Q}{\partial x} - \dfrac{\partial P}{\partial y} = 12xy^2 - 12xy^2 = 0$

在单连通区域 xOy 平面内成立，因此曲线积分与路径无关. 设点 $B\left(\dfrac{\pi}{2}, 0\right)$，则

$$\int_l (x^4 + 4xy^3)\mathrm{d}x + (6x^2y^2 - 5y^4)\mathrm{d}y = \int_{\overline{OB}} (x^4 + 4xy^3)\mathrm{d}x + (6x^2y^2 - 5y^4)\mathrm{d}y$$

$$+ \int_{\overline{BA}} (x^4 + 4xy^3)\mathrm{d}x + (6x^2y^2 - 5y^4)\mathrm{d}y$$

$$= \int_0^{\frac{\pi}{2}} (x^4 + 4x \cdot 0^3)\mathrm{d}x + \int_0^1 \left[6\left(\frac{\pi}{2}\right)^2 y^2 - 5y^4\right]\mathrm{d}y$$

$$= \frac{1}{5} \cdot \frac{\pi^5}{32} + \frac{3}{2}\pi^2 \cdot \frac{1}{3} - 1 = \frac{\pi^5}{160} + \frac{\pi^2}{2} - 1$$

方法二：

$$(x^4 + 4xy^3)\mathrm{d}x + (6x^2y^2 - 5y^4)\mathrm{d}y = x^4\mathrm{d}x - 5y^4\mathrm{d}y + (4xy^3\mathrm{d}x + 6x^2y^2\mathrm{d}y)$$

$$= \mathrm{d}\left(\frac{1}{5}x^5\right) - \mathrm{d}(y^5) + \mathrm{d}(2x^2y^3) = \mathrm{d}\left(\frac{1}{5}x^5 - y^5 + 2x^2y^3\right)$$

因此，

$$\int_l (x^4 + 4xy^3)\mathrm{d}x + (6x^2y^2 - 5y^4)\mathrm{d}y = \left.\left(\frac{1}{5}x^5 - y^5 + 2x^2y^3\right)\right|_{(0,0)}^{\left(\frac{\pi}{2}, 1\right)} = \frac{\pi^5}{160} + \frac{\pi^2}{2} - 1$$

例 9-16 计算 $\displaystyle\oint_C \dfrac{(x+4y)\mathrm{d}y + (x-y)\mathrm{d}x}{x^2 + 4y^2}$，其中，$C$ 为不过原点的任意正向闭曲线.

解：设 $P(x,y) = \dfrac{x-y}{x^2+4y^2}$，$Q(x,y) = \dfrac{x+4y}{x^2+4y^2}$，则

$$\frac{\partial Q}{\partial x} = \frac{(x^2+4y^2) - (x+4y) \cdot 2x}{(x^2+4y^2)^2} = \frac{4y^2 - x^2 - 8xy}{(x^2+4y^2)^2}$$

$$\frac{\partial P}{\partial y} = \frac{-(x^2+4y^2) - (x-y) \cdot 8y}{(x^2+4y^2)^2} = \frac{4y^2 - x^2 - 8xy}{(x^2+4y^2)^2}$$

$$\frac{\partial Q}{\partial x} = \frac{\partial P}{\partial y} \quad ((x,y) \neq (0,0))$$

成立. 设 L_ε：$x^2 + 4y^2 = \varepsilon^2$（$\varepsilon > 0$），取正向，且 ε 足够小，使得 L_ε 包含在 C 内. 由格林公式可知

$$\oint_C P\mathrm{d}x + Q\mathrm{d}y = \oint_{C+L_\varepsilon^-} P\mathrm{d}x + Q\mathrm{d}y - \oint_{L_\varepsilon^-} P\mathrm{d}x + Q\mathrm{d}y$$

$$= \iint_{D_1}\left(\frac{\partial Q}{\partial x} - \frac{\partial P}{\partial y}\right)\mathrm{d}x\mathrm{d}y + \frac{1}{\varepsilon^2}\oint_{L_\varepsilon} (x+4y)\mathrm{d}y + (x-y)\mathrm{d}x$$

$$= \iint_{D_1} 0\mathrm{d}x\mathrm{d}y + \frac{1}{\varepsilon^2}\iint_{D_2} 2\mathrm{d}x\mathrm{d}y = 0 + \frac{2}{\varepsilon^2} \cdot \pi \cdot \varepsilon \cdot \frac{\varepsilon}{2} = \pi$$

注：本例说明，对在复连通区域内满足 $\dfrac{\partial Q}{\partial x}=\dfrac{\partial P}{\partial y}$ 的向量场 $\boldsymbol{F}(x,y)=P(x,y)\boldsymbol{i}+Q(x,y)\boldsymbol{j}$，若闭路 C 由内外多条闭合曲线共同组成，且内外曲线的方向符合正向或负向的要求，它们所围区域在复连通区域内，则 $\displaystyle\oint_C P\mathrm{d}x+Q\mathrm{d}y=0$；若闭路 C 是围绕"坏点"的单一闭曲线，则 $\displaystyle\oint_C P\mathrm{d}x+Q\mathrm{d}y$ 是常值，该常值与 C 的选取无关.

例 9-17 设 $x>0$ 时，$f(x)$ 可导，且 $f(1)=2$，在右半平面（$x>0$）内的任一闭曲线 C 上，恒有 $\displaystyle\oint_C 4x^3y\mathrm{d}x+xf(x)\mathrm{d}y=0$，试求 $\displaystyle\oint_{\widehat{AB}} 4x^3y\mathrm{d}x+xf(x)\mathrm{d}y$，其中，$\widehat{AB}$ 是从点 $A(4,0)$ 到点 $B(2,3)$ 的曲线.

解：方法一：设 $P(x,y)=4x^3y$，$Q(x,y)=xf(x)$. 右半平面是单连通区域，由右半平面内恒有闭路积分为零，可知 $\dfrac{\partial Q}{\partial x}=\dfrac{\partial P}{\partial y}$，即 $f(x)+xf'(x)=4x^3$. 整理得一阶线性非齐次方程 $f'(x)+\dfrac{1}{x}f(x)=4x^2$，解得

$$f(x)=\mathrm{e}^{-\int\frac{1}{x}\mathrm{d}v}\left(\int 4x^2\mathrm{e}^{\int\frac{1}{x}\mathrm{d}x}\mathrm{d}x+C\right)=\frac{1}{x}\left(\int 4x^2\cdot x\mathrm{d}x+C\right)=\frac{1}{x}(x^4+C)=x^3+\frac{C}{x}$$

代入 $f(1)=2$，得 $1+C=2$，$C=1$. 因此，$f(x)=x^3+\dfrac{1}{x}$.

$$4x^3y\mathrm{d}x+xf(x)\mathrm{d}y=4x^3y\mathrm{d}x+(x^4+1)\mathrm{d}y=4x^3y\mathrm{d}x+x^4\mathrm{d}y+\mathrm{d}y$$
$$=\mathrm{d}(x^4y)+\mathrm{d}y=\mathrm{d}(x^4y+y)$$

因此，

$$\oint_{\widehat{AB}} 4x^3y\mathrm{d}x+xf(x)\mathrm{d}y=(x^4y+y)\Big|_{(4,0)}^{(2,3)}=51$$

方法二：如图 9.12 所示，设点 $C(1,0)$，点 $D(1,3)$，因为右半平面内闭路积分恒为零，所以曲线积分与路径无关.

因此，

$$\oint_{\widehat{AB}} 4x^3y\mathrm{d}x+xf(x)\mathrm{d}y=\int_{\overline{AC}} 4x^3y\mathrm{d}x+xf(x)\mathrm{d}y$$
$$+\int_{\overline{CD}} 4x^3y\mathrm{d}x+xf(x)\mathrm{d}y$$
$$+\int_{\overline{DB}} 4x^3y\mathrm{d}x+xf(x)\mathrm{d}y$$
$$=\int_4^1 4x^3\cdot 0\mathrm{d}x+\int_0^3 1\cdot f(1)\mathrm{d}y+\int_1^2 4x^3\cdot 3\mathrm{d}x$$
$$=0+3f(1)+3\cdot(16-1)=51$$

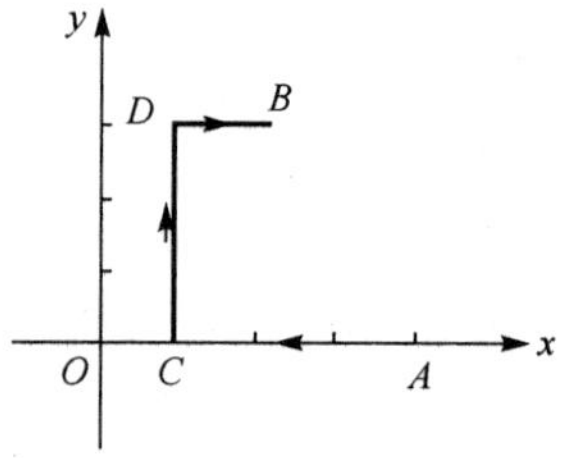

图 9.12

例 9-18 计算 $\displaystyle\int_l (x^2+1-\mathrm{e}^y\sin x)\mathrm{d}y-\mathrm{e}^y\cos x\mathrm{d}x$，其中，$l$ 是由点 $O(0,0)$ 沿 $y=x^2$ 到点 $A(1,1)$ 的曲线.

解：

$$\int_l (x^2 + 1 - e^y \sin x)dy - e^y \cos x dx = \int_l x^2 dy + \int_l dy - \int_l e^y \sin x dy + e^y \cos x dx$$

$$= \int_0^1 x^2 \cdot 2x dx + y\Big|_{(0,0)}^{(1,1)} - e^y \sin x\Big|_{(0,0)}^{(1,1)}$$

$$= \frac{1}{2} + 1 - e \cdot \sin 1 = \frac{3}{2} - e \cdot \sin 1$$

注：本例提醒我们在计算第二型曲线积分时，可以将原积分分成与路径有关的部分和与路径无关的部分来分别计算.

例 9-19 计算曲线积分 $I = \oint_L \dfrac{y dx - x dy}{3x^2 - 2xy + 3y^2}$，其中，$L$ 为 $|x| + |y| = 1$ 沿正向一周.

解：

$$P(x,y) = \frac{y}{3x^2 - 2xy + 3y^2}, \quad Q(x,y) = \frac{-x}{3x^2 - 2xy + 3y^2}$$

$$\frac{\partial Q}{\partial x} = \frac{3x^2 - 2xy + 3y^2 - x(6x - 2y)}{(3x^2 - 2xy + 3y^2)^2} = \frac{3x^2 - 3y^2}{(3x^2 - 2xy + 3y^2)^2}$$

$$\frac{\partial P}{\partial y} = \frac{3x^2 - 2xy + 3y^2 - y(-2x + 6y)}{(3x^2 - 2xy + 3y^2)^2} = \frac{3x^2 - 3y^2}{(3x^2 - 2xy + 3y^2)^2}$$

因此，$\dfrac{\partial Q}{\partial x} = \dfrac{\partial P}{\partial y}$.

设 L_ε：$3x^2 - 2xy + 3y^2 = \varepsilon^2$（$\varepsilon > 0$），取正向，且 ε 充分小，使得 L_ε 包含在 L 内. 因此

$$I = \oint_L \frac{y dx - x dy}{3x^2 - 2xy + 3y^2} = \oint_{L_\varepsilon} \frac{y dx - x dy}{3x^2 - 2xy + 3y^2} = \frac{1}{\varepsilon^2} \oint_{L_\varepsilon} y dx - x dy = -\frac{2}{\varepsilon^2} \iint_D dx dy$$

其中，D 为 L_ε 所围区域. $3x^2 - 2xy + 3y^2 = \varepsilon^2$ 是二次型，其矩阵

$$A = \begin{bmatrix} 3 & -1 \\ -1 & 3 \end{bmatrix}$$

$$|A - \lambda E| = \begin{vmatrix} 3 - \lambda & -1 \\ -1 & 3 - \lambda \end{vmatrix} = (\lambda - 3)^2 - 1 = (\lambda - 4)(\lambda - 2) = 0$$

解得特征值 $\lambda_1 = 2$，$\lambda_2 = 4$. 因此，存在正交变换 $\begin{bmatrix} x \\ y \end{bmatrix} = P \begin{bmatrix} u \\ v \end{bmatrix}$ 使得 $3x^2 - 2xy + 3y^2 = 2u^2 + 4v^2 = \varepsilon^2$，即 $\dfrac{u^2}{\frac{\varepsilon^2}{2}} + \dfrac{v^2}{\frac{\varepsilon^2}{4}} = 1$. 于是，$S_D = \pi \cdot \dfrac{\varepsilon}{\sqrt{2}} \cdot \dfrac{\varepsilon}{2} = \dfrac{\pi \varepsilon^2}{2\sqrt{2}}$. 因此，

$$I = -\frac{2}{\varepsilon^2} \iint_D dx dy = -\frac{2}{\varepsilon^2} \cdot \frac{\pi \varepsilon^2}{2\sqrt{2}} = -\frac{\pi}{\sqrt{2}}$$

9.4.2 保守场、原函数、全微分方程

连续向量场 $\boldsymbol{F}(x,y) = P(x,y)\boldsymbol{i} + Q(x,y)\boldsymbol{j}$，$(x,y) \in D$. 若 $\int_l \boldsymbol{F} \cdot d\boldsymbol{s} = \int_l P(x,y)dx + Q(x,y)dy$ 与

路径无关，则称向量场 $\boldsymbol{F}$ 为**保守场**.

若存在可微的数量值函数 $u(x,y)$，使得 $\boldsymbol{F} = \mathbf{grad}\, u$，即 $\boldsymbol{F}$ 是数量场 u 的梯度场，则称向量场 $\boldsymbol{F}$ 为**有势场**（或**位场**），并称 $v(x,y) = -u(x,y)$ 为场 $\boldsymbol{F}$ 的**势函数**.

若各点的旋度均为零，即 $\mathbf{rot}\,\boldsymbol{F} = \boldsymbol{0}$，则称向量场 $\boldsymbol{F}$ 为**无旋场**.

由定理 9.2 可知，对定义在单连通区域上的连续可微的向量场，成立：保守场 $\Leftrightarrow$ 有势场 $\Leftrightarrow$ 无旋场.

若已知 $P(x,y)\mathrm{d}x + Q(x,y)\mathrm{d}y$ 是某二元函数 $u(x,y)$ 的全微分，求 $u(x,y)$（或势函数 $v(x,y) = -u(x,y)$）有两种方法：变上限特殊路径法与凑微分法.

例 9-20 试证 $(4x^3 + 10xy^3 - 3y^4)\mathrm{d}x + (15x^2y^2 - 12xy^3 + 5y^4)\mathrm{d}y$ 是全微分，并求其原函数.

解： 设 $P(x,y) = 4x^3 + 10xy^3 - 3y^4$，$Q(x,y) = 15x^2y^2 - 12xy^3 + 5y^4$，则 $\dfrac{\partial Q}{\partial x} = 30xy^2 - 12y^3 = \dfrac{\partial P}{\partial y}$ 在单连通区域 xOy 平面成立. 因此，$P(x,y)\mathrm{d}x + Q(x,y)\mathrm{d}y$ 是全微分.

下面求原函数 $u(x,y)$.

方法一：

$$
\begin{aligned}
u(x,y) &= \int_{(0,0)}^{(x,y)} (4s^3 + 10st^3 - 3t^4)\mathrm{d}s + (15s^2t^2 - 12st^3 + 5t^4)\mathrm{d}t \\
&= \int_0^x (4s^3 + 10s \cdot 0^3 - 3 \cdot 0^4)\mathrm{d}s + \int_0^y (15x^2t^2 - 12xt^3 + 5t^4)\mathrm{d}t \\
&= x^4 + 5x^2y^3 - 3xy^4 + y^5
\end{aligned}
$$

因此，原函数全体是 $x^4 + 5x^2y^3 - 3xy^4 + y^5 + C$，$C \in \mathbb{R}$.

方法二：

$$
\begin{aligned}
&(4x^3 + 10xy^3 - 3y^4)\mathrm{d}x + (15x^2y^2 - 12xy^3 + 5y^4)\mathrm{d}y \\
&= 4x^3\mathrm{d}x + 5y^4\mathrm{d}y + (10xy^3\mathrm{d}x + 15x^2y^2\mathrm{d}y) - (3y^4\mathrm{d}x + 12xy^3\mathrm{d}y) \\
&= \mathrm{d}(x^4) + \mathrm{d}(y^5) + \mathrm{d}(5x^2y^3) - \mathrm{d}(3xy^4) = \mathrm{d}(x^4 + y^5 + 5x^2y^3 - 3xy^4)
\end{aligned}
$$

因此，原函数全体是 $x^4 + y^5 + 5x^2y^3 - 3xy^4 + C$，$C \in \mathbb{R}$.

例 9-21 试证 $\boldsymbol{F} = \dfrac{-y}{x^2+y^2}\boldsymbol{i} + \dfrac{x}{x^2+y^2}\boldsymbol{j}$ 在右半平面 $x > 0$ 上是有势场，并求其势函数 v.

解： 设 $P(x,y) = \dfrac{-y}{x^2+y^2}$，$Q(x,y) = \dfrac{x}{x^2+y^2}$，则

$$
\frac{\partial Q}{\partial x} = \frac{(x^2+y^2) - x \cdot 2x}{(x^2+y^2)^2} = \frac{y^2 - x^2}{(x^2+y^2)^2}
$$

$$
\frac{\partial P}{\partial y} = \frac{-(x^2+y^2) + y \cdot 2y}{(x^2+y^2)^2} = \frac{y^2 - x^2}{(x^2+y^2)^2}
$$

因此，$\dfrac{\partial Q}{\partial x} = \dfrac{\partial P}{\partial y}$ 在单连通区域右半平面成立. 于是，$\boldsymbol{F} = P(x,y)\boldsymbol{i} + Q(x,y)\boldsymbol{j}$ 是有势场.

$$
u(x,y) = \int_{(1,0)}^{(x,y)} \frac{-t}{s^2+t^2}\mathrm{d}s + \frac{s}{s^2+t^2}\mathrm{d}t = \int_1^x \frac{-0}{s^2+0^2}\mathrm{d}s + \int_0^y \frac{x}{x^2+t^2}\mathrm{d}t
$$

$$= 0 + \int_0^y \frac{\mathrm{d}\left(\dfrac{t}{x}\right)}{1 + \left(\dfrac{t}{x}\right)^2} = \arctan\left(\dfrac{t}{x}\right)\Big|_0^y = \arctan\frac{y}{x}$$

因此，势函数全体是 $v(x,y) = -u(x,y) + C = -\arctan\dfrac{y}{x} + C$ ， $C \in \mathbb{R}$.

一阶微分方程

$$P(x,y)\mathrm{d}x + Q(x,y)\mathrm{d}y = 0 \tag{9.4}$$

的左边是函数 $u(x,y)$ 的全微分，则称式（9.4）为**全微分方程**. $P(x,y)\mathrm{d}x + Q(x,y)\mathrm{d}y = \mathrm{d}[u(x,y)] = 0 \Rightarrow u(x,y) = C$ 是式（9.4）的（隐式）通解.

例 9-22 解方程 $(4x^3 y^3 - 3y^2 + 5)\mathrm{d}x + (3x^4 y^2 - 6xy - 4)\mathrm{d}y = 0$.

解：设 $P(x,y) = 4x^3 y^3 - 3y^2 + 5$ ， $Q(x,y) = 3x^4 y^2 - 6xy - 4$ ，则

$$\frac{\partial Q}{\partial x} = 12x^3 y^2 - 6y ， \quad \frac{\partial P}{\partial y} = 12x^3 y^2 - 6y$$

$\dfrac{\partial Q}{\partial x} = \dfrac{\partial P}{\partial y}$ 在单连通区域 xOy 平面成立. 因此，该方程是全微分方程.

$$(4x^3 y^3 - 3y^2 + 5)\mathrm{d}x + (3x^4 y^2 - 6xy - 4)\mathrm{d}y$$

$$= 5\mathrm{d}x - 4\mathrm{d}y + (4x^3 y^3 \mathrm{d}x + 3x^4 y^2 \mathrm{d}y) - (3y^2 \mathrm{d}x + 6xy\mathrm{d}y)$$

$$= \mathrm{d}(5x) - \mathrm{d}(4y) + \mathrm{d}(x^4 y^3) - \mathrm{d}(3xy^2)$$

$$= \mathrm{d}(5x - 4y + x^4 y^3 - 3xy^2)$$

因此，方程的通解是 $5x - 4y + x^4 y^3 - 3xy^2 = C$ ， $C \in \mathbb{R}$.

例 9-23 解方程 $[\cos(x + y^2) + 3y]\mathrm{d}x + [2y\cos(x + y^2) + 3x]\mathrm{d}y = 0$.

解：设 $P(x,y) = \cos(x + y^2) + 3y$ ， $Q(x,y) = 2y\cos(x + y^2) + 3x$ ，则 $\dfrac{\partial Q}{\partial x} = -2y\sin(x + y^2) + 3$ ，

$\dfrac{\partial P}{\partial y} = 2y\sin(x + y^2) + 3$ ， $\dfrac{\partial Q}{\partial x} = \dfrac{\partial P}{\partial y}$ 在单连通区域 xOy 平面成立. 因此，该方程是全微分方程.

$$[\cos(x + y^2) + 3y]\mathrm{d}x + [2y\cos(x + y^2) + 3x]\mathrm{d}y$$

$$= \cos(x + y^2)\mathrm{d}x + 2y\cos(x + y^2)\mathrm{d}y + (3y\mathrm{d}x + 3x\mathrm{d}y)$$

$$= \mathrm{d}[\sin(x + y^2)] + \mathrm{d}(3xy) = \mathrm{d}[\sin(x + y^2) + 3xy]$$

因此，方程的通解是 $\sin(x + y^2) + 3xy = C$ ， $C \in \mathbb{R}$.

例 9-24 解方程 $(2xy^2 + y)\mathrm{d}x - x\mathrm{d}y = 0$.

解：设 $P(x,y) = 2xy^2 + y$ ， $Q(x,y) = -x$ ，则 $\dfrac{\partial Q}{\partial x} = -1$ ， $\dfrac{\partial P}{\partial y} = 4xy + 1$ ， $\dfrac{\partial Q}{\partial x} \neq \dfrac{\partial P}{\partial y}$ ，该方程

不是全微分方程.

方程两端同乘以 $\dfrac{1}{y^2}$ ，得

$$2x\mathrm{d}x + \frac{y\mathrm{d}x - x\mathrm{d}y}{y^2} = 0 \qquad\qquad (9.5)$$

因为

$$2x\mathrm{d}x + \frac{y\mathrm{d}x - x\mathrm{d}y}{y^2} = \mathrm{d}(x^2) + \mathrm{d}\left(\frac{x}{y}\right) = \mathrm{d}\left(x^2 + \frac{x}{y}\right)$$

所以式（9.5）是全微分方程，且通解为 $x^2 + \dfrac{x}{y} = C$，$C \in \mathbb{R}$.

注：$P(x,y)\mathrm{d}x + Q(x,y)\mathrm{d}y$ 不是全微分的，而 $\mu(x,y)P(x,y)\mathrm{d}x + \mu(x,y)Q(x,y)\mathrm{d}y$ 是全微分的，则称 $\mu(x,y)$ 为积分因子. 积分因子 $\mu(x,y)$ 应满足 $\dfrac{\partial \mu}{\partial x}Q + \mu\dfrac{\partial Q}{\partial x} = \dfrac{\partial \mu}{\partial y}P + \mu\dfrac{\partial P}{\partial y}$.

 习题 9.4

1. 证明曲线积分 $\displaystyle\int_l \mathrm{e}^x(\cos y\mathrm{d}x - \sin y\mathrm{d}y)$ 只与 l 的起点和终点有关，而与所取的路径无关. 并求 $\displaystyle\int_{(0,0)}^{(a,b)} \mathrm{e}^x(\cos y\mathrm{d}x - \sin y\mathrm{d}y)$.

2. 证明曲线积分 $\displaystyle\int_l \frac{y\mathrm{d}x - x\mathrm{d}y}{x^2}$ 只与 l 的起点和终点有关，而与所取的路径无关，其中，l 为不过 y 轴的任意曲线，并求 $\displaystyle\int_{(2,1)}^{(1,2)} \frac{y\mathrm{d}x - x\mathrm{d}y}{x^2}$.

3. 计算 $\displaystyle\int_l \frac{1}{x}\sin\left(xy - \frac{\pi}{4}\right)\mathrm{d}x + \frac{1}{y}\sin\left(xy - \frac{\pi}{4}\right)\mathrm{d}y$，其中，$l$ 是由点 $A(1,\pi)$ 到点 $B\left(\dfrac{\pi}{2},2\right)$ 的直线段.

4. 计算 $\displaystyle\int_l (x^2 + 1 - \mathrm{e}^y\sin x)\mathrm{d}y - \mathrm{e}^y\cos x\mathrm{d}x$，其中，$l$ 是由点 $O(0,0)$ 沿 $y = x^2$ 到点 $A(1,1)$ 的曲线.

5. 设 $f(x)$ 具有二阶连续导数，$f(0) = 0$，$f'(0) = 1$，而且曲线积分 $\displaystyle\int_l [f'(x) + 6f(x) + 4\mathrm{e}^{-x}]y\mathrm{d}x + f'(x)\mathrm{d}y$ 与路径无关. 计算 $\displaystyle\int_{(0,0)}^{(1,1)} [f'(x) + 6f(x) + 4\mathrm{e}^{-x}]y\mathrm{d}x + f'(x)\mathrm{d}y$.

6. 设 $f(1) = 1$，试求可微函数 $f(x)$，使曲线积分 $\displaystyle\int_{\overparen{AB}} [\sin x - f(x)]\frac{y}{x}\mathrm{d}x + [f(x) - x^2]\mathrm{d}y$ 与路径无关（$\overparen{AB}$ 不穿过 y 轴），并求从点 $A\left(-\dfrac{3\pi}{2},\pi\right)$ 到点 $B\left(-\dfrac{\pi}{2},0\right)$ 的这个积分值.

7. 设曲线积分 $\displaystyle\int_l F(x,y)(y\mathrm{d}x + x\mathrm{d}y)$ 与积分路径无关，$F(x,y)$ 有连续的一阶偏导数，且由方程 $F(x,y) = 0$ 所确定的隐函数的图形过点 $(1,2)$，试求方程 $F(x,y) = 0$ 所确定的函数 $y = f(x)$.

8. 设 $f(x),g(x) \in C(-\infty,+\infty)$，且曲线积分 $\displaystyle\int_l g(x)y\mathrm{d}x + f(x)\mathrm{d}y$ 与路径无关. 证明：

$$f(x) = f(0) + \int_0^x g(t)\mathrm{d}t$$

9. 计算闭曲线积分 $\displaystyle\oint_C \frac{-y\mathrm{d}x + x\mathrm{d}y}{x^2 + y^2}$，其中，$C$ 是逆时针方向的椭圆 $\dfrac{x^2}{a^2} + \dfrac{y^2}{b^2} = 1$.

10. 已知 C 是平面上任意一条不自相交的闭曲线. 问常数 a 为何值时，曲线积分

$$\oint_C \frac{x\mathrm{d}x - ay\mathrm{d}y}{x^2 + y^2} = 0$$

其中，C 不是穿过原点$(0,0)$的闭曲线.

11．设有平面力场 $\boldsymbol{F} = (2xy^3 - y^2\cos x)\boldsymbol{i} + (1 - 2y\sin x + 3x^2y^2)\boldsymbol{j}$，求质点沿曲线 $l: 2x = \pi y^2$，从点 $O(0,0)$ 运动到点 $A\left(\dfrac{\pi}{2}, 1\right)$ 时，场力 $\boldsymbol{F}$ 所做的功.

12．验证表达式：$\dfrac{y\mathrm{d}x}{3x^2 - 2xy + 3y^2} - \dfrac{x\mathrm{d}y}{3x^2 - 2xy + 3y^2}$ 在不含原点的任意单连通区域内是某函数 $u(x,y)$ 的全微分，并在 $x > 0$ 区域内求函数 $u(x,y)$.

13．验证表达式 $(2x\cos y - y^2\sin x)\mathrm{d}x + (2y\cos x - x^2\sin y)\mathrm{d}y$ 是某二元函数 $u(x,y)$ 的全微分，并求函数 $u(x,y)$，计算曲线积分 $\displaystyle\int_{(0,0)}^{\left(\frac{\pi}{2}, 0\right)} (2x\cos y - y^2\sin x)\mathrm{d}x + (2y\cos x - x^2\sin y)\mathrm{d}y$.

14．a 为何值时，表达式 $\dfrac{(x + ay)\mathrm{d}x + y\mathrm{d}y}{(x + y)^2}$ 是某函数的全微分.

15．确定常数 λ，使在右半平面 $x > 0$ 上的向量 $\boldsymbol{F}(x,y) = 2xy(x^4 + y^2)^\lambda \boldsymbol{i} - x^2(x^4 + y^2)^\lambda \boldsymbol{j}$ 为某二元函数 $u(x,y)$ 的梯度，并求 $u(x,y)$.

16．已知函数 $z = f(x,y)$ 在任一点 (x,y) 处的两个偏增量：
$$\Delta_x z = (2 + 3x^2y^2)\Delta x + 3xy^2(\Delta x)^2 + y^2(\Delta x)^3$$
$$\Delta_y z = 2x^3 y\Delta y + x^3(\Delta y)^2$$

且 $f(0,0) = 1$，求 $f(x,y)$.

17．验证下列方程是全微分方程，并求其通解.

（1）$(3x^2 + 6y^2 x)\mathrm{d}x + (6x^2 y + 4y^2)\mathrm{d}y = 0$；

（2）$[\cos(x + y^2) + 3y]\mathrm{d}x + [2y\cos(x + y^2) + 3x]\mathrm{d}y = 0$；

（3）$(x\cos y + \cos x)y' - y\sin x + \sin y = 0$.

18．设 $f(x)$ 具有二阶连续导数，$f(0) = 0, f'(0) = 1$，且
$$[xy(x + y) - f(x)y]\mathrm{d}x + [f'(x) + x^2 y]\mathrm{d}y = 0$$

为一全微分方程，求 $f(x)$ 及此全微分方程的通解.

19．设有平面向量场 $\boldsymbol{F} = (2x\cos y - y^2\sin x, 2y\cos x - x^2\sin y)$.

（1）证明 $\boldsymbol{F}$ 是保守场；

（2）求势函数；

（3）求从点 $(-\pi, \pi)$ 到点 $\left(3\pi, \dfrac{\pi}{2}\right)$ 的曲线积分 $\displaystyle\int_{\overset{\frown}{AB}} \boldsymbol{F} \cdot \mathrm{d}\boldsymbol{r}$.

9.5 第二型曲面积分

9.5.1 第二型曲面积分的定义

在一些问题中需要区分曲面的侧，例如，流体从曲面的一侧流向另一侧的净流量问题. 曲

面上任一点的法向量有两个不同的方向，可以通过规定法向量的方向来区分曲面的两侧. 例如，曲面 $z = z(x, y)$ 分上下侧，上侧的法向量与 z 轴正向夹角小于 $\frac{\pi}{2}$，下侧的法向量与 z 轴正向夹角大于 $\frac{\pi}{2}$. 类似地，曲面 $x = x(y, z)$ 和曲面 $y = y(x, z)$ 分前后侧和右左侧. 闭曲面分内外侧，外侧的法向量向外，内侧的法向量向内. 取定了法向量的曲面称为**有向曲面**.

有两侧的曲面称为**双侧曲面**. 并非所有曲面都可以区分出两侧，例如，莫比乌斯（Möbius）带，它是由一长方形条 $ABDC$ 扭转一下，将 A 与 D 粘在一起，B 与 C 粘在一起形成的环形带（如图 9.13 所示）. 仅有一侧的曲面称为**单侧曲面**.

设 Σ 是空间有向平面片，面积为 S，法向量方向余弦为 $\cos\alpha, \cos\beta, \cos\gamma$，$\alpha, \beta, \gamma$ 恰好等于 Σ 与坐标面 yOz, zOx, xOy 的二面角（如图 9.14 所示）.

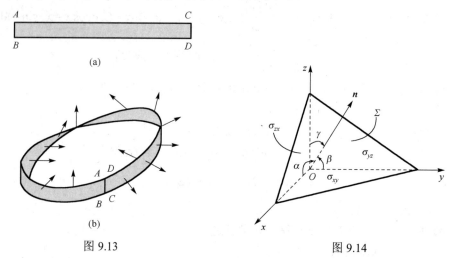

图 9.13

图 9.14

分别称数值 $\Sigma_{yz} = S\cos\alpha$，$\Sigma_{zx} = S\cos\beta$，$\Sigma_{xy} = S\cos\gamma$ 为 Σ 在坐标面 yOz, zOx, xOy 上的投影（值）. 投影的绝对值等于投影域的面积，投影的符号表示这一块有向平面片的侧. 例如，当 $\gamma < \frac{\pi}{2}$ 时，n 向上，$\Sigma_{xy} = \sigma_{xy}$；当 $\gamma > \frac{\pi}{2}$ 时，n 向下，$\Sigma_{xy} = -\sigma_{xy}$，此处 σ_{xy} 表示 Σ 在 xOy 坐标面上的投影域面积.

例 9-25 设区域 G 内，有连续的不可压缩流体流速场 $v = P(x, y, z)i + Q(x, y, z)j + R(x, y, z)k$，求单位时间通过 G 内有向曲面片 Σ 流到指定一侧的净流量 Φ.

解： 由简单到复杂，分几种情况讨论.

$1°$ v 为常向量，Σ 为有向平面片情形.

设 Σ 的面积为 S，单位法向量为 n^0，则 $\Phi = S|v|\cos\widehat{(v, n^0)} = v \cdot n^0 S = v \cdot S$，其中，$S = Sn^0$（如图 9.15 所示）.

$2°$ 一般情形.

将曲面片 Σ 分割为 $\Delta S_1, \Delta S_2, \cdots, \Delta S_n$（如图 9.16 所示），同时表示其面积数，记 $\lambda = \max_{1 \le i \le n} \{\Delta S_i \text{ 的直径}\}$. 任取一点 $M_i(\xi_i, \eta_i, \zeta_i) \in \Delta S_i$，设 $n_i^0 = \{\cos\alpha_i, \cos\beta_i, \cos\gamma_i\}$ 为有向曲面 Σ 在点 M_i 处指定的单位法向量. 取 $v(M_i)$ 作为 ΔS_i 上各点流速的代表，并视 ΔS_i 为过点 M_i、以 n_i^0 为法向量的平面片，则通过 ΔS_i 的流量 $\Delta\Phi_i \approx v(M_i) \cdot n_i^0 \Delta S_i = v(M_i) \cdot \Delta S_i$，其中，$\Delta S_i = \Delta S_i n_i^0$.

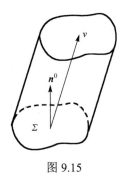

图 9.15

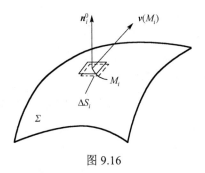

图 9.16

因此，单位时间通过有向曲面 Σ 到指定一侧的净流量为

$$\Phi = \sum_{i=1}^{n} \Delta\Phi_i = \lim_{\lambda \to 0^+} \sum_{i=1}^{n} \boldsymbol{v}(M_i) \cdot \Delta\boldsymbol{S}_i$$

$$= \lim_{\lambda \to 0^+} \sum_{i=1}^{n} [P(M_i)\cos\alpha_i + Q(M_i)\cos\beta_i + R(M_i)\cos\gamma_i]\Delta S_i$$

$$= \lim_{\lambda \to 0^+} \sum_{i=1}^{n} [P(M_i)\Delta\Sigma_{iyz} + Q(M_i)\Delta\Sigma_{izx} + R(M_i)\Delta\Sigma_{ixy}]$$

值得注意的是，上述过程实际上也经历了"分割、取点、作积求和、取极限"四步. 这里的积是流速场 $\boldsymbol{v}(M_i)$ 与有向切平面向量 $\Delta\boldsymbol{S}_i$ 的内积. 以向量内积代替标量的乘积，这一点与第二型曲线积分类似. 由此，我们类似给出第二型曲面积分的定义.

定义 9.2 设 Σ 为光滑的有向曲面片，$\boldsymbol{F}(x,y,z) = P(x,y,z)\boldsymbol{i} + Q(x,y,z)\boldsymbol{j} + R(x,y,z)\boldsymbol{k}$ 在 Σ 上有定义，将 Σ 分割为 $\Delta S_1, \Delta S_2, \cdots, \Delta S_n$，同时用它们表示其面积值，记 $\lambda = \max\limits_{1 \leqslant i \leqslant n} \{\Delta S_i \text{ 的直径}\}$. 任取一点 $M_i(\xi_i, \eta_i, \zeta_i) \in \Delta S_i$，记 $\boldsymbol{n}_i^0 = \{\cos\alpha_i, \cos\beta_i, \cos\gamma_i\}$ 为 Σ 在 M_i 处指定的单位法向量，用 $\Delta\Sigma_{iyz}, \Delta\Sigma_{izx}, \Delta\Sigma_{ixy}$ 表示 ΔS_i 在 yOz, zOx, xOy 坐标面上的投影. 若不论 Σ 的分法和 M_i 的取法如何，极限

$$\lim_{\lambda \to 0^+} \sum_{i=1}^{n} \boldsymbol{F}(M_i) \cdot \Delta\boldsymbol{S}_i = \lim_{\lambda \to 0^+} \sum_{i=1}^{n} \boldsymbol{F}(M_i) \cdot \boldsymbol{n}_i^0 \Delta S_i$$

$$= \lim_{\lambda \to 0^+} \sum_{i=1}^{n} [P(M_i)\cos\alpha_i + Q(M_i)\cos\beta_i + R(M_i)\cos\gamma_i]\Delta S_i$$

$$= \lim_{\lambda \to 0^+} \sum_{i=1}^{n} [P(M_i)\Delta\Sigma_{iyz} + Q(M_i)\Delta\Sigma_{i2x} + R(M_i)\Delta\Sigma_{ixy}]$$

存在，且为同一值，则称此极限值为向量函数 $\boldsymbol{F}$ 在有向曲面片 Σ 上的曲面积分，或称函数 $P(x,y,z), Q(x,y,z), R(x,y,z)$ 在有向曲面片 Σ 上的**第二型曲面积分**，记为

$$\iint_{\Sigma} \boldsymbol{F}(M) \cdot \mathrm{d}\boldsymbol{S} = \iint_{\Sigma} P(x,y,z)\mathrm{d}y\mathrm{d}z + Q(x,y,z)\mathrm{d}z\mathrm{d}x + R(x,y,z)\mathrm{d}x\mathrm{d}y$$

（ $\mathrm{d}\boldsymbol{S} = \boldsymbol{n}^0 \mathrm{d}S$ 称为**曲面面积微元向量**），依次称 $\iint_{\Sigma} P(x,y,z)\mathrm{d}y\mathrm{d}z$ ，$\iint_{\Sigma} Q(x,y,z)\mathrm{d}z\mathrm{d}x$ ，$\iint_{\Sigma} R(x,y,z)\mathrm{d}x\mathrm{d}y$ 为函数 $P(x,y,z), Q(x,y,z), R(x,y,z)$ 在有向曲面 Σ 上对坐标 yz, zx, xy 的曲面积分.

注：$\iint_{\Sigma} P(x,y,z)\mathrm{d}y\mathrm{d}z + Q(x,y,z)\mathrm{d}z\mathrm{d}x + R(x,y,z)\mathrm{d}x\mathrm{d}y$ 亦记作

$$\iint_{\Sigma} P(x,y,z)\mathrm{d}y \wedge \mathrm{d}z + Q(x,y,z)\mathrm{d}z \wedge \mathrm{d}x + R(x,y,z)\mathrm{d}x \wedge \mathrm{d}y$$

关于符号 $\mathrm{d}y \wedge \mathrm{d}z$，我们将在 9.8 节详细说明．需要注意的是，$\mathrm{d}z \wedge \mathrm{d}y = -\mathrm{d}y \wedge \mathrm{d}z$．因此，$\mathrm{d}y \wedge \mathrm{d}z$ 可以简记为 $\mathrm{d}y\mathrm{d}z$，但不能简记为 $\mathrm{d}z\mathrm{d}y$．

有了第二型曲面积分的定义和符号，则例 9-25 的流量可以表示为 $\Phi = \iint_{\Sigma} \boldsymbol{v} \cdot \mathrm{d}\boldsymbol{S}$．

当 P, Q, R 在 Σ 上连续时，第二型曲面积分存在，且由第二型曲面积分的定义易知其有如下性质．

（i）第二型曲面积分与第一型曲面积分的关系．

$$\mathrm{d}\boldsymbol{S} = \mathrm{d}S\{\cos\alpha, \cos\beta, \cos\gamma\} = \{\mathrm{d}S\cos\alpha, \mathrm{d}S\cos\beta, \mathrm{d}S\cos\gamma\} = \{\mathrm{d}y\mathrm{d}z, \mathrm{d}z\mathrm{d}x, \mathrm{d}x\mathrm{d}y\}$$

$$\iint_{\Sigma} P(x,y,z)\mathrm{d}x\mathrm{d}y + Q(x,y,z)\mathrm{d}z\mathrm{d}x + R(x,y,z)\mathrm{d}x\mathrm{d}y$$

$$= \iint_{\Sigma} [P(x,y,z)\cos\alpha + Q(x,y,z)\cos\beta + R(x,y,z)\cos\gamma]\mathrm{d}s$$

（ii）$\iint_{-\Sigma} R(x,y,z)\mathrm{d}x\mathrm{d}y = -\iint_{\Sigma} R(x,y,z)\mathrm{d}x\mathrm{d}y$，$-\Sigma$ 指取与 Σ 相反的一侧．

（iii）线性性质：

$$\iint_{\Sigma} [k_1 R_1(x,y,z) + k_2 R_2(x,y,z)]\mathrm{d}x\mathrm{d}y = k_1 \iint_{\Sigma} R_1(x,y,z)\mathrm{d}x\mathrm{d}y + k_2 \iint_{\Sigma} R_2(x,y,z)\mathrm{d}x\mathrm{d}y$$

（iv）若有向曲面 Σ 被分成 Σ_1, Σ_2 两片，则

$$\iint_{\Sigma} R(x,y,z)\mathrm{d}x\mathrm{d}y = \iint_{\Sigma_1} R(x,y,z)\mathrm{d}x\mathrm{d}y + \iint_{\Sigma_2} R(x,y,z)\mathrm{d}x\mathrm{d}y$$

（v）当 Σ 为母线平行于 z 轴的柱面时，$\iint_{\Sigma} R(x,y,z)\mathrm{d}x\mathrm{d}y = 0$．

注：性质（ii）、（iii）、（iv）、（v）对关于坐标 yz, zx 的曲面积分也有类似的结果成立．

9.5.2　第二型曲面积分的计算

曲面 Σ 由方程 $z = z(x,y)$，$(x,y) \in \sigma_{xy}$ 给出，其中，σ_{xy} 是 Σ 在 xOy 坐标面上的投影域．$z(x,y)$ 在 σ_{xy} 上具有连续的一阶偏导数（曲面 Σ 是光滑的），函数 $P(x,y,z), Q(x,y,z), R(x,y,z)$ 在 Σ 上连续．Σ 有法向量 $\boldsymbol{n} = \pm\{-z'_x, -z'_y, 1\}$ 分别对应上侧与下侧，相应的单位法向量为 $\boldsymbol{n}^0 = \pm\dfrac{\{-z'_x, -z'_y, 1\}}{\sqrt{1+(z'_x)^2+(z'_y)^2}}$，$\mathrm{d}S = \sqrt{1+(z'_x)^2+(z'_y)^2}\mathrm{d}x\mathrm{d}y$，

$$\iint_{\Sigma\left(\frac{上}{下}\right)} P(x,y,z)\mathrm{d}y\mathrm{d}z + Q(x,y,z)\mathrm{d}z\mathrm{d}x + R(x,y,z)\mathrm{d}x\mathrm{d}y$$

$$= \pm\iint_{\sigma_{xy}} [P(x,y,z(x,y))(-z'_x) + Q(x,y,z(x,y))(-z'_y) + R(x,y,z(x,y))]\mathrm{d}x\mathrm{d}y$$

$$= \iint_{\sigma_{xy}} \boldsymbol{F} \cdot \boldsymbol{n}\mathrm{d}x\mathrm{d}y$$

特别地，当 $P(x,y,z) \equiv 0$，$Q(x,y,z) \equiv 0$ 时，

$$\iint_{\Sigma\left(\frac{上}{下}\right)} R(x,y,z)\mathrm{d}x\mathrm{d}y = \pm\iint_{\sigma_{xy}} R(x,y,z(x,y))\mathrm{d}x\mathrm{d}y$$

类似地有

$$\iint_{\Sigma\left(\substack{前\\后}\right)} P(x,y,z)\mathrm{d}y\mathrm{d}z = \pm \iint_{\sigma_{yz}} P(x(y,z),y,z)\mathrm{d}y\mathrm{d}z$$

$$\iint_{\Sigma\left(\substack{右\\左}\right)} Q(x,y,z)\mathrm{d}z\mathrm{d}x = \pm \iint_{\sigma_{zx}} Q(x,y(x,z),z)\mathrm{d}z\mathrm{d}x$$

注：计算第二型曲面积分 $\iint_{\Sigma} P(x,y,z)\mathrm{d}y\mathrm{d}z + Q(x,y,z)\mathrm{d}z\mathrm{d}x + R(x,y,z)\mathrm{d}x\mathrm{d}y$ 时，既可以统一
投影到某个坐标面上，转化为一个二重积分计算；也可以按
坐标（ $\mathrm{d}y\mathrm{d}z, \mathrm{d}z\mathrm{d}x, \mathrm{d}x\mathrm{d}y$ ）分别投影到对应的坐标面（ yOz 坐
标面、zOx 坐标面、xOy 坐标面），转化为多个二重积分计算.
我们要视曲面、被积表达式的具体情况来选择合适的投影和
计算方法.

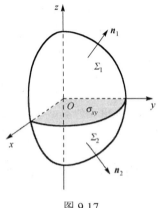

图 9.17

例 9-26 计算 $\iint_{\Sigma} xyz\mathrm{d}x\mathrm{d}y$ ，其中，Σ 是在 $x \geqslant 0, y \geqslant 0$ 部
分内，球面 $x^2 + y^2 + z^2 = 1$ 的外侧.

解：方法一：如图 9.17 所示，将有向曲面 Σ 分为两部分：
$\Sigma_1: z = \sqrt{1-x^2-y^2}$ ，$(x,y) \in \sigma_{xy}$ ，上侧；$\Sigma_2: z = -\sqrt{1-x^2-y^2}$ ，
$(x,y) \in \sigma_{xy}$ ，下侧. 其中，投影域 $\sigma_{xy} = \{(x,y) \mid x^2 + y^2 \leqslant 1, x \geqslant 0, y \geqslant 0\}$.

$$
\begin{aligned}
\iint_{\Sigma} xyz\mathrm{d}x\mathrm{d}y &= \iint_{\Sigma_1} xyz\mathrm{d}x\mathrm{d}y + \iint_{\Sigma_2} xyz\mathrm{d}x\mathrm{d}y \\
&= \iint_{\sigma_{xy}} xy\sqrt{1-x^2-y^2}\mathrm{d}x\mathrm{d}y - \iint_{\sigma_{xy}} xy\left(-\sqrt{1-x^2-y^2}\right)\mathrm{d}x\mathrm{d}y \\
&= 2\iint_{\sigma_{xy}} xy\sqrt{1-x^2-y^2}\mathrm{d}x\mathrm{d}y = 2\iint_{\sigma_{xy}} \cos\theta\sin\theta r^3 \sqrt{1-r^2}\mathrm{d}r\mathrm{d}\theta \\
&= 2\int_0^{\frac{\pi}{2}} \sin\theta\cos\theta\mathrm{d}\theta \int_0^1 r^3\sqrt{1-r^2}\mathrm{d}r \\
&= 2 \times \frac{1}{2}\int_0^{\frac{\pi}{2}} \sin^3\alpha \cdot \cos^2\alpha \mathrm{d}\alpha = \frac{2}{15}
\end{aligned}
$$

方法二：投影域 $\sigma_{yz} = \{(y,z) \mid y^2 + z^2 \leqslant 1, y \geqslant 0\}$ ，$\Sigma: x = \sqrt{1-y^2-z^2}$ ，$(y,z) \in \sigma_{yz}$ ，前侧，
且 $\dfrac{\partial x}{\partial z} = \dfrac{-z}{\sqrt{1-y^2-z^2}}$.

$$
\begin{aligned}
\iint_{\Sigma} xyz\mathrm{d}x\mathrm{d}y &= \iint_{\sigma_{yz}} \sqrt{1-y^2-z^2}\, yz \cdot \left(-\frac{\partial x}{\partial z}\right)\mathrm{d}y\mathrm{d}z \\
&= \iint_{\sigma_{yz}} \sqrt{1-y^2-z^2}\, yz \cdot \frac{z}{\sqrt{1-y^2-z^2}}\mathrm{d}y\mathrm{d}z = \iint_{\sigma_{yz}} yz^2\mathrm{d}y\mathrm{d}z \\
&= \iint_{\sigma_{yz}} r^4\cos\theta\sin^2\theta\mathrm{d}r\mathrm{d}\theta = \int_{-\frac{\pi}{2}}^{\frac{\pi}{2}} \sin^2\theta\cos\theta\mathrm{d}\theta \int_0^1 r^4\mathrm{d}r = \frac{2}{15}
\end{aligned}
$$

例 9-27 计算 $I = \iint_\Sigma x^2 \mathrm{d}y\mathrm{d}z + y^2 \mathrm{d}z\mathrm{d}x + z^2 \mathrm{d}x\mathrm{d}y$，其中，$\Sigma$ 是三个坐标面与平面 $x = a, y = a, z = a$（$a > 0$）围成的正方体表面的外侧.

解： 如图 9.18 所示，Σ 分为 Σ_i（$i = 1,2,3,4,5,6$）6 部分.

$$I = \iint_\Sigma x^2 \mathrm{d}y\mathrm{d}z = \sum_{i=1}^{6} \iint_{\Sigma_i} x^2 \mathrm{d}y\mathrm{d}z = \iint_{\Sigma_1} x^2 \mathrm{d}y\mathrm{d}z + \iint_{\Sigma_3} x^2 \mathrm{d}y\mathrm{d}z$$

$$= \iint_{\sigma_{yz}} a^2 \mathrm{d}y\mathrm{d}z + \iint_{\Sigma_3} 0^2 \mathrm{d}y\mathrm{d}z \quad (\sigma_{yz} = \{(y,z) | 0 \leq y \leq a, 0 \leq z \leq a\})$$

$$= a^4$$

同理可得，$\oiint_\Sigma y^2 \mathrm{d}z\mathrm{d}x = \oiint_\Sigma z^2 \mathrm{d}x\mathrm{d}y = a^4$. 因此，

$$I = \oiint_\Sigma x^2 \mathrm{d}y\mathrm{d}z + \oiint_\Sigma y^2 \mathrm{d}z\mathrm{d}x + \oiint_\Sigma z^2 \mathrm{d}x\mathrm{d}y = 3a^4$$

例 9-28 计算 $J = \iint_\Sigma (x^2 + y^2) \mathrm{d}z\mathrm{d}x + z\mathrm{d}x\mathrm{d}y$，其中，$\Sigma$ 为锥面 $z = \sqrt{x^2 + y^2}$（$0 \leq z \leq 1$）在第一卦限部分的下侧.

解： 方法一：如图 9.19 所示，设投影域 $\sigma_{xy} = \{(x,y) | x^2 + y^2 \leq 1, x \geq 0, y \geq 0\}$，$\dfrac{\partial z}{\partial y} = \dfrac{y}{\sqrt{x^2 + y^2}}$.

$$J = \iint_\Sigma (x^2 + y^2) \mathrm{d}z\mathrm{d}x + z\mathrm{d}x\mathrm{d}y = -\iint_{\sigma_{xy}} \left[(x^2 + y^2)\left(-\frac{\partial z}{\partial y}\right) + \sqrt{x^2 + y^2} \right] \mathrm{d}x\mathrm{d}y$$

$$= -\iint_{\sigma_{xy}} \left(-y\sqrt{x^2 + y^2} + \sqrt{x^2 + y^2} \right) \mathrm{d}x\mathrm{d}y = \iint_{\sigma_{xy}} r^3 \sin\theta \mathrm{d}r\mathrm{d}\theta - \iint_{\sigma_{xy}} r^2 \mathrm{d}r\mathrm{d}\theta$$

$$= \int_0^{\frac{\pi}{2}} \sin\theta \mathrm{d}\theta \int_0^1 r^3 \mathrm{d}r - \int_0^{\frac{\pi}{2}} \mathrm{d}\theta \int_0^1 r^2 \mathrm{d}r = 1 \times \frac{1}{4} - \frac{\pi}{2} \times \frac{1}{3} = \frac{1}{4} - \frac{\pi}{6}$$

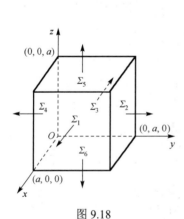

图 9.18

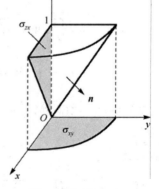

图 9.19

方法二：设投影域 $\sigma_{zx} = \{(x,z) | x \leq z \leq 1, 0 \leq x \leq 1\}$，则 Σ：$y = \sqrt{z^2 - x^2}$，$(x,z) \in \sigma_{zx}$，右侧.

$$J = \iint_\Sigma (x^2 + y^2) \mathrm{d}z\mathrm{d}x + z\mathrm{d}x\mathrm{d}y = \iint_\Sigma (x^2 + y^2) \mathrm{d}z\mathrm{d}x + \iint_\Sigma z\mathrm{d}x\mathrm{d}y$$

$$= \iint_{\sigma_{zx}} (x^2 + z^2 - x^2)\, \mathrm{d}z\mathrm{d}x - \iint_{\sigma_{xy}} \sqrt{x^2 + y^2}\, \mathrm{d}x\mathrm{d}y$$

$$= \int_0^1 \mathrm{d}x \int_x^1 z^2 \mathrm{d}z - \int_0^{\frac{\pi}{2}} \mathrm{d}\theta \int_0^1 r^2 \mathrm{d}r = \frac{1}{4} - \frac{\pi}{6}$$

设光滑曲面 S 的向量式参数方程为

$$\boldsymbol{r}(u,v) = x(u,v)\boldsymbol{i} + y(u,v)\boldsymbol{j} + z(u,v)\boldsymbol{k}, \quad (u,v) \in D$$

则单位法向量为 $\boldsymbol{n}_0 = \pm \dfrac{\boldsymbol{r}_u' \times \boldsymbol{r}_v'}{\left|\boldsymbol{r}_u' \times \boldsymbol{r}_v'\right|}$，其中

$$\boldsymbol{r}_u' \times \boldsymbol{r}_v' = \frac{\partial(y,z)}{\partial(u,v)}\boldsymbol{i} + \frac{\partial(z,x)}{\partial(u,v)}\boldsymbol{j} + \frac{\partial(x,y)}{\partial(u,v)}\boldsymbol{k}$$

面积微元为 $\mathrm{d}S = \left|\boldsymbol{r}_u' \times \boldsymbol{r}_v'\right|\mathrm{d}u\mathrm{d}v$，

$$\iint_S \boldsymbol{F} \cdot \mathrm{d}\boldsymbol{S} = \iint_S \boldsymbol{F} \cdot \boldsymbol{n}_0 \mathrm{d}S$$

$$= \pm \iint_{D_{uv}} \left[P\frac{\partial(y,z)}{\partial(u,v)} + Q\frac{\partial(z,x)}{\partial(u,v)} + R\frac{\partial(x,y)}{\partial(u,v)} \right] \cdot \frac{1}{\left|\boldsymbol{r}_u' \times \boldsymbol{r}_v'\right|} \cdot \left|\boldsymbol{r}_u' \times \boldsymbol{r}_v'\right| \mathrm{d}u\mathrm{d}v$$

$$= \pm \iint_{D_{uv}} \left[P\frac{\partial(y,z)}{\partial(u,v)} + Q\frac{\partial(z,x)}{\partial(u,v)} + R\frac{\partial(x,y)}{\partial(u,v)} \right] \mathrm{d}u\mathrm{d}v$$

$$= \pm \iint_{D_{uv}} \begin{vmatrix} P & Q & R \\ x_u' & y_u' & z_u' \\ x_v' & y_v' & z_v' \end{vmatrix} \mathrm{d}u\mathrm{d}v$$

若曲面 S 由显式 $z = z(x,y)$（$(x,y) \in D_{xy}$）表示，则有

$$\iint_S \boldsymbol{F} \cdot \mathrm{d}\boldsymbol{S} = \pm \iint_{D_{xy}} \begin{vmatrix} P & Q & R \\ 1 & 0 & z_x' \\ 0 & 1 & z_y' \end{vmatrix} \mathrm{d}x\mathrm{d}y = \pm \iint_{D_{xy}} [P(-z_x') + Q(-z_y') + R]\, \mathrm{d}x\mathrm{d}y$$

例 9-29 计算第二型曲面积分 $\iint_S x^3 \mathrm{d}y\mathrm{d}z + y^3 \mathrm{d}z\mathrm{d}x$，其中，$S$ 是上半椭球面 $\dfrac{x^2}{a^2} + \dfrac{y^2}{b^2} + \dfrac{z^2}{c^2} = 1$（$z \geqslant 0$）的上侧.

解：设 S 的参数方程为

$$\begin{cases} x = a\sin\varphi\cos\theta \\ y = b\sin\varphi\sin\theta, \quad (\theta,\varphi) \in \sigma_{\theta\varphi} = \left\{ (\theta,\varphi) \mid 0 \leqslant \theta \leqslant 2\pi, 0 \leqslant \varphi \leqslant \frac{\pi}{2} \right\} \\ z = c\cos\varphi \end{cases}$$

$$\frac{\partial(x,y)}{\partial(\varphi,\theta)} = \begin{vmatrix} a\cos\varphi\cos\theta & -a\sin\varphi\sin\theta \\ b\cos\varphi\sin\theta & b\sin\varphi\cos\theta \end{vmatrix} = ab\sin\varphi\cos\varphi > 0$$

符合 S 取上侧的题意，

$$\frac{\partial(y,z)}{\partial(\varphi,\theta)} = \begin{vmatrix} b\cos\varphi\sin\theta & b\sin\varphi\cos\theta \\ -c\sin\varphi & 0 \end{vmatrix} = bc\sin^2\varphi\cos\theta$$

$$\iint_S x^3 \mathrm{d}y\mathrm{d}z = \iint_{\sigma_{\theta\varphi}} a^3 \sin^3\varphi\cos^3\theta \cdot bc\sin^2\varphi\cos\theta\mathrm{d}\varphi\mathrm{d}\theta$$

$$= a^3bc\int_0^{2\pi}\cos^4\theta\mathrm{d}\theta\int_0^{\frac{\pi}{2}}\sin^5\varphi\mathrm{d}\varphi$$

$$= a^3bc\cdot\frac{3}{4}\pi\cdot\frac{8}{15} = \frac{2}{5}\pi a^3bc$$

同理可得，$\iint_S y^3\mathrm{d}z\mathrm{d}x = \frac{2}{5}\pi ab^3c$．因此，$I = \frac{2}{5}\pi abc(a^2+b^2)$．

例 9-30 求电场强度 $\boldsymbol{E} = \dfrac{q\boldsymbol{r}}{r^3}$ 通过球面 S：$x^2+y^2+z^2=R^2$ 外侧的电通量，其中，$\boldsymbol{r}$ 是径向向量，$\boldsymbol{r} = \{x,y,z\}$，$r = |\boldsymbol{r}| = \sqrt{x^2+y^2+z^2}$．

解： $\boldsymbol{n} = \{x,y,z\} = \boldsymbol{r}$，$\boldsymbol{n}^0 = \dfrac{1}{R}\{x,y,z\} = \dfrac{\boldsymbol{r}}{R}$，$\mathrm{d}\boldsymbol{S} = \boldsymbol{n}^0\mathrm{d}S$．

$$\varPhi = \oiint_S \boldsymbol{E}\cdot\mathrm{d}\boldsymbol{S} = \oiint_S \frac{q\boldsymbol{r}}{R^3}\cdot\frac{\boldsymbol{r}}{R}\mathrm{d}S = \frac{q}{R^4}\oiint_S R^2\mathrm{d}S$$

$$= \frac{q}{R^2}\oiint_S \mathrm{d}S = \frac{q}{R^2}\cdot 4\pi R^2 = 4\pi q$$

注： 本例说明电场强度通过球面的电通量与球面的半径无关.

例 9-31 计算第二型曲面积分 $\iint_S x\mathrm{d}y\mathrm{d}z + y\mathrm{d}z\mathrm{d}x + z\mathrm{d}x\mathrm{d}y$，其中，$S$ 是顶点为 $(1,0,0)$，$(0,1,0)$，$(0,0,1)$ 的三角形的上侧.

解： 方法一：设投影域 $\sigma_{xy} = \{(x,y)\,|\,0\leqslant y\leqslant 1-x, 0\leqslant x\leqslant 1\}$，则 S：$z = 1-x-y$，$(x,y)\in\sigma_{xy}$，上侧，则 $\dfrac{\partial z}{\partial x} = \dfrac{\partial z}{\partial y} = -1$．

$$\iint_S x\mathrm{d}y\mathrm{d}z + y\mathrm{d}z\mathrm{d}x + z\mathrm{d}x\mathrm{d}y = \iint_{\sigma_{xy}}[x\cdot 1 + y\cdot 1 + (1-x-y)]\mathrm{d}x\mathrm{d}y = \iint_{\sigma_{xy}}\mathrm{d}x\mathrm{d}y = \frac{1}{2}$$

方法二：$\boldsymbol{n} = \{1,1,1\}$，$\boldsymbol{n}^0 = \dfrac{1}{\sqrt{3}}\{1,1,1\}$，

$$\iint_S x\mathrm{d}y\mathrm{d}z + y\mathrm{d}z\mathrm{d}x + z\mathrm{d}x\mathrm{d}y = \iint_S\left(x\cdot\frac{1}{\sqrt{3}} + y\cdot\frac{1}{\sqrt{3}} + z\cdot\frac{1}{\sqrt{3}}\right)\mathrm{d}S$$

$$= \frac{1}{\sqrt{3}}\iint_S(x+y+z)\mathrm{d}S = \frac{1}{\sqrt{3}}\iint_S\mathrm{d}S = \frac{1}{\sqrt{3}}\cdot\frac{\sqrt{3}}{4}(\sqrt{2})^2 = \frac{1}{2}$$

例 9-32 计算第二型曲面积分 $\iint_S(2x+z)\mathrm{d}y\mathrm{d}z + z\mathrm{d}x\mathrm{d}y$，其中，$S$ 是曲面 $z = x^2+y^2$（$0\leqslant z\leqslant 1$）的下侧.

解： 设投影域 $\sigma_{xy} = \{(x,y)\,|\,x^2+y^2\geqslant 1\}$，$\dfrac{\partial z}{\partial x} = 2x$，则

$$\iint_S(2x+z)\mathrm{d}y\mathrm{d}z + z\mathrm{d}x\mathrm{d}y = -\iint_{\sigma_{xy}}\left[(2x+x^2+y^2)\cdot\left(-\frac{\partial z}{\partial x}\right) + (x^2+y^2)\right]\mathrm{d}x\mathrm{d}y$$

$$= 4\iint_{\sigma_{xy}} x^2 \mathrm{d}x\mathrm{d}y + 2\iint_{\sigma_{xy}} (x^2 + y^2)x\mathrm{d}x\mathrm{d}y - \iint_{\sigma_{xy}} (x^2 + y^2)\,\mathrm{d}x\mathrm{d}y$$

$$= 2\iint_{\sigma_{xy}} (x^2 + y^2)\,\mathrm{d}x\mathrm{d}y + 0 - \iint_{\sigma_{xy}} (x^2 + y^2)\,\mathrm{d}x\mathrm{d}y$$

$$= \iint_{\sigma_{xy}} (x^2 + y^2)\,\mathrm{d}x\mathrm{d}y$$

$$= \int_0^{2\pi} \mathrm{d}\theta \int_0^1 r^3 \mathrm{d}r = \frac{\pi}{2}$$

例 9-33　计算第二型曲面积分 $\iint_S x^2 \mathrm{d}y\mathrm{d}z + y^2 \mathrm{d}z\mathrm{d}x + z^2 \mathrm{d}x\mathrm{d}y$，其中，$S$ 是上半球面 $x^2 + y^2 + z^2 = R^2$（$R > 0$，$z \geqslant 0$）的上侧.

解： $\boldsymbol{n} = \{x, y, z\}$，$\boldsymbol{n}^0 = \dfrac{1}{R}\{x, y, z\}$，$\mathrm{d}\boldsymbol{S} = \boldsymbol{n}^0 \mathrm{d}S = \dfrac{\mathrm{d}S}{R}\{x, y, z\}$.

$$\iint_S x^2 \mathrm{d}y\mathrm{d}z + y^2 \mathrm{d}z\mathrm{d}x + z^2 \mathrm{d}x\mathrm{d}y = \frac{1}{R}\iint_S (x^3 + y^3 + z^3)\mathrm{d}S$$

$$= \frac{1}{R}\iint_S z^3 \mathrm{d}S = \frac{1}{R}\iint_S R^3 \cos^3 \varphi \cdot R^2 \sin \varphi \mathrm{d}\varphi \mathrm{d}\theta$$

$$= R^4 \int_0^{2\pi} \mathrm{d}\theta \int_0^{\frac{\pi}{2}} \cos^3 \varphi \sin \varphi \mathrm{d}\varphi = R^4 \cdot 2\pi \cdot \frac{1}{4} = \frac{\pi}{2} R^4$$

 习题 9.5

1. 计算曲面积分 $\iint_{\Sigma} (z - 1)\mathrm{d}x\mathrm{d}y$，其中，$\Sigma$ 是球面 $x^2 + y^2 + z^2 = 1$ 在第一卦限部分的内侧.

2. 计算 $\iint_S xyz^2 \mathrm{d}x\mathrm{d}y$，其中，$S$ 是球面 $x^2 + y^2 + z^2 = 1$ 在 $x \geqslant 0, y \geqslant 0$ 的部分的外侧.

3. 计算 $\iint_S x\mathrm{d}y\mathrm{d}z + y\mathrm{d}z\mathrm{d}x + z\mathrm{d}x\mathrm{d}y$，其中，$S$ 是旋转抛物面 $z = x^2 + y^2$（$z \leqslant 1$ 部分）的上侧.

4. 计算 $\oiint_S (x + y + z)\mathrm{d}x\mathrm{d}y - (y - z)\mathrm{d}y\mathrm{d}z$，其中，$S$ 是三个坐标面与平面 $x = 1, y = 1, z = 1$ 围成正方体表面的外侧.

5. 设有流速场 $\boldsymbol{v} = x\boldsymbol{i} + y\boldsymbol{j} + z\boldsymbol{k}$.
（1）求穿过锥面 $\Sigma_1 : x^2 + y^2 = z^2$（$0 \leqslant z \leqslant h$）向下侧的净流量 I_1.
（2）穿过平面 $\Sigma_2 : z = h$（$x^2 + y^2 \leqslant h$）向上侧的净流量 I_2.

6. 计算 $\oiint_S \dfrac{x\mathrm{d}y\mathrm{d}z + z^2 \mathrm{d}x\mathrm{d}y}{x^2 + y^2 + z^2}$，其中，$S$ 是由圆柱面 $x^2 + y^2 = R^2$ 及两平面 $z = R, z = -R$（$R > 0$）围成立体表面的外侧.

7. 计算 $\iint_S \boldsymbol{F} \cdot \mathrm{d}\boldsymbol{S}$，其中，$\boldsymbol{F} = \dfrac{x\boldsymbol{i} + y\boldsymbol{j} + z\boldsymbol{k}}{\sqrt{x^2 + y^2 + z^2}}$，$S$ 是上半球面 $z = (R^2 - x^2 - y^2)^{\frac{1}{2}}$ 的下侧.

8. 设 σ_{xy} 是曲面 S 在 xOy 平面上的投影域，问 $\iint_S f(x, y)\mathrm{d}x\mathrm{d}y = \iint_{\sigma_{xy}} f(x, y)\mathrm{d}x\mathrm{d}y$ 是否成立，为什么？

9.6 高斯公式、通量与散度

在 9.3 节中，我们通过格林公式揭示了平面区域 D 上的二重积分与其边界 ∂D 上的第二型曲线积分之间的联系，并引入了环量、旋度等场论概念，解释了闭曲线上第二型曲线积分的场论意义. 类似地，本节将通过高斯公式揭示空间区域 Ω 上的三重积分与其边界 $\partial \Omega$ 上的第二型曲面积分之间的联系，并引入通量、散度等场论概念，解释闭曲面上第二型曲面积分的场论意义.

9.6.1 高斯公式

定理 9.3 设空间闭区域 V 由分片光滑的闭曲面 Σ 围成，函数 $P(x,y,z), Q(x,y,z),$ $R(x,y,z)$ 在 V 上有连续的一阶偏导数，则有高斯公式

$$\oiint_{\Sigma_{\text{外}}} P(x,y,z)\mathrm{d}y\mathrm{d}z + Q(x,y,z)\mathrm{d}z\mathrm{d}x + R(x,y,z)\mathrm{d}x\mathrm{d}y = \iiint_V \left(\frac{\partial P}{\partial x} + \frac{\partial Q}{\partial y} + \frac{\partial R}{\partial z} \right) \mathrm{d}x\mathrm{d}y\mathrm{d}z \quad (9.6)$$

注：证明的思路与格林公式类似，在定理 9.3 的条件下，分别证明以下三式成立：

$$\oiint_{\Sigma_{\text{外}}} P(x,y,z)\mathrm{d}y\mathrm{d}z = \iiint_V \frac{\partial P}{\partial x} \mathrm{d}x\mathrm{d}y\mathrm{d}z \quad (9.7)$$

$$\oiint_{\Sigma_{\text{外}}} Q(x,y,z)\mathrm{d}z\mathrm{d}x = \iiint_V \frac{\partial Q}{\partial y} \mathrm{d}x\mathrm{d}y\mathrm{d}z \quad (9.8)$$

$$\oiint_{\Sigma_{\text{外}}} R(x,y,z)\mathrm{d}x\mathrm{d}y = \iiint_V \frac{\partial R}{\partial z} \mathrm{d}x\mathrm{d}y\mathrm{d}z \quad (9.9)$$

以式（9.9）为例，首先证明该式在 (x,y)-型区域 $\{(x,y,z)\,|\, z_1(x,y) \leq z \leq z_2(x,y), (x,y) \in \sigma_{xy}\}$ 上成立，然后证明在单连通区域上成立，最后证明在复连通区域上成立. 后两步需要分割区域，分割的界面在相邻的区域方向相反，因此最终在求和时互相抵消.

下面仅证式（9.9）及 $V = \{(x,y,z)\,|\, z_1(x,y) \leq z \leq z_2(x,y), (x,y) \in \sigma_{xy}\}$ 的情形.

证明：如图 9.20 所示，V 的表面 $\Sigma_{\text{外}}$ 可以分为 Σ_1：$z = z_1(x,y)$，$(x,y) \in \sigma_{xy}$，下侧；Σ_2：$z = z_2(x,y)$，$(x,y) \in \sigma_{xy}$，上侧；Σ_3，外侧.

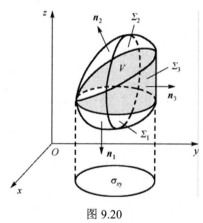

图 9.20

$$\oiint_{\Sigma_{\text{外}}} R(x,y,z)\mathrm{d}x\mathrm{d}y = \iint_{\Sigma_1} R(x,y,z)\mathrm{d}x\mathrm{d}y + \iint_{\Sigma_2} R(x,y,z)\mathrm{d}x\mathrm{d}y + \iint_{\Sigma_3} R(x,y,z)\mathrm{d}x\mathrm{d}y$$

$$= -\iint_{\sigma_{xy}} R(x,y,z_1(x,y))\mathrm{d}x\mathrm{d}y + \iint_{\sigma_{xy}} R(x,y,z_2(x,y))\mathrm{d}x\mathrm{d}y + 0$$

$$= \iint_{\sigma_{xy}} [R(x,y,z_2(x,y)) - R(x,y,z_1(x,y))]\,\mathrm{d}x\mathrm{d}y$$

$$\iiint_V \frac{\partial R}{\partial z}\,\mathrm{d}x\mathrm{d}y\mathrm{d}z = \iint_{\sigma_{xy}} \mathrm{d}x\mathrm{d}y = \iint_{\sigma_{xy}} [R(x,y,z_2(x,y)) - R(x,y,z_1(x,y))]\,\mathrm{d}x\mathrm{d}y$$

因此，式（9.9）成立.

推论 $\oiint_{\Sigma_{\text{外}}} x\mathrm{d}y\mathrm{d}z = \oiint_{\Sigma_{\text{外}}} y\mathrm{d}z\mathrm{d}x = \oiint_{\Sigma_{\text{外}}} z\mathrm{d}x\mathrm{d}y = \iiint_V \mathrm{d}V = V$，其中，$V$ 是由 $\Sigma_{\text{外}}$ 包围的立体.

例 9-34 计算 $\oiint_S \dfrac{x\,\mathrm{d}y\mathrm{d}z + y\mathrm{d}z\mathrm{d}x + z\mathrm{d}x\mathrm{d}y}{\sqrt{x^2+y^2+z^2}}$，其中，$S$ 为球面 $x^2+y^2+z^2=a^2$（$a>0$）的

外侧.

解：方法一：

$$\oiint_S \frac{x\mathrm{d}y\mathrm{d}z + y\mathrm{d}z\mathrm{d}x + z\mathrm{d}x\mathrm{d}y}{\sqrt{x^2+y^2+z^2}} = \frac{1}{a}\oiint_S x\mathrm{d}y\mathrm{d}z + y\mathrm{d}z\mathrm{d}x + z\mathrm{d}x\mathrm{d}y$$

$$= \frac{1}{a}\iiint_V 3\mathrm{d}V = \frac{3}{a}\cdot\frac{4}{3}\pi a^3 = 4\pi a^2$$

方法二： 在 S 上，$\boldsymbol{n} = \{x,y,z\}$，$\boldsymbol{n}^0 = \dfrac{1}{a}\{x,y,z\}$，

$$\oiint_S \frac{x\mathrm{d}y\mathrm{d}z + y\mathrm{d}z\mathrm{d}x + z\mathrm{d}x\mathrm{d}y}{\sqrt{x^2+y^2+z^2}} = \frac{1}{a}\oiint_S (x\cos\alpha + y\cos\beta + z\cos\gamma)\mathrm{d}S$$

$$= \frac{1}{a}\oiint_S \frac{x^2+y^2+z^2}{a}\mathrm{d}S = \frac{1}{a}\oiint_S \frac{a^2}{a}\mathrm{d}S = \oiint_S \mathrm{d}S = 4\pi a^2$$

例 9-35 计算 $I = \iint_\Sigma x\mathrm{d}y\mathrm{d}z + y\mathrm{d}z\mathrm{d}x + (z^2-2z)\mathrm{d}x\mathrm{d}y$，其中，$\Sigma$

为锥面 $z = \sqrt{x^2+y^2}$ 夹在 $0 \leqslant z \leqslant 1$ 之间部分的上侧.

解：方法一（投影法）： 如图 9.21 所示，Σ 在 xOy 平面的投

影域为

$$\sigma_{xy} = \{(x,y)|\ x^2+y^2 \leqslant 1\},\quad \frac{\partial z}{\partial x} = \frac{x}{\sqrt{x^2+y^2}},\quad \frac{\partial z}{\partial y} = \frac{y}{\sqrt{x^2+y^2}}$$

则

$$I = \iint_\Sigma x\mathrm{d}y\mathrm{d}z + y\mathrm{d}z\mathrm{d}x + (z^2-2z)\mathrm{d}x\mathrm{d}y$$

$$= \iint_{\sigma_{xy}} \left[x\cdot\left(-\frac{\partial z}{\partial x}\right) + y\cdot\left(-\frac{\partial z}{\partial y}\right) + \left(x^2+y^2-2\sqrt{x^2+y^2}\right) \right]\mathrm{d}x\mathrm{d}y$$

$$= \iint_{\sigma_{xy}} \left[\frac{-x^2-y^2}{\sqrt{x^2+y^2}} + (x^2+y^2) - 2\sqrt{x^2+y^2} \right]\mathrm{d}x\mathrm{d}y$$

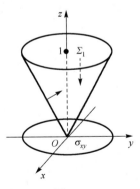

图 9.21

$$= \iint_{\sigma_{xy}} (x^2 + y^2)\, dxdy - 3\iint_{\sigma_{xy}} \sqrt{x^2 + y^2}\, dxdy$$

$$= \int_0^{2\pi} d\theta \int_0^1 r^3 dr - 3\int_0^{2\pi} d\theta \int_0^1 r^2 dr = 2\pi \cdot \frac{1}{4} - 3 \cdot 2\pi \cdot \frac{1}{3} = -\frac{3}{2}\pi$$

方法二（高斯公式法）：设 Σ_1：$z = 1$，$(x, y) \in \sigma_{xy}$，下侧，则由高斯公式可知

$$I = \oiint_{\Sigma+\Sigma_1} x\,dydz + y\,dzdx + (z^2 - 2z)\,dxdy - \iint_{\Sigma_1} x\,dydz + y\,dzdx + (z^2 - 2z)\,dxdy$$

$$= -\iiint_V (1 + 1 + 2z - 2)\, dV - \iint_{\Sigma_1} (1^2 - 2\cdot 1)\, dxdy$$

$$= -2\int_0^1 z\,dz \iint_{\sigma_z} dxdy - \iint_{\sigma_{xy}} dxdy$$

$$= -2\pi \int_0^1 z^3 dz - \pi = -\frac{1}{2}\pi - \pi = -\frac{3}{2}\pi$$

例 9-36 设函数 $f(u)$ 具有连续的导数，计算

$$J = \oiint_\Sigma x^3 dydz + [y^3 + yf(yz)]dzdx + [z^3 - zf(yz)]dxdy$$

其中，Σ 是锥面 $x = \sqrt{y^2 + z^2}$ 和球面 $x = \sqrt{1 - y^2 - z^2}$ 与 $x = \sqrt{4 - y^2 - z^2}$ 所围立体的表面外侧.

解：如图 9.22 所示，设 $\begin{cases} x = \rho\cos\varphi \\ y = \rho\sin\varphi\cos\theta \\ z = \rho\sin\varphi\sin\theta \end{cases}$，则 Σ 所围立体

$$V = \left\{ (\theta, \varphi, \rho)\, \Big|\, 0 \leqslant \theta \leqslant 2\pi, 0 \leqslant \varphi \leqslant \frac{\pi}{4}, 1 \leqslant \rho \leqslant 2 \right\}$$

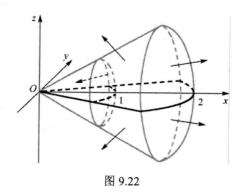

图 9.22

由高斯公式可知

$$J = \iiint_V [3x^2 + 3y^2 + f(yz) + yzf'(yz) + 3z^2 - f(yz) - yzf'(yz)]\, dV$$

$$= 3\iiint_V (x^2 + y^2 + z^2)\, dV = 3\iiint_V \rho^2 \cdot \rho^2 \sin\varphi\, d\rho d\varphi d\theta$$

$$= 3\int_0^{2\pi} d\theta \int_0^{\frac{\pi}{4}} \sin\varphi\, d\varphi \int_1^2 \rho^4 d\rho = 3 \cdot 2\pi \cdot \left(1 - \frac{\sqrt{2}}{2} \right) \cdot \frac{31}{5} = \frac{93(2 - \sqrt{2})}{5}\pi$$

例 9-37 设空间有界闭区域 V（V 也表示它的体积）关于平面 $x = 0$ 和平面 $y = x$ 都对称，

S 为 V 的表面外侧，$f(t)$ 为连续可微函数，试证：

$$\oiint_S f(x)yz^2\mathrm{d}y\mathrm{d}z - xf(y)z^2\mathrm{d}z\mathrm{d}x + z[1+xyf(z)]\mathrm{d}x\mathrm{d}y = V$$

证明： 由高斯公式得

$$\oiint_S f(x)yz^2\mathrm{d}y\mathrm{d}z - xf(y)z^2\mathrm{d}z\mathrm{d}x + z[1+xyf(z)]\mathrm{d}x\mathrm{d}y$$

$$= \iiint_V [yz^2 f'(x) - xz^2 f'(y) + 1 + xyf(z) + xyzf'(z)]\,\mathrm{d}V$$

因为 V 关于平面 $x=0$ 对称，所以

$$\iiint_V xz^2 f'(y)\mathrm{d}V = \iiint_V xyf(z)\mathrm{d}V = \iiint_V xyzf'(z)\mathrm{d}V = 0$$

因为 V 关于平面 $y=x$ 对称，所以由对换对称性可知

$$\iiint_V yz^2 f'(x)\mathrm{d}V = \iiint_V xz^2 f'(y)\mathrm{d}V = 0$$

综上，

$$\iiint_V [yz^2 f'(x) - xz^2 f'(y) + 1 + xyf(z) + xyzf'(z)]\,\mathrm{d}V = \iiint_V \mathrm{d}V = V$$

9.6.2 向量场的通量与散度

在 9.5 节引入第二型曲面积分时，我们已经知道不可压缩流体的流速场 $v(M)$ 穿过有向曲面 Σ 到指定一侧的净流量可通过第二型曲面积分表示为 $\varPhi = \iint_\Sigma v \cdot \mathrm{d}S$. 不仅是流速场的净流量，电场强度场、磁感应强度场等其他向量场同样需要计算穿过有向曲面的电通量、磁感应强度通量等物理量. 为此，对一般的向量场，我们有如下定义.

定义 9.3 在向量场 $F(M)$ 中，设 Σ 为一有向曲面片，称曲面积分 $\varPhi = \iint_\Sigma F \cdot \mathrm{d}S$ 为向量场 $F(M)$ 穿过有向曲面 Σ 到指定一侧的**通量.**

类似于流速场，对闭曲面 Σ 的外侧，若 $\varPhi > 0$，则称 V 内有"源"；若 $\varPhi < 0$，则称 V 内有"洞"；若 $\varPhi = 0$，则称 V 内"源"与"洞"相抵.

在 9.3 节中，我们知道平面闭曲线上的环量是闭曲线所围区域内旋度累积的结果. 类似地，穿过闭曲面的通量也是闭曲面所围区域内散度累积的结果. 下面，我们给出散度的定义.

定义 9.4 设 M 为向量场 $F(M)$ 内一点，任意作一个包围点 M 的小闭曲面 Σ（法向量向外），记 ΔV 表示曲面 Σ 包围的立体及其体积，$\Sigma \to M$ 表示 Σ 收缩到点 M（$\max\limits_{P \in \Sigma}\{d(P,M)\}$ $\to 0^+$），若极限 $\lim\limits_{\Sigma \to M} \dfrac{\oiint_\Sigma F \cdot \mathrm{d}S}{\Delta V}$ 存在，且与 Σ 的收缩方式无关，则称此极限值为向量场 $F(M)$ 在点 M 处的**散度**，记作 $\mathrm{div}\,F(M)$.

注： 散度 $\mathrm{div}\,F(M)$ 是由向量场确定的数量场，是通量的体密度，且与坐标系的选取无关.

在直角坐标系下，向量场 $F = \{P(x,y,z), Q(x,y,z), R(x,y,z)\}$，由高斯公式可知

$$\text{div}\boldsymbol{F}(M) = \lim_{\Sigma \to M} \frac{\oiint_{\Sigma} \boldsymbol{F} \cdot \mathrm{d}\boldsymbol{S}}{\Delta V} = \lim_{\Sigma \to M} \frac{\iiint_{\Delta V} \left(\dfrac{\partial P}{\partial x} + \dfrac{\partial Q}{\partial y} + \dfrac{\partial R}{\partial z} \right) \mathrm{d}V}{\Delta V}$$

$$= \lim_{\Sigma \to M} \frac{1}{\Delta V} \cdot \left(\frac{\partial P}{\partial x} + \frac{\partial Q}{\partial y} + \frac{\partial R}{\partial z} \right)\bigg|_{M^*} \cdot \Delta V$$

$$= \lim_{\Sigma \to M} \left(\frac{\partial P}{\partial x} + \frac{\partial Q}{\partial y} + \frac{\partial R}{\partial z} \right)\bigg|_{M^*} \quad (\text{由分中值定理，} M^* \text{是} \Sigma \text{包围区域内一点})$$

$$= \left(\frac{\partial P}{\partial x} + \frac{\partial Q}{\partial y} + \frac{\partial R}{\partial z} \right)\bigg|_{M}$$

即

$$\text{div}\,\boldsymbol{F}(M) = \left(\frac{\partial P}{\partial x} + \frac{\partial Q}{\partial y} + \frac{\partial R}{\partial z} \right)\bigg|_{M} = (\nabla \cdot \boldsymbol{F})\big|_{M} \tag{9.10}$$

是直角坐标系下散度的计算公式，其中，$\nabla = \left\{ \dfrac{\partial}{\partial x}, \dfrac{\partial}{\partial y}, \dfrac{\partial}{\partial z} \right\}$。

高斯公式可以表示为向量形式 $\oiint_{\Sigma} \boldsymbol{F} \cdot \mathrm{d}\boldsymbol{S} = \iiint_{V} \text{div}\boldsymbol{F}\mathrm{d}V = \iiint_{V} \nabla \cdot \boldsymbol{F}\mathrm{d}V$。其物理意义是，通过有向闭曲面 Σ（向外）的通量等于 Σ 所围区域 V 内各点散度的体积积分。这一点完全类似平面向量场的环量与旋度的关系。

无源场中，$\text{div}\,\boldsymbol{F}(M) \equiv 0$。

在无源场的空间单连通区域内，$\oiint_{\Sigma} \boldsymbol{F} \cdot \mathrm{d}\boldsymbol{S} = 0$。此时，区域内的任何曲面上的第二型曲面积分仅与曲面的边界线 Γ 有关，而与曲面的形状无关。

由式（9.10）和偏导数的计算法则，不难证明（留作练习）散度具有下列运算性质：

(i) $\text{div}\,(k_1\boldsymbol{F}_1 + k_2\boldsymbol{F}_2) = k_1 \text{div}\,\boldsymbol{F}_1 + k_2 \text{div}\,\boldsymbol{F}_2$，其中，$k_1, k_2 \in \mathbb{R}$；

(ii) $\text{div}\,(u\boldsymbol{F}) = u\,\text{div}\,\boldsymbol{F} + \boldsymbol{F} \cdot \text{grad}\,u$，其中，$u$ 为数量函数。

9.6.3 第二型曲面积分的三个等价条件

定理 9.4 在一个单连通区域 G 内函数 $P(x, y, z)$，$Q(x, y, z)$，$R(x, y, z)$ 一阶偏导数连续，则以下三个条件等价：

1° 区域 G 内的有向闭合曲面 Σ，恒有积分

$$\oiint_{\Sigma} P(x, y, z)\mathrm{d}y\mathrm{d}z + Q(x, y, z)\mathrm{d}z\mathrm{d}x + R(x, y, z)\mathrm{d}x\mathrm{d}y = 0$$

2° 若区域 G 内的有向曲面 Σ_1 与 Σ_2 的边界相同，取向一致，则有

$$\iint_{\Sigma_1} P(x, y, z)\mathrm{d}y\mathrm{d}z + Q(x, y, z)\mathrm{d}z\mathrm{d}x + R(x, y, z)\mathrm{d}x\mathrm{d}y$$

$$= \iint_{\Sigma_2} P(x, y, z)\mathrm{d}y\mathrm{d}z + Q(x, y, z)\mathrm{d}z\mathrm{d}x + R(x, y, z)\mathrm{d}x\mathrm{d}y$$

3° 在区域 G 内，恒有 $\dfrac{\partial P}{\partial x} + \dfrac{\partial Q}{\partial y} + \dfrac{\partial R}{\partial z} = 0$ 成立。

证明：（1）$1° \Rightarrow 3°$.

任取区域 G 内一点 $M(x,y,z)$，再取一个包含点 M 的闭合曲面 Σ（不妨取外侧），由高斯公式得

$$\oiint_{\Sigma} P(x,y,z)\mathrm{d}y\mathrm{d}z + Q(x,y,z)\mathrm{d}z\mathrm{d}x + R(x,y,z)\mathrm{d}x\mathrm{d}y$$

$$= \iiint_{V} \left(\frac{\partial P}{\partial x} + \frac{\partial Q}{\partial y} + \frac{\partial R}{\partial z} \right) \mathrm{d}V = 0$$

由积分中值定理，有

$$\iiint_{V} \left(\frac{\partial P}{\partial x} + \frac{\partial Q}{\partial y} + \frac{\partial R}{\partial z} \right) \mathrm{d}V = \left(\frac{\partial P}{\partial x} + \frac{\partial Q}{\partial y} + \frac{\partial R}{\partial z} \right)\Bigg|_{M^*(\xi,\eta,\zeta)} \cdot V = 0$$

其中，$M^*(\xi,\eta,\zeta) \in V$，所以 $\left(\dfrac{\partial P}{\partial x} + \dfrac{\partial Q}{\partial y} + \dfrac{\partial R}{\partial z} \right)\Bigg|_{M^*(\xi,\eta,\zeta)} = 0$. 因此，由 $\dfrac{\partial P}{\partial x} + \dfrac{\partial Q}{\partial y} + \dfrac{\partial R}{\partial z}$ 的连续性，有

$$\lim_{\Sigma \to M} \left(\frac{\partial P}{\partial x} + \frac{\partial Q}{\partial y} + \frac{\partial R}{\partial z} \right)\Bigg|_{M^*(\xi,\eta,\zeta)} = \left(\frac{\partial P}{\partial x} + \frac{\partial Q}{\partial y} + \frac{\partial R}{\partial z} \right)\Bigg|_{M(x,y,z)} = 0$$

（2）$3° \Rightarrow 2°$.

Σ_1 与 Σ_2^- 构成一个封闭曲面（不妨设取外侧），由高斯公式及 $3°$ 得

$$\oiint_{\Sigma_1 + \Sigma_2^-} P(x,y,z)\mathrm{d}y\mathrm{d}z + Q(x,y,z)\mathrm{d}z\mathrm{d}x + R(x,y,z)\mathrm{d}x\mathrm{d}y$$

$$= \iiint_{V} \left(\frac{\partial P}{\partial x} + \frac{\partial Q}{\partial y} + \frac{\partial R}{\partial z} \right) \mathrm{d}V = 0$$

所以

$$\iint_{\Sigma_1} P(x,y,z)\mathrm{d}y\mathrm{d}z + Q(x,y,z)\mathrm{d}z\mathrm{d}x + R(x,y,z)\mathrm{d}x\mathrm{d}y$$

$$= \iint_{\Sigma_2} P(x,y,z)\mathrm{d}y\mathrm{d}z + Q(x,y,z)\mathrm{d}z\mathrm{d}x + R(x,y,z)\mathrm{d}x\mathrm{d}y$$

（3）$2° \Rightarrow 1°$.

取 Σ 上的一条闭合曲线，将 Σ 分为 Σ_1 与 Σ_2 两部分，则 Σ_1 与 Σ_2^- 有相同的边界且取向相同. 由 $2°$ 可知

$$\iint_{\Sigma_1} P(x,y,z)\mathrm{d}y\mathrm{d}z + Q(x,y,z)\mathrm{d}z\mathrm{d}x + R(x,y,z)\mathrm{d}x\mathrm{d}y$$

$$= \iint_{\Sigma_2^-} P(x,y,z)\mathrm{d}y\mathrm{d}z + Q(x,y,z)\mathrm{d}z\mathrm{d}x + R(x,y,z)\mathrm{d}x\mathrm{d}y$$

因此，

$$\oiint_{\Sigma_1 + \Sigma_2} P(x,y,z)\mathrm{d}y\mathrm{d}z + Q(x,y,z)\mathrm{d}z\mathrm{d}x + R(x,y,z)\mathrm{d}x\mathrm{d}y = 0$$

若向量场 $\boldsymbol{F}(M)$ 满足定理 9.4 的条件 $3°$，即各点的散度均为零，则称该场为**无源场**. 由条件 $1°$ 与条件 $3°$ 的等价性可知，在无源场的空间单连通区域内，对任何闭曲面 Σ，都有

$$\oiint_{\Sigma} \boldsymbol{F} \cdot \mathrm{d}\boldsymbol{S} = 0 .$$ 由条件 2° 与条件 3° 的等价性可知，在无源场的空间单连通区域内，任何曲面上的第二型曲面积分仅与曲面的边界线 Γ 有关，而与曲面的形状无关，即在此区域内，以闭曲线 Γ 为边界所张开的任何曲面上，通量都相等.

例 9-38 计算 $\displaystyle\oiint_{\Sigma} \frac{x\mathrm{d}y\mathrm{d}z + y\mathrm{d}z\mathrm{d}x + z\mathrm{d}x\mathrm{d}y}{(x^2 + y^2 + z^2)^{\frac{3}{2}}}$，其中，$\Sigma$：$\dfrac{x^2}{2} + \dfrac{y^2}{3} + \dfrac{z^2}{4} = 1$ 的内侧.

解： 设 $P(x,y,z) = \dfrac{x}{(x^2 + y^2 + z^2)^{\frac{3}{2}}}$，$Q(x,y,z) = \dfrac{y}{(x^2 + y^2 + z^2)^{\frac{3}{2}}}$，$R(x,y,z) = \dfrac{z}{(x^2 + y^2 + z^2)^{\frac{3}{2}}}$，

则

$$\frac{\partial P}{\partial x} = \frac{(x^2 + y^2 + z^2)^{\frac{3}{2}} - x \cdot \frac{3}{2}(x^2 + y^2 + z^2)^{\frac{1}{2}} \cdot 2x}{(x^2 + y^2 + z^2)^3} = \frac{y^2 + z^2 - 2x^2}{(x^2 + y^2 + z^2)^{\frac{5}{2}}}$$

同理可得

$$\frac{\partial Q}{\partial y} = \frac{x^2 + z^2 - 2y^2}{(x^2 + y^2 + z^2)^{\frac{5}{2}}}, \quad \frac{\partial R}{\partial z} = \frac{x^2 + y^2 - 2z^2}{(x^2 + y^2 + z^2)^{\frac{5}{2}}}$$

因此，$\dfrac{\partial P}{\partial x} + \dfrac{\partial Q}{\partial y} + \dfrac{\partial R}{\partial z} = 0$.

设 Σ_1：$x^2 + y^2 + z^2 = 1$，内侧，则

$$\oiint_{\Sigma} \frac{x\mathrm{d}y\mathrm{d}z + y\mathrm{d}z\mathrm{d}x + z\mathrm{d}x\mathrm{d}y}{(x^2 + y^2 + z^2)^{\frac{3}{2}}} = \oiint_{\Sigma + \Sigma_1^-} \frac{x\mathrm{d}y\mathrm{d}z + y\mathrm{d}z\mathrm{d}x + z\mathrm{d}x\mathrm{d}y}{(x^2 + y^2 + z^2)^{\frac{3}{2}}} - \oiint_{\Sigma_1^-} \frac{x\mathrm{d}y\mathrm{d}z + y\mathrm{d}z\mathrm{d}x + z\mathrm{d}x\mathrm{d}y}{(x^2 + y^2 + z^2)^{\frac{3}{2}}}$$

$$= -\iiint_{V_1} \left(\frac{\partial P}{\partial x} + \frac{\partial Q}{\partial y} + \frac{\partial R}{\partial z} \right) \mathrm{d}x\mathrm{d}y\mathrm{d}z + \oiint_{\Sigma_1} \frac{x\mathrm{d}y\mathrm{d}z + y\mathrm{d}z\mathrm{d}x + z\mathrm{d}x\mathrm{d}y}{(x^2 + y^2 + z^2)^{\frac{3}{2}}}$$

$$= -\iiint_{V_1} 0 \mathrm{d}x\mathrm{d}y\mathrm{d}z + \oiint_{\Sigma_1} x\mathrm{d}y\mathrm{d}z + y\mathrm{d}z\mathrm{d}x + z\mathrm{d}x\mathrm{d}y$$

$$= 0 - \iiint_{V_2} 3\mathrm{d}x\mathrm{d}y\mathrm{d}z = (-3) \cdot \frac{4}{3}\pi \cdot 1^3 = -4\pi$$

 **习题 9.6**

1. 试证光滑闭曲面 S 所围立体的体积 $V = \dfrac{1}{3}\oiint_{S} [x\cos\alpha + y\cos\beta + z\cos\gamma]\mathrm{d}S$，其中，$\cos\alpha$，$\cos\beta, \cos\gamma$ 为曲面 S 的外法向量方向余弦.

2. 计算 $\displaystyle\oiint_{\Sigma} xz^2\mathrm{d}y\mathrm{d}z + yx^2\mathrm{d}z\mathrm{d}x + zy^2\mathrm{d}x\mathrm{d}y$，其中，$\Sigma$ 为球面 $x^2 + y^2 + z^2 = a^2$ 的外侧.

3. 计算 $\displaystyle\oiint_{\Sigma} xz\mathrm{d}y\mathrm{d}z + x^2 y\mathrm{d}z\mathrm{d}x + y^2 z\mathrm{d}x\mathrm{d}y$，其中，$\Sigma$ 是由旋转抛物面 $z = x^2 + y^2$，圆柱面 $x^2 + y^2 = 1$ 和坐标面在第一卦限所围立体表面的外侧.

4. 设函数 $f(u)$ 有连续的导数，计算曲面积分

$$\oiint_{\Sigma} \frac{x}{y} f\left(\frac{x}{y}\right) \mathrm{d}y\mathrm{d}z + f\left(\frac{x}{y}\right) \mathrm{d}z\mathrm{d}x + \left[z - \frac{z}{y} f\left(\frac{x}{y}\right)\right] \mathrm{d}x\mathrm{d}y$$

其中，Σ 是由 $y = x^2 + z^2 + 1$ 和 $y = 9 - x^2 - z^2$ 所围立体表面的外侧.

5. 计算 $\iint_S x^3 \mathrm{d}y\mathrm{d}z + y^3 \mathrm{d}z\mathrm{d}x + z^3 \mathrm{d}x\mathrm{d}y$，其中，$S$ 是曲面 $z = \sqrt{x^2 + y^2}$（$0 \leqslant z \leqslant h$）的下侧.

6. 计算 $\iint_S (8y+1)x\mathrm{d}y\mathrm{d}z + 2(1-y)^2\mathrm{d}z\mathrm{d}x - 4yz\mathrm{d}x\mathrm{d}y$，其中，$S$ 是由曲线 $\begin{cases} z = \sqrt{y-1} \\ x = 0 \end{cases}$（$1 \leqslant y \leqslant 3$）绕 y 轴旋转一周生成的曲面，它的法向量与 y 轴正向夹角恒大于 $\dfrac{\pi}{2}$.

7. 计算 $\iint_S x^2\mathrm{d}y\mathrm{d}z + y^2\mathrm{d}z\mathrm{d}x + 2cz\mathrm{d}x\mathrm{d}y$，其中，$S$ 是上半球面 $z = \sqrt{R^2 - (x-a)^2 - (y-b)^2}$ 的下侧.

8. 设 $V = \left\{(x,y,z) \mid -\sqrt{2ax - x^2 - y^2} \leqslant z \leqslant 0\right\}$，$S$ 为 V 的表面外侧，求

$$\oiint_S \frac{ax\mathrm{d}y\mathrm{d}z + 2(x+a)y\mathrm{d}z\mathrm{d}x}{\sqrt{(x-a)^2 + y^2 + z^2}}$$

9. 设空间区域 Ω 由曲面 $z = a^2 - x^2 - y^2$ 与平面 $z = 0$ 围成，记 S 为 Ω 的表面外侧，V 为 Ω 的体积，试证

$$\oiint_S x^2yz^2\mathrm{d}y\mathrm{d}z - xy^2z^2\mathrm{d}z\mathrm{d}x + z(1+xyz)\mathrm{d}x\mathrm{d}y = V$$

10. 已知 $\boldsymbol{F} = \dfrac{2^y}{\sqrt{x^2 + z^2}}\boldsymbol{j}$，求 $\oiint_S \boldsymbol{F} \cdot \mathrm{d}\boldsymbol{S}$，其中，$S$ 是曲面 $y = \sqrt{x^2 + z^2}$ 及 $y = 1$，$y = 2$ 围成的立体表面的外侧.

11. 设 Σ 是曲面 $z = x^2 + y^2$ 与平面 $z = 1$ 围成立体表面的外侧，求向量场 $\boldsymbol{A} = x^2\boldsymbol{i} + y^2\boldsymbol{j} + z^2\boldsymbol{k}$ 穿过 Σ 向外的通量 Φ.

12. 设有向量场 $\boldsymbol{F} = \dfrac{1}{\sqrt{x^2 + y^2 + 4z^2 + 3}}[xy^2\boldsymbol{i} + yz^2\boldsymbol{j} + zx^2\boldsymbol{k}]$，求穿过椭球面 $x^2 + y^2 + 4z^2 = 1$ 向外的通量 Φ.

13. 计算 $\iint_S \dfrac{\boldsymbol{r} \cdot \mathrm{d}\boldsymbol{S}}{r^3}$，其中，$\boldsymbol{r} = x\boldsymbol{i} + y\boldsymbol{j} + z\boldsymbol{k}, r = |\boldsymbol{r}|$.

（1）S 为不经过也不包围原点的任意简单闭曲面的外侧；

（2）S 为包围原点的任意简单闭曲面的外侧.

14. 求下列向量场 $\boldsymbol{A}$ 在指定点 M 处的散度.

（1）$\boldsymbol{A} = x^3\boldsymbol{i} + y^3\boldsymbol{j} + z^3\boldsymbol{k}$，$M(1,0,-1)$；

（2）$\boldsymbol{A} = 4x\boldsymbol{i} - 2xy\boldsymbol{j} - 2\boldsymbol{k}$，$M(7,3,0)$；

（3）$\boldsymbol{A} = xyz\boldsymbol{r}; \boldsymbol{r} = x\boldsymbol{i} + y\boldsymbol{j} + z\boldsymbol{k}$，$M(1,2,3)$.

15. 设 $\boldsymbol{r} = x\boldsymbol{i} + y\boldsymbol{j} + z\boldsymbol{k}$，$r = |\boldsymbol{r}|$.

（1）求 $f(r)$，使 $\mathrm{div}[f(r)\boldsymbol{r}] = 0$；

（2）求 $f(r)$，使 $\mathrm{div}[\mathbf{grad}\, f(r)] = 0$.

9.7　斯托克斯公式、环量与旋度

本节介绍格林公式在空间向量场的推广——斯托克斯公式，同时将场论的重要概念环量与旋度推广到空间向量场.

9.7.1　斯托克斯公式

定理 9.5　设 C 为分段光滑的有向闭曲线，$\varSigma$ 是以 C 为边界的任一分片光滑的有向曲面，C 的方向与 $\varSigma$ 的方向符合右手螺旋法则（右手四指与 C 方向一致，且手心对着 $\varSigma$，则与 C 邻近的曲面 $\varSigma$ 的法向量与拇指方向一致），函数 $P(x,y,z),Q(x,y,z),R(x,y,z)$ 在包含 $\varSigma$ 的某个区域内具有连续的一阶偏导数，则有

$$
\oint_C P(x,y,z)\mathrm{d}x + Q(x,y,z)\mathrm{d}y + R(x,y,z)\mathrm{d}z
$$

$$
= \iint_\varSigma \left(\frac{\partial R}{\partial y} - \frac{\partial Q}{\partial z}\right)\mathrm{d}y\mathrm{d}z + \left(\frac{\partial P}{\partial z} - \frac{\partial R}{\partial x}\right)\mathrm{d}z\mathrm{d}x + \left(\frac{\partial Q}{\partial x} - \frac{\partial P}{\partial y}\right)\mathrm{d}x\mathrm{d}y \tag{9.11}
$$

$$
= \iint_\varSigma \begin{vmatrix} \mathrm{d}y\mathrm{d}z & \mathrm{d}z\mathrm{d}x & \mathrm{d}x\mathrm{d}y \\ \dfrac{\partial}{\partial x} & \dfrac{\partial}{\partial y} & \dfrac{\partial}{\partial z} \\ P & Q & R \end{vmatrix} = \iint_\varSigma \begin{vmatrix} \cos\alpha & \cos\beta & \cos\gamma \\ \dfrac{\partial}{\partial x} & \dfrac{\partial}{\partial y} & \dfrac{\partial}{\partial z} \\ P & Q & R \end{vmatrix} \mathrm{d}S
$$

分析：类似格林公式，式（9.11）等价于下面三个等式成立：

$$
\oint_C P(x,y,z)\mathrm{d}x = \iint_\varSigma \frac{\partial P}{\partial z}\mathrm{d}z\mathrm{d}x - \frac{\partial P}{\partial y}\mathrm{d}x\mathrm{d}y \tag{9.12}
$$

$$
\oint_C Q(x,y,z)\mathrm{d}y = \iint_\varSigma -\frac{\partial Q}{\partial z}\mathrm{d}y\mathrm{d}z + \frac{\partial Q}{\partial x}\mathrm{d}x\mathrm{d}y \tag{9.13}
$$

$$
\oint_C R(x,y,z)\mathrm{d}z = \iint_\varSigma \frac{\partial R}{\partial y}\mathrm{d}y\mathrm{d}z - \frac{\partial R}{\partial x}\mathrm{d}z\mathrm{d}x \tag{9.14}
$$

我们仅以证明式（9.12）为例.

证明：不妨设 $\varSigma$：$z = z(x,y)$，$(x,y) \in \sigma_{xy}$，上侧，其中，σ_{xy} 是 $\varSigma$ 在 xOy 坐标面上的投影域. 设 C_{xy} 是 C 在 xOy 坐标面上的投影，由 C 的方向可知，C_{xy} 作为 σ_{xy} 的边界是正向的. 由格林公式可知

$$
\oint_C P(x,y,z)\mathrm{d}x = \oint_{C_{xy}} P(x,y,z(x,y))\mathrm{d}x = \iint_{\sigma_{xy}} \left(-\frac{\partial P}{\partial y} - \frac{\partial P}{\partial z}\cdot\frac{\partial z}{\partial y}\right)\mathrm{d}x\mathrm{d}y
$$

$$
= -\iint_{\sigma_{xy}} \frac{\partial P}{\partial y}\mathrm{d}x\mathrm{d}y - \iint_{\sigma_{xy}} \frac{\partial P}{\partial z}\cdot\frac{\partial z}{\partial y}\mathrm{d}x\mathrm{d}y
$$

$$
\iint_\varSigma \frac{\partial P}{\partial z}\mathrm{d}z\mathrm{d}x - \frac{\partial P}{\partial y}\mathrm{d}x\mathrm{d}y = \iint_{\sigma_{xy}} \left[\frac{\partial P}{\partial z}\cdot\left(-\frac{\partial z}{\partial y}\right) - \frac{\partial P}{\partial y}\right]\mathrm{d}x\mathrm{d}y
$$

$$
= -\iint_{\sigma_{xy}} \frac{\partial P}{\partial y}\mathrm{d}x\mathrm{d}y - \iint_{\sigma_{xy}} \frac{\partial P}{\partial z}\cdot\frac{\partial z}{\partial y}\mathrm{d}x\mathrm{d}y
$$

因此，式（9.12）成立.

注：当 C 为平面正向曲线，Σ 在 xOy 坐标面上以 C 为边界时，则 Σ 必为上侧. 因此，

$$\oint_C P(x,y,z)\mathrm{d}x + Q(x,y,z)\mathrm{d}y + R(x,y,z)\mathrm{d}z = \oint_C P(x,y,0)\mathrm{d}x + Q(x,y,0)\mathrm{d}y$$

$$\iint_\Sigma \left(\frac{\partial R}{\partial y}-\frac{\partial Q}{\partial z}\right)\mathrm{d}y\mathrm{d}z + \left(\frac{\partial P}{\partial z}-\frac{\partial R}{\partial x}\right)\mathrm{d}z\mathrm{d}x + \left(\frac{\partial Q}{\partial x}-\frac{\partial P}{\partial y}\right)\mathrm{d}x\mathrm{d}y = \iint_\Sigma \left(\frac{\partial Q}{\partial x}-\frac{\partial P}{\partial y}\right)\mathrm{d}x\mathrm{d}y$$

即格林公式

$$\oint_C P\mathrm{d}x + Q\mathrm{d}y = \iint_\Sigma \left(\frac{\partial Q}{\partial x}-\frac{\partial P}{\partial y}\right)\mathrm{d}x\mathrm{d}y = \iint_{\sigma_{xy}} \left(\frac{\partial Q}{\partial x}-\frac{\partial P}{\partial y}\right)\mathrm{d}x\mathrm{d}y$$

是斯托克斯公式在平面向量场的特殊形式. 同时也说明，二重积分 $\iint_{\sigma_{xy}} \left(\frac{\partial Q}{\partial x}-\frac{\partial P}{\partial y}\right)\mathrm{d}x\mathrm{d}y$ 本质上

可以视作有向曲面 Σ 取上侧时关于坐标 xy 的曲面积分 $\iint_\Sigma \left(\frac{\partial Q}{\partial x}-\frac{\partial P}{\partial y}\right)\mathrm{d}x\mathrm{d}y$.

例 9-39 计算 $I = \oint_\Gamma (y^2-z^2)\,\mathrm{d}x + (z^2-x^2)\mathrm{d}y + (x^2-y^2)\mathrm{d}z$ ，其中，闭曲线 Γ 是以点 $A(1,0,0)$ ，$B(0,1,0)$ ，$C(0,0,1)$ 为顶点的三角形边界线 $ABCA$.

解：方法一：如图 9.23 所示，Σ 是平面片 ABC ，且取上侧. Σ 在 xOy 坐标面上的投影域 $\sigma_{xy} = \{(x,y)|0 \leqslant y \leqslant 1-x, 0 \leqslant x \leqslant 1\}$ ，Σ ：$z = 1-x-y$ ，$(x,y) \in \sigma_{xy}$ ，上侧. $\frac{\partial z}{\partial x} = \frac{\partial z}{\partial y} = -1$.

由斯托克斯公式可知

$$I = \iint_\Sigma \begin{vmatrix} \mathrm{d}y\mathrm{d}z & \mathrm{d}z\mathrm{d}x & \mathrm{d}x\mathrm{d}y \\ \dfrac{\partial}{\partial x} & \dfrac{\partial}{\partial y} & \dfrac{\partial}{\partial z} \\ y^2-z^2 & z^2-x^2 & x^2-y^2 \end{vmatrix}$$

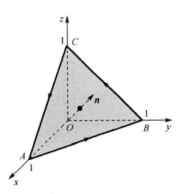

$$= \iint_\Sigma (-2y-2z)\mathrm{d}y\mathrm{d}z + (-2z-2x)\mathrm{d}z\mathrm{d}x + (-2x-2y)\mathrm{d}x\mathrm{d}y$$

$$= \iint_{\sigma_{xy}} (-2y-2+2x+2y-2+2x+2y-2x-2x-2y)\mathrm{d}x\mathrm{d}y$$

$$= \iint_{\sigma_{xy}} (-4)\,\mathrm{d}x\mathrm{d}y = (-4) \times \frac{1}{2} = -2$$

图 9.23

方法二：Σ 的法向量 $\boldsymbol{n} = \{1,1,1\}$ ，$\boldsymbol{n}^0 = \{\cos\alpha, \cos\beta, \cos\gamma\} = \frac{1}{\sqrt{3}}\{1,1,1\}$. 由斯托克斯公式可知

$$I = \iint_\Sigma \begin{vmatrix} \cos\alpha & \cos\beta & \cos\gamma \\ \dfrac{\partial}{\partial x} & \dfrac{\partial}{\partial y} & \dfrac{\partial}{\partial z} \\ y^2-z^2 & z^2-x^2 & x^2-y^2 \end{vmatrix}\mathrm{d}S = -\frac{2}{\sqrt{3}}\iint_\Sigma (y+z+z+x+x+y)\mathrm{d}S$$

$$= -\frac{4}{\sqrt{3}}\iint_\Sigma (x+y+z)\mathrm{d}S = -\frac{4}{\sqrt{3}}\iint_\Sigma \mathrm{d}S$$

$$= \left(-\frac{4}{\sqrt{3}}\right) \times \frac{\sqrt{3}}{4} \times (\sqrt{2})^2 = -2$$

9.7.2 向量场的环量与旋度

在力场 $\boldsymbol{F}(M)$ 中，闭曲线积分 $\oint_C \boldsymbol{F} \cdot \mathrm{d}\boldsymbol{S}$ 表示力 $\boldsymbol{F}$ 沿闭路 C 所做的功. 在流速场 $\boldsymbol{v}(M)$ 中，闭曲线积分 $\oint_C \boldsymbol{v} \cdot \mathrm{d}\boldsymbol{S}$ 表示沿闭路 C 的环流. 在磁场强度为 $\boldsymbol{H}(M)$ 的电磁场中，根据安培环路定律，闭曲线积分 $\oint_C \boldsymbol{H} \cdot \mathrm{d}\boldsymbol{S}$ 表示 C 所张开的曲面通过的电流的代数和. 由此可见，在向量场的研究中，向量在有向闭曲线上的积分具有特殊意义.

定义 9.5 在向量场 $\boldsymbol{F}(M)$ 中，设 C 为一条有向闭曲线，则称曲线积分 $\Gamma = \oint_C \boldsymbol{F} \cdot \mathrm{d}\boldsymbol{S}$ 为向量场 $\boldsymbol{F}(M)$ 沿有向闭曲线 C 的**环量**.

定义 9.6 设 M 为向量场 $\boldsymbol{F}(M)$ 中一点，$\boldsymbol{n}$ 为取定的向量. 过点 M 任意作一个非闭合的光滑曲面片 Σ，使之在点 M 处以 $\boldsymbol{n}$ 为法向量（如图 9.24 所示）. 设 C 为 Σ 上包围着点 M 的闭曲线，ΔS 是它包围的曲面，C 与 ΔS 的方向满足右手螺旋法则，若 C 沿曲

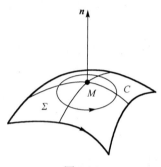

面 Σ 向点 M 无限收缩（记 $\Delta S \to M$），极限 $\lim\limits_{\Delta S \to M} \dfrac{\oint_C \boldsymbol{F} \cdot \mathrm{d}\boldsymbol{S}}{\Delta S}$ 存在，且与 Σ 的取法及 C 的收缩法无关时，则称此极限值为向量场 $\boldsymbol{F}(M)$ 在点 M 处沿 $\boldsymbol{n}$ 方向的**环量面密度**（或方向旋数）.

图 9.24

在直角坐标系下，设 $\boldsymbol{F} = \{P(x,y,z), Q(x,y,z), R(x,y,z)\}$，则由斯托克斯公式可知

$$\Gamma = \oint_C \boldsymbol{F} \cdot \mathrm{d}\boldsymbol{S} = \oint_C P(x,y,z)\mathrm{d}x + Q(x,y,z)\mathrm{d}y + R(x,y,z)\mathrm{d}z$$

$$= \iint_{\Delta S} \left[\left(\frac{\partial R}{\partial y} - \frac{\partial Q}{\partial z} \right)\cos\alpha + \left(\frac{\partial P}{\partial z} - \frac{\partial R}{\partial x} \right)\cos\beta + \left(\frac{\partial Q}{\partial x} - \frac{\partial P}{\partial y} \right)\cos\gamma \right]\mathrm{d}\boldsymbol{S}$$

$$= \left[\left(\frac{\partial R}{\partial y} - \frac{\partial Q}{\partial z} \right)\cos\alpha + \left(\frac{\partial P}{\partial z} - \frac{\partial R}{\partial x} \right)\cos\beta + \left(\frac{\partial Q}{\partial x} - \frac{\partial P}{\partial y} \right)\cos\gamma \right]_{M}^{\cdot} \Delta S$$

其中，$\boldsymbol{n}^0 = \{\cos\alpha, \cos\beta, \cos\gamma\}$. 因此，

$$\lim_{\Delta S \to M} \frac{\oint_C \boldsymbol{F} \cdot \mathrm{d}\boldsymbol{S}}{\Delta S} = \left[\left(\frac{\partial R}{\partial y} - \frac{\partial Q}{\partial z} \right)\cos\alpha + \left(\frac{\partial P}{\partial z} - \frac{\partial R}{\partial x} \right)\cos\beta + \left(\frac{\partial Q}{\partial x} - \frac{\partial P}{\partial y} \right)\cos\gamma \right]_{M}$$

由此可见，环量面密度可以视作向量 $\left\{ \dfrac{\partial R}{\partial y} - \dfrac{\partial Q}{\partial z}, \dfrac{\partial P}{\partial z} - \dfrac{\partial R}{\partial x}, \dfrac{\partial Q}{\partial x} - \dfrac{\partial P}{\partial y} \right\}$ 与 $\boldsymbol{n}^0 = \{\cos\alpha, \cos\beta, \cos\gamma\}$ 的内积，这一点类似方向导数. 推导方向导数计算公式时，我们曾经抽象出梯度的概念. 类似地，这里我们给出旋度的概念，它是 9.3 节中旋度概念在空间向量场的推广.

定义 9.7 向量场 $\boldsymbol{F}(M)$ 在点 M 处的**旋度**是一个向量，其方向指向点 M 处环量面密度最大的方向，其模等于这个最大值，记为 **rot** $\boldsymbol{F}(M)$.

在直角坐标系下，连续可微的向量场 $\boldsymbol{F}(M)$ 的旋度的计算公式为

$$\mathbf{rot}\, \boldsymbol{F}(M) = \left(\frac{\partial R}{\partial y} - \frac{\partial Q}{\partial z}\right)\boldsymbol{i} + \left(\frac{\partial P}{\partial z} - \frac{\partial R}{\partial x}\right)\boldsymbol{j} + \left(\frac{\partial Q}{\partial x} - \frac{\partial P}{\partial y}\right)\boldsymbol{k} = \begin{vmatrix} \boldsymbol{i} & \boldsymbol{j} & \boldsymbol{k} \\ \dfrac{\partial}{\partial x} & \dfrac{\partial}{\partial y} & \dfrac{\partial}{\partial z} \\ P & Q & R \end{vmatrix} = \nabla \times \boldsymbol{F}$$

类似梯度与方向导数的关系,旋度在任一方向上的投影就是该方向上的环量面密度.

由旋度的定义,斯托克斯公式可以表示为向量形式:

$$\oint_C \boldsymbol{F} \cdot \mathrm{d}\boldsymbol{S} = \iint_\Sigma \mathbf{rot}\, \boldsymbol{F} \cdot \mathrm{d}\boldsymbol{S} = \iint_\Sigma (\nabla \times \boldsymbol{F}) \cdot \mathrm{d}\boldsymbol{S}$$

这说明沿闭曲线 C 的环量等于由 C 所张开的任何有向曲面上诸点旋度向量的通量.

当 P,Q,R 具有二阶连续偏导数时,容易验证 $\mathrm{div}\,(\mathbf{rot}\, \boldsymbol{F}) = 0$. 这说明旋度场是无源场,这就解释了斯托克斯公式中曲面 Σ 可以是有向闭曲线 C 在场内张开的任何曲面.

旋度具有如下运算性质,证明留作练习:

(i) $\mathbf{rot}\,(k_1 \boldsymbol{F}_1 + k_2 \boldsymbol{F}_2) = k_1 \mathbf{rot}\, \boldsymbol{F}_1 + k_2 \mathbf{rot}\, \boldsymbol{F}_2$,$k_1, k_2 \in \mathbb{R}$;

(ii) $\mathbf{rot}(u\boldsymbol{F}) = u\, \mathbf{rot}\, \boldsymbol{F} + \mathbf{grad}\, u \times \boldsymbol{F}$,$u$ 为数量场;

(iii) $\mathrm{div}(\boldsymbol{F} \times \boldsymbol{G}) = \boldsymbol{G} \cdot \mathbf{rot}\, \boldsymbol{F} - \boldsymbol{F} \cdot \mathbf{rot}\, \boldsymbol{G}$;

(iii) $\mathbf{rot}\,(\mathbf{grad}\, u) = \mathbf{0}$ (梯度场是无旋场).

例 9-40 计算曲面积分 $\iint_\Sigma \mathbf{rot}\, \boldsymbol{F} \cdot \mathrm{d}\boldsymbol{S}$,其中,$\boldsymbol{F} = \{x - z, x^3 + yz, -3xy^2\}$,$\Sigma$ 是锥面 $z = 2 - \sqrt{x^2 + y^2}$($z \geq 0$)上侧.

解: 方法一:Σ 在 xOy 坐标面上的投影域 $\sigma_{xy} = \{(x,y) \mid x^2 + y^2 \leq 2\}$,有

$$\frac{\partial z}{\partial x} = -\frac{x}{\sqrt{x^2 + y^2}}, \quad \frac{\partial z}{\partial y} = -\frac{y}{\sqrt{x^2 + y^2}}$$

$$\mathbf{rot}\, \boldsymbol{F} = \begin{vmatrix} \boldsymbol{i} & \boldsymbol{j} & \boldsymbol{k} \\ \dfrac{\partial}{\partial x} & \dfrac{\partial}{\partial y} & \dfrac{\partial}{\partial z} \\ x - z & x^3 + yz & -3xy^2 \end{vmatrix} = (-6xy - y)\boldsymbol{i} + (-1 + 3y^2)\boldsymbol{j} + 3x^2 \boldsymbol{k}$$

$$\iint_\Sigma \mathbf{rot}\, \boldsymbol{F} \cdot \mathrm{d}\boldsymbol{S} = \iint_\Sigma (-6xy - y)\, \mathrm{d}y\mathrm{d}z + (-1 + 3y^2)\mathrm{d}z\mathrm{d}x + 3x^2 \mathrm{d}x\mathrm{d}y$$

$$= \iint_{\sigma_{xy}} \left[(-6xy - y) \cdot \frac{x}{\sqrt{x^2 + y^2}} + (-1 + 3y^2) \cdot \frac{y}{\sqrt{x^2 + y^2}} + 3x^2 \right] \mathrm{d}x\mathrm{d}y$$

$$= 3 \iint_{\sigma_{xy}} x^2 \mathrm{d}x\mathrm{d}y = \frac{3}{2} \iint_{\sigma_{xy}} (x^2 + y^2)\, \mathrm{d}x\mathrm{d}y$$

$$= \frac{3}{2} \int_0^{2\pi} \mathrm{d}\theta \int_0^2 r^3 \mathrm{d}r = \frac{3}{2} \cdot 2\pi \cdot \frac{16}{4} = 12\pi$$

方法二:设 $C: \begin{cases} x^2 + y^2 = 4 \\ z = 0 \end{cases}$,逆时针方向,则 Σ 以 C 为边界.

$$\iint_{\Sigma} \text{rot}\, \boldsymbol{F} \cdot \mathrm{d}\boldsymbol{S} = \oint_{C} \boldsymbol{F} \cdot \mathrm{d}\boldsymbol{S} = \oint_{C} (x-z)\mathrm{d}x + (x^3 + yz)\mathrm{d}y + (-3xy^2)\mathrm{d}z$$

$$= \oint_{C} x\mathrm{d}x + x^3\mathrm{d}y = \iint_{D} 3x^2 \mathrm{d}x\mathrm{d}y$$

$$= 12\pi \quad (\text{同方法一})$$

定理 9.6 设函数 $P(x,y,z), Q(x,y,z), R(x,y,z)$ 在曲面单连通区域 G 内有连续的一阶偏导数，则下列四条相互等价：

1° 在 G 内，对任一闭曲线 C，积分

$$\oint_{C} P(x,y,z)\mathrm{d}x + Q(x,y,z)\mathrm{d}y + R(x,y,z)\mathrm{d}z = 0$$

2° 在 G 内，曲线积分

$$\int_{\widehat{AB}} P(x,y,z)\mathrm{d}x + Q(x,y,z)\mathrm{d}y + R(x,y,z)\mathrm{d}z$$

与路径无关.

3° 在 G 内，表达式 $P(x,y,z)\mathrm{d}x + Q(x,y,z)\mathrm{d}y + R(x,y,z)\mathrm{d}z$ 是某函数 $u(x,y,z)$ 的全微分，即有

$$\mathrm{d}u = P(x,y,z)\mathrm{d}x + Q(x,y,z)\mathrm{d}y + R(x,y,z)\mathrm{d}z$$

4° 在 G 内任一点处，恒有 $\text{rot}\, \boldsymbol{F} = \boldsymbol{0}$.

注：本定理的证明与定理 9.2 完全类似，此处略去.

向量场 $\boldsymbol{F} = \{P(x,y,z), Q(x,y,z), R(x,y,z)\}$，满足 1° 和 2° 的称为**保守场**；满足 3° 的称为**有势场**，设

$$u(x,y,z) = \int_{(x_0,y_0,z_0)}^{(x,y,z)} P(u,v,w)\mathrm{d}u + Q(u,v,w)\mathrm{d}v + R(u,v,w)\mathrm{d}w$$

$$= \int_{x_0}^{x} P(u,y_0,z_0)\mathrm{d}u + \int_{y_0}^{y} Q(x,v,z_0)\mathrm{d}v + \int_{z_0}^{z} R(x,y,w)\mathrm{d}w$$

则 $v(x,y,z) = -u(x,y,z)$ 是**势函数**；满足 4° 的称为**无旋场**；既无源又无旋的场称为**调和场**.

例 9-41 表达式 $2xyz^2\mathrm{d}x + [x^2z^2 + z\cos(yz)]\mathrm{d}y + [2x^2yz + y\cos(yz)]\mathrm{d}z$ 是否为某函数的全微分？若是，求此函数.

解：设 $\boldsymbol{F} = 2xyz^2\boldsymbol{i} + [x^2z^2 + z\cos(yz)]\boldsymbol{j} + [2x^2yz + y\cos(yz)]\boldsymbol{k}$，则

$$\text{rot}\, \boldsymbol{F} = \begin{vmatrix} \boldsymbol{i} & \boldsymbol{j} & \boldsymbol{k} \\ \dfrac{\partial}{\partial x} & \dfrac{\partial}{\partial y} & \dfrac{\partial}{\partial z} \\ 2xyz^2 & x^2z^2 + z\cos(yz) & 2x^2yz + y\cos(yz) \end{vmatrix} = \boldsymbol{0}$$

因此，$2xyz^2\mathrm{d}x + [x^2z^2 + z\cos(yz)]\mathrm{d}y + [2x^2yz + y\cos(yz)]\mathrm{d}z$ 是某函数 $\varphi(x,y,z)$ 的全微分. 下面求 $\varphi(x,y,z)$.

方法一：

$$\varphi(x,y,z) = \int_{0}^{x} 0 \cdot \mathrm{d}u + \int_{0}^{y} 0 \cdot \mathrm{d}v + \int_{0}^{z} [2x^2yw + y\cos(yw)]\,\mathrm{d}w$$

$$= [x^2yw^2 + \sin(yw)]\Big|_{0}^{z} = x^2yz^2 + \sin(yz)$$

原函数全体是 $x^2yz^2 + \sin(yz) + C$，$C \in \mathbb{R}$．

方法二：

$$2xyz^2\mathrm{d}x + [x^2z^2 + z\cos(yz)]\mathrm{d}y + [2x^2yz + y\cos(yz)]\mathrm{d}z$$

$$= (2xyz^2\mathrm{d}x + x^2z^2\mathrm{d}y + 2x^2yz\mathrm{d}z) + [z\cos(yz)\mathrm{d}y + y\cos(yz)\mathrm{d}z]$$

$$= \mathrm{d}(x^2yz^2) + \mathrm{d}(\sin(yz)) = \mathrm{d}(x^2yz^2 + \sin(yz))$$

原函数全体是 $x^2yz^2 + \sin(yz) + C$，$C \in \mathbb{R}$．

例 9-42 求向量场 $A = (x^3 - y^2)i + (y^3 - z^2)j + (z^3 - x^2)k$ 的散度与旋度及 A 穿过曲面 S 向外的通量 Φ，其中，S 是由半球面 $y = R + \sqrt{R^2 - x^2 - z^2}$（$R > 0$）与锥面 $y = \sqrt{x^2 + z^2}$ 构成的闭曲面．求 A 沿曲线 C 的环量 Γ，其中，C 是圆柱面 $x^2 + y^2 = Rx$ 和球面 $z = \sqrt{R^2 - x^2 - y^2}$ 的交线，从 z 轴正向看为逆时针方向．

解：

$$\operatorname{div} A = \frac{\partial(x^3 - y^2)}{\partial x} + \frac{\partial(y^3 - z^2)}{\partial y} + \frac{\partial(z^3 - x^2)}{\partial z} = 3(x^2 + y^2 + z^2)$$

$$\mathbf{rot} A = \begin{vmatrix} i & j & k \\ \dfrac{\partial}{\partial x} & \dfrac{\partial}{\partial y} & \dfrac{\partial}{\partial z} \\ x^3 - y^2 & y^3 - z^2 & z^3 - x^2 \end{vmatrix} = (2z)i + (2x)j + (2y)k$$

$$\Phi = \oiint_S (x^3 - y^2)\,\mathrm{d}y\mathrm{d}z + (y^3 - z^2)\,\mathrm{d}z\mathrm{d}x + (z^3 - x^2)\,\mathrm{d}x\mathrm{d}y$$

$$= 3\iiint_\Omega (x^2 + y^2 + z^2)\,\mathrm{d}\Omega$$

$$= 3\int_0^{2\pi}\mathrm{d}\theta\int_0^{\frac{\pi}{4}}\sin\varphi\mathrm{d}\varphi\int_0^{2R\cos\varphi}\rho^4\mathrm{d}\rho \qquad \begin{pmatrix} x = \rho\sin\varphi\cos\varphi \\ y = \rho\cos\varphi \\ z = \rho\sin\varphi\sin\theta \end{pmatrix}$$

$$= 3\cdot2\pi\cdot\frac{32R^5}{5}\int_0^{\frac{\pi}{4}}\sin\varphi\cos^5\varphi\mathrm{d}\varphi$$

$$= \frac{192\pi R^5}{5}\cdot\frac{7}{48} = \frac{28\pi R^5}{5}$$

$$\Gamma = \oint_C (x^3 - y^2)\mathrm{d}x + (y^3 - z^2)\mathrm{d}y + (z^3 - x^2)\mathrm{d}z$$

$$= 2\iint_\Sigma z\mathrm{d}y\mathrm{d}z + x\mathrm{d}z\mathrm{d}x + y\mathrm{d}x\mathrm{d}y \qquad \left(\Sigma: \begin{cases} z = \sqrt{R^2 - x^2 - y^2} \\ x^2 + y^2 \leqslant Rx \end{cases} \text{上侧}\right)$$

$$= 2\iint_{D_{xy}} \left(x + \frac{xy}{\sqrt{R^2 - x^2 - y^2}} + y\right)\mathrm{d}x\mathrm{d}y \quad (D_{xy}: x^2 + y^2 \leqslant Rx)$$

$$= 2\iint_{D_{xy}} x\mathrm{d}x\mathrm{d}y = 4\int_0^{\frac{\pi}{2}}\cos\theta\mathrm{d}\theta\int_0^{R\cos\theta} r^2\mathrm{d}r$$

$$= \frac{4R^3}{3}\int_0^{\frac{\pi}{2}}\cos^4\theta\mathrm{d}\theta = \frac{4R^3}{3}\cdot\frac{3}{4}\cdot\frac{1}{2}\cdot\frac{\pi}{2} = \frac{\pi R^3}{4}$$

或者

$$\Gamma = \oint_C (x^3 - y^2)dx + (y^3 - z^2)dy + (z^3 - x^2)dz$$

$$= \frac{2}{R} \iint_\Sigma (zx + xy + yz)dS = \frac{2}{R} \iint_\Sigma zx dS$$

$$= \frac{2}{R} \iint_\Sigma R\cos\varphi \cdot R\sin\varphi\cos\theta \cdot R^2 \sin\varphi d\varphi d\theta$$

$$= 2R^3 \int_{-\frac{\pi}{2}}^{\frac{\pi}{2}} \cos\theta d\theta \int_0^{\arcsin(\cos\theta)} \sin^2\varphi\cos\varphi d\varphi$$

$$= \frac{2R^3}{3} \int_{-\frac{\pi}{2}}^{\frac{\pi}{2}} \cos^4\theta d\theta = \frac{4R^3}{3} \int_0^{\frac{\pi}{2}} \cos^4\theta d\theta$$

$$= \frac{4R^3}{3} \cdot \frac{3}{4} \cdot \frac{1}{2} \cdot \frac{\pi}{2} = \frac{\pi R^3}{4}$$

 习题 9.7

1. 计算空间闭曲线 C 上的积分 $\oint_C (y-z)dx + (z-x)dy + (x-y)dz$，其中，$C$ 是圆柱面 $x^2 + y^2 = a^2$ 与平面 $\dfrac{x}{a} + \dfrac{z}{h} = 1$（$a > 0$，$h > 0$）的交线，从 z 轴正向看 C 是逆时针方向的.

2. 设曲线 C 是球面 $x^2 + y^2 + z^2 = 2Rx$ 和柱面 $x^2 + y^2 = 2rx$（$0 < r < R, z \geq 0$）的交线，从 z 轴正向看是顺时针方向的. 计算 $\oint_C (y^2 + z^2)dx + (z^2 + x^2)dy + (x^2 + y^2)dz$.

3. 证明曲线积分 $\int_\Gamma yz dx + zx dy + xy dz$ 与路径无关（与起点和终点有关），并计算从 $A(1,1,0)$ 到点 $B(1,1,1)$ 的这个积分.

4. 计算曲线积分 $\int_{\widehat{AMB}} (x^2 - yz)dx + (y^2 - xz)dy + (z^2 - xy)dz$，其中，$\widehat{AMB}$ 是从点 $A(a,0,0)$ 开始，沿螺线 $x = a\cos\theta, \ y = a\sin\theta, \ z = \dfrac{h}{2\pi}\theta$，到点 $B(a,0,h)$ 的曲线段.

5. 设向量 $A(M)$ 的分量具有连续的二阶偏导数. 试证在向量场 A 内，任何分块光滑的闭曲面 Σ 上，恒有 $\oiint_\Sigma \mathbf{rot}\, A \cdot d\mathbf{S} = 0$.

6. 设 Σ 是球面 $x^2 + y^2 + z^2 = 9$ 上半部的上侧，C 为 Σ 的边界线，$A = (2y, 3x, -z^2)$，试用下面指定的方法，计算 $\iint_\Sigma \mathbf{rot}\, A \cdot d\mathbf{S}$.

（1）用第一型曲面积分计算；

（2）用第二型曲面积分计算；

（3）用高斯公式计算；

（4）用斯托克斯公式计算.

7. 求向量场 $A = -y\mathbf{i} + x\mathbf{j} + a\mathbf{k}$（$a$ 为常数）沿闭曲线 C 的环量.

（1）为圆周 $x^2 + y^2 = 1, z = 0$ 逆时针方向；

（2）$C: \begin{cases} z = 2x, \\ z = (x-1)^2 + y^2 \end{cases}$，从 z 轴正向看为顺时针方向.

8．求下列向量场的旋度.

（1） $A = y\boldsymbol{i} + z\boldsymbol{j} + x\boldsymbol{k}$ ；

（2） $A = x^2\boldsymbol{i} + y^2\boldsymbol{j} + z^2\boldsymbol{k}$ ；

（3） $A = yz\boldsymbol{i} + zx\boldsymbol{j} + xy\boldsymbol{k}$ ；

（4） $A = (y^2 + z^2)\boldsymbol{i} + (z^2 + x^2)\boldsymbol{j} + (x^2 + y^2)\boldsymbol{k}$ ；

（5） $A = xyz(\boldsymbol{i} + \boldsymbol{j} + \boldsymbol{k})$ ；

（6） $A = P(x)\boldsymbol{i} + Q(y)\boldsymbol{j} + R(z)\boldsymbol{k}$.

9．证明向量场 $A = (y\cos xy)\boldsymbol{i} + (x\cos xy)\boldsymbol{j} + (\sin z)\boldsymbol{k}$ 是保守场，并求势函数.

10．设函数 $Q(x, y, z)$ 具有连续的一阶偏导数，且 $Q(0, y, 0) = 0$ ，表达式

$$axz\mathrm{d}x + Q(x, y, z)\mathrm{d}y + (x^2 + 2y^2z - 1)\mathrm{d}z$$

是某函数 $u(x, y, z)$ 的全微分，求常数 a ，函数 Q 及 u .

9.8 外微分形式

9.8.1 外积和外微分形式

设在微分 $\mathrm{d}x$ ， $\mathrm{d}y$ 及 $\mathrm{d}z$ 之间定义一种**外积**运算，用记号 $\wedge$ 表示，它满足下述法则：两个相同微分的乘积为 0 ，两个不同微分的乘积交换顺序时变号，即 $\mathrm{d}x \wedge \mathrm{d}x = 0$ ， $\mathrm{d}y \wedge \mathrm{d}y = 0$ ， $\mathrm{d}z \wedge \mathrm{d}z = 0$ ， $\mathrm{d}x \wedge \mathrm{d}y = -\mathrm{d}y \wedge \mathrm{d}x$ ， $\mathrm{d}y \wedge \mathrm{d}z = -\mathrm{d}z \wedge \mathrm{d}y$ ， $\mathrm{d}z \wedge \mathrm{d}x = -\mathrm{d}x \wedge \mathrm{d}z$. 因此，对微分进行外积类似于对向量进行向量积.

由微分的外积与函数组成的线性组合称为**外微分形式**. 例如，若 P, Q, R, A, B, C, H 为 x, y, z 的函数，那么 $P\mathrm{d}x + Q\mathrm{d}y + R\mathrm{d}z$ 为一次外微分形式， $A\mathrm{d}y \wedge \mathrm{d}z + B\mathrm{d}z \wedge \mathrm{d}x + C\mathrm{d}x \wedge \mathrm{d}y$ 为二次外微分形式， $H\mathrm{d}x \wedge \mathrm{d}y \wedge \mathrm{d}z$ 为三次外微分形式，而 P, Q, R, A, B, C, H 称为外微分形式的系数，特别称函数 f 为零次外微分形式.

对任意两个外微分形式 λ, μ 也可以定义外积 $\lambda \wedge \mu$ ，只要对相应的各项外微分进行外积就行了.

可以验证外微分形式的外积满足分配律和结合律，即若 λ, μ, ν 是任意三个外微分形式，则有

$$(\lambda + \mu) \wedge \nu = \lambda \wedge \nu + \mu \wedge \nu , \quad \lambda \wedge (\mu + \nu) = \lambda \wedge \mu + \lambda \wedge \nu$$

$$(\lambda \wedge \mu) \wedge \nu = \lambda \wedge (\mu \wedge \nu)$$

但外微分形式的外积不满足交换律，可以验证若 λ 是 p 次外微分形式， μ 是 q 次外微分形式，则 $\lambda \wedge \mu = (-1)^{pq} \mu \wedge \lambda$.

9.8.2 外微分运算

对外微分形式 ω 可以引进外微分运算，用 d 表示，也称 d 为外微分算子. 对零次外微分形式 f ，定义 $\mathrm{d}f = \dfrac{\partial f}{\partial x}\mathrm{d}x + \dfrac{\partial f}{\partial y}\mathrm{d}y + \dfrac{\partial f}{\partial z}\mathrm{d}z$ ，这就是通常的全微分运算.

对一次外微分形式 $\omega = P\mathrm{d}x + Q\mathrm{d}y + R\mathrm{d}z$ ，定义

$$d\omega = dP \wedge dx + dQ \wedge dy + dR \wedge dz$$

$$= \left(\frac{\partial P}{\partial x}dx + \frac{\partial P}{\partial y}dy + \frac{\partial P}{\partial z}dz\right) \wedge dx + \left(\frac{\partial Q}{\partial x}dx + \frac{\partial Q}{\partial y}dy + \frac{\partial Q}{\partial z}dz\right) \wedge dy$$

$$+ \left(\frac{\partial R}{\partial x}dx + \frac{\partial R}{\partial y}dy + \frac{\partial R}{\partial z}dz\right) \wedge dz$$

$$= \left(\frac{\partial R}{\partial y} - \frac{\partial Q}{\partial z}\right)dy \wedge dz + \left(\frac{\partial P}{\partial z} - \frac{\partial R}{\partial x}\right)dz \wedge dx + \left(\frac{\partial Q}{\partial x} - \frac{\partial P}{\partial y}\right)dx \wedge dy$$

即 $d\omega = \begin{vmatrix} dy \wedge dz & dz \wedge dx & dx \wedge dy \\ \dfrac{\partial}{\partial x} & \dfrac{\partial}{\partial y} & \dfrac{\partial}{\partial z} \\ P & Q & R \end{vmatrix}.$

对二次外微分形式 $\omega = A\,dy \wedge dz + B\,dz \wedge dx + C\,dx \wedge dy$，定义

$$d\omega = dA \wedge dy \wedge dz + dB \wedge dz \wedge dx + dC \wedge dx \wedge dy$$

$$= \left(\frac{\partial A}{\partial x}dx + \frac{\partial A}{\partial y}dy + \frac{\partial A}{\partial z}dz\right) \wedge dy \wedge dz$$

$$+ \left(\frac{\partial B}{\partial x}dx + \frac{\partial B}{\partial y}dy + \frac{\partial B}{\partial z}dz\right) \wedge dz \wedge dx$$

$$+ \left(\frac{\partial C}{\partial x}dx + \frac{\partial C}{\partial y}dy + \frac{\partial C}{\partial z}dz\right) \wedge dx \wedge dy$$

$$= \left(\frac{\partial A}{\partial x} + \frac{\partial B}{\partial y} + \frac{\partial C}{\partial z}\right)dx \wedge dy \wedge dz$$

对三次外微分形式 $\omega = H\,dx \wedge dy \wedge dz$，定义

$$d\omega = dH \wedge dx \wedge dy \wedge dz = \left(\frac{\partial H}{\partial x}dx + \frac{\partial H}{\partial y}dy + \frac{\partial H}{\partial z}dz\right) \wedge dx \wedge dy \wedge dz = 0$$

对一次、二次、三次外微分形式 ω，可直接验证外微分运算有如下重要性质.

命题 9.1 若 ω 是一外微分形式，且其系数具有连续的二阶偏导数，则有 $d^2\omega = d(d\omega) = 0$.

设 V 为空间区域. 如果存在一点 $M_0 \in V$，满足对 $\forall M \in V$，连接 M_0 和 M 的直线段都包含在 V 中，则称 V 为**星型区域**.

定理 9.7（庞加莱引理） 设 ω 是定义在星型区域上的一个 p 次外微分形式，且 $d\omega = 0$，则存在一个 $p-1$ 次外微分形式 α，使得 $\omega = d\alpha$.

注：（1）如果对定义域不作任何限制，庞加莱引理是不成立的.

（2）为了叙述简洁，我们假设区域是星型的. 事实上，针对不同的 p，可以有更弱的条件. 例如，$p=1$ 时，只要 V 是曲面单连通的；$p=2$ 时，只要 V 是空间单连通的.

9.8.3 梯度、旋度与散度的数学意义

对零次外微分形式 $\omega_0 = f$，它的外微分为

$$d\omega_0 = \frac{\partial f}{\partial x}dx + \frac{\partial f}{\partial y}dy + \frac{\partial f}{\partial z}dz$$

而函数 f 的梯度为

$$\mathbf{grad}\, f = \frac{\partial f}{\partial x}\boldsymbol{i} + \frac{\partial f}{\partial y}\boldsymbol{j} + \frac{\partial f}{\partial z}\boldsymbol{k}$$

因此，梯度与零次外微分形式的外微分相当.

对一次外微分形式 $\omega_1 = P\,\mathrm{d}x + Q\,\mathrm{d}y + R\,\mathrm{d}z$，它的外微分为

$$\mathrm{d}\omega_1 = \left(\frac{\partial R}{\partial y} - \frac{\partial Q}{\partial z}\right)\mathrm{d}y \wedge \mathrm{d}z + \left(\frac{\partial P}{\partial z} - \frac{\partial R}{\partial x}\right)\mathrm{d}z \wedge \mathrm{d}x + \left(\frac{\partial Q}{\partial x} - \frac{\partial P}{\partial y}\right)\mathrm{d}x \wedge \mathrm{d}y$$

而向量场 $\boldsymbol{v} = P\boldsymbol{i} + Q\boldsymbol{j} + R\boldsymbol{k}$ 的旋度为

$$\mathbf{rot}\, \boldsymbol{v} = \left(\frac{\partial R}{\partial y} - \frac{\partial Q}{\partial z}\right)\boldsymbol{i} + \left(\frac{\partial P}{\partial z} - \frac{\partial R}{\partial x}\right)\boldsymbol{j} + \left(\frac{\partial Q}{\partial x} - \frac{\partial P}{\partial y}\right)\boldsymbol{k}$$

因此，旋度与一次外微分形式的外微分相当.

对二次外微分形式 $\omega_2 = A\,\mathrm{d}y \wedge \mathrm{d}z + B\,\mathrm{d}z \wedge \mathrm{d}x + C\,\mathrm{d}x \wedge \mathrm{d}y$，它的外微分为

$$\mathrm{d}\omega_2 = \left(\frac{\partial A}{\partial x} + \frac{\partial B}{\partial y} + \frac{\partial C}{\partial z}\right)\mathrm{d}x \wedge \mathrm{d}y \wedge \mathrm{d}z$$

而向量场 $\boldsymbol{v} = A\boldsymbol{i} + B\boldsymbol{j} + C\boldsymbol{k}$ 的散度为

$$\mathrm{div}\, \boldsymbol{v} = \frac{\partial A}{\partial x} + \frac{\partial B}{\partial y} + \frac{\partial C}{\partial z}$$

因此，散度与二次外微分形式的外微分相当.

因为在三维空间中，三次外微分形式的外微分为零，所以不可能再有与之相当的"度"．从这个观点来看，在三维空间中只能有三个度：梯度、旋度与散度.

命题 9.1 也有场论意义，如下所述.

对零次外微分形式，列表如下.

$\omega_0 = f$	$u = f$
$\mathrm{d}\omega_0 = \dfrac{\partial f}{\partial x}\mathrm{d}x + \dfrac{\partial f}{\partial y}\mathrm{d}y + \dfrac{\partial f}{\partial z}\mathrm{d}z$	$\mathbf{grad}\, u = \dfrac{\partial f}{\partial x}\boldsymbol{i} + \dfrac{\partial f}{\partial y}\boldsymbol{j} + \dfrac{\partial f}{\partial z}\boldsymbol{k}$
$\mathrm{d}^2(\omega_0) = 0$	$\mathbf{rot}\,(\mathbf{grad}\, u) = 0$

对一次外微分形式，列表如下.

$\omega_1 = P\mathrm{d}x + Q\mathrm{d}y + R\mathrm{d}z$	$\boldsymbol{v} = P\boldsymbol{i} + Q\boldsymbol{j} + R\boldsymbol{k}$
$\mathrm{d}\omega_1 = \left(\dfrac{\partial R}{\partial y} - \dfrac{\partial Q}{\partial z}\right)\mathrm{d}y \wedge \mathrm{d}z$ $+ \left(\dfrac{\partial P}{\partial z} - \dfrac{\partial R}{\partial x}\right)\mathrm{d}z \wedge \mathrm{d}x$ $+ \left(\dfrac{\partial Q}{\partial x} - \dfrac{\partial P}{\partial y}\right)\mathrm{d}x \wedge \mathrm{d}y$	$\mathbf{rot}\, \boldsymbol{v} = \left(\dfrac{\partial R}{\partial y} - \dfrac{\partial Q}{\partial z}\right)\boldsymbol{i}$ $+ \left(\dfrac{\partial P}{\partial z} - \dfrac{\partial R}{\partial x}\right)\boldsymbol{j}$ $+ \left(\dfrac{\partial Q}{\partial x} - \dfrac{\partial P}{\partial y}\right)\boldsymbol{k}$
$\mathrm{d}^2(\omega_1) = 0$	$\mathrm{div}\,(\mathbf{rot}\, \boldsymbol{v}) = 0$

定理 9.7 的场论意义，如下所述.

对一次外微分形式，无旋则有数量势，列表如下.

$\omega_1 = Pdx + Qdy + Rdz$	$\boldsymbol{v} = P\boldsymbol{i} + Q\boldsymbol{j} + R\boldsymbol{k}$
$d\omega_1 = 0$	$\boldsymbol{rot v} = \boldsymbol{0}$
存在零次外微分形式 ω_0 使得 $\omega_1 = d\omega_0$	存在数量场 u 使得 $\boldsymbol{v} = \boldsymbol{grad}\, u$

对二次外微分形式，无源则有向量势，列表如下.

$\omega_2 = A dy \wedge dz + B dz \wedge dx + C dx \wedge dy$	$\boldsymbol{v} = A\boldsymbol{i} + B\boldsymbol{j} + C\boldsymbol{k}$
$d\omega_2 = 0$	$\operatorname{div} \boldsymbol{v} = 0$
存在一次外微分形式 ω_1 使得 $\omega_2 = d\omega_1$	存在向量场 $\boldsymbol{\alpha}$ 使得 $\boldsymbol{v} = \boldsymbol{rot}\, \boldsymbol{\alpha}$

9.8.4 多变量微积分的基本定理（一般的斯托克斯公式）

原始公式	ω，Ω，$\partial\Omega$	外微分形式
牛顿-莱布尼茨公式 $f(b) - f(a) = \int_a^b df$	$\omega_0 = f$，$\Omega = [a,b]$，$\partial\Omega = \{a,b\}$	$\int_{\partial\Omega} \omega_0 = \int_\Omega d\omega_0$
格林公式 $\oint_{C} Pdx + Qdy = \iint_D \left(\dfrac{\partial Q}{\partial x} - \dfrac{\partial P}{\partial y} \right) dxdy$	$\omega_1 = Pdx + Qdy$，$\Omega = D$，$\partial\Omega = C^+$	$\oint_{\partial\Omega} \omega_1 = \iint_\Omega d\omega_1$
高斯公式 $\oiint_{\Sigma} Pdydz + Qdzdx + Rdxdy$ $= \iiint_V \left(\dfrac{\partial P}{\partial x} + \dfrac{\partial Q}{\partial y} + \dfrac{\partial R}{\partial z} \right) dxdydz$	$\omega_2 = Pdy \wedge dz + Qdz \wedge dx$ $+ Rdx \wedge dy$，$\Omega = V$，$\partial\Omega = \Sigma^+$	$\oiint_{\partial\Omega} \omega_2 = \iiint_\Omega d\omega_2$
斯托克斯公式 $\oint_{L} Pdx + Qdy + Rdz$ $= \iint_\Sigma \begin{vmatrix} dydz & dzdx & dxdy \\ \dfrac{\partial}{\partial x} & \dfrac{\partial}{\partial y} & \dfrac{\partial}{\partial z} \\ P & Q & R \end{vmatrix}$	$\omega_1 = Pdx + Qdy + Rdz$，$\Omega = \Sigma$，$\partial\Omega = L^+$	$\oint_{\partial\Omega} \omega_1 = \iint_\Omega d\omega_1$

从上表可看出，牛顿-莱布尼茨公式、格林公式、高斯公式和斯托克斯公式可以统一为一个公式，即 $\int_{\partial\Omega} \omega = \int_\Omega d\omega$，这里 ω 为外微分形式，$d\omega$ 为 ω 的外微分运算，Ω 为 $d\omega$ 的积分区域，$\partial\Omega$ 表示 Ω 的边界，积分 $\int$ 的重数与区域的维数相等. 称此公式为**一般的斯托克斯公式**. 外微分形式及一般的斯托克斯公式都可以推广到更高维的空间.

综合题

1. 在经过点 $O(0,0)$ 和 $A(\pi,0)$ 的曲线族 $y = a\sin x$（$a > 0$）中，求一条曲线 L，使沿该曲线从 O 到 A 的积分 $\int_L (1 + y^3)dx + (2x + y)dy$ 的值最小.

2. 质点 M 沿着以 AB 为直径的右下半圆周，从点 $A(1,2)$ 运动到点 $B(3,4)$ 的过程中受变力 F 的作用，F 的大小等于点 M 与原点 O 之间的距离，其方向垂直于线段 OM，且与 y 轴正向的夹角小于 $\dfrac{\pi}{2}$，求变力 F 对质点 M 所做的功.

3. 计算平面曲线积分 $\int_l \dfrac{(x-y)dx + (x+y)dy}{x^2 + y^2}$，其中，$l$ 为摆线 $x = t - \sin t - \pi$，$y = 1 - \cos t$，

从 $t = 0$ 到 $t = 2\pi$ 的弧段.

4. 确定参数 t 的值，使得在不包含直线 $y = 0$ 的区域上，曲线积分

$$I = \int_l \frac{x(x^2 + y^2)^t}{y}\mathrm{d}x - \frac{x^2(x^2 + y^2)^t}{y^2}\mathrm{d}y$$

与路径无关，并求出从点 $A(1, 1)$ 到点 $B(0, 2)$ 的积分值 I.

5. 设在上半平面 $D = \{(x, y) \mid y > 0\}$ 内，函数 $f(x, y)$ 具有连续偏导数，且对任意的 $t > 0$，都有 $f(tx, ty) = t^{-2} f(x, y)$. 证明对 D 内的任意分段光滑的有向简单闭曲线 L，都有

$$\oint_L yf(x, y)\mathrm{d}x - xf(x, y)\mathrm{d}y = 0$$

6. 计算曲面积分 $\iint_{\Sigma} (z^2 x + ye^z)\mathrm{d}y\mathrm{d}z + x^2 y\mathrm{d}z\mathrm{d}x + (\sin^3 x + y^2 z)\mathrm{d}x\mathrm{d}y$，其中，$\Sigma$ 为下半球面 $z = -\sqrt{R^2 - x^2 - y^2}$ 的上侧.

7. 计算曲面积分 $\oiint_S (2x - 2x^3 - e^{-\pi})\mathrm{d}y\mathrm{d}z + (zy^2 + 6x^2 y + z^2 x)\mathrm{d}z\mathrm{d}x - z^2 y\mathrm{d}x\mathrm{d}y$，其中，$S$ 是由抛物面 $z = 4 - x^2 - y^2$，坐标面 xOz，yOz 及平面 $z = \frac{1}{2} y$，$x = 1$，$y = 1$ 围成立体的表面外侧.

8. 试将曲面积分

$$\oiint_S \frac{x\cos\alpha + y\cos\beta + z\cos\gamma}{\sqrt{x^2 + y^2 + z^2}}\mathrm{d}S$$

化为三重积分，其中，$\cos\alpha$，$\cos\beta$，$\cos\gamma$ 是曲面 S 的内法向量方向余弦（原点不在 S 上）.

9. 设 $u = u(x, y)$，$v = v(x, y)$ 具有连续偏导数，C 是平面区域 D 的边界线正向，试证二重积分有分部积分公式 $\iint_D u\frac{\partial v}{\partial x}\mathrm{d}x\mathrm{d}y = \oint_C u \cdot v\cos(\boldsymbol{n}, x)\mathrm{d}s - \iint_D v\frac{\partial u}{\partial x}\mathrm{d}x\mathrm{d}y$，其中，$\boldsymbol{n}$ 为曲线 C 的外法向量.

10. 设 $u = u(x, y, z)$ 有连续的二阶偏导数，试证

$$\oiint_S \frac{\partial u}{\partial \boldsymbol{n}}\mathrm{d}S = \iiint_V (u''_{xx} + u''_{yy} + u''_{zz})\mathrm{d}V$$

其中，S 是 V 的边界面，$\boldsymbol{n}$ 为 S 的外法向量.

11. 设 S 是简单光滑的闭曲面，包围闭区域 V，$u = u(x, y, z)$ 在 V 上有连续的一阶偏导数，$v = v(x, y, z)$ 有连续的二阶偏导数，且满足拉普拉斯方程 $\frac{\partial^2 v}{\partial x^2} + \frac{\partial^2 v}{\partial y^2} + \frac{\partial^2 v}{\partial z^2} = 0$，$\boldsymbol{n}$ 是曲面 S 上在点 (x, y, z) 处的外法向量，试证 $\oiint_S u\frac{\partial v}{\partial \boldsymbol{n}}\mathrm{d}S = \iiint_V (\mathbf{grad}\, u \cdot \mathbf{grad}\, v)\mathrm{d}x\mathrm{d}y\mathrm{d}z$.

第10章

无穷级数

定义 10.1 把无穷序列 $\{u_n\}: u_1, u_2, \cdots, u_n, \cdots$ 的项依次用加号"+"连接起来的式子 $u_1 + u_2 + \cdots + u_n + \cdots$ 称为**无穷级数**（简称为级数），记为 $\displaystyle\sum_{n=1}^{\infty} u_n = u_1 + u_2 + \cdots + u_n + \cdots$，其中，$u_n$ 称为级数的**通项**.

各项都是常数的级数，称为（常）**数项级数**，例如：

$$\frac{3}{10} + \frac{3}{100} + \cdots + \frac{3}{10^n} + \cdots$$

$$1 - 1 + 1 - 1 + \cdots + (-1)^{n-1} + \cdots$$

$$1 - \frac{1}{2} + \frac{1}{3} - \frac{1}{4} + \cdots + (-1)^{n-1}\frac{1}{n} + \cdots$$

以函数为项的级数，称为**函数项级数**，例如：

$$1 + x + x^2 + \cdots + x^n + \cdots$$

$$x - \frac{x^3}{3!} + \frac{x^5}{5!} + \cdots + (-1)^{n-1}\frac{x^{2n-1}}{(2n-1)!} + \cdots$$

$$\sin x + \frac{1}{3}\sin 3x + \cdots + \frac{1}{2n-1}\sin(2n-1)x + \cdots$$

无穷级数是数或者函数的一种形式上的无穷和. 相对于有限和，无穷和能够用基本的数（如有理数）或函数（如幂函数、三角函数）表示更加复杂的无理常数（如 π、e 等）或者非初等函数，这将在数值逼近、积分运算、微分方程求解中得到应用. 总之，无穷级数是分析学的重要组成部分，在理论分析和实际应用中都有重要意义.

10.1 数项级数的敛散性

需要指出的是，数项级数 $\displaystyle\sum_{n=1}^{\infty} u_n$ 只是一种形式上的无穷和，并不意味着这个和一定存在. 这一点类似反常积分 $\displaystyle\int_a^{+\infty} f(x)\mathrm{d}x$ 仅仅是一种形式上的积分，需要讨论敛散性问题.

10.1.1 敛散性的概念

反常积分 $\displaystyle\int_a^{+\infty} f(x)\mathrm{d}x$ 是通过"正常"积分（定积分）$\displaystyle\int_a^b f(x)\mathrm{d}x$ 的极限 $\displaystyle\lim_{b\to+\infty}\int_a^b f(x)\mathrm{d}x$ 来

定义的. 由"正常"到"反常",极限是联系二者的桥梁. 类似地,数项级数也是通过极限实现由"有限和"演进到"无穷和".

"有限和"是指级数 $\sum\limits_{n=1}^{\infty} u_n$ 的前 n 项和 $S_n = u_1 + u_2 + \cdots + u_n$,称为级数 $\sum\limits_{n=1}^{\infty} u_n$ 的部分和. 由此得到的序列 $\{S_n\}$ 称为级数 $\sum\limits_{n=1}^{\infty} u_n$ 的**部分和序列**.

定义 10.2 若级数 $\sum\limits_{n=1}^{\infty} u_n$ 的部分和序列 $\{S_n\}$ 有极限,即 $\lim\limits_{n \to \infty} S_n = S$,则称级数 $\sum\limits_{n=1}^{\infty} u_n$ **收敛**,并称 S 为级数 $\sum\limits_{n=1}^{\infty} u_n$ 的和,记为 $\sum\limits_{n=1}^{\infty} u_n = S$;否则,称级数 $\sum\limits_{n=1}^{\infty} u_n$ **发散**.

对收敛级数 $\sum\limits_{n=1}^{\infty} u_n$,称差 $r_n = S - S_n = u_{n+1} + u_{n+2} + \cdots$ 为级数 $\sum\limits_{n=1}^{\infty} u_n$ 的**余和**. 显然 $\lim\limits_{n \to \infty} r_n = \lim\limits_{n \to \infty}(S - S_n) = S - \lim\limits_{n \to \infty} S_n = S - S = 0$. 因此,当 n 充分大时,可以用 S_n 近似代替 S,其误差为 $|r_n|$. 这就是级数应用于近似计算的基本原理.

例 10-1 判断级数 $\sum\limits_{n=1}^{\infty} \dfrac{1}{n(n+1)}$ 的敛散性.

解:$u_n = \dfrac{1}{n(n+1)} = \dfrac{1}{n} - \dfrac{1}{n+1}$

$$S_n = u_1 + u_2 + \cdots + u_n = \frac{1}{1} - \frac{1}{2} + \frac{1}{2} - \frac{1}{3} + \cdots + \frac{1}{n} - \frac{1}{n+1} = 1 - \frac{1}{n+1}$$

$\lim\limits_{n \to \infty} S_n = \lim\limits_{n \to \infty}\left(1 - \dfrac{1}{n+1}\right) = 1$,收敛. 因此,$\sum\limits_{n=1}^{\infty} \dfrac{1}{n(n+1)}$ 收敛且和为 1.

例 10-2 试讨论等比级数(几何级数)$\sum\limits_{n=1}^{\infty} r^{n-1}$ 的敛散性.

解:计算 S_n 须对 r 进行讨论.

(1)若 $r = 1$,则 $S_n = n$,$\lim\limits_{n \to \infty} S_n = +\infty$ 发散.

(2)若 $r \neq 1$,则 $S_n = \dfrac{1 - r^n}{1 - r}$. 因此,$\lim\limits_{n \to \infty} S_n$ 与 $\lim\limits_{n \to \infty} r^n$ 敛散性一致. 因为 $\lim\limits_{n \to \infty} r^n \begin{cases} \text{收敛,} & |r| < 1 \\ \text{发散,} & |r| > 1 \\ \text{发散,} & r = -1 \end{cases}$,

所以 $\lim\limits_{n \to \infty} S_n \begin{cases} \text{收敛,} & |r| < 1 \\ \text{发散,} & |r| > 1 \\ \text{敛散,} & r = -1 \end{cases}$.

综上,$\sum\limits_{n=1}^{\infty} r^{n-1} \begin{cases} \text{收敛,} & |r| < 1 \\ \text{发散,} & |r| \geq 1 \end{cases}$.

例 10-3 证明级数 $\sum\limits_{n=1}^{\infty} \dfrac{n}{2^n}$ 收敛,并求其和.

证明:
$$S_n = \frac{1}{2} + \frac{2}{2^2} + \frac{3}{2^3} + \cdots + \frac{n}{2^n} \tag{10.1}$$

$$2S_n = \frac{1}{1} + \frac{2}{2} + \frac{3}{2^2} + \cdots + \frac{n}{2^{n-1}} \qquad (10.2)$$

式（10.2）减式（10.1）得

$$S_n = 1 + \frac{1}{2} + \frac{1}{2^2} + \cdots + \frac{1}{2^{n-1}} - \frac{n}{2^n}$$

$$= 1 \cdot \frac{1 - \frac{1}{2^n}}{1 - \frac{1}{2}} - \frac{n}{2^n} = 2 - \frac{1}{2^{n-1}} - \frac{n}{2^n}$$

$\lim\limits_{n \to \infty} S_n = \lim\limits_{n \to \infty} \left(2 - \frac{1}{2^{n-1}} - \frac{n}{2^n} \right) = 2$. 因此，$\sum\limits_{n=1}^{\infty} \frac{n}{2^n}$ 收敛且和为 2.

例 10-4　证明**调和级数** $\sum\limits_{n=1}^{\infty} \frac{1}{n}$ 发散.

证明：当 $x > 0$ 时，$x > \ln(1+x)$. 因此，

$$\frac{1}{n} > \ln\left(1 + \frac{1}{n}\right) = \ln \frac{n+1}{n} = \ln(n+1) - \ln n$$

$$S_n = 1 + \frac{1}{2} + \cdots + \frac{1}{n} > \ln 2 - \ln 1 + \ln 3 - \ln 2 + \cdots + \ln(n+1) - \ln n = \ln(n+1)$$

因为 $S_n > \ln(n+1)$，所以 S_n 无界，从而 $\lim\limits_{n \to \infty} S_n$ 发散，即 $\sum\limits_{n=1}^{\infty} \frac{1}{n}$ 发散.

注：$\sum\limits_{n=1}^{\infty} \frac{1}{n}$ 被称为调和级数，是因为其通项满足中间一项是前后两项的调和平均数：

$$\frac{2}{\left(\frac{1}{n-1}\right)^{-1} + \left(\frac{1}{n+1}\right)^{-1}} = \frac{2}{n-1+n+1} = \frac{1}{n}$$

10.1.2　数项级数的几个基本性质

因为数项级数是通过部分和数列的极限定义的，所以数项级数与数列极限具有某些类似的性质.

性质 10.1　当 k 为非零常数时，级数 $\sum\limits_{n=1}^{\infty} ku_n$ 和 $\sum\limits_{n=1}^{\infty} u_n$ 敛散性相同. 在收敛的情况下，有

$$\sum\limits_{n=1}^{\infty} ku_n = k \sum\limits_{n=1}^{\infty} u_n .$$

证明：设级数 $\sum\limits_{n=1}^{\infty} u_n$，$\sum\limits_{n=1}^{\infty} ku_n$ 的部分和数列分别为 $\{S_n\}$，$\{T_n\}$，则 $T_n = ku_1 + ku_2 + \cdots + ku_n = k(u_1 + u_2 + \cdots + u_n) = kS_n$. 因为 $k \neq 0$，所以 $\sum\limits_{n=1}^{\infty} ku_n = \lim\limits_{n \to \infty} T_n$ 与 $\sum\limits_{n=1}^{\infty} u_n = \lim\limits_{n \to \infty} S_n$ 敛散性相同. 且当

$\lim\limits_{n \to \infty} S_n$ 收敛时，$\sum\limits_{n=1}^{\infty} ku_n = \lim\limits_{n \to \infty} T_n = k \lim\limits_{n \to \infty} S_n = k \sum\limits_{n=1}^{\infty} u_n .$

性质 10.2 若级数 $\sum\limits_{n=1}^{\infty}u_n$ 和 $\sum\limits_{n=1}^{\infty}v_n$ 均收敛，则逐项相加（减）的级数 $\sum\limits_{n=1}^{\infty}(u_n\pm v_n)$ 也收敛，

且 $\sum\limits_{n=1}^{\infty}(u_n\pm v_n)=\sum\limits_{n=1}^{\infty}u_n\pm\sum\limits_{n=1}^{\infty}v_n$.

证明：设 $\sum\limits_{n=1}^{\infty}u_n$、$\sum\limits_{n=1}^{\infty}v_n$ 的部分和数列分别为 $\{S_n\}$，$\{T_n\}$，则 $\sum\limits_{n=1}^{\infty}(u_n\pm v_n)$ 的部分和数列为

$\{S_n\pm T_n\}$. 因此

$$\sum_{n=1}^{\infty}(u_n\pm v_n)=\lim_{n\to\infty}(S_n\pm T_n)=\lim_{n\to\infty}S_n\pm\lim_{n\to\infty}T_n=\sum_{n=1}^{\infty}u_n\pm\sum_{n=1}^{\infty}v_n$$

注：（1）收敛级数逐项加（减）发散级数，得发散级数.

（2）两个发散级数逐项加（减）的级数不一定发散，如 $\sum\limits_{n=1}^{\infty}(-1)^n$，$\sum\limits_{n=1}^{\infty}(-1)^{n-1}$，

$\sum\limits_{n=1}^{\infty}[(-1)^n+(-1)^{n-1}]=\sum\limits_{n=1}^{\infty}0=0$.

性质 10.3 在一个级数中，任意去掉、增加或改变有限项后，级数的敛散性不变. 但对收敛级数，其和将受到影响.

证明：设对级数 $\sum\limits_{n=1}^{\infty}u_n$ 有限项的操作仅限于前 n_1 项，且操作之后原前 n_1 项变成 n_2 项：

$\hat{u}_1,\hat{u}_2,\cdots,\hat{u}_{n_2}$，则新级数 $\sum\limits_{n=1}^{\infty}\hat{u}_n$ 的通项满足 $\hat{u}_n=\begin{cases}\hat{u}_n, & n=1,2,\cdots,n_2\\ u_{n-n_2+n_1}, & n>n_2\end{cases}$. 因此，$\sum\limits_{n=1}^{\infty}\hat{u}_n$ 的部分和

$\hat{S}_n=\hat{S}_{n_2}+\hat{S}_n-\hat{S}_{n_2}=\hat{S}_{n_2}+S_{n-n_2+n_1}-S_{n_1}$，$\lim\limits_{n\to\infty}\hat{S}_n$ 与 $\lim\limits_{n\to\infty}S_{n-n_2+n_1}=\lim\limits_{n\to\infty}S_n$ 敛散性相同，即 $\sum\limits_{n=1}^{\infty}\hat{u}_n$ 与 $\sum\limits_{n=1}^{\infty}u_n$

敛散性相同. 当 $\sum\limits_{n=1}^{\infty}u_n$ 收敛时，$\sum\limits_{n=1}^{\infty}\hat{u}_n=\sum\limits_{n=1}^{\infty}u_n+\hat{S}_{n_2}-S_{n_1}$.

性质 10.4 在收敛级数内可以任意加（有限个或无限个）括号，即若级数 $\sum\limits_{n=1}^{\infty}u_n$ 收敛，则

任意加括号所得到的级数（每个括号内的和数为新级数的一项）如

$$(u_1+u_2+\cdots+u_{k_1})+(u_{k_1+1}+u_{k_1+2}+\cdots+u_{k_2})+\cdots+(u_{k_{n-1}+1}+u_{k_{n-1}+2}+\cdots+u_{k_n})+\cdots \quad (10.3)$$

也收敛，且其和与原级数和相等.

证明：级数（10.3）的部分和数列 $\hat{S}_n=S_{k_n}$，则 $\lim\limits_{n\to\infty}\hat{S}_n=\lim\limits_{n\to\infty}S_{k_n}=\lim\limits_{n\to\infty}S_n=S$. 因此，级数（10.3）

收敛，且和为 S.

注：（1）由性质 10.4 可知，发散级数去掉括号（拆项）后，仍发散（性质 10.4 的逆否命题）.

（2）收敛级数一般不能去掉无穷多个括号；发散级数一般不能加无穷多个括号. 例如，

级数 $(1-1)+(1-1)+\cdots+(1-1)+\cdots$ 收敛，和为零；级数 $1-1+1-1+\cdots+(-1)^{n-1}+\cdots$ 发散.

性质 10.5（级数收敛的必要条件）若级数 $\sum\limits_{n=1}^{\infty}u_n$ 收敛，则必有 $\lim\limits_{n\to\infty}u_n=0$，即收敛级数的

通项必趋于零.

证明：设 $\displaystyle\sum_{n=1}^{\infty}u_n=\lim_{n\to\infty}S_n=S$ ，则

$$\lim_{n\to\infty}a_n=\lim_{n\to\infty}(S_n-S_{n-1})=\lim_{n\to\infty}S_n-\lim_{n\to\infty}S_{n-1}=S-S=0$$

注：（1）可依据性质 10.5 判定级数发散，例如，级数 $\displaystyle\sum_{n=1}^{\infty}\frac{n!}{a^n}$（$a>1$）发散，因为 $\displaystyle\lim_{n\to\infty}\frac{n!}{a^n}=\infty$.

（2）性质 10.5 仅是必要条件，例如，调和级数 $\displaystyle\sum_{n=1}^{\infty}\frac{1}{n}$ 发散，但其通项满足 $\displaystyle\lim_{n\to\infty}\frac{1}{n}=0$.

例 10-5　判定级数 $\displaystyle\sum_{n=1}^{\infty}n\sin\frac{1}{n}$ 的敛散性.

解： 因为 $\displaystyle\lim_{n\to\infty}n\sin\frac{1}{n}=\lim_{n\to\infty}n\cdot\frac{1}{n}=1\neq 0$ ，所以级数发散.

例 10-6　判定级数 $\displaystyle\sum_{n=1}^{\infty}\left(\frac{1}{3n}-\frac{\ln^n 3}{3^n}\right)$ 的敛散性.

解： $\displaystyle\sum_{n=1}^{\infty}\left(\frac{1}{3n}-\frac{\ln^n 3}{3^n}\right)=\sum_{n=1}^{\infty}\frac{1}{3}\cdot\frac{1}{n}-\sum_{n=1}^{\infty}\left(\frac{\ln 3}{3}\right)^n$. 因为 $0<\frac{\ln 3}{3}<1$ ，所以等比级数 $\displaystyle\sum_{n=1}^{\infty}\left(\frac{\ln 3}{3}\right)^n$ 收敛.

因为 $\displaystyle\sum_{n=1}^{\infty}\frac{1}{n}$ 发散，所以 $\displaystyle\sum_{n=1}^{\infty}\frac{1}{3}\cdot\frac{1}{n}$ 发散. 综上，$\displaystyle\sum_{n=1}^{\infty}\left(\frac{1}{3n}-\frac{\ln^n 3}{3^n}\right)$ 发散.

例 10-7　试证 $\displaystyle\lim_{n\to\infty}\frac{a_n}{(1+a_1)(1+a_2)\cdots(1+a_n)}=0$ ，其中，$a_i>0$（$i=1,2,\cdots$）.

证明：设 $v_0=1$ ，$v_n=\dfrac{1}{(1+a_1)(1+a_2)\cdots(1+a_n)}$（$n=1,2,\cdots$），则

$$\begin{aligned}u_n&=\frac{a_n}{(1+a_1)(1+a_2)\cdots(1+a_n)}=\frac{1+a_n-1}{(1+a_1)(1+a_2)\cdots(1+a_n)}\\&=\frac{1}{(1+a_1)(1+a_2)\cdots(1+a_{n-1})}-\frac{1}{(1+a_1)(1+a_2)\cdots(1+a_n)}\\&=v_{n-1}-v_n\end{aligned}$$

则

$$\sum_{n=1}^{\infty}u_n=\sum_{n=1}^{\infty}(v_{n-1}-v_n)=\lim_{n\to\infty}\sum_{k=1}^{n}(v_{k-1}-v_k)=\lim_{n\to\infty}(v_{n-1}-v_n)=1-\lim_{n\to\infty}v_n$$

因为数列 $\{v_n\}$ 单调递减且有下界 0 ，所以 $\displaystyle\lim_{n\to\infty}v_n$ 收敛，从而 $\displaystyle\sum_{n=1}^{\infty}u_n$ 收敛. 由数项级数收敛的必要条件可知，$\displaystyle\lim_{n\to\infty}u_n=0$.

10.1.3　柯西收敛原理

对部分和数列使用柯西收敛原理，立即得到数项级数的柯西收敛原理.

定理 10.1　级数 $\displaystyle\sum_{n=1}^{\infty}u_n$ 收敛的充要条件是，对任意给定的正数 ε ，总存在正整数 N ，使得

当 $n>N$ 时，对任意的正整数 p，都有 $\left|u_{n+1}+u_{n+2}+\cdots+u_{n+p}\right|=\left|\sum\limits_{k=n+1}^{n+p}u_k\right|<\varepsilon$ 成立.

证明： 由 $\left|S_{n+p}-S_n\right|=\left|u_{n+1}+u_{n+2}+\cdots+u_{n+p}\right|$ 可知显然成立.

例 10-8 利用柯西收敛原理判定级数 $\sum\limits_{n=1}^{\infty}\dfrac{1}{n^2}$ 的收敛性.

解： $\forall\varepsilon>0$，$\forall p\in\mathbb{N}^*$，要使

$$\left|\frac{1}{(n+1)^2}+\frac{1}{(n+2)^2}+\cdots+\frac{1}{(n+p)^2}\right|<\varepsilon$$

$$\Leftarrow\frac{1}{n(n+1)}+\frac{1}{(n+1)(n+2)}+\cdots+\frac{1}{(n+p-1)(n+p)}<\varepsilon$$

$$\Leftrightarrow\frac{1}{n}-\frac{1}{n+1}+\frac{1}{n+1}-\frac{1}{n+2}+\cdots+\frac{1}{n+p-1}-\frac{1}{n+p}<\varepsilon$$

$$\Leftrightarrow\frac{1}{n}-\frac{1}{n+p}<\varepsilon\Leftarrow\frac{1}{n}<\varepsilon$$

取 $N=\left[\dfrac{1}{\varepsilon}\right]$，当 $n>N$ 时，$\left|\dfrac{1}{(n+1)^2}+\dfrac{1}{(n+2)^2}+\cdots+\dfrac{1}{(n+p)^2}\right|<\varepsilon$ 成立. 因此，级数 $\sum\limits_{n=1}^{\infty}\dfrac{1}{n^2}$ 收敛.

 习题 10.1

1. 写出下列级数的一般项 u_n.

（1）$-\dfrac{1}{2}+0+\dfrac{1}{4}+\dfrac{2}{5}+\dfrac{3}{6}+\cdots$；

（2）$\dfrac{1}{2}+\dfrac{2}{5}+\dfrac{3}{10}+\dfrac{4}{17}+\cdots$；

（3）$\dfrac{\sqrt{3}}{2}+\dfrac{3}{2\times4}+\dfrac{3\sqrt{3}}{2\times4\times6}+\dfrac{3^2}{2\times4\times6\times8}+\cdots$.

2. 已知级数 $\sum\limits_{n=1}^{\infty}u_n$ 的部分和 $S_n=\dfrac{2n}{n+1}$，$n=1,2,\cdots$.

（1）求此级数的一般项 u_n；

（2）判定此级数的敛散性.

3. 用定义判定下列级数的敛散性，对收敛级数，求出其和.

（1）$\sum\limits_{n=1}^{\infty}\dfrac{1}{2^n}$；

（2）$\sum\limits_{n=1}^{\infty}\sin\dfrac{n\pi}{2}$；

（3）$\sum\limits_{n=1}^{\infty}\dfrac{1}{(5n-4)(5n+1)}$；

（4）$\sum\limits_{n=1}^{\infty}\dfrac{1}{n(n+1)(n+2)}$；

（5）$\sum\limits_{n=1}^{\infty}\dfrac{2n-1}{2^n}$；

（6）$\sum\limits_{n=1}^{\infty}(\sqrt{n+2}-2\sqrt{n+1}+\sqrt{n})$；

（7）$\dfrac{1}{3}+\dfrac{1}{15}+\dfrac{1}{35}+\dfrac{1}{63}+\cdots$；

（8）$\sum\limits_{n=1}^{\infty}\arctan\dfrac{1}{n^2+n+1}$.

4．设数列 $\{nu_n\}$ 收敛，且级数 $\sum\limits_{n=1}^{\infty} n(u_n - u_{n-1})$ 收敛，证明 $\sum\limits_{n=1}^{\infty} u_n$ 收敛.

5．用性质判定下列级数的收敛性.

（1） $\dfrac{1}{11} + \dfrac{2}{12} + \dfrac{3}{13} + \cdots$;

（2） $\dfrac{1}{4} + \dfrac{1}{5} + \dfrac{1}{6} + \dfrac{1}{7} + \cdots$;

（3） $\left(\dfrac{1}{6} + \dfrac{8}{9}\right) + \left(\dfrac{1}{6^2} + \dfrac{8^2}{9^2}\right) + \left(\dfrac{1}{6^3} + \dfrac{8^3}{9^3}\right) + \cdots$;

（4） $\dfrac{1}{2} + \dfrac{1}{10} + \dfrac{1}{4} + \dfrac{1}{20} + \cdots + \dfrac{1}{2^n} + \dfrac{1}{10n} + \cdots$;

（5） $\sum\limits_{n=1}^{\infty} \ln \dfrac{n+1}{n}$;

（6） $\sum\limits_{n=1}^{\infty} \dfrac{2^n + 3^n}{6^n}$;

（7） $\sum\limits_{n=1}^{\infty} \dfrac{(-1)^n n^2}{2n^2 + n}$.

6．一类慢性病患者需每天服用某种药物，按药理，一般患者体内药量需维持在 20～25mg. 设体内药物每天有 80% 排泄掉，问患者每天服用的药量为多少.

7．计算机中的数据都是二进制的，求二进制无限循环小数 $(110.110110\cdots)_2$ 在十进制下的值.

10.2 正项级数的敛散性及其判别法

若级数 $\sum\limits_{n=1}^{\infty} u_n$ 的各项都是非负的实数，则称其为**正项级数**. 因为正项级数的部分和数列 $\{S_n\}$ 是单增的，所以有如下定理.

定理 10.2 正项级数收敛的充要条件是其部分和数列有上界.

注：（1）因为单调数列收敛当且仅当存在收敛的子列，所以正项级数可以任意加括号，其敛散性不变.

（2）类似地，若级数 $\sum\limits_{n=1}^{\infty} u_n$ 的各项都是非正的实数，则称其为负项级数. 每项都提出一个负号后，$\sum\limits_{n=1}^{\infty} u_n = -\sum\limits_{n=1}^{\infty}(-u_n)$，其中，$\sum\limits_{n=1}^{\infty}(-u_n)$ 是正项级数. 可见，负项级数 $\sum\limits_{n=1}^{\infty} u_n$ 与正项级数 $\sum\limits_{n=1}^{\infty}(-u_n)$ 敛散性相同. 因此，我们无须再单独研究负项级数.

例 10-9 判定级数 $\sum\limits_{n=1}^{\infty} \dfrac{1}{2^n + 1}$ 的敛散性.

解：因为部分和

$$S_n = \dfrac{1}{2^1 + 1} + \dfrac{1}{2^2 + 1} + \cdots + \dfrac{1}{2^n + 1}$$

$$< \dfrac{1}{2} + \dfrac{1}{2^2} + \cdots + \dfrac{1}{2^n} = \dfrac{1}{2} \cdot \dfrac{1 - \dfrac{1}{2^n}}{1 - \dfrac{1}{2}} = 1 - \dfrac{1}{2^n} < 1$$

所以部分和数列 $\{S_n\}$ 有上界. 由定理 10.2 可知, 正项级数 $\sum\limits_{n=1}^{\infty}\dfrac{1}{2^n+1}$ 收敛.

例 10-10 证明: 级数 $\sum\limits_{n=0}^{\infty}\dfrac{1}{n!}$ 收敛.

解: 因为部分和

$$S_n=\frac{1}{0!}+\frac{1}{1!}+\frac{1}{2!}+\frac{1}{3!}+\cdots+\frac{1}{(n-1)!}+\frac{1}{n!}$$
$$<1+1+\frac{1}{1\cdot2}+\frac{1}{2\cdot3}+\frac{1}{3\cdot4}+\cdots+\frac{1}{(n-2)(n-1)}+\frac{1}{(n-1)n}$$
$$=2+1-\frac{1}{2}+\frac{1}{2}-\frac{1}{3}+\frac{1}{3}-\frac{1}{4}+\cdots+\frac{1}{n-2}-\frac{1}{n-1}+\frac{1}{n-1}-\frac{1}{n}$$
$$=3-\frac{1}{n}<3$$

所以部分和数列 $\{S_n\}$ 有上界. 由定理 10.2 可知, 正项级数 $\sum\limits_{n=0}^{\infty}\dfrac{1}{n!}$ 收敛.

定理 10.3 (比较判别法的一般形式) 设 $\sum\limits_{n=1}^{\infty}u_n$, $\sum\limits_{n=1}^{\infty}v_n$ 为两个正项级数, 且满足不等式 $u_n\leq v_n$ ($n=1,2,\cdots$), 则当级数 $\sum\limits_{n=1}^{\infty}v_n$ 收敛时, 级数 $\sum\limits_{n=1}^{\infty}u_n$ 也收敛; 当级数 $\sum\limits_{n=1}^{\infty}u_n$ 发散时, 级数 $\sum\limits_{n=1}^{\infty}v_n$ 也发散.

证明: 设级数 $\sum\limits_{n=1}^{\infty}u_n$, 级数 $\sum\limits_{n=1}^{\infty}v_n$ 的部分和数列分别是 $\{S_n\}$, $\{T_n\}$. 因为 $u_n\leq v_n$ ($n=1,2,\cdots$), 所以 $S_n\leq T_n$. 若正项级数 $\sum\limits_{n=1}^{\infty}v_n$ 收敛, 则其部分和数列 $\{T_n\}$ 有上界, 从而 $\{S_n\}$ 亦有上界, 因此正项级数 $\sum\limits_{n=1}^{\infty}u_n$ 收敛. 后半段命题是前半段命题的逆否命题, 因此亦成立.

注: $u_n\leq v_n$ 这一关系并不需要从 $n=1$ 开始就成立, 而是从 $n=N$ 之后成立即可. 这是因为 $\sum\limits_{n=1}^{\infty}u_n=\sum\limits_{n=1}^{N}u_n+\sum\limits_{n=N+1}^{\infty}u_n$, $\sum\limits_{n=1}^{\infty}u_n$ 与 $\sum\limits_{n=N+1}^{\infty}u_n$ 敛散性相同.

推论 1. 若对两个正项级数 $\sum\limits_{n=1}^{\infty}u_n$ 和 $\sum\limits_{n=1}^{\infty}v_n$, 存在常数 $c>0$ 和正整数 N, 使得当 $n\geq N$ 时, $u_n\leq cv_n$, 则当级数 $\sum\limits_{n=1}^{\infty}v_n$ 收敛时, 级数 $\sum\limits_{n=1}^{\infty}u_n$ 也收敛; 当级数 $\sum\limits_{n=1}^{\infty}u_n$ 发散时, 级数 $\sum\limits_{n=1}^{\infty}v_n$ 也发散.

证明: 由定理 10.3 的注及性质 10.2 可知, 由定理 10.3 易得该推论.

推论 2. 若对两个正项级数 $\sum\limits_{n=1}^{\infty}u_n$ 和 $\sum\limits_{n=1}^{\infty}v_n$, 存在常数 $c_1,c_2>0$ 和正整数 N, 使得当 $n\geq N$

时，$c_1 v_n \leqslant u_n \leqslant c_2 v_n$，则 $\sum\limits_{n=1}^{\infty} u_n$ 与 $\sum\limits_{n=1}^{\infty} v_n$ 敛散性相同.

例 10-11 试证 p-级数 $\sum\limits_{n=1}^{\infty} \dfrac{1}{n^p}$ 当 $p \leqslant 1$ 时发散，当 $p > 1$ 时收敛.

证明：（1）若 $p \leqslant 1$，则 $\dfrac{1}{n^p} \geqslant \dfrac{1}{n}$. 由 $\sum\limits_{n=1}^{\infty} \dfrac{1}{n}$ 发散可知 $\sum\limits_{n=1}^{\infty} \dfrac{1}{n^p}$ 发散.

（2）若 $p > 1$，有两种方法可以证明.

方法一：

$$\sum_{n=1}^{\infty} \frac{1}{n^p} = \frac{1}{1^p} + \left(\frac{1}{2^p} + \frac{1}{3^p} \right) + \left(\frac{1}{4^p} + \cdots + \frac{1}{7^p} \right) + \left(\frac{1}{8^p} + \cdots + \frac{1}{15^p} \right) + \cdots$$

$$< 1 + \left(\frac{1}{2^p} + \frac{1}{2^p} \right) + \underbrace{\left(\frac{1}{4^p} + \cdots + \frac{1}{4^p} \right)}_{4\text{个}} + \underbrace{\left(\frac{1}{8^p} + \cdots + \frac{1}{8^p} \right)}_{8\text{个}} + \cdots$$

$$= 1 + \frac{1}{2^{p-1}} + \frac{1}{4^{p-1}} + \frac{1}{8^{p-1}} + \cdots = \left(\frac{1}{2^{p-1}} \right)^0 + \left(\frac{1}{2^{p-1}} \right)^1 + \left(\frac{1}{2^{p-1}} \right)^2 + \left(\frac{1}{2^{p-1}} \right)^3 + \cdots$$

$$= \sum_{n=1}^{\infty} \left(\frac{1}{2^{p-1}} \right)^n$$

因为 $0 < \dfrac{1}{2^{p-1}} < 1$，所以 $\sum\limits_{n=1}^{\infty} \left(\dfrac{1}{2^{p-1}} \right)^n$ 收敛，从而 $\sum\limits_{n=1}^{\infty} \dfrac{1}{n^p}$ 收敛.

方法二：因为 $\dfrac{1}{2^p} \cdot 1 < \displaystyle\int_1^2 \frac{1}{x^p} \mathrm{d}x$，$\dfrac{1}{3^p} \cdot 1 < \displaystyle\int_2^3 \frac{1}{x^p} \mathrm{d}x$，$\cdots$，$\dfrac{1}{n^p} \cdot 1 < \displaystyle\int_{n-1}^n \frac{1}{x^p} \mathrm{d}x$，所以

$$S_n = \sum_{k=1}^{n} \frac{1}{k^p} < 1 + \int_1^2 \frac{1}{x^p} \mathrm{d}x + \cdots + \int_{n-1}^n \frac{1}{x^p} \mathrm{d}x = 1 + \int_1^n \frac{1}{x^p} \mathrm{d}x < 1 + \int_1^{+\infty} \frac{1}{x^p} \mathrm{d}x$$

$$= 1 + \frac{1}{p-1} = \frac{p}{p-1}$$

即部分和数列 $\{S_n\}$ 有上界. 因此，$\sum\limits_{n=1}^{\infty} \dfrac{1}{n^p}$ 收敛.

注： 在使用比较判别法时，等比级数 $\sum\limits_{n=1}^{\infty} r^{n-1}$（$r \geqslant 0$）、$p$-级数 $\sum\limits_{n=1}^{\infty} \dfrac{1}{n^p}$ 都是标杆式的正项级数，我们经常把其他正项级数的敛散性与它们挂钩.

例 10-12 讨论下列正项级数的敛散性.

（1）$\sum\limits_{n=1}^{\infty} 2^n \sin \dfrac{\pi}{3^n}$；

解： 因为 $0 < 2^n \sin \dfrac{\pi}{3^n} < 2^n \cdot \dfrac{\pi}{3^n} = \pi \left(\dfrac{2}{3} \right)^n$（$n \in \mathbb{N}^*$）且等比级数 $\sum\limits_{n=1}^{\infty} \left(\dfrac{2}{3} \right)^n$ 收敛，所以由比较判别法可知级数 $\sum\limits_{n=1}^{\infty} 2^n \sin \dfrac{\pi}{3^n}$ 收敛.

（2）$\sum\limits_{n=1}^{\infty}\dfrac{1}{\sqrt[3]{n(n+1)}}$；

解：因为 $\dfrac{1}{\sqrt[3]{n(n+1)}}>\dfrac{1}{(n+1)^{\frac{2}{3}}}$（$n\in\mathbb{N}^*$）且级数 $\sum\limits_{n=1}^{\infty}\dfrac{1}{(n+1)^{\frac{2}{3}}}=\sum\limits_{n=2}^{\infty}\dfrac{1}{n^{\frac{2}{3}}}$ 发散，所以由比较判别

法可知级数 $\sum\limits_{n=1}^{\infty}\dfrac{1}{\sqrt[3]{n(n+1)}}$ 发散.

（3）$\sum\limits_{n=1}^{\infty}\int_0^{\frac{1}{n}}\dfrac{\sqrt{x}}{1+x^2}\mathrm{d}x$.

解：因为 $\dfrac{1}{2}\int_0^{\frac{1}{n}}\sqrt{x}\mathrm{d}x<\int_0^{\frac{1}{n}}\dfrac{\sqrt{x}}{1+x^2}\mathrm{d}x<\int_0^{\frac{1}{n}}\sqrt{x}\mathrm{d}x$，所以由推论 2 可知，级数 $\sum\limits_{n=1}^{\infty}\int_0^{\frac{1}{n}}\dfrac{\sqrt{x}}{1+x^2}\mathrm{d}x$ 与级

数 $\sum\limits_{n=1}^{\infty}\int_0^{\frac{1}{n}}\sqrt{x}\mathrm{d}x=\sum\limits_{n=1}^{\infty}\dfrac{2}{3}\cdot\dfrac{1}{n^{\frac{3}{2}}}=\dfrac{2}{3}\sum\limits_{n=1}^{\infty}\dfrac{1}{n^{\frac{3}{2}}}$ 敛散性相同. 因为级数 $\sum\limits_{n=1}^{\infty}\dfrac{1}{n^{\frac{3}{2}}}$ 收敛，所以级数 $\sum\limits_{n=1}^{\infty}\int_0^{\frac{1}{n}}\dfrac{\sqrt{x}}{1+x^2}\mathrm{d}x$

收敛.

例 10-13 判定级数 $\sum\limits_{n=0}^{\infty}\dfrac{(n!)^2}{(2n)!}$ 的敛散性.

解：因为 $\dfrac{(n!)^2}{(2n)!}=\dfrac{1}{n+1}\cdot\dfrac{2}{n+2}\cdot\cdots\cdot\dfrac{n}{n+n}<\left(\dfrac{1}{2}\right)^n$ 且等比级数 $\sum\limits_{n=1}^{\infty}\left(\dfrac{1}{2}\right)^n$ 收敛，所以由比较判别

法可知级数 $\sum\limits_{n=0}^{\infty}\dfrac{(n!)^2}{(2n)!}$ 收敛.

定理 10.4（比较判别法的极限形式） 设 $\sum\limits_{n=1}^{\infty}u_n$ 和 $\sum\limits_{n=1}^{\infty}v_n$ 为两个正项级数，如果

$\lim\limits_{n\to\infty}\dfrac{u_n}{v_n}=c$，则

（1）当 $0<c<+\infty$ 时，两个级数敛散性一致；

（2）当 $c=0$ 时，若 $\sum\limits_{n=1}^{\infty}v_n$ 收敛，则 $\sum\limits_{n=1}^{\infty}u_n$ 也收敛；

（3）当 $c=+\infty$ 时，若 $\sum\limits_{n=1}^{\infty}v_n$ 发散，则 $\sum\limits_{n=1}^{\infty}u_n$ 也发散.

证明：（1）取 $\varepsilon=\dfrac{c}{2}$，$\exists N\in\mathbb{N}^*$，当 $n>N$ 时，有 $\left|\dfrac{u_n}{v_n}-c\right|<\dfrac{c}{2}$，即 $\dfrac{1}{2}c<\dfrac{u_n}{v_n}<\dfrac{3}{2}c$，$\dfrac{c}{2}v_n<u_n<\dfrac{3c}{2}v_n$.

因此，由推论 2 可知 $\sum\limits_{n=1}^{\infty}u_n$ 与 $\sum\limits_{n=1}^{\infty}v_n$ 敛散性相同.

（2）取 $\varepsilon=1$，$\exists N\in\mathbb{N}^*$，当 $n>N$ 时，有 $\left|\dfrac{u_n}{v_n}-0\right|<1$，即 $\dfrac{u_n}{v_n}<1$，$u_n<v_n$. 因此，若 $\sum\limits_{n=1}^{\infty}v_n$ 收

敛，则由比较判别法可知 $\sum\limits_{n=1}^{\infty}u_n$ 也收敛.

（3）取 $\varepsilon = 1$，$\exists N \in \mathbb{N}^*$，当 $n > N$ 时，有 $\dfrac{u_n}{v_n} \geq 1$，即 $u_n \geq v_n$. 因此，若 $\displaystyle\sum_{n=1}^{\infty} v_n$ 发散，则由比较判别法可知 $\displaystyle\sum_{n=1}^{\infty} u_n$ 也发散.

例 10-14 判定级数 $\displaystyle\sum_{n=1}^{\infty} \sin \dfrac{1}{n}$ 的敛散性.

解： 因为 $\displaystyle\lim_{n \to \infty} \dfrac{\sin \dfrac{1}{n}}{\dfrac{1}{n}} = 1$ 且调和级数 $\displaystyle\sum_{n=1}^{\infty} \dfrac{1}{n}$ 发散，所以由定理 10.4 可知 $\displaystyle\sum_{n=1}^{\infty} \sin \dfrac{1}{n}$ 发散.

注： 本例若调用比较判别法的一般形式，因为 $\sin \dfrac{1}{n} < \dfrac{1}{n}$ 及 $\displaystyle\sum_{n=1}^{\infty} \dfrac{1}{n}$ 发散，所以并不能判定 $\displaystyle\sum_{n=1}^{\infty} \sin \dfrac{1}{n}$ 的敛散性. 由此可见，比较判别法的极限形式在实际运用中具有一定的优越性.

例 10-15 判定级数 $\displaystyle\sum_{n=1}^{\infty} \left(1 - \cos \dfrac{\pi}{n}\right)$ 的敛散性.

解： 易见 $1 - \cos \dfrac{\pi}{n} \geq 0$. 因为 $\displaystyle\lim_{n \to \infty} \dfrac{1 - \cos \dfrac{\pi}{n}}{\dfrac{1}{n^2}} = \lim_{n \to \infty} \dfrac{\dfrac{1}{2} \cdot \dfrac{\pi^2}{n^2}}{\dfrac{1}{n^2}} = \dfrac{\pi^2}{2} > 0$ 且 $\displaystyle\sum_{n=1}^{\infty} \dfrac{1}{n^2}$ 收敛，所以由定理 10.4 可知，$\displaystyle\sum_{n=1}^{\infty} \left(1 - \cos \dfrac{\pi}{n}\right)$ 收敛.

由 p-级数的敛散性及定理 10.4，立即得到以下推论.

推论 设 $u_n \geq 0$，且 $\displaystyle\lim_{n \to \infty} n^p u_n = c$，则

（1）当 $p > 1$ 且 $0 \leq c < +\infty$ 时，级数 $\displaystyle\sum_{n=1}^{\infty} u_n$ 收敛；

（2）当 $p \leq 1$ 且 $0 < c \leq +\infty$ 时，级数 $\displaystyle\sum_{n=1}^{\infty} u_n$ 发散.

比较判别法需要先预判被考察级数的敛散性，再据此找到与之比较的正项级数（必要时要对被考察级数进行放缩处理），从而确认之前的预判. 但是，有时候找出参照级数并非易事. 下面介绍两种在某些情况下仅需通过考察级数自身通项就能判定敛散性的方法：比值判别法和根植判别法.

定理 10.5（比值判别法或达朗贝尔判别法） 对正项级数 $\displaystyle\sum_{n=1}^{\infty} u_n$，若 $\displaystyle\lim_{n \to \infty} \dfrac{u_{n+1}}{u_n} = \rho$，则当 $\rho < 1$ 时，级数收敛；当 $\rho > 1$（或 $\rho = +\infty$）时，级数发散.

证明： 因为 $\displaystyle\lim_{n \to \infty} \dfrac{u_{n+1}}{u_n} = \rho$，所以 $\forall \varepsilon > 0$，$\exists N \in \mathbb{N}^*$，当 $n > N$ 时，恒有 $\left| \dfrac{u_{n+1}}{u_n} - \rho \right| < \varepsilon$，即

$$\rho - \varepsilon < \dfrac{u_{n+1}}{u_n} < \rho + \varepsilon.$$

（1）当 $\rho<1$ 时，取充分小的 ε，使得 $\rho+\varepsilon=r<1$. 因此，当 $n>N$ 时，$\dfrac{u_{n+1}}{u_n}<r<1$，从而

$\dfrac{u_{n+1}}{u_n}\cdot\dfrac{u_n}{u_{n-1}}\cdot\ldots\cdot\dfrac{u_{N+2}}{u_{N+1}}<r^{n-N}$，$u_{n+1}<\dfrac{u_{N+1}}{r^N}r^n$. 因为等比级数 $\displaystyle\sum_{n=1}^{\infty}r^{n-1}$ 收敛，所以由比较判别法可知

$\displaystyle\sum_{n=1}^{\infty}u_n$ 收敛.

（2）当 $\rho>1$ 时，取充分小的 ε，使得 $\rho-\varepsilon=r>1$. 因此，当 $n>N$ 时，$\dfrac{u_{n+1}}{u_n}>r>1$，从而

$u_{n+1}>u_n$. 因此，必有 $\lim\limits_{n\to\infty}u_n\neq 0$，从而 $\displaystyle\sum_{n=1}^{\infty}u_n$ 发散.

注： 当 $\rho>1$ 时，实际上可以证明当 $n>N$ 时，$u_{n+1}>\dfrac{u_{N+1}}{r^N}r^n$，从而使得 $\lim\limits_{n\to\infty}u_n=+\infty$.

定理 10.6（根值判别法或柯西判别法）　对正项级数 $\displaystyle\sum_{n=1}^{\infty}u_n$，若 $\lim\limits_{n\to\infty}\sqrt[n]{u_n}=\rho$，则当 $\rho<1$ 时，级数收敛；当 $\rho>1$（或 $\rho=+\infty$）时，级数发散.

证明： 与定理 10.5 类似，留作练习.

注： 当 $\rho=1$ 时，比值判别法和根值判别法失效. 例如，对 p -级数 $\displaystyle\sum_{n=1}^{\infty}\dfrac{1}{n^p}$，有

$$\lim_{n\to\infty}\frac{u_{n+1}}{u_n}=\lim_{n\to\infty}\left(\frac{n}{n+1}\right)^p=\left(\lim_{n\to\infty}\frac{n}{n+1}\right)^p=1^p=1$$

$$\lim_{n\to\infty}\sqrt[n]{u_n}=\lim_{n\to\infty}\sqrt[n]{\frac{1}{n^p}}=\lim_{n\to\infty}\left(\sqrt[n]{n}\right)^{-p}=\left(\lim_{n\to\infty}\sqrt[n]{n}\right)^{-p}=1^{-p}=1$$

而 p -级数的敛散性随 p 的取值而不同.

当正项级数的通项中出现 a^n、$n!$ 等因子时（如例 10-10、例 10-13），适合用比值判别法；当正项级数的通项中出现 a^n、$(a_n)^n$ 等因子时，适合用根值判别法.

例 10-16　讨论级数 $\displaystyle\sum_{n=1}^{\infty}\dfrac{x^n}{n}$（$x>0$）的敛散性.

解： $\rho=\lim\limits_{n\to\infty}\dfrac{\dfrac{x^{n+1}}{n+1}}{\dfrac{x^n}{n}}=x\lim\limits_{n\to\infty}\dfrac{n}{n+1}=x$（或 $\rho=\lim\limits_{n\to\infty}\sqrt[n]{\dfrac{x^n}{n}}=\lim\limits_{n\to\infty}\dfrac{x}{\sqrt[n]{n}}=\dfrac{x}{1}=x$），由比值（或根值）判别法可知：

（i）当 $0<x<1$ 时，$\displaystyle\sum_{n=1}^{\infty}\dfrac{x^n}{n}$ 收敛；

（ii）当 $x>1$ 时，$\displaystyle\sum_{n=1}^{\infty}\dfrac{x^n}{n}$ 发散；

（iii）当 $x=1$ 时，$\displaystyle\sum_{n=1}^{\infty}\dfrac{1}{n}$ 发散.

综上，$\sum\limits_{n=1}^{\infty}\dfrac{x^n}{n}\begin{cases}收敛，& 0<x<1\\ 发散，& x\geqslant1\end{cases}$.

例 10-17 判定 $\sum\limits_{n=1}^{\infty}\dfrac{n}{2^n}\cos^2\dfrac{n\pi}{3}$ 的敛散性.

解： $0<\dfrac{n}{2^n}\cos^2\dfrac{n\pi}{3}\leqslant\dfrac{n}{2^n}$. 因为 $\rho=\lim\limits_{n\to\infty}\dfrac{\frac{n+1}{2^{n+1}}}{\frac{n}{2^n}}=\dfrac{1}{2}\lim\limits_{n\to\infty}\dfrac{n+1}{n}=\dfrac{1}{2}<1$（或 $\rho=\lim\limits_{n\to\infty}\sqrt[n]{\dfrac{n}{2^n}}=\lim\limits_{n\to\infty}\dfrac{\sqrt[n]{n}}{2}=$ $\dfrac{1}{2}<1$），所以由比值（或根值）判别法可知 $\sum\limits_{n=1}^{\infty}\dfrac{n}{2^n}$ 收敛. 因此，由比较判别法可知 $\sum\limits_{n=1}^{\infty}\dfrac{n}{2^n}\cos^2\dfrac{n\pi}{3}$ 收敛.

例 10-18 讨论级数 $\sum\limits_{n=1}^{\infty}\left(\dfrac{n}{2n+1}\right)^{an}$ 的敛散性.

解：

$$\rho=\lim\limits_{n\to\infty}\sqrt[n]{\left(\dfrac{n}{2n+1}\right)^{an}}=\lim\limits_{n\to\infty}\left(\dfrac{n}{2n+1}\right)^a=\left(\lim\limits_{n\to\infty}\dfrac{n}{2n+1}\right)^a=\left(\dfrac{1}{2}\right)^a$$

由根值判别法可知：

（i）当 $a>0$ 时，$0<\left(\dfrac{1}{2}\right)^a<1$，$\sum\limits_{n=1}^{\infty}\left(\dfrac{n}{2n+1}\right)^{an}$ 收敛；

（ii）当 $a<0$ 时，$\left(\dfrac{1}{2}\right)^a>1$，$\sum\limits_{n=1}^{\infty}\left(\dfrac{n}{2n+1}\right)^{an}$ 发散；

（iii）当 $a=0$ 时，$\sum\limits_{n=1}^{\infty}\left(\dfrac{n}{2n+1}\right)^0=\sum\limits_{n=1}^{\infty}1$ 发散.

综上，$\sum\limits_{n=1}^{\infty}\left(\dfrac{n}{2n+1}\right)^{an}\begin{cases}收敛，& a>0\\ 发散，& a\leqslant0\end{cases}$.

例 10-19 考察下列级数的敛散性.

（1）$\sum\limits_{n=2}^{\infty}\dfrac{1}{\ln^n n}$；

解： $\rho=\lim\limits_{n\to\infty}\sqrt[n]{\dfrac{1}{\ln^n n}}=\lim\limits_{n\to\infty}\dfrac{1}{\ln n}=0<1$，由根值判别法可知 $\sum\limits_{n=2}^{\infty}\dfrac{1}{\ln^n n}$ 收敛.

（2）$\sum\limits_{n=1}^{\infty}\dfrac{1}{2^n}\left(1+\dfrac{1}{n}\right)^{n^2}$.

解： $\rho=\lim\limits_{n\to\infty}\sqrt[n]{\dfrac{1}{2^n}\left(1+\dfrac{1}{n}\right)^{n^2}}=\lim\limits_{n\to\infty}\dfrac{1}{2}\left(1+\dfrac{1}{n}\right)^n=\dfrac{e}{2}>1$，由根值判别法可知 $\sum\limits_{n=1}^{\infty}\dfrac{1}{2^n}\left(1+\dfrac{1}{n}\right)^{n^2}$ 发散.

例 10-20 考察级数 $\sum\limits_{n=1}^{\infty}n!\left(\dfrac{x}{n}\right)^n$（$x>0$）的敛散性.

解： $\rho = \lim\limits_{n \to \infty} \dfrac{(n+1)!\left(\dfrac{x}{n+1}\right)^{n+1}}{n!\left(\dfrac{x}{n}\right)^{n}} = x \lim\limits_{n \to \infty} \dfrac{1}{\left(1+\dfrac{1}{n}\right)^{n}} = \dfrac{x}{\mathrm{e}}$，由比值判别法可知：

（i）若 $x > \mathrm{e}$，则 $\sum\limits_{n=1}^{\infty} n!\left(\dfrac{x}{n}\right)^{n}$ 发散；

（ii）若 $0 < x < \mathrm{e}$，则 $\sum\limits_{n=1}^{\infty} n!\left(\dfrac{x}{n}\right)^{n}$ 收敛；

（iii）若 $x = \mathrm{e}$，因为 $n! > \left(\dfrac{n+1}{\mathrm{e}}\right)^{n}$（见注），所以 $n!\left(\dfrac{\mathrm{e}}{n}\right)^{n} > \left(\dfrac{n+1}{\mathrm{e}}\right)^{n}\left(\dfrac{\mathrm{e}}{n}\right)^{n} = \left(1+\dfrac{1}{n}\right)^{n} > 1$，则

$\sum\limits_{n=1}^{\infty} n!\left(\dfrac{\mathrm{e}}{n}\right)^{n}$ 发散.

注： 设 $x_n = \left(\dfrac{n+1}{\mathrm{e}}\right)^{n}$，当 $n \geqslant 2$ 时，$\dfrac{x_n}{x_{n-1}} = \dfrac{\left(\dfrac{n+1}{\mathrm{e}}\right)^{n}}{\left(\dfrac{n}{\mathrm{e}}\right)^{n-1}} = \dfrac{1}{\mathrm{e}} \cdot \left(1+\dfrac{1}{n}\right)^{n} \cdot n < n$. 因此，

$$x_n < n \cdot x_{n-1} < n(n-1)x_{n-2} < \cdots < n(n-1)\cdots 2 \cdot x_1 = n! \dfrac{2}{\mathrm{e}} < n!$$

即 $\left(\dfrac{n+1}{\mathrm{e}}\right)^{n} < n!$.

推论[比值判别法（或根值判别法）的一般形式] 当 $n \geqslant N$ 时，若 $\dfrac{u_{n+1}}{u_n} \leqslant r < 1$（或 $\sqrt[n]{u_n} \leqslant$

$r < 1$），则正项级数 $\sum\limits_{n=1}^{\infty} u_n$ 收敛；若 $\dfrac{u_{n+1}}{u_n} \geqslant 1$（或 $\sqrt[n]{u_n} \geqslant 1$），则正项级数 $\sum\limits_{n=1}^{\infty} u_n$ 发散.

注： 用比值判别法时，余和 r_n 的估计为 $r_n = u_{n+1} + u_{n+2} + \cdots < ru_n + r^2 u_n + \cdots = \dfrac{ru_n}{1-r}$；用根值

判别法时，$r_n = u_{n+1} + u_{n+2} + \cdots < r^{n+1} + r^{n+2} + \cdots = \dfrac{r^{n+1}}{1-r}$.

例 10-21 证明级数 $\sum\limits_{n=1}^{\infty} \dfrac{1}{3^n}\left[\sqrt{2} + (-1)^n\right]^{n}$ 收敛，并估计误差.

证明： 因为 $0 < \dfrac{1}{3^n}\left[\sqrt{2} + (-1)^n\right]^{n} \leqslant \left(\dfrac{\sqrt{2}+1}{3}\right)^{n}$，且 $\sum\limits_{n=1}^{\infty}\left(\dfrac{\sqrt{2}+1}{3}\right)^{n}$ 收敛 $\left(0 < \dfrac{\sqrt{2}+1}{3} < 1\right)$，所

以由比较判别法可知 $\sum\limits_{n=1}^{\infty} \dfrac{1}{3^n}\left[\sqrt{2} + (-1)^n\right]^{n}$ 收敛.

$$r_n = \dfrac{1}{3^{n+1}}\left[\sqrt{2} + (-1)^{n+1}\right]^{n+1} + \dfrac{1}{3^{n+2}}\left[\sqrt{2} + (-1)^{n+2}\right]^{n+2} + \cdots$$

$$< \left(\dfrac{\sqrt{2}+1}{3}\right)^{n+1} + \left(\dfrac{\sqrt{2}+1}{3}\right)^{n+2} + \cdots = \dfrac{\left(\dfrac{\sqrt{2}+1}{3}\right)^{n+1}}{1 - \dfrac{\sqrt{2}+1}{3}} = \dfrac{(\sqrt{2}+1)^{n+1}}{3^n(2-\sqrt{2})}$$

例 10-22 证明级数 $\sum\limits_{n=2}^{\infty} \dfrac{1}{(n-1)!}$ 收敛，并估计误差.

证明： 因为 $\rho = \lim\limits_{n\to\infty} \dfrac{\dfrac{1}{n!}}{\dfrac{1}{(n-1)!}} = \lim\limits_{n\to\infty} \dfrac{1}{n} = 0 < 1$，所以由比值判别法可知 $\sum\limits_{n=2}^{\infty} \dfrac{1}{(n-1)!}$ 收敛.

$$r_n = \frac{1}{n!} + \frac{1}{(n+1)!} + \cdots = \frac{1}{n!}\left[1 + \frac{1}{n+1} + \frac{1}{(n+2)(n+1)} + \cdots\right]$$
$$< \frac{1}{n!}\left(1 + \frac{1}{n} + \frac{1}{n^2} + \cdots\right) = \frac{1}{n!} \cdot \frac{1}{1 - \dfrac{1}{n}} = \frac{1}{(n-1)!(n-1)}$$

例 10-23 利用级数收敛性，证明：$\lim\limits_{n\to\infty} \dfrac{n^n}{(n!)^2} = 0$.

证明： 因为

$$\rho = \lim_{n\to\infty} \frac{\dfrac{(n+1)^{n+1}}{[(n+1)!]^2}}{\dfrac{n^n}{(n!)^2}} = \lim_{n\to\infty} \frac{1}{n+1} \cdot \left(1 + \frac{1}{n}\right)^n = 0 \cdot \mathrm{e} = 0 < 1$$

所以由比值判别法可知 $\sum\limits_{n=1}^{\infty} \dfrac{n^n}{(n!)^2}$ 收敛. 因此，由数项级数收敛的必要条件可知 $\lim\limits_{n\to\infty} \dfrac{n^n}{(n!)^2} = 0$.

在例 10-16、例 10-17 中，比值判别法与根值判别法所得到的 ρ 是相等的，由下面的定理可知这并不是偶然的.

定理 10.7 已知正项数列 $\{u_n\}$ 满足 $\lim\limits_{n\to\infty} \dfrac{u_{n+1}}{u_n} = \rho$，则 $\lim\limits_{n\to\infty} \sqrt[n]{u_n} = \rho$.

证明： 分 $\rho = 0$ 与 $\rho > 0$ 两种情况证明.

（i）若 $\rho = 0$. $\forall \varepsilon > 0$，$\exists N_1 \in \mathbb{N}$ 使得 $n > N_1$ 时，$\dfrac{u_n}{u_{n-1}} < \varepsilon$，即 $0 < u_n < \varepsilon u_{n-1}$. 依次类推，$0 < u_n < \varepsilon u_{n-1} < \varepsilon^2 u_{n-2} < \cdots < \varepsilon^{n-N_1} u_{N_1} = \varepsilon^n \cdot \varepsilon^{-N_1} u_{N_1}$. 因此，$0 < \sqrt[n]{u_n} < \varepsilon \sqrt[n]{\varepsilon^{-N_1} u_{N_1}}$. 又因为 $\lim\limits_{n\to\infty} \sqrt[n]{\varepsilon^{-N_1} u_{N_1}} = 1$，所以存在 $N_2 \in \mathbb{N}$ 使得 $n > N_2$ 时，$\sqrt[n]{\varepsilon^{-N_1} u_{N_1}} < 2$. 综上，取 $N = \max\{N_1, N_2\}$，则当 $n > N$ 时，$0 < \sqrt[n]{u_n} < 2\varepsilon$. 由 $\varepsilon > 0$ 的任意性可知，$\lim\limits_{n\to\infty} \sqrt[n]{u_n} = 0$.

（ii）若 $\rho > 0$. $\sqrt[n]{u_n} = \sqrt[n]{\dfrac{u_n}{u_{n-1}} \cdot \dfrac{u_{n-1}}{u_{n-2}} \cdot \cdots \cdot \dfrac{u_2}{u_1} \cdot \dfrac{u_1}{u_0}}$（补充定义 $u_0 = 1$），由结论：若 $\lim\limits_{n\to\infty} a_n = a$（$a$ 为有限数），则 $\lim\limits_{n\to\infty} \dfrac{a_1 + \cdots + a_n}{n} = a$，我们可知，$\lim\limits_{n\to\infty} \ln \dfrac{u_{n+1}}{u_n} = \ln \rho$（$\ln \rho$ 为有限数），则

$$\lim_{n\to\infty} \frac{\ln\dfrac{u_1}{u_0} + \cdots + \ln\dfrac{u_n}{u_{n-1}}}{n} = \lim_{n\to\infty} \frac{\ln\dfrac{u_n}{u_0}}{n} = \lim_{n\to\infty} \ln \sqrt[n]{u_n} = \ln\left(\lim_{n\to\infty} \sqrt[n]{u_n}\right) = \ln \rho$$

因此，$\lim\limits_{n\to\infty}\sqrt[n]{u_n}=\rho$．

由定理 10.7 可知，在比值判别法下收敛的正项级数在根值判别法下一定收敛，但反之不成立，反例如下．

例 10-24 讨论正项级数 $\sum\limits_{n=1}^{\infty}2^{-n+(-1)^n}$ 的敛散性．

解： $u_n=2^{-n+(-1)^n}>0$，$\lim\limits_{n\to\infty}\sqrt[n]{u_n}=\lim\limits_{n\to\infty}2^{-1+\frac{(-1)^n}{n}}=\dfrac{1}{2}<1$，由根值判别法可知 $\sum\limits_{n=1}^{\infty}2^{-n+(-1)^n}$ 收敛．

然而，$\dfrac{u_{n+1}}{u_n}=\dfrac{2^{-n-1+(-1)^{n+1}}}{2^{-n+(-1)^n}}=2^{-1+2\cdot(-1)^{n+1}}=\begin{cases}2, & n\text{为奇数}\\2^{-3}, & n\text{为偶数}\end{cases}$，显然 $\lim\limits_{n\to\infty}\dfrac{u_{n+1}}{u_n}$ 不存在．

我们发现 p-级数 $\sum\limits_{n=1}^{\infty}\dfrac{1}{n^p}$ 与 p-积分 $\int_a^{+\infty}\dfrac{1}{x^p}\mathrm{d}x$（$a>0$）在敛散性方面对参数 p 的要求是一致的．某种意义上，$\sum\limits_{n=1}^{\infty}\dfrac{1}{n^p}$ 可以视为 $\int_a^{+\infty}\dfrac{1}{x^p}\mathrm{d}x$ 的离散版本．下面我们把这种关系推广到一般情形．

定理 10.8（积分判别法） 设 $\sum\limits_{n=1}^{\infty}u_n$ 为正项级数，函数 $f(x)$ 在区间 $[a,+\infty)$（$a>0$）上非负、连续、单调递减，且 $f(n)=u_n$（$n\geqslant N$），则级数 $\sum\limits_{n=1}^{\infty}u_n$ 与反常积分 $\int_a^{+\infty}f(x)\mathrm{d}x$ 敛散性相同．

证明： 如图 10.1 所示，因为 $f(x)$ 单调下降，所以当 $n\geqslant 2$ 时，$\int_n^{n+1}f(x)\mathrm{d}x<u_n\cdot 1<\int_{n-1}^{n}f(x)\mathrm{d}x$．

设 $v_n=\int_n^{n+1}f(x)\mathrm{d}x$（$n\in\mathbb{N}^*$），则当 $n\geqslant 2$ 时，$v_n<u_n<v_{n-1}$．因此，$\sum\limits_{n=1}^{\infty}u_n$ 与 $\sum\limits_{n=1}^{\infty}v_n$ 敛散性相同．而

$\sum\limits_{n=1}^{\infty}v_n=\lim\limits_{n\to\infty}\sum\limits_{k=1}^{n}v_k=\lim\limits_{n\to\infty}\int_1^{n+1}f(x)\mathrm{d}x$．因为 $f(x)$ 非负，所以 $\lim\limits_{n\to\infty}\int_1^{n+1}f(x)\mathrm{d}x$ 与 $\int_1^{+\infty}f(x)\mathrm{d}x$ 敛散性

相同．综上，$\sum\limits_{n=1}^{\infty}u_n$ 与 $\int_a^{+\infty}f(x)\mathrm{d}x$ 敛散性相同．

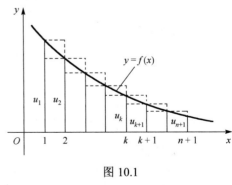

图 10.1

例 10-25 试判定级数 $\sum\limits_{n=2}^{\infty}\dfrac{1}{n\ln^p n}$ 的敛散性．

解： 由积分判别法可知，$\sum\limits_{n=2}^{\infty}\dfrac{1}{n\ln^p n}$ 与

$\int_2^{+\infty}\dfrac{1}{x\ln^p x}\mathrm{d}x=\int_2^{+\infty}\dfrac{1}{\ln^p x}\mathrm{d}(\ln x)\xlongequal{\ln x=u}\int_{\ln 2}^{+\infty}\dfrac{1}{u^p}\mathrm{d}u$ 敛散性

相同．因此，$\sum\limits_{n=2}^{\infty}\dfrac{1}{n\ln^p n}\begin{cases}\text{收敛}, & p>1\\\text{发散}, & p\leqslant 1\end{cases}$

例 10-26 试判定级数 $\sum\limits_{n=2}^{\infty}\dfrac{\ln n}{n^p}$ 的敛散性．

解：由积分判别法可知，$\sum\limits_{n=2}^{\infty}\dfrac{\ln n}{n^p}$ 与 $\displaystyle\int_2^{+\infty}\dfrac{\ln x}{x^p}\mathrm{d}x$ 敛散性相同.

（i）当 $p=1$ 时，$\displaystyle\int_2^{+\infty}\dfrac{\ln x}{x}\mathrm{d}x=\int_2^{+\infty}\ln x\mathrm{d}(\ln x)=\dfrac{1}{2}\ln^2 x\Big|_2^{+\infty}=+\infty$ ，发散.

（ii）当 $p>1$ 时，$\displaystyle\int_2^{+\infty}\dfrac{\ln x}{x^p}\mathrm{d}x=\dfrac{1}{1-p}x^{1-p}\ln x\Big|_2^{+\infty}+\dfrac{1}{p-1}\int_2^{+\infty}\dfrac{1}{x^p}\mathrm{d}x$. 因为 $1-p<0$ ，所以

$\lim\limits_{x\to+\infty}x^{1-p}\ln x=0$. 又因为 $p>1$，所以 $\displaystyle\int_2^{+\infty}\dfrac{1}{x^p}\mathrm{d}x$ 收敛. 因此，$\displaystyle\int_2^{+\infty}\dfrac{\ln x}{x^p}\mathrm{d}x$ 收敛.

（iii）当 $p<1$ 时，$\displaystyle\int_2^{+\infty}\dfrac{\ln x}{x^p}\mathrm{d}x\geqslant\int_2^{+\infty}\dfrac{\ln 2}{x^p}\mathrm{d}x=\ln 2\int_2^{+\infty}\dfrac{1}{x^p}\mathrm{d}x$.

因为 $p<1$，所以 $\displaystyle\int_2^{+\infty}\dfrac{1}{x^p}\mathrm{d}x$ 发散. 由比较判别法可知，$\displaystyle\int_2^{+\infty}\dfrac{\ln x}{x^p}\mathrm{d}x$ 发散.

综上，$\sum\limits_{n=2}^{\infty}\dfrac{\ln n}{n^p}\begin{cases}\text{收敛,}& p>1\\ \text{发散,}& p\leqslant 1\end{cases}$.

 习题 10.2

1．用比较判别法判定下列级的敛散性.

（1）$\dfrac{1}{2}+\dfrac{1}{5}+\dfrac{1}{10}+\dfrac{1}{17}+\cdots$；

（2）$1+\dfrac{1+2}{1+2^2}+\dfrac{1+3}{1+3^2}+\cdots$；

（3）$\sum\limits_{n=1}^{\infty}\sin\dfrac{\pi}{2^n}$；

（4）$\sum\limits_{n=1}^{\infty}\left[\dfrac{1}{n}-\ln\left(1+\dfrac{1}{n}\right)\right]$.

2．用比值判别法判定下列级数的敛散性.

（1）$\sum\limits_{n=0}^{\infty}\dfrac{n!}{n^n}$；

（2）$\sum\limits_{n=0}^{\infty}\dfrac{5^n}{n!}$；

（3）$\sum\limits_{n=1}^{\infty}\dfrac{2^n\cdot n!}{n^n}$；

（4）$\sum\limits_{n=1}^{\infty}\dfrac{2\cdot 5\cdot\,\cdots\,\cdot(3n-1)}{1\cdot 5\cdot\,\cdots\,\cdot(4n-3)}$.

3．用根值判别法判定下列级数的敛散性.

（1）$\sum\limits_{n=1}^{\infty}\left(\dfrac{n}{3n+1}\right)^n$；

（2）$\dfrac{3}{1\cdot 2}+\dfrac{3^2}{2\cdot 2^2}+\dfrac{3^3}{3\cdot 2^3}+\cdots$.

4．用积分判别法判定下列级数的敛散性.

（1）$\sum\limits_{n=1}^{\infty}\dfrac{n+1}{n(n+2)}$；

（2）$\sum\limits_{n=3}^{\infty}\dfrac{\ln n}{n^p}$.

5．判定下列级数的敛散性.

（1）$\sum\limits_{n=0}^{\infty}\dfrac{[(2n)!!]^2}{(4n)!!}$；

（2）$\sum\limits_{n=1}^{\infty}\sqrt{\dfrac{n+1}{n}}$；

（3）$\sum\limits_{n=2}^{\infty}\dfrac{1}{n\ln^{1+\sigma}n}$ （$\sigma>0$）；

（4）$\sum\limits_{n=1}^{\infty}\dfrac{1}{\sqrt{n}}\arcsin\dfrac{1}{n}$；

（5）$\sum\limits_{n=1}^{\infty}\dfrac{1}{1+a^n}$ （$a>n$）；

（6）$\sum\limits_{n=1}^{\infty}\ln\left(1+\dfrac{1}{n}\right)$；

（7）$\displaystyle\sum_{n=1}^{\infty} n\tan\frac{\pi}{2^{n+1}}$；

（8）$\displaystyle\sum_{n=1}^{\infty}\frac{n^2}{\left(2+\dfrac{1}{n}\right)^n}$；

（9）$\displaystyle\sum_{n=1}^{\infty}\frac{(n!)^2}{(2n)!}x^n$（$x>0$）；

（10）$\displaystyle\sum_{n=3}^{\infty}\frac{1}{n\ln n\cdot\ln\ln n}$；

（11）$\displaystyle\sum_{n=0}^{\infty}\left(\frac{b}{a_n}\right)^n$，假设 $\displaystyle\lim_{n\to\infty}a_n=a$，且 $b\neq a$ 均为正数.

6. 讨论级数 $\displaystyle\sum_{n=1}^{\infty}n^{\alpha}\beta^n$ 的敛散性，其中，α 为任意实数，β 为非负实数.

7. 设 a 为正数，若级数 $\displaystyle\sum_{n=1}^{\infty}\frac{a^n n!}{n^n}$ 收敛，而 $\displaystyle\sum_{n=2}^{\infty}\frac{\sqrt{n+2}-\sqrt{n-2}}{n^a}$ 发散，则（　　）.

（A）$a>\mathrm{e}$ 　　　　　　　　（B）$a=\mathrm{e}$

（C）$\dfrac{1}{2}<a<\mathrm{e}$ 　　　　　（D）$a\leqslant\dfrac{1}{2}$

8. 证明：

（1）若正项级数 $\displaystyle\sum_{n=1}^{\infty}u_n$ 收敛，则 $\displaystyle\sum_{n=1}^{\infty}u_n^2$ 收敛；

（2）若正项级数 $\displaystyle\sum_{n=1}^{\infty}u_n$，$\displaystyle\sum_{n=1}^{\infty}v_n$ 均收敛，则 $\displaystyle\sum_{n=1}^{\infty}u_n v_n$，$\displaystyle\sum_{n=1}^{\infty}\sqrt{\frac{v_n}{n^p}}$，$p>1$ 均收敛；

（3）若正项级数 $\displaystyle\sum_{n=1}^{\infty}u_n$ 发散，$S_n=u_1+u_2+\cdots+u_n$，则 $\displaystyle\sum_{n=1}^{\infty}\frac{u_n}{S_n^2}$ 收敛；

（4）若 $u_n,v_n>0$，且 $\dfrac{u_{n+1}}{u_n}\leqslant\dfrac{v_{n+1}}{v_n}$，则当 $\displaystyle\sum_{n=1}^{\infty}v_n$ 收敛时，$\displaystyle\sum_{n=1}^{\infty}u_n$ 收敛；当 $\displaystyle\sum_{n=1}^{\infty}u_n$ 发散时，$\displaystyle\sum_{n=1}^{\infty}v_n$ 发散.

9. 利用收敛级数性质证明：

（1）$\displaystyle\lim_{n\to\infty}\frac{n^n}{(2n)!}=0$；　　　　　　（2）$\displaystyle\lim_{n\to\infty}\frac{a^n}{n!}=0$（$a>1$）.

10. 设级数 $\displaystyle\sum_{n=1}^{\infty}a_n$ 与 $\displaystyle\sum_{n=1}^{\infty}b_n$ 均收敛，且对一切正整数 n 都有 $a_n<c_n<b_n$，证明 $\displaystyle\sum_{n=1}^{\infty}c_n$ 收敛.

11. 若 $\displaystyle\lim_{n\to\infty}na_n=a\neq0$，则 $\displaystyle\sum_{n=1}^{\infty}a_n$ 发散.

12. 设 $a_n=\displaystyle\int_0^{\frac{\pi}{4}}\tan^n x\,\mathrm{d}x$，试证任意 $\lambda>0$，级数 $\displaystyle\sum_{n=1}^{\infty}\frac{a_n}{n^{\lambda}}$ 收敛.

13. 设数列 $\{u_n\}$ 满足 $u_{n+1}=\dfrac{1}{2}u_n(u_n^2+1)$，$n=1,2,3,\cdots$. 针对首项（1）$u_1=\dfrac{1}{2}$，（2）$u_1=2$ 两种情况讨论级数 $\displaystyle\sum_{n=1}^{\infty}u_n$ 的敛散性.

14. 讨论级数 $\displaystyle\sum_{n=1}^{\infty}\left(\int_0^n \sqrt[3]{1+x^2}\,\mathrm{d}x\right)^{-1}$ 的敛散性.

10.3 任意项级数的敛散性及其判别法

既有正项又有负项的级数，称为**任意项级数**. 如果存在 $N \in \mathbb{N}$ 使得 $n > N$ 时，$u_n \geqslant 0$（或 $u_n \leqslant 0$），则级数 $\displaystyle\sum_{n=1}^{\infty} u_n$ 与正项（或负项）级数 $\displaystyle\sum_{n=N+1}^{\infty} u_n$ 敛散性相同. 下面考虑正项和负项都有无穷多项的任意项级数的敛散性.

设
$$\sum_{n=1}^{\infty} u_n = u_1 + u_2 + \cdots + u_n + \cdots \tag{10.4}$$

为任意项级数，将其各项取绝对值，得到一个正项级数

$$\sum_{n=1}^{\infty} |u_n| = |u_1| + |u_2| + \cdots + |u_n| + \cdots \tag{10.5}$$

定义 10.3 如果级数（10.5）收敛，则称级数（10.4）**绝对收敛**. 如果级数（10.5）发散，而级数（10.4）收敛，则称级数（10.4）**条件收敛**.

定理 10.9 级数（10.4）绝对收敛的充要条件是由级数（10.4）中正项构成的级数和负项构成的级数 $\displaystyle\sum_{n=1}^{\infty} \frac{|u_n| + u_n}{2}$，$\displaystyle\sum_{n=1}^{\infty} \frac{|u_n| - u_n}{2}$ 都收敛.

证明："$\Rightarrow$". 因为 $\dfrac{|u_n| + u_n}{2} = \begin{cases} u_n, & u_n \geqslant 0 \\ 0, & u_n < 0 \end{cases}$，$\dfrac{|u_n| - u_n}{2} = \begin{cases} 0, & u_n \geqslant 0 \\ -u_n, & u_n < 0 \end{cases}$，所以 $0 \leqslant \dfrac{|u_n| + u_n}{2} \leqslant |u_n|$，$0 \leqslant \dfrac{|u_n| - u_n}{2} \leqslant |u_n|$. 因为 $\displaystyle\sum_{n=1}^{\infty} |u_n|$ 收敛，所以由比较判别法可知 $\displaystyle\sum_{n=1}^{\infty} \frac{|u_n| + u_n}{2}$，$\displaystyle\sum_{n=1}^{\infty} \frac{|u_n| - u_n}{2}$ 都收敛.

"$\Leftarrow$". 因为 $\displaystyle\sum_{n=1}^{\infty} \frac{|u_n| + u_n}{2}$，$\displaystyle\sum_{n=1}^{\infty} \frac{|u_n| - u_n}{2}$ 都收敛，所以 $\displaystyle\sum_{n=1}^{\infty} |u_n| = \sum_{n=1}^{\infty} \left(\frac{|u_n| + u_n}{2} + \frac{|u_n| - u_n}{2} \right)$ 收敛.

定理 10.10 若级数（10.4）绝对收敛，则级数（10.4）必收敛.

证明：因为 $\displaystyle\sum_{n=1}^{\infty} |u_n|$ 收敛，所以由定理 10.9 可知 $\displaystyle\sum_{n=1}^{\infty} \frac{|u_n| + u_n}{2}$，$\displaystyle\sum_{n=1}^{\infty} \frac{|u_n| - u_n}{2}$ 都收敛. 因此，$\displaystyle\sum_{n=1}^{\infty} u_n = \sum_{n=1}^{\infty} \left(\frac{|u_n| + u_n}{2} - \frac{|u_n| - u_n}{2} \right)$ 收敛.

注：因为

$$|u_{n+1} + u_{n+2} + \cdots + u_{n+p}| \leqslant |u_{n+1}| + |u_{n+2}| + \cdots + |u_{n+p}|$$
$$= \big\| |u_{n+1}| + |u_{n+2}| + \cdots + |u_{n+p}| \big\|$$

所以由柯西收敛准则易知：若级数（10.4）绝对收敛，则级数（10.4）必收敛.

正项与负项相间的级数，称为**交错级数**. 设 $u_n > 0$，$n = 1, 2, \cdots$，则交错级数形如

$$\sum_{n=1}^{\infty}(-1)^{n-1}u_n = u_1 - u_2 + u_3 - u_4 + \cdots + (-1)^{n-1}u_n + \cdots \qquad （10.6）$$

或

$$\sum_{n=1}^{\infty}(-1)^{n}u_n = -u_1 + u_2 - u_3 + u_4 + \cdots + (-1)^{n}u_n + \cdots \qquad （10.7）$$

定理 10.11（莱布尼茨判别法） 若交错级数（10.6）满足条件：（1）$\lim_{n\to\infty}u_n = 0$；（2）$u_n \geqslant u_{n+1}$，$n = 1,2,\cdots$，则级数（10.6）收敛，且其和 $S \leqslant u_1$，余和 $r_n = S - S_n$ 的绝对值 $|r_n| \leqslant u_{n+1}$.

证明：因为 $S_{2m} = (u_1 - u_2) + (u_3 - u_4) + \cdots + (u_{2m-1} - u_{2m})$，其中，$u_{2k-1} - u_{2k} > 0$（$k \in \mathbb{N}^*$），所以数列 $\{S_{2m}\}$ 单调递增. 又因为 $S_{2m} = u_1 - (u_2 - u_3) - \cdots - (u_{2m-2} - u_{2m-1}) - u_{2m} \leqslant u_1$，所以由单调有界准则可知，$\lim_{m\to\infty}S_{2m} = S$ 收敛且 $0 \leqslant S \leqslant u_1$.

$$\lim_{m\to\infty}S_{2m+1} = \lim_{m\to\infty}(S_{2m} + u_{2m+1}) = \lim_{m\to\infty}S_{2m} + \lim_{m\to\infty}u_{2m+1} = S + 0 = S$$

因此，$\displaystyle\sum_{n=1}^{\infty}(-1)^{n-1}u_n = \lim_{n\to\infty}S_n = S$.

$$\begin{aligned}r_n &= (-1)^n u_{n+1} + (-1)^{n+1}u_{n+2} + \cdots \\ &= (-1)^n(u_{n+1} - u_{n+2} + u_{n+3} - u_{n+4} + \cdots)\end{aligned}$$

其中，$u_{n+1} - u_{n+2} + u_{n+3} - u_{n+4} + \cdots$ 也是一个交错级数. 因此，$|r_n| = u_{n+1} - u_{n+2} + u_{n+3} - u_{n+4} + \cdots \leqslant u_{n+1}$.

例 10-27 判定下列级数的敛散性. 若收敛，指明是条件收敛还是绝对收敛.

（1）$\displaystyle\sum_{n=1}^{\infty}(-1)^{n-1}\frac{1}{n}$；

解：$\displaystyle\sum_{n=1}^{\infty}\left|(-1)^{n-1}\frac{1}{n}\right| = \sum_{n=1}^{\infty}\frac{1}{n}$ 发散. 又因为正项数列 $\left\{\dfrac{1}{n}\right\}$ 单调递减且 $\lim_{n\to\infty}\dfrac{1}{n} = 0$，所以由莱布尼茨判别法可知 $\displaystyle\sum_{n=1}^{\infty}(-1)^{n-1}\frac{1}{n}$ 条件收敛.

（2）$\displaystyle\sum_{n=1}^{\infty}\sin\left(\pi\sqrt{n^2+1}\right)$.

解：

$$\begin{aligned}\sin\left(\pi\sqrt{n^2+1}\right) &= \sin\left(n\pi + \pi\sqrt{n^2+1} - n\pi\right) \\ &= (-1)^n \sin\left[\pi\left(\sqrt{n^2+1} - n\right)\right] \\ &= (-1)^n \sin\frac{\pi}{\sqrt{n^2+1} + n}\end{aligned}$$

其中，$\sin\dfrac{\pi}{\sqrt{n^2+1}+n} > 0$（$n \in \mathbb{N}^*$）.

因为

$$\lim_{n\to\infty}\frac{\left|\sin\left(\pi\sqrt{n^2+1}\right)\right|}{\frac{1}{n}}=\lim_{n\to\infty}\frac{\sin\frac{\pi}{\sqrt{n^2+1}+n}}{\frac{1}{n}}=\lim_{n\to\infty}\frac{n\pi}{\sqrt{n^2+1}+n}=\frac{\pi}{2}$$

由比较判别法可知 $\displaystyle\sum_{n=1}^{\infty}\left|\sin\left(\pi\sqrt{n^2+1}\right)\right|$ 发散. 又因为数列 $\left\{\sin\dfrac{\pi}{\sqrt{n^2+1}+n}\right\}$ 单调递减且

$\displaystyle\lim_{n\to\infty}\sin\frac{\pi}{\sqrt{n^2+1}+n}=0$，所以由莱布尼茨判别法可知 $\displaystyle\sum_{n=1}^{\infty}\sin\left(\pi\sqrt{n^2+1}\right)$ 条件收敛.

例 10-28 判定下列级数的敛散性, 对收敛级数要指明是条件收敛还是绝对收敛.

（1）$\displaystyle\sum_{n=1}^{\infty}(-1)^{\frac{n(n+1)}{2}}\frac{1}{2^n}$；

解： $\displaystyle\sum_{n=1}^{\infty}\left|(-1)^{\frac{n(n+1)}{2}}\frac{1}{2^n}\right|=\sum_{n=1}^{\infty}\frac{1}{2^n}$ 收敛，因此 $\displaystyle\sum_{n=1}^{\infty}(-1)^{\frac{n(n+1)}{2}}\frac{1}{2^n}$ 绝对收敛.

（2）$\displaystyle\sum_{n=1}^{\infty}\frac{(-n)^n}{n!}$.

解： 考察级数 $\displaystyle\sum_{n=1}^{\infty}\frac{n^n}{n!}$ 的敛散性. 因为 $\rho=\displaystyle\lim_{n\to\infty}\frac{\frac{(n+1)^{n+1}}{(n+1)!}}{\frac{n^n}{n!}}=\lim_{n\to\infty}\left(1+\frac{1}{n}\right)^n=\mathrm{e}>1$，所以 $\displaystyle\lim_{n\to\infty}\frac{n^n}{n!}=$

$+\infty$. 因此, $\displaystyle\sum_{n=1}^{\infty}\frac{(-n)^n}{n!}$ 发散.

例 10-29 设常数 $\lambda\geqslant0$，且级数 $\displaystyle\sum_{n=1}^{\infty}a_n^2$ 收敛，判定级数 $\displaystyle\sum_{n=1}^{\infty}(-1)^n\frac{|a_n|}{\sqrt{n^2+\lambda}}$ 的敛散性. 若收敛，指明是条件收敛还是绝对收敛.

解： $0\leqslant\left|(-1)^n\dfrac{|a_n|}{\sqrt{n^2+\lambda}}\right|=\dfrac{|a_n|}{\sqrt{n^2+\lambda}}\leqslant\dfrac{1}{2}\left(a_n^2+\dfrac{1}{n^2+\lambda}\right)$. 因为 $0<\dfrac{1}{n^2+\lambda}<\dfrac{1}{n^2}$，所以由比较判

别法可知 $\displaystyle\sum_{n=1}^{\infty}\frac{1}{n^2+\lambda}$ 收敛. 又因为 $\displaystyle\sum_{n=1}^{\infty}a_n^2$ 收敛，所以 $\displaystyle\sum_{n=1}^{\infty}\left(a_n^2+\frac{1}{n^2+\lambda}\right)$ 收敛. 由比较判别法可知

$\displaystyle\sum_{n=1}^{\infty}(-1)^n\frac{|a_n|}{\sqrt{n^2+\lambda}}$ 绝对收敛.

引理 10.1（阿贝尔分部求和公式） 设有两组实数 $a_1,a_2,\cdots,a_n$ 与 $b_1,b_2,\cdots,b_n$，记 a_i 的部分

和 $S_k=\displaystyle\sum_{i=1}^{k}a_i$（$1\leqslant k\leqslant n$），则有：

（1）$\displaystyle\sum_{i=1}^{n}a_ib_i=S_nb_n+\sum_{i=1}^{n-1}S_i\left(b_i-b_{i+1}\right)$；

（2）当 $\{b_i\}_{i=1}^{n}$ 为单调的且 $|S_k|\leqslant M$（$1\leqslant k\leqslant n$）时，$\left|\displaystyle\sum_{i=1}^{n}a_ib_i\right|\leqslant M\left(|b_1|+2|b_n|\right)$.

证明：（1）$a_i=S_i-S_{i-1}$（$2\leqslant i\leqslant n$），

$$\sum_{i=1}^{n} a_i b_i = S_1 b_1 + (S_2 - S_1) b_2 + \cdots + (S_n - S_{n-1}) b_n$$

$$= S_1 b_1 + S_2 b_2 - S_1 b_2 + S_3 b_3 - S_2 b_3 + \cdots + S_n b_n - S_{n-1} b_n$$

$$= S_1 (b_1 - b_2) + S_2 (b_2 - b_3) + \cdots + S_{n-1} (b_{n-1} - b_n) + S_n b_n$$

$$= S_n b_n + \sum_{i=1}^{n-1} S_i (b_i - b_{i+1})$$

（2）因为 b_i（$i = 1, 2, \cdots, n$）单调，所以 $b_i - b_{i+1}$（$i = 1, 2, \cdots, n-1$）同号.

$$\left| \sum_{i=1}^{n} a_i b_i \right| \leqslant \sum_{i=1}^{n-1} |S_i| \cdot |b_i - b_{i+1}| + |S_n| \cdot |b_n| \leqslant M \sum_{i=1}^{n-1} |b_i - b_{i+1}| + M |b_n|$$

$$= M \left| \sum_{i=1}^{n-1} (b_i - b_{i+1}) \right| + M |b_n| = M |b_1 - b_n| + M |b_n|$$

$$\leqslant M (|b_1| + |b_n|) + M |b_n| = M (|b_1| + 2|b_n|)$$

定理 10.12（狄利克雷判别法） 乘积项级数 $\sum\limits_{n=1}^{\infty} a_n b_n$ 收敛，如果它满足以下两条：

（i）级数 $\sum\limits_{n=1}^{\infty} a_n$ 的部分和数列 $\{S_n\}_{n=1}^{\infty}$ 有界；

（ii）数列 $\{b_n\}_{n=1}^{\infty}$ 单调趋于零.

证明：设 $|S_n| \leqslant M$（$n \in \mathbb{N}^*$），则 $\left| \sum\limits_{k=n+1}^{n+l} a_k \right| = |S_{n+l} - S_n| \leqslant |S_{n+l}| + |S_n| \leqslant 2M$. 由引理 10.1 可知，

$\left| \sum\limits_{k=n+1}^{n+p} a_k b_k \right| \leqslant 2M (|b_{n+1}| + 2|b_{n+p}|)$. $\forall \varepsilon > 0$，因为 $\lim\limits_{n \to \infty} b_n = 0$，所以 $\exists N \in \mathbb{N}$ 使得 $n > N$ 时，$|b_n| < \dfrac{\varepsilon}{6M}$.

因此，

$$\left| \sum_{k=n+1}^{n+p} a_k b_k \right| \leqslant 2M (|b_{n+1}| + 2|b_{n+p}|) < 2M \cdot 3 \cdot \frac{\varepsilon}{6M} = \varepsilon$$

因此，由柯西收敛原理可知 $\sum\limits_{n=1}^{\infty} a_n b_n$ 收敛.

定理 10.13（阿贝尔判别法） 乘积项级数 $\sum\limits_{n=1}^{\infty} a_n b_n$ 收敛，如果它满足以下两条：

（i）级数 $\sum\limits_{n=1}^{\infty} a_n$ 收敛；

（ii）数列 $\{b_n\}_{n=1}^{\infty}$ 单调有界.

证明：设 $|b_n| \leqslant M$（$n \in \mathbb{N}^*$）. $\forall \varepsilon > 0$，因为 $\sum\limits_{n=1}^{\infty} a_n$ 收敛，所以 $\exists N \in \mathbb{N}$ 使得 $n > N$ 时，$\forall l \in \mathbb{N}$，

都有 $\left| \sum\limits_{k=n+1}^{n+l} a_k \right| < \dfrac{\varepsilon}{3M}$. 由引理 10.1 可知

$$\left|\sum_{k=n+1}^{n+p} a_k b_k\right| < \frac{\varepsilon}{3M}\left(|b_{n+1}| + 2|b_{n+p}|\right) \leq \frac{\varepsilon}{3M} \cdot 3M = \varepsilon$$

因此，由柯西收敛原理可知 $\sum_{n=1}^{\infty} a_n b_n$ 收敛.

例 10-30 考察以下级数的敛散性.

（1）$\sum_{n=1}^{\infty} \frac{\cos nx}{n^\alpha}$（$\alpha > 0$，$x \in \mathbb{R}$）；

解：（i）当 $\alpha > 1$ 时，$0 \leq \frac{|\cos nx|}{n^\alpha} \leq \frac{1}{n^\alpha}$. 因为 $\sum_{n=1}^{\infty} \frac{1}{n^\alpha}$ 收敛，所以由比较判别法可知 $\sum_{n=1}^{\infty} \frac{\cos nx}{n^\alpha}$ 绝对收敛.

（ii）当 $0 < \alpha \leq 1$ 时，若 $x = 2k\pi$（$k \in \mathbb{N}$），则 $\sum_{n=1}^{\infty} \frac{1}{n^\alpha}$ 发散；

若 $x \neq 2k\pi$（$k \in \mathbb{N}$），

$$\cos x + \cos 2x + \cdots + \cos nx = \frac{\sin\frac{x}{2}(\cos x + \cos 2x + \cdots + \cos nx)}{\sin\frac{x}{2}}$$

$$= \frac{\frac{1}{2}}{\sin\frac{x}{2}}\left[\sin\left(\frac{1}{2}+1\right)x + \sin\left(\frac{1}{2}-1\right)x + \cdots + \sin\left(\frac{1}{2}+n\right)x + \sin\left(\frac{1}{2}-n\right)x\right]$$

$$= \frac{\frac{1}{2}}{\sin\frac{x}{2}}\left[\sin\left(\frac{1}{2}+n\right)x - \sin\frac{1}{2}x\right]$$

$$|\cos x + \cos 2x + \cdots + \cos nx| = \frac{\frac{1}{2}}{\left|\sin\frac{x}{2}\right|}\left|\sin\left(\frac{1}{2}+n\right)x - \sin\frac{1}{2}x\right|$$

$$\leq \frac{\frac{1}{2}}{\left|\sin\frac{x}{2}\right|}\left(\left|\sin\left(\frac{1}{2}+n\right)x\right| + \left|\sin\frac{1}{2}x\right|\right) \leq \frac{1}{\left|\sin\frac{x}{2}\right|}$$

数列 $\left\{\frac{1}{n^\alpha}\right\}$ 单调递减且 $\lim_{n\to\infty}\frac{1}{n^\alpha} = 0$，由定理 10.12 可知 $\sum_{n=1}^{\infty} \frac{\cos nx}{n^\alpha}$ 收敛.

（2）$\sum_{n=1}^{\infty} \frac{\cos 3n}{\sqrt{n}}\left(1+\frac{1}{n}\right)^n$.

解：由（1）可知 $\sum_{n=1}^{\infty} \frac{\cos 3n}{\sqrt{n}}$ 收敛. 又因为数列 $\left\{\left(1+\frac{1}{n}\right)^n\right\}$ 单调递增且有界（$\lim_{n\to\infty}\left(1+\frac{1}{n}\right)^n = \mathrm{e}$），

所以由定理 10.13 可知 $\sum\limits_{n=1}^{\infty}\dfrac{\cos 3n}{\sqrt{n}}\left(1+\dfrac{1}{n}\right)^{n}$ 收敛.

例 10-31 考察级数 $\sum\limits_{n=1}^{\infty}(-1)^{n}\dfrac{\cos n}{n}$ 的敛散性.

解： $\sum\limits_{n=1}^{\infty}(-1)^{n}\dfrac{\cos n}{n}=\sum\limits_{n=1}^{\infty}\dfrac{\cos(n+n\pi)}{n}=\sum\limits_{n=1}^{\infty}\dfrac{\cos n(\pi+1)}{n}$. 由例 10-30 可知，$\sum\limits_{n=1}^{\infty}\dfrac{\cos n(\pi+1)}{n}$

收敛.

考察 $\sum\limits_{n=1}^{\infty}\dfrac{|\cos n|}{n}$ 的敛散性. 假设 $\sum\limits_{n=1}^{\infty}\dfrac{|\cos n|}{n}$ 收敛，因为 $0\leqslant\dfrac{1}{2}\cdot\dfrac{1+\cos 2n}{n}=\dfrac{\cos^{2}n}{n}\leqslant\dfrac{|\cos n|}{n}$，所

以由比较判别法可知 $\sum\limits_{n=1}^{\infty}\dfrac{1+\cos 2n}{n}$ 收敛. 因为 $\sum\limits_{n=1}^{\infty}\dfrac{\cos 2n}{n}$ 收敛，所以 $\sum\limits_{n=1}^{\infty}\dfrac{1}{n}=\sum\limits_{n=1}^{\infty}\left[\left(\dfrac{1+\cos 2n}{n}\right)-\right.$

$\left.\dfrac{\cos 2n}{n}\right]$ 收敛，矛盾. 因此，假设不成立，$\sum\limits_{n=1}^{\infty}\dfrac{|\cos n|}{n}$ 发散.

综上，$\sum\limits_{n=1}^{\infty}(-1)^{n}\dfrac{\cos n}{n}$ 条件收敛.

定理 10.14（绝对收敛级数的交换律） 如果级数 $\sum\limits_{n=1}^{\infty}a_{n}$ 绝对收敛，则任意交换此级数的

各项顺序后所得到的新级数也绝对收敛，且其和不变.

证明： 先对正项级数证明结论成立. 设 $\sum\limits_{n=1}^{\infty}a_{n}=S$，任意交换级数的各项顺序后所得到的

新级数为 $\sum\limits_{n=1}^{\infty}\hat{a}_{n}$，则 $\hat{S}_{n}=\sum\limits_{k=1}^{n}\hat{a}_{k}$ 是从 $\sum\limits_{n=1}^{\infty}a_{n}$ 中挑选出某些项（有限个）构成的. 因为

$\hat{S}_{n}\leqslant\sum\limits_{n=1}^{\infty}a_{n}=S$，所以 $\sum\limits_{n=1}^{\infty}\hat{a}_{n}$ 收敛且 $\sum\limits_{n=1}^{\infty}\hat{a}_{n}=\hat{S}\leqslant S$. 同理，$\sum\limits_{n=1}^{\infty}a_{n}$ 也可以视作 $\sum\limits_{n=1}^{\infty}\hat{a}_{n}$ 交换各项顺

序后得到的级数，从而 $S\leqslant\hat{S}$. 综上，$S=\hat{S}$.

设 $u_{n}=\dfrac{|a_{n}|+a_{n}}{2}$，$v_{n}=\dfrac{|a_{n}|-a_{n}}{2}$，则 $0\leqslant u_{n},v_{n}\leqslant|a_{n}|$. 因为 $\sum\limits_{n=1}^{\infty}a_{n}$ 绝对收敛，所以 $\sum\limits_{n=1}^{\infty}u_{n}$，$\sum\limits_{n=1}^{\infty}v_{n}$

都收敛. 对 $\sum\limits_{n=1}^{\infty}a_{n}$ 各项交换顺序的同时，对 $\sum\limits_{n=1}^{\infty}u_{n}$，$\sum\limits_{n=1}^{\infty}v_{n}$ 也同步进行交换顺序，相应地得到

$\sum\limits_{n=1}^{\infty}\hat{a}_{n}$，$\sum\limits_{n=1}^{\infty}\hat{u}_{n}$，$\sum\limits_{n=1}^{\infty}\hat{v}_{n}$. 因此，

$$\sum_{n=1}^{\infty}\hat{a}_{n}=\sum_{n=1}^{\infty}(\hat{u}_{n}-\hat{v}_{n})=\sum_{n=1}^{\infty}\hat{u}_{n}-\sum_{n=1}^{\infty}\hat{v}_{n}=\sum_{n=1}^{\infty}u_{n}-\sum_{n=1}^{\infty}v_{n}=\sum_{n=1}^{\infty}(u_{n}-v_{n})=\sum_{n=1}^{\infty}a_{n}$$

例 10-32 已知莱布尼茨型的交错级数

$$1-\frac{1}{2}+\frac{1}{3}-\frac{1}{4}+\cdots+(-1)^{n-1}\frac{1}{n}+\cdots=\ln 2 \tag{10.8}$$

是条件收敛的.

式（10.8）两端同乘以 $\dfrac{1}{2}$，得

$$\frac{1}{2}-\frac{1}{4}+\frac{1}{6}-\frac{1}{8}+\cdots+(-1)^{n-1}\frac{1}{2n}+\cdots=\frac{1}{2}\ln 2 \qquad (10.9)$$

在式（10.9）两项之间添加零项，得

$$0+\frac{1}{2}+0-\frac{1}{4}+0+\frac{1}{6}+0-\frac{1}{8}+0+\cdots+0+(-1)^{n-1}\frac{1}{2n}+0+\cdots=\frac{1}{2}\ln 2 \qquad (10.10)$$

式（10.8）+式（10.10），得

$$1+0+\frac{1}{3}-\frac{1}{2}+\frac{1}{5}+0+\frac{1}{7}-\frac{1}{4}+\frac{1}{9}+0+\cdots=\frac{3}{2}\ln 2 \qquad (10.11)$$

即

$$1+\frac{1}{3}-\frac{1}{2}+\frac{1}{5}+\frac{1}{7}-\frac{1}{4}+\frac{1}{9}+\cdots=\frac{3}{2}\ln 2 \qquad (10.12)$$

在式（10.12）中，式（10.8）的奇数项 $\dfrac{1}{2k-1}$（$k=1,2,\cdots$）得到了保留，式（10.8）的偶数项 $-\dfrac{1}{2k}$（$k=1,2,\cdots$）整体向后挪了两位. 可见，除去零项外，式（10.11）的项与式（10.8）相同. 而式（10.12）则略去式（10.11）的零项. 因此，式（10.12）可以视作式（10.8）的重新排序，但是二者的和不同.

对级数 $\displaystyle\sum_{n=1}^{\infty}a_n$ 和 $\displaystyle\sum_{n=1}^{\infty}b_n$，级数 $a_1b_1+(a_1b_2+a_2b_1)+\cdots+(a_1b_n+a_2b_{n-1}+\cdots+a_nb_1)+\cdots$ 称为它们的**柯西乘积**.

定理 10.15（绝对收敛级数的分配律）　如果级数 $\displaystyle\sum_{n=1}^{\infty}a_n$ 和 $\displaystyle\sum_{n=1}^{\infty}b_n$ 都绝对收敛，且其和分别为 A 和 B，则它们各项的乘积 a_ib_j（$i,j=1,2,\cdots$）按任意顺序依次相加所得到的级数也绝对收敛，且其和等于 AB.

证明：设 $\displaystyle\sum_{n=1}^{\infty}c_n$，其中，$c_n=a_{i_n}b_{j_n}$（$n\in\mathbb{N}^*$），$\displaystyle\sum_{n=1}^{\infty}|a_n|=A'$，$\displaystyle\sum_{n=1}^{\infty}|b_n|=B'$，则 $\displaystyle\sum_{k=1}^{n}|c_k|=\sum_{k=1}^{n}|a_{i_k}|\cdot|b_{j_k}|\leqslant\left(\sum_{k=1}^{m}|a_k|\right)\left(\sum_{k=1}^{m}|b_k|\right)\leqslant A'B'$，其中，$m=\max\{i_1,j_1,i_2,j_2,\cdots,i_n,j_n\}$. 因此，$\displaystyle\sum_{n=1}^{\infty}c_n$ 绝对收敛，

$$\sum_{n=1}^{\infty}c_n=(a_1b_1)+(a_2b_1+a_1b_2+a_2b_2)+(a_3b_1+a_3b_2+a_3b_3+a_1b_3+a_2b_3)+\cdots \qquad (10.13)$$

级数（10.13）的前 n^2 项和 $S_{n^2}=\left(\displaystyle\sum_{k=1}^{n}a_k\right)\left(\sum_{k=1}^{n}b_k\right)$，$\displaystyle\sum_{n=1}^{\infty}c_n=\lim_{n\to\infty}S_{n^2}=\lim_{n\to\infty}\left(\sum_{k=1}^{n}a_k\right)\left(\sum_{k=1}^{n}b_k\right)=AB$.

例 10-33　证明：$\left(\displaystyle\sum_{n=0}^{\infty}q^n\right)^2=\sum_{n=0}^{\infty}(n+1)q^n$（$|q|<1$）. 由此求出级数 $\displaystyle\sum_{n=0}^{\infty}(n+1)q^n$（$|q|<1$）的和.

解：设 $\displaystyle\sum_{n=0}^{\infty} a_n = \sum_{n=0}^{\infty} q^n$，$\displaystyle\sum_{n=0}^{\infty} b_n = \sum_{n=0}^{\infty} q^n$，因为 $|q|<1$，所以 $\displaystyle\sum_{n=0}^{\infty} a_n$，$\displaystyle\sum_{n=0}^{\infty} b_n$ 绝对收敛. 因此，

$$\left(\sum_{n=0}^{\infty} q^n\right)^2 = \left(\sum_{n=0}^{\infty} a_n\right)\left(\sum_{n=0}^{\infty} b_n\right) = \sum_{n=0}^{\infty}\left(\sum_{i+j=n} a_i b_j\right) = \sum_{n=0}^{\infty}(n+1)q^n$$

又因为 $\displaystyle\sum_{n=0}^{\infty} q^n = \frac{1}{1-q}$，所以 $\displaystyle\sum_{n=0}^{\infty}(n+1)q^n = \frac{1}{(1-q)^2}$.

注：对条件收敛级数，乘法分配律未必成立. 例如，交错级数 $\displaystyle\sum_{n=1}^{\infty}(-1)^{n-1}\frac{1}{\sqrt{n}}$ 是条件收敛

的，它的柯西乘积是 $\displaystyle\left[\sum_{n=1}^{\infty}(-1)^{n-1}\frac{1}{\sqrt{n}}\right]^2 = \sum_{n=1}^{\infty}(-1)^{n-1}c_n$，其中，

$$c_n = \frac{1}{1\cdot\sqrt{n}} + \frac{1}{\sqrt{2}\cdot\sqrt{n-1}} + \cdots + \frac{1}{\sqrt{k}\cdot\sqrt{n-k+1}} + \cdots + \frac{1}{\sqrt{n}\cdot 1} \geqslant \frac{n}{\sqrt{n}\cdot\sqrt{n}} = 1$$

因此，$c_n \nrightarrow 0$（$n\to\infty$），$\displaystyle\sum_{n=1}^{\infty}(-1)^{n-1}c_n$ 发散.

 **习题** 10.3

1. 判定下列级数的敛散性. 如果收敛，是条件收敛还是绝对收敛？

（1）$1 - \dfrac{1}{\sqrt{2}} + \dfrac{1}{\sqrt{3}} - \dfrac{1}{4} + \cdots + (-1)^{n-1}\dfrac{1}{\sqrt{n}} + \cdots$；　　（2）$\displaystyle\sum_{n=2}^{\infty}(-1)^n\frac{1}{n-\ln n}$；

（3）$\displaystyle\sum_{n=1}^{\infty}(-1)^{n-1}\frac{1}{3\cdot 2^n}$；　　（4）$\displaystyle\sum_{n=1}^{\infty}(-1)^{n-1}\frac{1}{n^{p+\frac{1}{n}}}$；

（5）$\displaystyle\sum_{n=1}^{\infty}\frac{n!2^n\sin\left(\dfrac{n\pi}{5}\right)}{n^n}$；　　（6）$\displaystyle\sum_{n=1}^{\infty}\left[\frac{\sin(n\alpha)}{n^2} - \frac{1}{\sqrt{n}}\right]$；

（7）$\displaystyle\sum_{n=1}^{n}(-1)^n\left(1-\cos\frac{\alpha}{n}\right)$（常数 $\alpha>0$）；　　（8）$\displaystyle\sum_{n=1}^{n}\frac{(-\alpha)^n\cdot n!}{n^n}$（常数 $\alpha>0$）；

（9）$\displaystyle\sum_{n=2}^{\infty}\sin\left(n\pi + \frac{1}{\ln n}\right)$.

2. 设级数 $\displaystyle\sum_{n=1}^{\infty}a_n^2$，$\displaystyle\sum_{n=1}^{\infty}b_n^2$ 均收敛，证明 $\displaystyle\sum_{n=1}^{\infty}a_n b_n$，$\displaystyle\sum_{n=1}^{\infty}(-1)^{\frac{n(n+1)}{2}}(a_n+b_n)^2$，$\displaystyle\sum_{n=1}^{\infty}\frac{a_n}{n}$ 均绝对收敛.

3. 设常数 $k>0$，则级数 $\displaystyle\sum_{n=1}^{\infty}(-1)^n\frac{k+n}{n^2}$（　　）.

（A）发散　　　　　　　　（B）绝对收敛

（C）条件收敛　　　　　　（D）收敛或发散与 k 的取值有关

4. 设级数 $\displaystyle\sum_{n=1}^{\infty}u_n$ 条件收敛，又设 $u_n^* = \dfrac{u_n+|u_n|}{2}$，$u_n^{**} = \dfrac{u_n-|u_n|}{2}$，则级数（　　）.

（A）$\sum_{n=1}^{\infty} u_n^*$ 和 $\sum_{n=1}^{\infty} u_n^{**}$ 都收敛

（B）$\sum_{n=1}^{\infty} u_n^*$ 和 $\sum_{n=1}^{\infty} u_n^{**}$ 都发散

（C）$\sum_{n=1}^{\infty} u_n^*$ 收敛，但 $\sum_{n=1}^{\infty} u_n^{**}$ 发散

（D）$\sum_{n=1}^{\infty} u_n^*$ 发散，但 $\sum_{n=1}^{\infty} u_n^{**}$ 收敛

5. 判定 $\sum_{n=2}^{\infty} \dfrac{(-1)^n}{\sqrt{n}+(-1)^n}$ 的敛散性.

6. 设部分和 $S_n = \sum_{k=1}^{n} u_k$，则数列 $\{S_n\}$ 有界是级数 $\sum_{n=1}^{\infty} u_n$ 收敛的（　　　）.

（A）充分条件，但非必要条件　　　（B）必要条件，但非充分条件

（C）充分必要条件　　　　　　　　（D）非充分条件，又非必要条件

7. 若级数 $\sum_{n=1}^{\infty} u_n$，$\sum_{n=1}^{\infty} v_n$ 都发散，讨论级数 $\sum_{n=1}^{\infty} \left[|u_n| + |v_n| \right]$ 的敛散性.

8. 设正项数列 $\{a_n\}$ 单调递减，且 $\sum_{n=1}^{\infty} (-1)^n a_n$ 发散，试问级数 $\sum_{n=1}^{\infty} \left(\dfrac{1}{a_n+1} \right)^n$ 是否收敛？说明理由.

10.4　函数项级数

10.4.1　函数项级数的收敛域与和函数

设函数 $u_n(x)$（$n=1,2,\cdots$）都在集合 X 上有定义，对函数项级数 $\sum_{n=1}^{\infty} u_n(x) = u_1(x) + u_2(x) + \cdots + u_n(x) + \cdots$，当点 $x_0 \in X$ 时，若数项级数 $\sum_{n=1}^{\infty} u_n(x_0)$ 收敛，则称 x_0 为 $\sum_{n=1}^{\infty} u_n(x)$ 的**收敛点**，否则为 $\sum_{n=1}^{\infty} u_n(x)$ 的**发散点**. 所有收敛点的集合，称为 $\sum_{n=1}^{\infty} u_n(x)$ 的**收敛域**，发散点集称为 $\sum_{n=1}^{\infty} u_n(x)$ 的**发散域**.

设 J 是 $\sum_{n=1}^{\infty} u_n(x)$ 的收敛域，$\forall x \in J$，数项级数 $\sum_{n=1}^{\infty} u_n(x)$ 都有和. 显然，这个和是 J 上的函数，记为 $S(x)$，称为 $\sum_{n=1}^{\infty} u_n(x)$ 的**和函数**. 例如，等比级数 $\sum_{n=0}^{\infty} x^n = 1 + x + x^2 + \cdots + x^n + \cdots$，它的收敛域为 $(-1,1)$，发散域为 $(-\infty, -1] \bigcup [1, +\infty)$，在收敛域内和函数是 $S(x) = \dfrac{1}{1-x}$，$\forall x \in (-1,1)$.

设 $S_n(x)$ 是 $\sum_{n=1}^{\infty} u_n(x)$ 的前 n 项和（部分和），则当 $x \in J$ 时，有 $\lim_{n \to \infty} S_n(x) = S(x)$. 称 $r_n(x) = S(x) - S_n(x)$ 为 $\sum_{n=1}^{\infty} u_n(x)$ 的余和. 显然，$\lim_{n \to \infty} r_n(x) = 0$，$\forall x \in J$.

例 10-34 求函数项级数 $\displaystyle\sum_{n=1}^{\infty}(-1)^{n-1}\frac{x^{3n}}{n}$ 的收敛域.

解：考察级数 $\displaystyle\sum_{n=1}^{\infty}\frac{|x|^{3n}}{n}$，$\rho=\lim_{n\to\infty}\sqrt[n]{\frac{|x|^{3n}}{n}}=\lim_{n\to\infty}\frac{|x|^3}{\sqrt[n]{n}}=|x|^3$.

（i）当 $|x|<1$ 时，$\rho<1$，$\displaystyle\sum_{n=1}^{\infty}(-1)^{n-1}\frac{x^{3n}}{n}$ 绝对收敛；

（ii）当 $|x|>1$ 时，$\rho>1$，$\displaystyle\sum_{n=1}^{\infty}(-1)^{n-1}\frac{x^{3n}}{n}$ 发散；

（iii）当 $x=1$ 时，由莱布尼茨判别法可知 $\displaystyle\sum_{n=1}^{\infty}(-1)^{n-1}\frac{1}{n}$ 收敛；

（iv）当 $x=-1$ 时，$\displaystyle\sum_{n=1}^{\infty}\frac{-1}{n}$ 发散.

综上，$\displaystyle\sum_{n=1}^{\infty}(-1)^{n-1}\frac{x^{3n}}{n}$ 的收敛域是 $(-1,1]$.

10.4.2 函数项级数的一致收敛性

$\{f_n(x)\}_{n=1}^{\infty}$ 是一列定义在数集 I_0 上的函数. 若 $x_0\in I_0$，且极限 $\lim_{n\to\infty}f_n(x_0)$ 收敛，则称 x_0 是 $\{f_n(x)\}_{n=1}^{\infty}$ 的**收敛点**，否则为**发散点**. 全体收敛点的集合 I 是 I_0 的一个子集，称为 $\{f_n(x)\}_{n=1}^{\infty}$ 的**收敛域**. $\forall x\in I$，令 $f(x)=\lim_{n\to\infty}f_n(x)$，得到定义在收敛域 I 上的函数 $f(x)$，称为 $\{f_n(x)\}_{n=1}^{\infty}$ 的**极限函数**. 函数列 $\{f_n(x)\}_{n=1}^{\infty}$ 在 I 上逐点收敛到 $f(x)$.

例 10-35 讨论函数列 $\{x^n\}_{n=1}^{\infty}$ 的收敛域和极限函数.

解：函数列 $\{x^n\}_{n=1}^{\infty}$ 的收敛域是 $(-1,1]$，极限函数 $f(x)=\lim_{n\to\infty}x^n=\begin{cases}0, & -1<x<1\\ 1, & x=1\end{cases}$.

注：$y=x^n$（$n=1,2,\cdots$）都是 $(-1,1]$ 上的连续函数，但其极限函数 $f(x)=\begin{cases}0, & -1<x<1\\ 1, & x=1\end{cases}$ 不是. 对 $x\in(-1,1)$，$\forall\varepsilon>0$，要使 $|x^n-0|=|x|^n<\varepsilon$，须取 $N=\left[\dfrac{\ln\varepsilon}{\ln|x|}\right]$，当 $n>N$ 时即可. 可见，$N=N(\varepsilon,x)$ 由两个因素决定. 这就引出了函数列一致收敛的概念.

定义 10.4（函数列的一致收敛性） 设函数列 $\{f_n(x)\}_{n=1}^{\infty}$ 和函数 $f(x)$ 在区间 I 上有定义. 如果 $\forall\varepsilon>0$，存在 $N=N(\varepsilon)\in\mathbb{N}^*$，使得当 $n>N$ 时，$|f_n(x)-f(x)|<\varepsilon$ 对任意 $x\in I$ 都成立，则称函数列 $\{f_n(x)\}_{n=1}^{\infty}$ 在区间 I **一致收敛**于 $f(x)$.

例 10-36 对 $\forall a\in(0,1)$，证明：函数列 $\{x^n\}_{n=1}^{\infty}$ 在区间 $[-a,a]$ 上一致收敛于零.

证明：由例 10-35 可知，对任意 $\varepsilon>0$，取 $N(\varepsilon)=\left[\dfrac{\ln\varepsilon}{\ln a}\right]$ 即可.

例 10-37 考察定义在无穷区间 $[0,+\infty)$ 上的函数列 $\left\{\dfrac{1}{x+n}\right\}_{n=1}^{\infty}$ 的一致收敛性.

解： $\forall x \in [0,+\infty)$，极限函数 $f(x) = \lim\limits_{n \to \infty} \dfrac{1}{x+n} = 0$。$\forall \varepsilon > 0$，要使 $\left| \dfrac{1}{x+n} - f(x) \right| = \left| \dfrac{1}{x+n} - 0 \right| = \dfrac{1}{x+n} \leqslant \dfrac{1}{n} < \varepsilon$，取 $N = \left[\dfrac{1}{\varepsilon} \right]$，则当 $n > N$ 时，$\forall x \in [0,+\infty)$，都有 $\left| \dfrac{1}{x+n} - f(x) \right| < \varepsilon$ 成立。因此，$\left\{ \dfrac{1}{x+n} \right\}_{n=1}^{\infty}$ 在 $[0,+\infty)$ 一致收敛于 $f(x)$。

定义 10.5（函数项级数的一致收敛性） 定义在区间 I_0 上的函数项级数 $\sum\limits_{n=1}^{\infty} u_n(x)$ 的部分和函数列 $S_n(x) = \sum\limits_{k=1}^{n} u_k(x)$ 在区间 $I \subset I_0$ 上一致收敛于函数 $S(x)$，则称函数项级数 $\sum\limits_{n=1}^{\infty} u_n(x)$ 在 I 上一致收敛于和函数 $S(x)$。

定理 10.16（柯西收敛准则） 函数项级数 $\sum\limits_{n=1}^{\infty} u_n(x)$ 在 I 上一致收敛的充要条件是，$\forall \varepsilon > 0$，$\exists N = N(\varepsilon) \in \mathbb{N}^*$，使得当 $n > N$ 时，$\left| S_{n+p}(x) - S_n(x) \right| = \left| \sum\limits_{k=n+1}^{n+p} u_k(x) \right| < \varepsilon$ 对任意 $p \in \mathbb{N}^*$ 和任意 $x \in I$ 都成立。

证明： 由数项级数的柯西收敛准则显然得到。

推论 1（必要条件） 若函数项级数 $\sum\limits_{n=1}^{\infty} u_n(x)$ 在 I 上一致收敛，则其通项 $u_n(x)$ 在 I 上一致收敛于零。

证明： 在定理 10.16 中令 $p = 1$ 即可。

例 10-38 考察定义在无穷区间 $(0,+\infty)$ 上的函数项级数 $\sum\limits_{n=1}^{\infty} n\mathrm{e}^{-nx}$ 的收敛性。

解： 因为 $\rho = \lim\limits_{n \to \infty} \sqrt[n]{n\mathrm{e}^{-nx}} = \lim\limits_{n \to \infty} \sqrt[n]{n} \cdot \mathrm{e}^{-x} = \mathrm{e}^{-x} < 1$（$x \in (0,+\infty)$），所以 $\sum\limits_{n=1}^{\infty} n\mathrm{e}^{-nx}$ 在 $(0,+\infty)$ 上逐点收敛。取 $\varepsilon = \mathrm{e}^{-1}$，$\forall n \in \mathbb{N}^*$，令 $x_n = \dfrac{1}{n}$，则 $n\mathrm{e}^{-n\frac{1}{n}} = n\mathrm{e}^{-1} \geqslant \mathrm{e}^{-1}$，即通项 $\{n\mathrm{e}^{-nx}\}$ 在 $(0,+\infty)$ 上不一致收敛于零。因此，由推论 1 可知，$\sum\limits_{n=1}^{\infty} n\mathrm{e}^{-nx}$ 在 $(0,+\infty)$ 上不是一致收敛的。

推论 2 设 $u_n(x)$ 在区间 $[a,b]$ 上有定义，函数项级数 $\sum\limits_{n=1}^{\infty} u_n(x)$ 在区间 (a,b) 内逐点收敛，其通项 $u_n(x)$ 在右端点 $x = b$ 处左连续（或在左端点 $x = a$ 处右连续），并且数项级数 $\sum\limits_{n=1}^{\infty} u_n(b)$（或 $\sum\limits_{n=1}^{\infty} u_n(a)$）发散，则函数项级数 $\sum\limits_{n=1}^{\infty} u_n(x)$ 在区间 (a,b) 内非一致收敛。

证明： 假设 $\sum\limits_{n=1}^{\infty} u_n(x)$ 在 (a,b) 内一致收敛。$\forall \varepsilon > 0$，$\exists N = N(\varepsilon) \in \mathbb{N}^*$，当 $n > N$ 时，$\forall p \in \mathbb{N}^*$，$\forall x \in (a,b)$，都有

$$\left|\sum_{k=n+1}^{n+p} u_k(x)\right| < \varepsilon \qquad (10.14)$$

式（10.14）两端关于 $x \to b^-$ 取极限得 $\left|\sum_{k=n+1}^{n+p} u_k(b)\right| \leq \varepsilon$. 因此，由数项级数的柯西收敛准则可知

$\sum_{n=1}^{\infty} u_n(b)$ 收敛，矛盾. 因此，假设不成立，$\sum_{n=1}^{\infty} u_n(x)$ 在 (a,b) 内非一致收敛.

例 10-39 考察函数项级数 $\sum_{n=1}^{\infty} x^n$ 在区间 $(0,1)$ 内的收敛性.

解：$\sum_{n=1}^{\infty} x^n$ 在 $(0,1)$ 内逐点收敛于和函数 $S(x) = \dfrac{x}{1-x}$. 通项 $u_n(x) = x^n$ 在 $x=1$ 处左连续，但

$\sum_{n=1}^{\infty} u_n(1) = \sum_{n=1}^{\infty} 1^n$ 发散，由推论 2 可知 $\sum_{n=1}^{\infty} x^n$ 在区间 $(0,1)$ 内不一致收敛.

定理 10.17（魏尔斯特拉斯判别法） 设函数项级数 $\sum_{n=1}^{\infty} u_n(x)$ 在 I 上有定义. 如果存在一个

收敛的正项级数 $\sum_{n=1}^{\infty} a_n$，使得从某项起 $|u_n(x)| \leq a_n$ 对任意 $x \in I$ 都成立，则级数 $\sum_{n=1}^{\infty} u_n(x)$ 在 I 上

一致收敛.

证明：因为 $\left|\sum_{k=n+1}^{n+p} u_k(x)\right| \leq \sum_{k=n+1}^{n+p} |u_k(x)| \leq \sum_{k=n+1}^{n+p} a_k$，所以由柯西收敛准则可知，$\sum_{n=1}^{\infty} a_n$ 收敛可以

推出 $\sum_{n=1}^{\infty} u_n(x)$ 在 I 上一致收敛.

例 10-40 考察函数项级数 $\sum_{n=1}^{\infty} \dfrac{\cos nx}{n^2}$ 在区间 $(-\infty, +\infty)$ 上的一致收敛性.

解：因为 $\left|\dfrac{\cos nx}{n^2}\right| \leq \dfrac{1}{n^2}$ 且 $\sum_{n=1}^{\infty} \dfrac{1}{n^2}$ 收敛，所以由定理 10.17 可知 $\sum_{n=1}^{\infty} \dfrac{\cos nx}{n^2}$ 在 $(-\infty, +\infty)$ 上一致

收敛.

类似于定理 10.17，对应于定理 10.12、定理 10.13，我们有函数项级数一致收敛性的狄

利克雷判别法和阿贝尔判别法，其证明是显然的.

定理 10.18（狄利克雷判别法） 乘积项级数 $\sum_{n=1}^{\infty} a_n(x)b_n(x)$ 在 I 上一致收敛，如果它满足

以下两条：

（i）级数 $\sum_{n=1}^{\infty} a_n(x)$ 的部分和函数列 $\{S_n(x)\}_{n=1}^{\infty}$ 在 I 上一致有界；

（ii）函数列 $\{b_n(x)\}_{n=1}^{\infty}$ 对每个 $x \in I$ 都是单调的，并且在 I 上一致收敛于零.

定理 10.19（阿贝尔判别法） 乘积项级数 $\sum_{n=1}^{\infty} a_n(x)b_n(x)$ 在 I 上一致收敛，如果它满足以

下两条：

（i）级数 $\sum\limits_{n=1}^{\infty} a_n(x)$ 在 I 上一致收敛；

（ii）函数列 $\{b_n(x)\}_{n=1}^{\infty}$ 对每个 $x \in I$ 都是单调的，并且在 I 上一致有界.

例 10-41 设数列 $\{a_n\}_{n=1}^{\infty}$ 单调趋于零. 在任何一个不包含 $2k\pi$（$k \in \mathbb{Z}$）的闭区间 I 上，考查函数项级数 $\sum\limits_{n=1}^{\infty} a_n \sin nx$ 及 $\sum\limits_{n=1}^{\infty} a_n \cos nx$ 的一致收敛性.

解： 由例 10-30 可知，级数 $\sum\limits_{n=1}^{\infty} \cos nx$ 的部分和函数列在 I 上一致有界（$\dfrac{1}{\left|\sin\dfrac{x}{2}\right|}$ 在 I 上有最大值 M）. 又因为数列 $\{a_n\}_{n=1}^{\infty}$ 单调趋于零（与 x 无关，当然是一致的），所以由定理 10.18 可知，$\sum\limits_{n=1}^{\infty} a_n \cos nx$ 一致收敛. 同理可证 $\sum\limits_{n=1}^{\infty} a_n \sin nx$ 一致收敛.

例 10-42 设数项级数 $\sum\limits_{n=1}^{\infty} a_n$ 收敛，考察函数项级数 $\sum\limits_{n=1}^{\infty} a_n n^{-x}$ 在区间 $[0,+\infty)$ 上的一致收敛性.

解： 数项级数 $\sum\limits_{n=1}^{\infty} a_n$ 收敛（与 x 无关，当然是一致的），$\forall x \in [0,+\infty)$，数列 $\{n^{-x}\}$ 单调递减且 $0 < n^{-x} \leqslant 1$（函数列 $\{n^{-x}\}$ 在 $[0,+\infty)$ 上一致有界），由定理 10.19 可知，函数项级数 $\sum\limits_{n=1}^{\infty} a_n n^{-x}$ 在 $[0,+\infty)$ 上一致收敛.

例 10-43 考察函数项级数 $\sum\limits_{n=1}^{\infty} x^{n-1}(x-1)$ 的和函数在区间 $[0,1]$ 上的连续性和可微性.

解： 因为部分和函数列 $S_n(x) = \sum\limits_{k=1}^{n} x^{k-1}(x-1) = x^n - 1$，所以 $S(x) = \lim\limits_{n \to \infty} S_n(x) = \begin{cases} -1, & x \in [0,1) \\ 0, & x = 1 \end{cases}$.

因此，$S(x)$ 在 $[0,1)$ 上可微，在 $x=1$ 处不连续.

例 10-44 考察函数项级数 $\sum\limits_{n=1}^{\infty}[2n^2 x e^{-n^2 x^2} - 2(n-1)^2 x e^{-(n-1)^2 x^2}]$ 的和函数在区间 $[0,1]$ 上的可积性及是否可以逐项积分.

解： 因为

$$S_n(x) = \sum_{k=1}^{n}[2k^2 x e^{-k^2 x^2} - 2(k-1)^2 x e^{-(k-1)^2 x^2}] = 2n^2 x e^{-n^2 x^2}$$

所以 $S(x) = \lim\limits_{n \to \infty} S_n(x) = 0$，$\forall x \in [0,1]$. 因此，$\int_0^1 S(x)\mathrm{d}x = 0$，即和函数在 $[0,1]$ 上可积.

$$\int_0^1 u_n(x)\mathrm{d}x = \int_0^1 2n^2 x e^{-n^2 x^2}\mathrm{d}x - \int_0^1 2(n-1)^2 x e^{-(n-1)^2 x^2}\mathrm{d}x = (-e^{-n^2 x^2})\Big|_0^1 - (-e^{-(n-1)^2 x^2})\Big|_0^1$$

$$= (1 - e^{-n^2}) - (1 - e^{-(n-1)^2}) = e^{-(n-1)^2} - e^{-n^2}$$

$$\sum_{n=1}^{\infty} \int_0^1 u_n(x)\mathrm{d}x = \sum_{n=1}^{\infty}(e^{-(n-1)^2} - e^{-n^2}) = \lim_{n \to \infty}(e^{-0^2} - e^{-n^2}) = 1$$

因此，$\int_0^1 \left(\sum_{n=1}^{\infty} u_n(x) \right) dx = 0 \neq 1 = \sum_{n=1}^{\infty} \int_0^1 u_n(x) dx$，即逐项积分不成立.

定理 10.20（逐项求极限） 如果函数项级数 $\sum_{n=1}^{\infty} u_n(x)$ 在区间 I 上一致收敛于 $S(x)$，并且通项 $u_n(x)$ 在 I 上连续，则和函数 $S(x)$ 也在 I 上连续.

证明：$\forall x_0 \in I$，$\forall \varepsilon > 0$，因为 $\sum_{n=1}^{\infty} u_n(x)$ 在区间 I 上一致收敛于 $S(x)$，所以 $\exists N \in \mathbb{N}$ 使得 $n > N$ 时，$\forall x \in I$，$|S_n(x) - S(x)| < \dfrac{\varepsilon}{3}$. 因为 $S_{N+1}(x)$ 在 $x = x_0$ 处连续，所以 $\exists \delta > 0$ 使得 $|x - x_0| < \delta$ 时，$|S_{N+1}(x) - S_{N+1}(x_0)| < \dfrac{\varepsilon}{3}$. 因此，当 $|x - x_0| < \delta$ 时，

$$|S(x) - S(x_0)| = |S(x) - S_{N+1}(x) + S_{N+1}(x) - S_{N+1}(x_0) + S_{N+1}(x_0) - S(x_0)|$$

$$\leqslant |S(x) - S_{N+1}(x)| + |S_{N+1}(x) - S_{N+1}(x_0)| + |S_{N+1}(x_0) - S(x_0)| < \frac{\varepsilon}{3} + \frac{\varepsilon}{3} + \frac{\varepsilon}{3} = \varepsilon$$

因此，$\lim\limits_{x \to x_0} S(x) = S(x_0)$，即 $\lim\limits_{x \to x_0} \sum_{n=1}^{\infty} u_n(x) = \sum_{n=1}^{\infty} u_n(x_0) = \sum_{n=1}^{\infty} \lim\limits_{x \to x_0} u_n(x)$，即可以逐项求极限.

定理 10.20 的逆否命题就是如下推论.

推论 如果逐点收敛的连续函数项级数 $\sum_{n=1}^{\infty} u_n(x)$ 的和函数 $S(x)$ 在区间 I 上不连续，则级数 $\sum_{n=1}^{\infty} u_n(x)$ 在区间 I 上不一致收敛.

例 10-45 设 $f(x) = \sum_{n=0}^{\infty} \dfrac{x^n}{3^n} \cos n\pi x^2$，求极限 $\lim\limits_{x \to 1} f(x)$.

解：当 $x \in [-2, 2]$ 时，$\left| \dfrac{x^n}{3^n} \cos n\pi x^2 \right| \leqslant \left(\dfrac{2}{3} \right)^n$. 因为 $\sum_{n=0}^{\infty} \left(\dfrac{2}{3} \right)^n$ 收敛，所以由定理 10.17 可知 $\sum_{n=0}^{\infty} \dfrac{x^n}{3^n} \cos n\pi x^2$ 在 $[-2, 2]$ 上一致收敛于 $f(x)$，且 $f(x)$ 在 $[-2, 2]$ 上连续. 因此，

$$\lim\limits_{x \to 1} f(x) = f(1) = \sum_{n=0}^{\infty} \frac{(-1)^n}{3^n} = \sum_{n=0}^{\infty} \left(-\frac{1}{3} \right)^n = \frac{1}{1 + \dfrac{1}{3}} = \frac{3}{4}$$

例 10-46 考察函数 $f(x) = \sum_{n=1}^{\infty} n e^{-nx}$ 在区间 $(0, +\infty)$ 上的连续性.

解：$\forall x_0 \in (0, +\infty)$，$\exists \delta > 0$（如 $\delta = \dfrac{x_0}{2}$）使得 $x_0 \in [\delta, +\infty)$. 因为 $n e^{-nx} \leqslant n e^{-n\delta}$ 且 $\sum_{n=1}^{\infty} n e^{-n\delta}$ 收敛，所以由定理 10.17 可知 $\sum_{n=1}^{\infty} n e^{-nx}$ 在 $[\delta, +\infty)$ 上一致收敛. 因此，$f(x) = \sum_{n=1}^{\infty} n e^{-nx}$ 在 $[\delta, +\infty)$ 上连续，从而在 $x = x_0$ 处连续. 由 x_0 的任意性可知，$f(x)$ 在 $(0, +\infty)$ 上连续.

定理 10.21（逐项积分公式）　若函数项级数 $\sum\limits_{n=1}^{\infty} u_n(x)$ 在有界闭区间 $[a,b]$ 上一致收敛于 $S(x)$，并且通项 $u_n(x)$ 在 $[a,b]$ 上连续，则有逐项积分公式 $\int_a^b S(x)\mathrm{d}x = \int_a^b\left[\sum\limits_{n=1}^{\infty} u_n(x)\right]\mathrm{d}x = \sum\limits_{n=1}^{\infty}\int_a^b u_n(x)\mathrm{d}x$.

证明：由定理 10.20 可知，$S(x)$ 在 $[a,b]$ 上连续，从而在 $[a,b]$ 上可积．$\forall \varepsilon > 0$，$\exists N \in \mathbb{N}$ 使得 $n > N$ 时，$\forall x \in [a,b]$，$\left|S_n(x) - S(x)\right| < \dfrac{\varepsilon}{b-a}$．因此，当 $n > N$ 时，

$$\left|\int_a^b S_n(x)\mathrm{d}x - \int_a^b S(x)\mathrm{d}x\right| = \left|\int_a^b [S_n(x) - S(x)]\mathrm{d}x\right| \leqslant \int_a^b \left|S_n(x) - S(x)\right|\mathrm{d}x$$

$$< \int_a^b \frac{\varepsilon}{b-a}\mathrm{d}x = \frac{\varepsilon}{b-a}\cdot(b-a) = \varepsilon$$

即 $\lim\limits_{n\to\infty}\int_a^b S_n(x)\mathrm{d}x = \int_a^b S(x)\mathrm{d}x$，其中，

$$\int_a^b\left(\sum_{n=1}^{\infty} u_n(x)\right)\mathrm{d}x = \int_a^b S(x)\mathrm{d}x = \lim_{n\to\infty}\int_a^b S_n(x)\mathrm{d}x = \lim_{n\to\infty}\int_a^b\left(\sum_{k=1}^{n} u_k(x)\right)\mathrm{d}x$$

$$= \lim_{n\to\infty}\sum_{k=1}^{n}\int_a^b u_k(x)\mathrm{d}x = \sum_{n=1}^{\infty}\int_a^b u_n(x)\mathrm{d}x$$

即可以逐项求积分．

定理 10.22（逐项求导公式）　若函数项级数 $\sum\limits_{n=1}^{\infty} u_n(x)$ 在有界闭区间 $[a,b]$ 上收敛于 $S(x)$，其通项 $u_n(x)$ 在 $[a,b]$ 上有连续的导数 $u_n'(x)$，并且 $\sum\limits_{n=1}^{\infty} u_n'(x)$ 在 $[a,b]$ 上一致收敛，则和函数 $S(x)$ 在 $[a,b]$ 上有连续的导数，并且有逐项求导公式 $S'(x) = \left[\sum\limits_{n=1}^{\infty} u_n(x)\right]' = \sum\limits_{n=1}^{\infty} u_n'(x)$．

证明：设 $\sigma(x) = \sum\limits_{n=1}^{\infty} u_n'(x)$，$x \in [a,b]$．因为 $\sum\limits_{n=1}^{\infty} u_n'(x)$ 在 $[a,b]$ 上一致收敛，由定理 10.21 可知，当 $a \leqslant x \leqslant b$ 时，

$$\int_a^x \sigma(t)\mathrm{d}t = \int_a^x\left(\sum_{n=1}^{\infty} u_n'(t)\right)\mathrm{d}t = \sum_{n=1}^{\infty}\int_a^x u_n'(t)\mathrm{d}t = \sum_{n=1}^{\infty}[u_n(x) - u_n(a)]$$

$$= \sum_{n=1}^{\infty} u_n(x) - \sum_{n=1}^{\infty} u_n(a) = S(x) - S(a)$$

即 $S(x) = S(a) + \int_a^x \sigma(t)\mathrm{d}t$．

因为 $\sigma(x)$ 在 $[a,b]$ 上连续，所以 $S'(x) = \sigma(x)$，其中，$\left(\sum\limits_{n=1}^{\infty} u_n(x)\right)' = S'(x) = \sigma(x) = \sum\limits_{n=1}^{\infty} u_n'(x)$，

即可以逐项求导.

例 10-47 考察函数 $f(x) = \sum_{n=1}^{\infty} \dfrac{\sin nx}{n^3}$ 在区间 $(-\infty, +\infty)$ 上的可导性.

解: $\forall x_0 \in (-\infty, +\infty)$，因为 $\left| \dfrac{\sin nx}{n^3} \right| \leq \dfrac{1}{n^3}$ 且 $\sum_{n=1}^{\infty} \dfrac{1}{n^3}$ 收敛，所以由定理 10.17 可知，$\sum_{n=1}^{\infty} \dfrac{\sin nx}{n^3}$

在 $[x_0 - 1, x_0 + 1]$ 上一致收敛. 同理可知，$\sum_{n=1}^{\infty} \left(\dfrac{\sin nx}{n^3} \right)' = \sum_{n=1}^{\infty} \dfrac{\cos nx}{n^2}$ 在 $[x_0 - 1, x_0 + 1]$ 上一致收敛.

由定理 10.22 可知，$f(x) = \sum_{n=1}^{\infty} \dfrac{\sin nx}{n^3}$ 在 $x = x_0$ 处可导. 由 x_0 的任意性可知，$f(x)$ 在 $(-\infty, +\infty)$ 上

可导，且

$$f'(x) = \left(\sum_{n=1}^{\infty} \frac{\sin nx}{n^3} \right)' = \sum_{n=1}^{\infty} \left(\frac{\sin nx}{n^3} \right)' = \sum_{n=1}^{\infty} \frac{\cos nx}{n^2}$$

 习题 10.4

1. 讨论函数项级数 $\sum_{n=1}^{\infty} u_n(x)$ 的收敛域及和函数.

（1）设 $u_1 = \dfrac{x}{2}$，$u_n = \dfrac{x^n}{2^n} - \dfrac{x^{n-1}}{2^{n-1}}$，$n \geq 2$；

（2）设 $u_1 = \dfrac{x}{2}$，$u_n = \dfrac{nx}{n+1} - \dfrac{(n-1)x}{n}$，$n \geq 2$.

2. 求下列函数项级数的收敛域.

（1）$\sum_{n=1}^{\infty} \dfrac{1}{2n+1} \left(\dfrac{1-x}{1+x} \right)^n$；　　　（2）$x - \dfrac{x^3}{3 \cdot 3!} + \dfrac{x^5}{5 \cdot 5!} - \cdots$；

（3）$x + x^4 + x^9 + x^{16} + x^{25} + \cdots$.

3. 判定下列级数是否一致收敛.

（1）$\sum_{n=0}^{\infty} (1-x)x^n$，$0 \leq x \leq 1$；　　　（2）$\sum_{n=1}^{\infty} \dfrac{\sin nx}{\sqrt[3]{n^4 + x^4}}$，$|x| < +\infty$；

（3）$\sum_{n=1}^{\infty} \dfrac{\ln(1+nx)}{nx^n}$，$x \in [1+\alpha, +\infty)$（$\alpha > 0$）；

（4）$\sum_{n=1}^{\infty} \dfrac{1}{(x+n)(x+n+1)}$，$0 < x < +\infty$.

10.5 幂级数

形如
$$\sum_{n=0}^{\infty} a_n x^n = a_0 + a_1 x + a_2 x^2 + \cdots + a_n x^n + \cdots \tag{10.15}$$

的函数项级数，称为 x 的**幂级数**，其中，常数 a_n（$n = 0, 1, 2, \cdots$）称为幂级数的**系数**. 更一般地，

$$\sum_{n=0}^{\infty} a_n (x-x_0)^n = a_0 + a_1(x-x_0) + a_2(x-x_0)^2 + \cdots + a_n(x-x_0)^n + \cdots \qquad （10.16）$$

称为 $(x-x_0)$ 的**幂级数**.

通过换元 $t = x-x_0$，可以将形式如（10.16）的幂级数化为形如（10.15）的幂级数. 因此，下面主要讨论幂级数（10.15）.

10.5.1　幂级数的收敛半径和收敛域

引理 10.2（阿贝尔）　如果幂级数 $\sum\limits_{n=0}^{\infty} a_n x^n$ 在点 $x = x_0$（$x_0 \neq 0$）处收敛，则对开区间 $(-|x_0|,$ $|x_0|)$ 内的任一点 x，幂级数 $\sum\limits_{n=0}^{\infty} a_n x^n$ 都绝对收敛；如果幂级数 $\sum\limits_{n=0}^{\infty} a_n x^n$ 在点 $x = x_0$ 处发散，则当 $x > |x_0|$ 或 $x < -|x_0|$ 时，幂级数 $\sum\limits_{n=0}^{\infty} a_n x^n$ 均发散.

证明：（1）若幂级数 $\sum\limits_{n=0}^{\infty} a_n x^n$ 在点 $x = x_0$（$x_0 \neq 0$）处收敛，$\forall x$ 满足 $|x| < |x_0|$，有 $\sum\limits_{n=0}^{\infty} \left| a_n x^n \right| = \sum\limits_{n=1}^{\infty} \left| a_n x_0^n \right| \cdot \left| \dfrac{x}{x_0} \right|^n$. 因为 $\sum\limits_{n=0}^{\infty} a_n x_0^n$ 收敛，所以 $\lim\limits_{n\to\infty} a_n x_0^n = 0$，从而存在 $M > 0$ 使得 $\left| a_n x_0^n \right| \leqslant M$，$\forall n \in \mathbb{N}$. 因此，$0 \leqslant \left| a_n x_0^n \right| \cdot \left| \dfrac{x}{x_0} \right|^n \leqslant M \left| \dfrac{x}{x_0} \right|^n$. 因为 $\sum\limits_{n=0}^{\infty} \left| \dfrac{x}{x_0} \right|^n$ 收敛，所以由比较判别法可知 $\sum\limits_{n=0}^{\infty} \left| a_n x^n \right|$ 收敛，即 $\sum\limits_{n=0}^{\infty} a_n x^n$ 绝对收敛.

（2）若幂级数 $\sum\limits_{n=0}^{\infty} a_n x^n$ 在点 $x = x_0$（$x_0 \neq 0$）处发散，$\forall x$ 满足 $|x| > |x_0|$，假设 $\sum\limits_{n=0}^{\infty} a_n x^n$ 收敛，则由（1）可知 $\sum\limits_{n=0}^{\infty} a_n x_0^n$ 收敛，矛盾. 因此，假设不成立，即 $\sum\limits_{n=0}^{\infty} a_n x^n$ 发散.

推论　幂级数 $\sum\limits_{n=0}^{\infty} a_n x^n$ 的收敛性有以下三种类型.

（i）存在常数 $R > 0$，当 $|x| < R$ 时，幂级数 $\sum\limits_{n=0}^{\infty} a_n x^n$ 绝对收敛；当 $|x| > R$ 时，幂级数 $\sum\limits_{n=0}^{\infty} a_n x^n$ 发散.

（ii）除 $x = 0$ 外，幂级数 $\sum\limits_{n=0}^{\infty} a_n x^n$ 处处发散，此时记 $R = 0$.

（iii）对任何 x，幂级数 $\sum\limits_{n=0}^{\infty} a_n x^n$ 都绝对收敛，此时记 $R = +\infty$.

称 R 为幂级数 $\sum\limits_{n=0}^{\infty} a_n x^n$ 的**收敛半径**，开区间 $(-R, R)$ 为**收敛区间**. 在收敛区间内幂级数

$\displaystyle\sum_{n=0}^{\infty} a_n x^n$ 绝对收敛.

定理 10.23 对幂级数 $\displaystyle\sum_{n=0}^{\infty} a_n x^n$，若 $\displaystyle\lim_{n\to\infty}\left|\frac{a_{n+1}}{a_n}\right| = \rho$（或 $\displaystyle\lim_{n\to\infty}\sqrt[n]{|a_n|} = \rho$），则幂级数 $\displaystyle\sum_{n=0}^{\infty} a_n x^n$ 的

收敛半径为

$$R = \begin{cases} \dfrac{1}{\rho}, & 0 < \rho < +\infty \\ +\infty, & \rho = 0 \\ 0, & \rho = +\infty \end{cases}$$

证明： 考察正项级数 $\displaystyle\sum_{n=0}^{\infty}|a_n x^n| = \sum_{n=0}^{\infty}|a_n|\cdot|x|^n$，以 $\displaystyle\rho = \lim_{n\to\infty}\left|\frac{a_{n+1}}{a_n}\right|$ 的情形为例，

$$r = \lim_{n\to\infty}\frac{|a_{n+1}|\cdot|x|^{n+1}}{|a_n|\cdot|x|^n} = |x|\lim_{n\to\infty}\left|\frac{a_{n+1}}{a_n}\right| = |x|\rho$$

（1）当 $0 < \rho < +\infty$ 时，

$$\begin{cases} \displaystyle\sum_{n=0}^{\infty} a_n x^n \text{绝对收敛,} & r < 1 \Leftrightarrow |x|\rho < 1 \Leftrightarrow |x| < \dfrac{1}{\rho} \\ \displaystyle\sum_{n=0}^{\infty} a_n x^n \text{发散,} & r > 1 \Leftrightarrow |x|\rho > 1 \Leftrightarrow |x| > \dfrac{1}{\rho} \end{cases}$$

因此，$R = \dfrac{1}{\rho}$.

（2）当 $\rho = 0$ 时，$\forall x \in (-\infty, +\infty)$，都有 $r = 0 < 1$. 因此，$R = +\infty$.

（3）当 $\rho = +\infty$ 时，$\forall x \neq 0$，都有 $r = +\infty$. 因此，$R = 0$.

注：（1）在定理 10.23 的条件下，$R = \displaystyle\lim_{n\to\infty}\left|\frac{a_n}{a_{n+1}}\right|$（或 $R = \displaystyle\lim_{n\to\infty}\frac{1}{\sqrt[n]{|a_n|}}$）.

（2）确定幂级数 $\displaystyle\sum_{n=0}^{\infty} a_n x^n$ 的收敛域时，应先确定收敛半径 R，再考察收敛区间的端点

$x = \pm R$，最终确定收敛域.

例 10-48 求下列幂级数的收敛半径与收敛域.

（1）$\displaystyle\sum_{n=1}^{\infty}\frac{x^n}{2^n \cdot n}$；

解： $R = \displaystyle\lim_{n\to\infty}\left|\frac{a_n}{a_{n+1}}\right| = \lim_{n\to\infty}\frac{\dfrac{1}{2^n \cdot n}}{\dfrac{1}{2^{n+1}\cdot(n+1)}} = 2\lim_{n\to\infty}\frac{n+1}{n} = 2$.

当 $x = 2$ 时，$\displaystyle\sum_{n=1}^{\infty}\frac{1}{n}$ 发散；当 $x = -2$ 时，$\displaystyle\sum_{n=1}^{\infty}\frac{(-1)^n}{n}$ 收敛.

综上，幂级数 $\sum\limits_{n=1}^{\infty}\dfrac{x^n}{2^n\cdot n}$ 的收敛域为 $[-2,2)$.

（2） $\sum\limits_{n=1}^{\infty}\dfrac{(n!)^2}{(2n)!}x^n$；

解： $R=\lim\limits_{n\to\infty}\left|\dfrac{a_n}{a_{n+1}}\right|=\lim\limits_{n\to\infty}\dfrac{\dfrac{(n!)^2}{(2n)!}}{\dfrac{[(n+1)!]^2}{[2(n+1)]!}}=\lim\limits_{n\to\infty}\dfrac{(2n+1)(2n+2)}{(n+1)^2}=4$.

当 $x=4$ 时，考察级数 $\sum\limits_{n=1}^{\infty}\dfrac{(n!)^2}{(2n)!}4^n$ 的敛散性. 因为

$$\dfrac{u_{n+1}}{u_n}=\dfrac{\dfrac{[(n+1)!]^2}{[2(n+1)]!}4^{n+1}}{\dfrac{(n!)^2}{(2n)!}4^n}=\dfrac{4(n+1)^2}{(2n+1)(2n+2)}=\dfrac{2n+2}{2n+1}>1$$

所以 $\sum\limits_{n=1}^{\infty}\dfrac{(n!)^2}{(2n)!}4^n$ 发散. 同理，当 $x=-4$ 时， $\sum\limits_{n=1}^{\infty}\dfrac{(n!)^2}{(2n)!}(-4)^n$ 发散.

综上，幂级数 $\sum\limits_{n=1}^{\infty}\dfrac{(n!)^2}{(2n)!}x^n$ 的收敛域为 $(-4,4)$.

（3） $\sum\limits_{n=0}^{\infty}\dfrac{x^n}{(2n)!!}$；

解： $R=\lim\limits_{n\to\infty}\left|\dfrac{a_n}{a_{n+1}}\right|=\lim\limits_{n\to\infty}\dfrac{\dfrac{1}{(2n)!!}}{\dfrac{1}{(2n+2)!!}}=\lim\limits_{n\to\infty}(2n+2)=+\infty$

因此，幂级数 $\sum\limits_{n=0}^{\infty}\dfrac{x^n}{(2n)!!}$ 的收敛域为 $(-\infty,+\infty)$.

（4） $\sum\limits_{n=1}^{\infty}n^n x^n$.

解： $R=\lim\limits_{n\to\infty}\dfrac{1}{\sqrt[n]{|a_n|}}=\lim\limits_{n\to\infty}\dfrac{1}{n}=0$. 因此，幂级数 $\sum\limits_{n=1}^{\infty}n^n x^n$ 的收敛域为 $\{0\}$.

例 10-49 求 $(x-1)$ 的幂级数 $\sum\limits_{n=1}^{\infty}(-1)^{n-1}\dfrac{(x-1)^n}{n}$ 的收敛域.

解：设 $y=x-1$，先求幂级数 $\sum\limits_{n=1}^{\infty}(-1)^{n-1}\dfrac{y^n}{n}$ 的收敛域.

$$R=\lim\limits_{n\to\infty}\left|\dfrac{a_n}{a_{n+1}}\right|=\lim\limits_{n\to\infty}\dfrac{\dfrac{1}{n}}{\dfrac{1}{n+1}}=\lim\limits_{n\to\infty}\dfrac{n+1}{n}=1$$

当 $y = 1$ 时, $\sum\limits_{n=1}^{\infty} (-1)^{n-1} \dfrac{1}{n}$ 收敛; 当 $y = -1$ 时, $\sum\limits_{n=1}^{\infty} \dfrac{-1}{n}$ 发散. 因此, 幂级数 $\sum\limits_{n=1}^{\infty} (-1)^{n-1} \dfrac{y^n}{n}$ 的

收敛域为 $(-1, 1]$. 因此, $-1 < x - 1 \leqslant 1$, $0 < x \leqslant 2$, 即幂级数 $\sum\limits_{n=1}^{\infty} (-1)^{n-1} \dfrac{(x-1)^n}{n}$ 的收敛域为 $(0, 2]$.

例 10-50 讨论幂级数 $\sum\limits_{n=1}^{\infty} (-1)^{n+1} \dfrac{x^{2n}}{3^n - 1}$ 的收敛域.

解: 考察正项级数 $\sum\limits_{n=1}^{\infty} \dfrac{|x|^{2n}}{3^n - 1}$ 的敛散性. $\rho = \lim\limits_{n \to \infty} \dfrac{\dfrac{|x|^{2n+2}}{3^{n+1} - 1}}{\dfrac{|x|^{2n}}{3^n - 1}} = |x|^2 \lim\limits_{n \to \infty} \dfrac{3^n - 1}{3^{n+1} - 1} = \dfrac{|x|^2}{3}$, 则

$$
\begin{cases}
\sum\limits_{n=0}^{\infty} (-1)^{n+1} \dfrac{x^{2n}}{3^n - 1} \text{绝对收敛}, & \rho < 1 \Leftrightarrow \dfrac{|x|^2}{3} < 1 \Leftrightarrow |x| < \sqrt{3} \\[4mm]
\sum\limits_{n=1}^{\infty} (-1)^{n+1} \dfrac{x^{2n}}{3^n - 1} \text{发散}, & \rho > 1 \Leftrightarrow \dfrac{|x|^2}{3} > 1 \Leftrightarrow |x| > \sqrt{3}
\end{cases}
$$

因此, 收敛半径 $R = \sqrt{3}$. 当 $x = \pm\sqrt{3}$ 时, $\sum\limits_{n=1}^{\infty} (-1)^{n+1} \dfrac{3^n}{3^n - 1}$ 发散 $\left[\left| (-1)^{n+1} \dfrac{3^n}{3^n - 1} \right| \to 1 \ (n \to \infty) \right]$. 综

上, 幂级数 $\sum\limits_{n=1}^{\infty} (-1)^{n+1} \dfrac{x^{2n}}{3^n - 1}$ 的收敛域为 $(-\sqrt{3}, \sqrt{3})$.

例 10-51 求函数项级数 $\ln x + \sum\limits_{n=0}^{\infty} (-1)^n \dfrac{x^{2n+1}}{(2n+1)!}$ 的收敛域.

解: 考察正项级数 $\sum\limits_{n=0}^{\infty} \dfrac{|x|^{2n+1}}{(2n+1)!}$ 的敛散性. 因为

$$
\rho = \lim\limits_{n \to \infty} \dfrac{\dfrac{|x|^{2n+3}}{(2n+3)!}}{\dfrac{|x|^{2n+1}}{(2n+1)!}} = |x|^2 \lim\limits_{n \to \infty} \dfrac{1}{(2n+2)(2n+3)} = 0 < 1
$$

所以幂级数 $\sum\limits_{n=0}^{\infty} (-1)^n \dfrac{x^{2n+1}}{(2n+1)!}$ 在 $(-\infty, +\infty)$ 上绝对收敛. 又因为 $\ln x$ 要求 $x > 0$, 所以函数项级数

$\ln x + \sum\limits_{n=0}^{\infty} (-1)^n \dfrac{x^{2n+1}}{(2n+1)!}$ 的收敛域为 $(0, +\infty)$.

例 10-52 讨论函数项级数 $\sum\limits_{n=0}^{\infty} \dfrac{1}{2n+1} \left(\dfrac{1 - \sin x}{2} \right)^n$ 的收敛域.

解: 设 $y = \dfrac{1 - \sin x}{2}$, 考察幂级数 $\sum\limits_{n=0}^{\infty} \dfrac{1}{2n+1} y^n$ 的收敛域.

$$
R = \lim\limits_{n \to \infty} \left| \dfrac{a_n}{a_{n+1}} \right| = \lim\limits_{n \to \infty} \dfrac{\dfrac{1}{2n+1}}{\dfrac{1}{2n+3}} = \lim\limits_{n \to \infty} \dfrac{2n+3}{2n+1} = 1
$$

当 $y=1$ 时，$\sum\limits_{n=0}^{\infty}\dfrac{1}{2n+1}$ 发散；当 $y=-1$ 时，$\sum\limits_{n=0}^{\infty}\dfrac{(-1)^n}{2n+1}$ 收敛. 综上，幂级数 $\sum\limits_{n=0}^{\infty}\dfrac{1}{2n+1}y^n$ 的收

敛域为 $[-1,1)$. 因此，$-1\leqslant\dfrac{1-\sin x}{2}<1$，$-1<\sin x\leqslant 3$，得到函数项级数 $\sum\limits_{n=0}^{\infty}\dfrac{1}{2n+1}\left(\dfrac{1-\sin x}{2}\right)^n$ 的

收敛域为 $x\neq 2k\pi-\dfrac{\pi}{2}$，$k\in\mathbb{Z}$.

10.5.2 幂级数的运算

设有两个幂级数

$$\sum_{n=0}^{\infty}a_nx^n=S_1(x)，\quad x\in(-R_1,R_1)$$

$$\sum_{n=0}^{\infty}b_nx^n=S_2(x)，\quad x\in(-R_2,R_2)$$

R_1,R_2 分别是两个幂级数的收敛半径. 记 $R=\min\{R_1,R_2\}$，则在区间 $(-R,R)$ 内两个幂级数都是绝对收敛的，由绝对收敛级数的性质有以下运算。

1．加法与减法

$$\left(\sum_{n=0}^{\infty}a_nx^n\right)\pm\left(\sum_{n=0}^{\infty}b_nx^n\right)=\sum_{n=0}^{\infty}(a_n\pm b_n)x^n=S_1(x)\pm S_2(x)$$

$x\in(-R,R)$ 且 $\sum\limits_{n=0}^{\infty}(a_n\pm b_n)x^n$ 在区间 $(-R,R)$ 内绝对收敛.

2．乘法

$$\left(\sum_{n=0}^{\infty}a_nx^n\right)\left(\sum_{n=0}^{\infty}b_nx^n\right)=\sum_{n=0}^{\infty}(a_0b_n+a_1b_{n-1}+\cdots+a_nb_0)x^n=S_1(x)S_2(x)$$

$x\in(-R,R)$ 且 $\sum\limits_{n=0}^{\infty}(a_0b_n+a_1b_{n-1}+\cdots+a_nb_0)x^n$ 在区间 $(-R,R)$ 内绝对收敛.

3．除法

设 $b_0\neq 0$，

$$\frac{S_1(x)}{S_2(x)}=\frac{\sum\limits_{n=0}^{\infty}a_nx^n}{\sum\limits_{n=0}^{\infty}b_nx^n}=c_0+c_1x+\cdots+c_nx^n+\cdots$$

其中，c_n 由 $\left(\sum\limits_{n=0}^{\infty}b_nx^n\right)\left(\sum\limits_{n=0}^{\infty}c_nx^n\right)=\sum\limits_{n=0}^{\infty}a_nx^n$ 确定.

注：对加（减）法和乘法，这里只肯定在区间 $(-R, R)$ 内绝对收敛．当 $R_1 \neq R_2$ 时，可以肯定收敛半径就是这个 R；当 $R_1 = R_2$ 时，收敛半径不小于这个 R．

例 10-53 求幂级数 $\displaystyle\sum_{n=1}^{\infty}(2^n + \sqrt{n})(x+1)^n$ 的收敛域．

解： 设 $y = x + 1$，考察幂级数 $\displaystyle\sum_{n=1}^{\infty}(2^n + \sqrt{n})y^n = \sum_{n=1}^{\infty}2^n y^n + \sum_{n=1}^{\infty}\sqrt{n}\, y^n$ 的收敛域．

$$R_1 = \lim_{n \to \infty}\left|\frac{a_n}{a_{n+1}}\right| = \lim_{n \to \infty}\frac{2^n}{2^{n+1}} = \frac{1}{2}$$

$$R_2 = \lim_{n \to \infty}\left|\frac{b_n}{b_{n+1}}\right| = \lim_{n \to \infty}\frac{\sqrt{n}}{\sqrt{n+1}} = \sqrt{\lim_{n \to \infty}\frac{n}{n+1}} = 1$$

因此，$R = \min\{R_1, R_2\} = \dfrac{1}{2}$．当 $y = \pm\dfrac{1}{2}$ 时，$\displaystyle\sum_{n=1}^{\infty}2^n \cdot \left(\pm\frac{1}{2}\right)^n = \sum_{n=1}^{\infty}(\pm 1)^n$ 发散．因此，幂级数 $\displaystyle\sum_{n=1}^{\infty}(2^n + \sqrt{n})y^n$ 的收敛域为 $\left(-\dfrac{1}{2}, \dfrac{1}{2}\right)$．

因此，$-\dfrac{1}{2} < x + 1 < \dfrac{1}{2}$，$-\dfrac{3}{2} < x < -\dfrac{1}{2}$，即幂级数 $\displaystyle\sum_{n=1}^{\infty}(2^n + \sqrt{n})(x+1)^n$ 的收敛域为 $\left(-\dfrac{3}{2}, -\dfrac{1}{2}\right)$．

定理 10.24 幂级数有如下分析运算性质：

（i）在收敛域上，幂级数 $\displaystyle\sum_{n=0}^{\infty}a_n x^n$ 的和函数 $S(x)$ 是连续函数；

（ii）在收敛区间内，幂级数可逐项积分，且收敛半径不变，即有

$$\int_0^x S(t)\mathrm{d}t = \int_0^x\left(\sum_{n=0}^{\infty}a_n t^n\right)\mathrm{d}t = \sum_{n=0}^{\infty}\left(\int_0^x a_n t^n\mathrm{d}t\right) = \sum_{n=0}^{\infty}\frac{a_n}{n+1}x^{n+1}$$

（iii）在收敛区间内，幂级数可逐项求导，且收敛半径不变，即有

$$S'(x) = \left(\sum_{n=0}^{\infty}a_n x^n\right)' = \sum_{n=0}^{\infty}(a_n x^n)' = \sum_{n=1}^{\infty}n a_n x^{n-1}$$

证明： 先证（i）．设 R 是幂级数 $\displaystyle\sum_{n=0}^{\infty}a_n x^n$ 的收敛半径，$\forall x_0 \in (-R, R)$，$\exists M \in (0, R)$ 使得 $x_0 \in [-M, M]$．由魏尔斯特拉斯判别法可知，$\displaystyle\sum_{n=0}^{\infty}a_n x^n$ 在 $[-M, M]$ 上一致收敛（这种现象称为内闭一致收敛），$S(x) = \displaystyle\sum_{n=0}^{\infty}a_n x^n$ 在 $[-M, M]$ 上连续，从而 $S(x)$ 在 $(-R, R)$ 内连续．

若幂级数 $\displaystyle\sum_{n=0}^{\infty}a_n x^n$ 在收敛区间端点处收敛，不妨设在 $x = R$ 处收敛，则当 $0 \leqslant x \leqslant R$ 时，

$$\sum_{n=0}^{\infty}a_n x^n = \sum_{n=0}^{\infty}(a_n R^n)\left(\frac{x}{R}\right)^n.$$ 因为 $\displaystyle\sum_{n=0}^{\infty}a_n R^n$ 收敛，数列 $\left\{\left(\dfrac{x}{R}\right)^n\right\}$ 单调递减且 $0 \leqslant \left(\dfrac{x}{R}\right)^n \leqslant 1$，所以由

阿贝尔定理可知，$\sum\limits_{n=0}^{\infty} a_n x^n$ 在 $[0, R]$ 上一致收敛，从而 $S(x)$ 在 $[0, R]$ 上连续.

综上，$S(x)$ 在收敛域上连续.

引理 10.3 幂级数 $\sum\limits_{n=0}^{\infty} a_n x^n$ 的收敛半径为 R_1，幂级数 $\sum\limits_{n=1}^{\infty} n a_n x^{n-1}$ 的收敛半径为 R_2，则 $R_1 = R_2$.

证明： 首先证明 $R_1 \leqslant R_2$. $\forall x_0 \in (-R_1, R_1)$，$\exists r > 0$ 使得 $|x_0| < r < R_1$. 因为 $\sum\limits_{n=0}^{\infty} a_n r^n$ 收敛，所以 $a_n r^n \to 0$（$n \to \infty$）. 因此，$\exists N \in \mathbb{N}^*$ 使得 $n > N$ 时，$\left| a_n r^n \right| \leqslant 1$，

$$\left| n a_n x_0^{n-1} \right| = \left| n a_n r^{n-1} \left(\frac{x_0}{r} \right)^{n-1} \right| \leqslant \frac{n}{r} \left| \frac{x_0}{r} \right|^{n-1} = \frac{1}{r} \cdot n \left| \frac{x_0}{r} \right|^{n-1}$$

因为幂级数 $\sum\limits_{n=1}^{\infty} n x^{n-1}$ 的收敛半径为 1 且 $\left| \frac{x}{r} \right| < 1$，所以 $\sum\limits_{n=1}^{\infty} n a_n x_0^{n-1}$ 绝对收敛.

然后证明 $R_1 \geqslant R_2$. 假设 $R_1 < R_2$，则 $\exists r > 0$ 使得 $R_1 < r < R_2$ 使得 $\sum\limits_{n=1}^{\infty} n a_n r^{n-1}$ 绝对收敛. 因为 $a_n r^n = n a_n r^{n-1} \cdot \frac{r}{n}$，其中，级数 $\sum\limits_{n=1}^{\infty} n a_n r^{n-1}$ 收敛，数列 $\left\{ \frac{r}{n} \right\}$ 单调递减且有界（$0 \leqslant \frac{r}{n} \leqslant r$），所以由阿贝尔判别法可知 $\sum\limits_{n=0}^{\infty} a_n r^n$ 收敛，矛盾. 因此，假设不成立，即 $R_1 \geqslant R_2$ 成立.

综上，$R_1 = R_2$.

由引理 10.3 可知，逐项求导（积分）不会改变幂级数的收敛半径. 因此，在共同的收敛区间内，$\sum\limits_{n=0}^{\infty} a_n x^n$ 及 $\sum\limits_{n=1}^{\infty} n a_n x^{n-1}$ 都是内闭一致收敛的，从而由定理 10.21、定理 10.22 可知（ii）、（iii）成立.

 习题 10.5

1. 求下列幂级数的收敛半径及收敛区间.

（1）$\sum\limits_{n=1}^{\infty} n! \left(\frac{x}{n} \right)^n$；

（2）$\sum\limits_{n=1}^{\infty} \frac{1}{3^n + (-2)^n + 3 \cdot 2^n} \cdot x^n$；

（3）$\sum\limits_{n=1}^{\infty} \frac{a^n - b^n}{a^n + b^n} (x - x_0)^n \ (0 < a < b)$；

（4）$\sum\limits_{n=0}^{\infty} \frac{2 + (-1)^n}{2^n} x^n$.

2. 设 $\sum\limits_{n=1}^{\infty} a_n x^n$ 的收敛半径为 R_1，$\sum\limits_{n=1}^{\infty} b_n x^n$ 的收敛半径为 R_2，且 $R_1 < R_2$，试证级数 $\sum\limits_{n=1}^{\infty} (a_n + b_n) x^n$ 的收敛半径为 R_1.

3. 求下列幂级数的收敛域.

（1）$\displaystyle\sum_{n=1}^{\infty}\frac{2^n}{n^2+1}x^n$；

（2）$\displaystyle\sum_{n=1}^{\infty}\left(\frac{x}{n}\right)^n$；

（3）$\displaystyle\sum_{n=1}^{\infty}\frac{x^n}{(n+1)^p}$；

（4）$\displaystyle\sum_{n=1}^{\infty}\frac{2^n+3^n}{n}x^n$；

（5）$\displaystyle\sum_{n=0}^{\infty}\frac{3^{-\sqrt{n}}x^n}{\sqrt{n^2+1}}$；

（6）$\displaystyle\sum_{n=1}^{\infty}\left(\frac{a^n}{n}+\frac{b^n}{n^2}\right)x^n$（$a>0$，$b>0$）；

（7）$\displaystyle\sum_{n=1}^{\infty}(-1)^n\left(1+\frac{1}{2}+\frac{1}{3}+\cdots+\frac{1}{n}\right)x^n$；

（8）$\displaystyle\sum_{n=1}^{\infty}\frac{\ln(n+1)}{n+1}x^{n+1}$；

（9）$\displaystyle\sum_{n=1}^{\infty}\frac{(x-5)^n}{\sqrt{n}}$；

（10）$\displaystyle\sum_{n=1}^{\infty}(-1)^{n-1}\frac{(x-1)^n}{5n}$；

（11）$\displaystyle\sum_{n=0}^{\infty}\frac{(x-3)^n}{n-3^n}$；

（12）$\displaystyle\sum_{n=1}^{\infty}\frac{(2x+1)^n}{n}$；

（13）$\displaystyle\sum_{n=1}^{\infty}(-1)^n\frac{x^{2n+1}}{2n+1}$；

（14）$1+\dfrac{x^2}{2\cdot3}+\dfrac{x^4}{4\cdot3^2}+\dfrac{x^6}{6\cdot3^3}+\cdots$；

（15）$\displaystyle\sum_{n=0}^{\infty}\frac{x^{n^2}}{2^n}$．

4．求下列函数项级数的收敛域．

（1）$\displaystyle\sum_{n=1}^{\infty}(\lg x)^n$；

（2）$\displaystyle\sum_{n=1}^{\infty}\frac{n^2}{x^n}$；

（3）$\displaystyle\sum_{n=1}^{\infty}\frac{(x^2+x+1)^n}{n(n+1)}$；

（4）$\displaystyle\sum_{n=1}^{\infty}\frac{1}{x^n}\sin\frac{\pi}{2^n}$．

5．设幂级数 $\displaystyle\sum_{n=0}^{\infty}a_n(x+1)^n$ 在 $x=3$ 处条件收敛，试确定此幂级数的收敛半径，并阐明理由．

6．已知级数 $\displaystyle\sum_{n=1}^{\infty}(-1)^n a_n$（$a_n>0$）条件收敛，求幂级数 $\displaystyle\sum_{n=0}^{\infty}a_n x^n$ 的收敛域，说明理由．

7．已知幂级数 $\displaystyle\sum_{n=0}^{\infty}a_n x^n$ 的系数 $a_n>0$（$n=1,2,\cdots$），且当 $x=-3$ 时，该级数条件收敛，试确定此幂级数的收敛域，并阐明理由．

8．求幂级数 $1+\dfrac{(x-1)^2}{1\cdot3^2}+\dfrac{(x-1)^4}{2\cdot3^4}+\cdots+\dfrac{(x-1)^{2n}}{n\cdot3^{2n}}+\cdots$ 的收敛区间．

9．已知 $\dfrac{1}{1-x}=1+x+x^2+\cdots+x^n+\cdots$，$x\in(-1,1)$，求函数 $\ln(1-x)$ 和 $\dfrac{1}{(1-x)^2}$ 的幂级数表达式．

10.6　函数的幂级数展开

10.6.1　泰勒级数及直接展开法

回顾一下泰勒中值定理：若函数 $f(x)$ 在点 x_0 的某邻域 $U(x_0)$ 内有 $(n+1)$ 阶导数，则 $f(x)$

可表示为

$$f(x) = f(x_0) + \frac{f'(x_0)}{1!}(x - x_0) + \frac{f''(x_0)}{2!}(x - x_0)^2 + \cdots + \frac{f^{(n)}(x_0)}{n!}(x - x_0)^n + R_n(x)$$

其中，$R_n(x) = \dfrac{f^{(n+1)}(\xi)}{(n+1)!}(x - x_0)^{n+1}$，$\xi$ 介于 x 与 x_0 之间.

若 $f(x)$ 在点 x_0 的某邻域 $U(x_0)$ 内是无穷次连续可微的，记为 $f(x) \in C^\infty(U(x_0))$，则称

$$f(x_0) + \frac{f'(x_0)}{1!}(x - x_0) + \frac{f''(x_0)}{2!}(x - x_0)^2 + \cdots + \frac{f^{(n)}(x_0)}{n!}(x - x_0)^n + \cdots \qquad （10.17）$$

为函数 $f(x)$ 在点 x_0 处（诱导出）的**泰勒级数**. 特别地，当 $x_0 = 0$ 时，称

$$f(0) + \frac{f'(0)}{1!}x + \frac{f''(0)}{2!}x^2 + \cdots + \frac{f^{(n)}(0)}{n!}x^n + \cdots$$

为 $f(x)$（诱导出）的**麦克劳林级数**.

我们曾经讨论在 $x = x_0$ 附近用泰勒多项式

$$P_n(x) = f(x_0) + \frac{f'(x_0)}{1!}(x - x_0) + \frac{f''(x_0)}{2!}(x - x_0)^2 + \cdots + \frac{f^{(n)}(x_0)}{n!}(x - x_0)^n \qquad （10.18）$$

逼近函数 $f(x)$. 现在问题是（1）泰勒级数（10.17）的收敛域是什么？（2）泰勒级数（10.17）的和函数与 $f(x)$ 的关系如何？

实际上，泰勒多项式（10.18）是泰勒级数（10.17）的前 n 项和，拉格朗日型余项 $R_n(x) = f(x) - P_n(x)$，从而 $\lim\limits_{n \to \infty} R_n(x) = \lim\limits_{n \to \infty}[f(x) - P_n(x)] = f(x) - \lim\limits_{n \to \infty} P_n(x)$. 因此，有如下定理.

定理 10.25 设函数 $f(x) \in C^\infty(U(x_0))$，则它的泰勒级数 $\sum\limits_{n=0}^{\infty} \dfrac{f^{(n)}(x_0)}{n!}(x - x_0)^n$ 在 $U(x_0)$ 内收敛于 $f(x)$ 的充要条件是 $\lim\limits_{n \to \infty} R_n(x) = 0$，$\forall x \in U(x_0)$.

注：泰勒级数即使收敛，也未必收敛于原函数. 例如，函数 $f(x) = \begin{cases} e^{-\frac{1}{x^2}}, & x \neq 0 \\ 0, & x = 0 \end{cases}$. 由于 $f(0) = f'(0) = f''(0) = \cdots = 0$，$f(x)$ 的麦克劳林级数在整个数轴上收敛于零. 除 $x = 0$ 外，在任何点 x 处都未收敛于原来的函数 $f(x)$ 上.

对高阶导数比较容易计算的函数，我们可以用直接展开法分四步得到泰勒级数：

（i）求 $f(x)$ 的各阶导数 $f'(x), f''(x), \cdots, f^{(n)}(x), \cdots$；

（ii）计算 $f'(x_0), f''(x_0), \cdots, f^{(n)}(x_0), \cdots$；

（iii）写出泰勒级数

$$f(x_0) + \frac{f'(x_0)}{1!}(x - x_0) + \frac{f''(x_0)}{2!}(x - x_0)^2 + \cdots + \frac{f^{(n)}(x_0)}{n!}(x - x_0)^n + \cdots$$

并确定其收敛半径与收敛域；

（iv）在收敛域内，求使 $\lim\limits_{n \to \infty} R_n(x) = 0$ 的区间，就是函数的幂级数展开区间.

例 10-54 将函数 $f(x) = e^x$ 展开为 x 的幂级数.

解：直接展开法的四步：

（1） $f^{(n)}(x) = e^x$ ， $n = 1, 2, \cdots$.

（2） $f^{(n)}(0) = e^0 = 1$ ， $n = 1, 2, \cdots$.

（3） $a_n = \dfrac{f^{(n)}(0)}{n!} = \dfrac{1}{n!}$ ， $n = 1, 2, \cdots$.

泰勒级数： $1 + \dfrac{1}{1!}x + \dfrac{1}{2!}x^2 + \cdots + \dfrac{1}{n!}x^n + \cdots$.

收敛半径 $R = \lim\limits_{n\to\infty} \dfrac{\dfrac{1}{n!}}{\dfrac{1}{(n+1)!}} = \lim\limits_{n\to\infty}(n+1) = +\infty$ ， 收敛域为 $(-\infty, +\infty)$.

（4） $R_n(x) = \dfrac{e^\xi}{(n+1)!}x^{n+1}$ ， ξ 介于 0 与 x 之间，即 $0 < |\xi| < |x|$.

因为 $0 \leqslant \dfrac{e^\xi}{(n+1)!}|x|^{n+1} \leqslant \dfrac{e^{|x|}}{(n+1)!}|x|^{n+1}$ 且 $\lim\limits_{n\to\infty}\dfrac{|x|^{n+1}}{(n+1)!} = 0$ ，所以由夹挤准则可知 $\lim\limits_{n\to\infty}\left|R_n(x)\right| =$

$\lim\limits_{n\to\infty}\dfrac{e^\xi}{(n+1)!}|x|^{n+1} = 0$ ，即 $\lim\limits_{n\to\infty}R_n(x) = 0$. 因此，展开区间是 $(-\infty, +\infty)$ ，即

$$e^x = 1 + \dfrac{1}{1!}x + \dfrac{1}{2!}x^2 + \cdots + \dfrac{1}{n!}x^n + \cdots, \quad x \in (-\infty, +\infty)$$

例 10-55 将函数 $f(x) = \sin x$ 展开为 x 的幂级数.

解： 直接展开法的四步：

（1） $f^{(n)}(x) = \sin\left(\dfrac{\pi}{2}\cdot n + x\right)$ ， $n = 1, 2, \cdots$.

（2） $f^{(n)}(0) = \sin\dfrac{n\pi}{2} = \begin{cases} 0, & n \text{ 为偶数} \\ (-1)^{\frac{n-1}{2}}, & n \text{ 为奇数} \end{cases}$ ， $n = 1, 2, \cdots$.

（3） $a_n = \dfrac{f^{(n)}(0)}{n!} = \begin{cases} 0, & n \text{ 为偶数} \\ \dfrac{(-1)^{\frac{n-1}{2}}}{n!}, & n \text{ 为奇数} \end{cases}$ ， $n = 1, 2, \cdots$.

特别地， $a_{2n-1} = \dfrac{(-1)^{n-1}}{(2n-1)!}$. 因此，泰勒级数为

$$x - \dfrac{x^3}{3!} + \dfrac{x^5}{5!} - \dfrac{x^7}{7!} + \cdots + \dfrac{(-1)^{n-1}}{(2n-1)!}x^{2n-1} + \cdots$$

$$\rho = \lim_{n\to\infty}\dfrac{\dfrac{|x|^{2n+1}}{(2n+1)!}}{\dfrac{|x|^{2n-1}}{(2n-1)!}} = |x|^2 \lim_{n\to\infty}\dfrac{1}{2n(2n+1)} = 0 < 1$$

泰勒级数的收敛域为 $(-\infty, +\infty)$.

（4） $R_{2n}(x) = \dfrac{\sin\left[\dfrac{\pi}{2}(2n+1)+\xi\right]}{(2n+1)!}x^{2n+1}$ ，ξ 介于 0 与 x 之间．因为 $0 \leqslant |R_{2n}(x)| \leqslant \dfrac{|x|^{2n+1}}{(2n+1)!}$ 且

$\lim\limits_{n\to\infty}\dfrac{|x|^{2n+1}}{(2n+1)!}=0$ ，所以由夹挤准则可知 $\lim\limits_{n\to\infty}|R_{2n}(x)|=0$ ，即 $\lim\limits_{n\to\infty}R_{2n}(x)=0$ ．因此，展开区间是

$(-\infty,+\infty)$ ，即 $\sin x = x - \dfrac{x^3}{3!} + \dfrac{x^5}{5!} - \dfrac{x^7}{7!} + \cdots + \dfrac{(-1)^{n-1}}{(2n-1)!}x^{2n-1} + \cdots$ ，$x \in (-\infty,+\infty)$ ．

例 10-56 将函数 $f(x)=(1+x)^\alpha$ 展开为 x 的幂级数，其中，α 为任意常数.

解： 因为 α 为任意常数，所以我们要求 $1+x>0$ ，即 $x>-1$ ．直接展开法的四步：

（1） $f^{(n)}(x) = \alpha(\alpha-1)\cdots(\alpha-n+1)(1+x)^{\alpha-n}$ ，$n=1,2,\cdots$ ．

（2） $f^{(n)}(0) = \alpha(\alpha-1)\cdots(\alpha-n+1)$ ，$n=1,2,\cdots$ ．

（3） $a_n = \dfrac{f^{(n)}(0)}{n!} = \dfrac{\alpha(\alpha-1)\cdots(\alpha-n+1)}{n!}$ ，$n=1,2,\cdots$ ．

泰勒级数为

$$1 + \alpha x + \frac{\alpha(\alpha-1)}{2!}x^2 + \cdots + \frac{\alpha(\alpha-1)\cdots(\alpha-n+1)}{n!}x^n + \cdots = \sum_{n=0}^{\infty} C_\alpha^n x^n$$

其中，$C_\alpha^n = \dfrac{\alpha(\alpha-1)\cdots(\alpha-n+1)}{n!}$ ，$n=1,2,\cdots$ ．

$$R = \lim_{n\to\infty}\left|\frac{C_\alpha^n}{C_\alpha^{n+1}}\right| = \lim_{n\to\infty}\left|\frac{\dfrac{\alpha(\alpha-1)\cdots(\alpha-n+1)}{n!}}{\dfrac{\alpha(\alpha-1)\cdots(\alpha-n+1)(\alpha-n)}{(n+1)!}}\right| = \lim_{n\to\infty}\left|\frac{n+1}{\alpha-n}\right| = 1$$

收敛区间为 $(-1,1)$ ．在收敛区间端点 $x=\pm1$ 处，对不同的常数 α ，$\displaystyle\sum_{n=0}^{\infty}C_\alpha^n x^n$ 敛散性不同．

（4）当 $-1<x<1$ 时，设 $S(x) = \displaystyle\sum_{n=0}^{\infty}C_\alpha^n x^n$ ，则

$$S'(x) = \sum_{n=1}^{\infty}nC_\alpha^n x^{n-1} = \alpha\sum_{n=1}^{\infty}C_{\alpha-1}^{n-1}x^{n-1} = \alpha\sum_{n=0}^{\infty}C_{\alpha-1}^n x^n$$

$$= \alpha\left[1 + \sum_{n=1}^{\infty}(C_\alpha^n - C_{\alpha-1}^{n-1})x^n\right] = \alpha\left(1 + \sum_{n=1}^{\infty}C_\alpha^n x^n - \sum_{n=1}^{\infty}C_{\alpha-1}^{n-1}x^n\right)$$

$$= \alpha\sum_{n=0}^{\infty}C_\alpha^n x^n - x\cdot\alpha\sum_{n=1}^{\infty}C_{\alpha-1}^{n-1}x^{n-1} = \alpha S(x) - x\cdot S'(x)$$

整理得微分方程 $(1+x)S'(x) = \alpha S(x)$ ，解得 $S(x) = C(1+x)^\alpha$ ．代入 $S(0)=1$ ，得 $C=1$ ．因此，$S(x)=(1+x)^\alpha$ ，$-1<x<1$ ．

综上，当 $-1<x<1$ 时，$(1+x)^\alpha = 1 + C_\alpha^1 x + C_\alpha^2 x^2 + \cdots + C_\alpha^n x^n + \cdots$ ，这可以视作牛顿二项公式的推广，称为**牛顿二项式展开式**．

特别地，当 $\alpha = \dfrac{1}{2}$ 时，

$$\sqrt{1+x} = 1 + \frac{1}{2}x - \frac{1}{2 \cdot 4}x^2 + \frac{1 \cdot 3}{2 \cdot 4 \cdot 6}x^3 - \cdots + (-1)^{n-1}\frac{(2n-3)!!}{(2n)!!}x^n + \cdots, \quad x \in [-1,1]$$

当 $\alpha = -\dfrac{1}{2}$ 时，

$$\frac{1}{\sqrt{1+x}} = 1 - \frac{1}{2}x + \frac{1 \cdot 3}{2 \cdot 4}x^2 - \frac{1 \cdot 3 \cdot 5}{2 \cdot 4 \cdot 6}x^3 + \cdots + (-1)^n!\frac{(2n-1)!!}{(2n)!!}x^n + \cdots, \quad x \in (-1,1]$$

注：（1）当 $n \geq 1$ 时，$C_{\alpha-1}^n + C_{\alpha-1}^{n-1} = C_\alpha^n$. 证明如下：

$$C_{\alpha-1}^n + C_{\alpha-1}^{n-1} = \frac{(\alpha-1)\cdots(\alpha-n)}{n!} + \frac{(\alpha-1)\cdots(\alpha-n+1)}{(n-1)!}$$

$$= \frac{(\alpha-1)\cdots(\alpha-n+1)(\alpha-n+n)}{n!} = \frac{\alpha(\alpha-1)\cdots(\alpha-n+1)}{n!} = C_\alpha^n$$

（2）当 $n \in \mathbb{N}^*$ 时，$(2n)!! = 2 \cdot 4 \cdot \cdots \cdot 2n$，$(2n-1)!! = 1 \cdot 3 \cdot \cdots \cdot (2n-1)$.

10.6.2 间接展开法

用直接展开法求函数的泰勒级数并分析展开区间有很大局限性，这主要是因为高阶导数往往没有通式. 在实际计算中，我们往往借助一些常见函数的幂级数展开式，通过变量代换、幂级数的运算等，得到函数的幂级数展开式，称为间接展开法. 因此，存在用直接展开法与间接展开法两种方法对同一函数进行幂级数展开的可能，我们需要证明它们的结果是一致的.

定理 10.26（函数幂级数展开的唯一性） 若函数 $f(x)$ 在点 x_0 的某邻域内可展开为幂级数 $f(x) = \sum\limits_{n=0}^{\infty} a_n(x-x_0)^n$，则其系数 $a_n = \dfrac{f^{(n)}(x_0)}{n!}$（$n = 0,1,2,\cdots$）.

证明：设邻域 $U(x_0)$ 在幂级数 $\sum\limits_{n=0}^{\infty} a_n(x-x_0)^n$ 的收敛区间内，则 $f(x_0) = a_0$，$a_0 = \dfrac{f(x_0)}{0!}$ 成立；当 $n = 1,2,\cdots$ 时，

$$f^{(n)}(x) = \sum_{k=n}^{\infty} k(k-1)\cdots(k-n+1)a_k(x-x_0)^{k-n}$$

$$f^{(n)}(x_0) = n(n-1)\cdots \cdot 1 \cdot a_n = n!a_n, \quad a_n = \frac{f^{(n)}(x_0)}{n!}$$

例 10-57 将函数 $f(x) = \cos x$ 展开为 x 的幂级数.

解：由例 10-55 可知，

$$\sin x = x - \frac{x^3}{3!} + \frac{x^5}{5!} - \frac{x^7}{7!} + \cdots + \frac{(-1)^{n-1}}{(2n-1)!}x^{2n-1} + \cdots$$

$x \in (-\infty, +\infty)$. 两边求导得

$$\cos x = 1 - \frac{x^2}{2!} + \frac{x^4}{4!} - \frac{x^6}{6!} + \cdots + \frac{(-1)^n}{(2n)!}x^{2n} + \cdots, \quad x \in (-\infty, +\infty)$$

注：形式上，借助 $\sin x$、$\cos x$ 的麦克劳林展开式可以推导欧拉公式.

$$e^{ix} = 1 + (ix) + \frac{(ix)^2}{2!} + \cdots + \frac{(ix)^n}{n!} + \cdots$$

$$= \left(1 - \frac{x^2}{2!} + \frac{x^4}{4!} - \cdots\right) + i\left(x - \frac{x^3}{3!} + \frac{x^5}{5!} - \cdots\right) = \cos x + i\sin x$$

例 10-58 将函数 $f(x) = \ln(1+x)$ 展开为麦克劳林级数

$$\ln(1+x) = x - \frac{x^2}{2} + \frac{x^3}{3} - \cdots + (-1)^{n-1}\frac{x^n}{n} + \cdots, \quad x \in (-1,1] \tag{10.19}$$

解：由等比级数的敛散性可知，当 $t \in (-1,1)$ 时，

$$\frac{1}{1+t} = 1 + (-t) + (-t)^2 + \cdots + (-)^n t^n + \cdots \tag{10.20}$$

当 $|x| < 1$ 时，式（10.20）两端从 0 到 x 积分得

$$\ln(1+x) = x - \frac{x^2}{2} + \frac{x^3}{3} - \cdots + (-1)^{n-1}\frac{x^n}{n} + \cdots, \quad x \in (-1,1] $$

注：逐项积分不改变幂级数的收敛半径，但是会改变收敛区间端点处的敛散性.

例 10-59 对展开式（10.19）作变量替换，以 $-x$ 替换 x，得到展开式

$$\ln(1-x) = -x - \frac{x^2}{2} - \frac{x^3}{3} - \cdots - \frac{x^n}{n} - \cdots, \quad x \in [-1,1) \tag{10.21}$$

由式（10.19）、式（10.21）得

$$\frac{1}{2}\ln\frac{1+x}{1-x} = x + \frac{x^3}{3} + \frac{x^5}{5} + \cdots + \frac{x^{2n-1}}{2n-1} + \cdots, \quad x \in (-1,1) \tag{10.22}$$

注：由式（10.19）得

$$\ln 2 = 1 - \frac{1}{2} + \frac{1}{3} - \cdots + (-1)^{n-1}\frac{1}{n} + \cdots \tag{10.23}$$

由式（10.22）得

$$\ln 2 = 2\left(\frac{1}{3} + \frac{1}{3}\cdot\frac{1}{3^3} + \frac{1}{5}\cdot\frac{1}{3^5} + \cdots + \frac{1}{2n-1}\cdot\frac{1}{3^{2n-1}} + \right) \tag{10.24}$$

其中，式（10.24）的收敛速度要比式（10.23）快得多（见例 10-71）.

例 10-60 将展开式 $\dfrac{1}{1+t^2} = 1 - t^2 + t^4 - t^6 + \cdots + (-1)^n t^{2n} + \cdots$，$t \in (-1,1)$，从 0 到 x 逐项积分，得

$$\arctan x = x - \frac{x^3}{3} + \frac{x^5}{5} - \cdots + (-1)^n\frac{x^{2n+1}}{2n+1} + \cdots, \quad x \in [-1,1]$$

$$\frac{\pi}{4} = \arctan 1 = 1 - \frac{1}{3} + \frac{1}{5} - \frac{1}{7} + \cdots$$

例 10-61 将 $\sin x$ 展开为 $\left(x - \dfrac{\pi}{4}\right)$ 的幂级数.

解：

$$\sin x = \sin\left[\left(x - \frac{\pi}{4}\right) + \frac{\pi}{4}\right] = \frac{\sqrt{2}}{2}\sin\left(x - \frac{\pi}{4}\right) + \frac{\sqrt{2}}{2}\cos\left(x - \frac{\pi}{4}\right)$$

$$= \frac{\sqrt{2}}{2}\sum_{n=1}^{\infty}\frac{(-1)^{n-1}}{(2n-1)!}\left(x - \frac{\pi}{4}\right)^{2n-1} + \frac{\sqrt{2}}{2}\sum_{n=0}^{\infty}\frac{(-1)^n}{(2n)!}\left(x - \frac{\pi}{4}\right)^{2n}$$

因此，$\sin x = \sum_{n=0}^{\infty} a_n\left(x - \frac{\pi}{4}\right)^n$，其中

$$a_n = \begin{cases} \dfrac{\sqrt{2}}{2} \cdot \dfrac{(-1)^{\frac{n}{2}}}{n!}, & n = 0, 2, 4, \cdots \\[4mm] \dfrac{\sqrt{2}}{2} \cdot \dfrac{(-1)^{\frac{n-1}{2}}}{n!}, & n = 1, 3, 5, \cdots \end{cases}, \quad x \in (-\infty, +\infty)$$

例 10-62 求函数 $f(x) = \dfrac{1}{x^2 + x}$ 在 $x_0 = -2$ 处展开的泰勒级数.

解：

$$f(x) = \frac{1}{x(x+1)} = \frac{1}{x} - \frac{1}{x+1} = \frac{1}{(x+2)-2} - \frac{1}{(x+2)-1} = \frac{1}{1-(x+2)} - \frac{1}{2} \cdot \frac{1}{1 - \frac{x+2}{2}}$$

$$= \sum_{n=0}^{\infty}(x+2)^n - \frac{1}{2}\sum_{n=0}^{\infty}\left(\frac{x+2}{2}\right)^n = \sum_{n=0}^{\infty}\left(1 - \frac{1}{2^{n+1}}\right)(x+2)^n$$

由 $\begin{cases} |x+2| < 1 \\ \left|\dfrac{x+2}{2}\right| < 1 \end{cases}$ 得 $-3 < x < -1$.

综上，$\dfrac{1}{x^2 + x} = \sum_{n=0}^{\infty}\left(1 - \dfrac{1}{2^{n+1}}\right)(x+2)^n$，$-3 < x < -1$.

例 10-63 将 $f(x) = \dfrac{\mathrm{e}^x}{1-x}$ 展开为 x 的幂级数，并求 $f'''(0)$.

解：

$$f(x) = \mathrm{e}^x \cdot \frac{1}{1-x} = \left(\sum_{n=0}^{\infty}\frac{x^n}{n!}\right)\left(\sum_{n=0}^{\infty}x^n\right) = \sum_{n=0}^{\infty}\left(\frac{1}{0!} + \frac{1}{1!} + \cdots + \frac{1}{n!}\right)x^n$$

其中，$-1 < x < 1$.

$$a_3 = \frac{f^{(3)}(0)}{3!}, \quad f^{(3)}(0) = 3!a_3 = 3!\left(\frac{1}{0!} + \frac{1}{1!} + \frac{1}{2!} + \frac{1}{3!}\right) = 16$$

例 10-64 设 $f(x) = \begin{cases} \dfrac{\sin x}{x}, & x \neq 0 \\ 1, & x = 0 \end{cases}$，试将函数 $\ln f(x)$ 的麦克劳林展开式写到 x^4 项.

解： $f(x) = 1 - \dfrac{x^2}{3!} + \dfrac{x^4}{5!} - \cdots + (-1)^n \dfrac{x^{2n}}{(2n+1)!} + \cdots, \quad x \in (-\infty, +\infty)$

$$\ln(1+t) = t - \frac{t^2}{2} + \frac{t^3}{3} - \cdots + (-1)^{n-1} \frac{t^n}{n} + \cdots, \quad t \in (-1, 1]$$

$$\ln f(x) = \ln[1 + (f(x) - 1)] = \left(-\frac{x^2}{3!} + \frac{x^4}{5!} - \cdots \right) - \frac{1}{2} \left(-\frac{x^2}{3!} + \frac{x^4}{5!} - \cdots \right)^2 + \cdots$$

$$= -\frac{x^2}{3!} + \frac{x^4}{5!} - \frac{1}{2} \cdot \frac{x^4}{(3!)^2} + \cdots = -\frac{x^2}{6} - \frac{x^4}{180} - \cdots$$

下面分析展开区间. 因为 $-1 < t \leq 1$，所以 $-1 < f(x) - 1 \leq 1$，得 $0 < f(x) \leq 2$. 因为 $f(x)$ 是偶函数，所以我们只需研究原点右侧区间使得 $0 < f(x) \leq 2$，再对称到原点左侧即可.

当 $x \neq 0$ 时，$f'(x) = \dfrac{x\cos x - \sin x}{x^2} = \dfrac{\cos x(x - \tan x)}{x^2}$，$f'(x) \leq 0$（$0 < x < \pi$）. 而 $f(0) = 1$，$f(\pi) = 0$. 所以当 $x \in [0, \pi)$ 时，$0 < f(x) \leq 1$. 综上，当 $x \in (-\pi, \pi)$ 时，$0 < f(x) \leq 1$，展开式收敛；而 $f(\pm\pi) = 0$，展开式发散. 因此，展开区间是 $(-\pi, \pi)$.

例 10-65 求函数 $f(x) = \dfrac{1}{(1-x)^2}$ 的麦克劳林级数，并给出其收敛域.

解：方法一： 因为 $\dfrac{1}{1-x} = \displaystyle\sum_{n=0}^{\infty} x^n$，$-1 < x < 1$，所以

$$\left(\frac{1}{1-x} \right)^2 = \left(\sum_{n=0}^{\infty} x^n \right)^n = \sum_{n=0}^{\infty} (n+1)x^n, \quad -1 < x < 1$$

方法二： 当 $-1 < x < 1$ 时，

$$\frac{1}{(1-x)^2} = \left(\frac{1}{1-x} \right)' = \left(\sum_{n=0}^{\infty} x^n \right)' = \sum_{n=1}^{\infty} nx^{n-1} = \sum_{n=0}^{\infty} (n+1)x^n$$

10.6.3 幂级数和函数

求一个幂级数的和函数，首先要确定幂级数的收敛域，即和函数的定义域；然后通过逐项积分、逐项求导、拆分等方法转化为一个或多个常见函数的幂级数展开式分别求和函数，最终得到整个和函数的解析式.

例 10-66 求幂级数 $\displaystyle\sum_{n=1}^{\infty} \dfrac{x^{4n+1}}{4n+1}$ 的和函数.

解： $\rho = \lim\limits_{n\to\infty} \dfrac{\dfrac{|x|^{4n+5}}{4n+5}}{\dfrac{|x|^{4n+1}}{4n+1}} = |x|^4 \lim\limits_{n\to\infty} \dfrac{4n+1}{4n+5} = |x|^4$

$$\begin{cases} \sum_{n=1}^{\infty} \dfrac{x^{4n+1}}{4n+1} \text{绝对收敛}, & \rho < 1 \Leftrightarrow |x|^4 < 1 \Leftrightarrow |x| < 1 \\[3mm] \sum_{n=1}^{\infty} \dfrac{x^{4n+1}}{4n+1} \text{发散}, & \rho > 1 \Leftrightarrow |x|^4 > 1 \Leftrightarrow |x| > 1 \end{cases}$$

因此 $R = 1$.

当 $x = \pm 1$ 时，$\sum_{n=1}^{\infty} \dfrac{(\pm 1)^{4n+1}}{4n+1} = \sum_{n=1}^{\infty} \dfrac{\pm 1}{4n+1}$ 发散. 因此，幂级数 $\sum_{n=1}^{\infty} \dfrac{x^{4n+1}}{4n+1}$ 的收敛域是 $(-1,1)$.

当 $x \in (-1,1)$ 时，

$$S(x) = \sum_{n=1}^{\infty} \frac{x^{4n+1}}{4n+1} = \sum_{n=1}^{\infty} \int_0^x t^{4n} \mathrm{d}t = \int_0^x \left(\sum_{n=1}^{\infty} t^{4n} \right) \mathrm{d}t = \int_0^x \frac{t^4}{1-t^4} \mathrm{d}t = \int_0^x \left(-1 + \frac{1}{1-t^4} \right) \mathrm{d}t$$

$$= -x + \frac{1}{2} \int_0^x \left(\frac{1}{1-t^2} + \frac{1}{1+t^2} \right) \mathrm{d}t = -x + \frac{1}{4} \int_0^x \left(\frac{1}{1-t} + \frac{1}{1+t} \right) \mathrm{d}t + \frac{1}{2} \arctan x$$

$$= -x + \frac{1}{4} \ln \frac{1+x}{1-x} + \frac{1}{2} \arctan x$$

例 10-67 求幂级数 $\sum_{n=1}^{\infty} (n+1)nx^{n-1}$ 的和函数，并求数项级数 $\sum_{n=1}^{\infty} \dfrac{(n+1)n}{2^n}$ 的和.

解： $R = \lim_{n \to \infty} \left| \dfrac{(n+1)n}{(n+2)(n+1)} \right| = 1$.

当 $x = \pm 1$ 时，$\sum_{n=1}^{\infty} (n+1)n(\pm 1)^{n-1}$ 发散. 因此，幂级数 $\sum_{n=1}^{\infty} (n+1)nx^{n-1}$ 的收敛域是 $(-1,1)$.

当 $x \in (-1,1)$ 时，

$$S(x) = \sum_{n=1}^{\infty} (x^{n+1})'' = \left(\sum_{n=1}^{\infty} x^{n+1} \right)'' = \left(\frac{x^2}{1-x} \right)'' = \left[-(x+1) + \frac{1}{1-x} \right]''$$

$$= \left(\frac{1}{1-x} \right)'' = \left[\frac{1}{(1-x)^2} \right]' = \frac{2}{(1-x)^3}$$

$$\sum_{n=1}^{\infty} \frac{(n+1)n}{2^n} = \frac{1}{2} \sum_{n=1}^{\infty} (n+1)n \left(\frac{1}{2} \right)^{n-1} = \frac{1}{2} S\left(\frac{1}{2} \right) = 8$$

例 10-68 求幂级数 $\sum_{n=1}^{\infty} \dfrac{1}{n \cdot 2^n} x^{n-1}$ 的和函数.

解： $R = \lim_{n \to \infty} \left| \dfrac{\dfrac{1}{n \cdot 2^n}}{\dfrac{1}{(n+1) \cdot 2^{n+1}}} \right| = 2 \lim_{n \to \infty} \frac{n+1}{n} = 2$.

当 $x = 2$ 时，$\sum_{n=1}^{\infty} \dfrac{1}{n \cdot 2^n} 2^{n-1} = \sum_{n=1}^{\infty} \dfrac{1}{2n}$ 发散；当 $x = -2$ 时，$\sum_{n=1}^{\infty} \dfrac{1}{n \cdot 2^n}(-2)^{n-1} = \sum_{n=1}^{\infty} \dfrac{(-1)^{n-1}}{2n}$ 收敛. 幂

级数 $\sum_{n-1}^{\infty}\frac{1}{n\cdot 2^n}x^{n-1}$ 的收敛域是 $[-2,2)$.

当 $x=0$ 时，$S(0)=\frac{1}{2}$；当 $x\in[-2,0)\cup(0,2)$ 时，

$$S(x)=\sum_{n=1}^{\infty}\frac{1}{n\cdot 2^n}x^{n-1}=\frac{1}{x}\sum_{n=1}^{\infty}\int_0^x\frac{t^{n-1}}{2^n}\mathrm{d}t=\frac{1}{x}\int_0^x\left[\sum_{n=1}^{\infty}\frac{1}{2}\left(\frac{t}{2}\right)^{n-1}\right]\mathrm{d}t$$

$$=\frac{1}{x}\int_0^x\frac{1}{2}\cdot\frac{1}{1-\frac{t}{2}}\mathrm{d}t=\frac{1}{x}\left[-\ln\left(1-\frac{t}{2}\right)\right]\Bigg|_0^x=-\frac{1}{x}\ln\left(1-\frac{x}{2}\right)$$

综上，$S(x)=\begin{cases}-\frac{1}{x}\ln\left(1-\frac{x}{2}\right), & x\in[-2,0)\cup(0,2)\\ \frac{1}{2}, & x=0\end{cases}$.

例 10-69 求数项级数 $\sum_{n=0}^{\infty}\frac{(n+1)^2}{n!}$ 的和.

解：考察幂级数 $\sum_{n=0}^{\infty}\frac{(n+1)^2}{n!}x^n$.

$$R=\lim_{n\to\infty}\left|\frac{\frac{(n+1)^2}{n!}}{\frac{(n+2)^2}{(n+1)!}}\right|=\lim_{n\to\infty}\frac{(n+1)^3}{(n+2)^2}=+\infty$$

幂级数 $\sum_{n=0}^{\infty}\frac{(n+1)^2}{n!}x^n$ 的收敛域是 $(-\infty,+\infty)$. 当 $x\in(-\infty,+\infty)$ 时，

$$S(x)=\sum_{n=0}^{\infty}\frac{(n+1)^3}{n!}x^n=\sum_{n=0}^{\infty}\frac{n^2+2n+1}{n!}x^n=\sum_{n=0}^{\infty}\frac{n(n-1)+3n+1}{n!}x^n$$

$$=x^2\sum_{n=2}^{\infty}\frac{x^{n-2}}{(n-2)!}+3x\sum_{n=1}^{\infty}\frac{x^{n-1}}{(n-1)!}+\sum_{n=0}^{\infty}\frac{x^n}{n!}=x^2\sum_{n=0}^{\infty}\frac{x^n}{n!}+3x\sum_{n=0}^{\infty}\frac{x^n}{n!}+\sum_{n=0}^{\infty}\frac{x^n}{n!}$$

$$=x^2\mathrm{e}^x+3x\mathrm{e}^x+\mathrm{e}^x=(x^2+3x+1)\mathrm{e}^x$$

因此，$\sum_{n=0}^{\infty}\frac{(n+1)^2}{n!}=S(1)=5\mathrm{e}$.

习题 10.6

1．用直接展开法，将函数 $f(x)=a^x$（$a>0$，$a\neq 1$）展为 x 的幂级数.

2，若 $f(x)=\sum_{n=0}^{\infty}a_nx^n$，试证：

（1）当 $f(x)$ 为奇函数时，必有 $a_{2k}=0$，$k=0,1,2,\cdots$；

（2）当 $f(x)$ 为偶函数时，必有 $a_{2k+1}=0$，$k=0,1,2,\cdots$.

3. 用间接展开法，将下列函数展开为 x 的幂级数.

（1） $\sin^2 x$ ；

（2） $\sin\left(x+\dfrac{\pi}{4}\right)$ ；

（3） $\dfrac{x}{\sqrt{1-2x}}$ ；

（4） $\ln(1+x-2x^2)$ ；

（5） $\displaystyle\int_0^t \dfrac{\sin x}{x}\mathrm{d}x$ ；

（6） $\dfrac{\mathrm{d}}{\mathrm{d}x}\left(\dfrac{\mathrm{e}^x-1}{x}\right)$ ；

（7） $\arcsin x$ ；

（8） $\dfrac{1}{4}\ln\dfrac{1+x}{1-x}+\dfrac{1}{2}\arctan x - x$ ；

（9） $\dfrac{1}{(x^2+1)(x^4+1)(x^8+1)}$.

4. 设 $f(x)=\displaystyle\sum_{n=0}^{\infty}a_n x^n$ ，求函数 $g(x)=\dfrac{f(x)}{1-x}$ 的幂级数展开式（麦克劳林级数）.

5. 将下列函数在指定点 x_0 处展开为 $x-x_0$ 的幂级数.

（1） $\sqrt{x^3}$ ，$x_0=1$ ；

（2） $\cos x$ ，$x_0=-\dfrac{\pi}{3}$ ；

（3） $\dfrac{x}{x^2-5x+6}$ ，$x_0=5$.

6. 设 $f(x)=(\arctan x)^2$ ，求 $f^{(n)}(0)$.

7. 设 $f(x)$ 在 $|x|<r$ 时，可以展开成麦克劳林级数，且 $g(x)=f(x^2)$ ，试证：

$$g^{(n)}(0)=\begin{cases}0, & n=2m-1 \\ \dfrac{(2m)!}{m!}f^{(m)}(0), & n=2m\end{cases}, \quad m=1,2,\cdots$$

8. 求下列级数在收敛区间内的和函数.

（1） $\displaystyle\sum_{n=1}^{\infty}\dfrac{x^{3n}}{(3n)!}$ ，$|x|<\infty$ ；

（2） $\displaystyle\sum_{n=1}^{\infty}nx^{n-1}$ ，$|x|<1$ ；

（3） $\displaystyle\sum_{n=1}^{\infty}\dfrac{2n-1}{2^n}x^{2n-2}$ ，$|x|<\sqrt{2}$ ，并求 $\displaystyle\sum_{n=1}^{\infty}\dfrac{2n-1}{2^n}$ ；

（4） $\displaystyle\sum_{n=1}^{\infty}(-1)^{n+1}n^2 x^n$ ，$|x|<1$ ，并求 $\displaystyle\sum_{n=1}^{\infty}(-1)^n\dfrac{n^2}{2^n}$ ；

（5） $x-\dfrac{x^3}{3}+\dfrac{x^5}{5}-\cdots$ ，$|x|<1$ ，并求 $\displaystyle\sum_{n=1}^{\infty}\dfrac{(-1)^n}{2n-1}\left(\dfrac{3}{4}\right)^n$ ；

（6） $\displaystyle\sum_{n=0}^{\infty}\dfrac{(n+1)x^n}{n!}$ ，$|x|<+\infty$.

9. 求下列幂级数的收敛域及和函数.

（1） $\dfrac{x}{4}+\dfrac{x^2}{2\cdot 4^2}+\cdots+\dfrac{x^n}{n\cdot 4^n}+\cdots$ ；

（2） $\displaystyle\sum_{n=0}^{\infty}\dfrac{n^2+1}{2^n\cdot n!}x^n$ ；

（3） $\displaystyle\sum_{n=1}^{\infty}(-1)^{n-1}\dfrac{x^{2n}}{n(2n-1)}$.

10. 利用 $\dfrac{\mathrm{d}}{\mathrm{d}x}\left(\dfrac{\cos x-1}{x}\right)$ 的幂级数展开式，求 $\displaystyle\sum_{n=1}^{\infty}(-1)^n\dfrac{2n-1}{(2n)!}\left(\dfrac{\pi}{2}\right)^{2n}$ 的和.

11. 求数项级数 $\displaystyle\sum_{n=0}^{\infty}\dfrac{(-1)^n(n^2-n+1)}{2^n}$ 的和.

12. 求数项级数 $\displaystyle\sum_{n=1}^{\infty}(-1)^{n-1}\dfrac{2n^2}{(2n)!}\dfrac{1}{2^n}$ 的和.

13. 设 $\displaystyle\sum_{n=1}^{\infty}a_n x^n$ 的收敛半径为 3，和函数为 $S(x)$，求幂级数 $\displaystyle\sum_{n=1}^{\infty}na_n(x-1)^{n+1}$ 的收敛区间及和函数.

14. 求下列极限.

（1）$\displaystyle\lim_{x\to 1^-}(1-x)^3\sum_{n=1}^{\infty}n^2 x^n$；　　　　（2）$\displaystyle\lim_{n\to\infty}\left(\dfrac{1}{a}+\dfrac{2}{a^2}+\cdots+\dfrac{n}{a^n}\right)$（$a>1$）；

（3）$\displaystyle\lim_{n\to\infty}\left(\dfrac{3}{2\cdot 1}+\dfrac{5}{2^2\cdot 2!}+\cdots+\dfrac{2n+1}{2^n\cdot n!}\right)$.

15. 设 $f(x)=\displaystyle\int_0^{\sin x}\sin(t^2)\mathrm{d}t$，$g(x)=\displaystyle\sum_{n=1}^{\infty}\dfrac{x^{2n+1}}{n^n+2}$，则 $x\to 0$ 时，$f(x)$ 是 $g(x)$ 的（　　　）.

（A）等价无穷小　　　　　　　　（B）同阶，但不等价无穷小

（C）低阶无穷小　　　　　　　　　（D）高阶无穷小

10.7　幂级数的应用举例

10.7.1　函数值的近似计算

例 10-70　计算 e 的值，精确到小数点后第四位.

解：$e^x=1+x+\dfrac{1}{2!}x^2+\cdots+\dfrac{1}{n!}x^n+\cdots,\quad x\in(-\infty,+\infty)$.

取 $x=1$，$e=1+1+\dfrac{1}{2!}+\cdots+\dfrac{1}{n!}+\cdots$. 取前 $(n+1)$ 项近似计算 e，其截断误差为

$$|r_n|=\left|\dfrac{1}{(n+1)!}+\dfrac{1}{(n+2)!}+\cdots\right|<\dfrac{1}{(n+1)!}\left[1+\dfrac{1}{n+1}+\dfrac{1}{(n+1)^2}+\cdots\right]=\dfrac{1}{(n+1)!}\cdot\dfrac{1}{1-\dfrac{1}{n+1}}=\dfrac{1}{n!n}$$

要使 $\dfrac{1}{n!n}<10^{-4}$，只需取 $n=7$，于是

$$e\approx 1+1+\dfrac{1}{2!}+\cdots+\dfrac{1}{7!}=\dfrac{1370}{504}\approx 2.7183$$

例 10-71　计算 $\ln 2$ 的近似值，精确到小数点后第四位.

解：$\ln 2=1-\dfrac{1}{2}+\dfrac{1}{3}-\dfrac{1}{4}+\cdots+(-1)^{n-1}\dfrac{1}{n}+\cdots$，截断误差为 $|r_n|<\left|\dfrac{1}{n+1}\right|$. 要使 $|r_n|<10^{-4}$，至少取 $n=10^4$，级数收敛得太慢！

$$\ln\frac{1+x}{1-x} = 2\left(x + \frac{x^3}{3} + \frac{x^5}{5} + \cdots + \frac{x^{2n-1}}{2n-1} + \cdots\right), \quad x \in (-1,1)$$

令 $\dfrac{1+x}{1-x} = 2$，得 $x = \dfrac{1}{3}$.

$$\ln 2 = 2\left[\frac{1}{3} + \frac{1}{3}\left(\frac{1}{3}\right)^3 + \frac{1}{5}\left(\frac{1}{3}\right)^5 + \cdots + \frac{1}{2n-1}\left(\frac{1}{3}\right)^{2n-1} + \cdots\right]$$

截断误差为

$$|r_n| = 2\left[\frac{1}{2n+1}\left(\frac{1}{3}\right)^{2n+1} + \frac{1}{2n+3}\left(\frac{1}{3}\right)^{2n+3} + \cdots\right] < \frac{2}{(2n+1)3^{2n+1}}\left[1 + \frac{1}{9} + \left(\frac{1}{9}\right)^2 + \cdots\right]$$

$$= \frac{2}{(2n+1)3^{2n+1}} \cdot \frac{1}{1 - \dfrac{1}{9}} = \frac{1}{4(2n+1)\cdot 3^{2n-1}}$$

要使 $|r_n| < 10^{-4}$，只需取 $n = 4$，故

$$\ln 2 \approx 2\left[\frac{1}{3} + \frac{1}{3}\left(\frac{1}{3}\right)^3 + \frac{1}{5}\left(\frac{1}{3}\right)^5 + \frac{1}{7}\left(\frac{1}{3}\right)^7\right] \approx 0.6931$$

10.7.2 在积分计算中的应用

$$\int_0^x e^{t^2}\,dt = \int_0^x\left(1 + t^2 + \frac{t^4}{2!} + \frac{t^6}{3!} + \cdots + \frac{t^{2n}}{n!} + \cdots\right)dt$$

$$= x + \frac{x^3}{3} + \frac{x^5}{2!\cdot 5} + \frac{x^7}{3!\cdot 7} + \cdots + \frac{x^{2n+1}}{n!(2n+1)} + \cdots, \quad x \in (-\infty, +\infty)$$

这是 e^{x^2} 的一个原函数的级数形式.

例 10-72 计算 $\displaystyle\int_0^1 \frac{\sin x}{x}\,dx$ 的近似值，精确到 10^{-4}.

解：

$$\sin x = x - \frac{x^3}{3!} + \frac{x^5}{5!} - \frac{x^7}{7!} + \cdots + (-1)^n\frac{x^{2n+1}}{(2n+1)!} + \cdots, \quad x \in (-\infty, +\infty)$$

$$\frac{\sin x}{x} = 1 - \frac{x^2}{3!} + \frac{x^4}{5!} - \frac{x^6}{7!} + \cdots + (-1)^n\frac{x^{2n}}{(2n+1)!} + \cdots, \quad x \in (-\infty,0)\bigcup(0,+\infty)$$

$\displaystyle\lim_{x\to 0}\frac{\sin x}{x} = 1$，$\displaystyle\int_0^1 \frac{\sin x}{x}\,dx$ 是通常积分.

$$\int_0^1 \frac{\sin x}{x}\,dx = \int_0^1\left[1 - \frac{x^2}{3!} + \frac{x^4}{5!} - \frac{x^6}{7!} + \cdots + (-1)^n\frac{x^{2n}}{(2n+1)!} + \cdots\right]dx$$

$$= 1 - \frac{1}{3!\cdot 3} + \frac{1}{5!\cdot 5} - \frac{1}{7!\cdot 7} + \cdots + \frac{(-1)^n}{(2n+1)!(2n+1)} + \cdots$$

$$|r_3| < \frac{1}{7! \cdot 7} = \frac{1}{35280} < 10^{-4}$$

$$\int_0^1 \frac{\sin x}{x} dx \approx 1 - \frac{1}{3! \cdot 3} + \frac{1}{5! \cdot 5} = 1 - \frac{97}{1800} \approx 0.94611 \approx 0.9461$$

例 10-73（椭圆积分） 计算椭圆积分 $\displaystyle\int_0^{\frac{\pi}{2}} \frac{1}{\sqrt{1-k^2 \sin^2 \varphi}} d\varphi$ 的值，其中，$k^2 < 1$.

解：令 $t = k^2 \sin^2 \varphi$，则被积函数可以展开成

$$\frac{1}{\sqrt{1-k^2 \sin^2 \varphi}} = \frac{1}{\sqrt{1-t}} = 1 + \frac{1}{2}t + \frac{1 \times 3}{2 \times 4}t^2 + \frac{1 \times 3 \times 5}{2 \times 4 \times 6}t^3 + \cdots$$

由于对 $\varphi \in \left[0, \dfrac{\pi}{2}\right]$，有 $|t| = \left|k^2 \sin^2 \varphi\right| \leqslant k^2 < 1$，所以逐项积分可得

$$\int_0^{\frac{\pi}{2}} \frac{1}{\sqrt{1-k^2 \sin^2 \varphi}} d\varphi = \int_0^{\frac{\pi}{2}} d\varphi + \frac{1}{2}k^2 \int_0^{\frac{\pi}{2}} \sin^2 \varphi d\varphi + \frac{1 \cdot 3}{2 \cdot 4}k^4 \int_0^{\frac{\pi}{2}} \sin^4 \varphi d\varphi + \cdots$$

由 Wallis 公式可得

$$\int_0^{\frac{\pi}{2}} \frac{1}{\sqrt{1-k^2 \sin^2 \varphi}} d\varphi = \frac{\pi}{2}\left[1 + \left(\frac{1}{2}\right)^2 k^2 + \left(\frac{1 \cdot 3}{2 \cdot 4}\right)^2 k^4 + \cdots\right]$$

10.7.3 方程的幂级数解法

例 10-74 方程 $xy - e^x + e^y = 0$ 确定 y 是 x 的函数，试将 y 表示为 x 的幂级数（只要求写出前几项）.

解：设 $y = a_0 + a_1 x + a_2 x^2 + \cdots$，当 $x = 0$ 时，$y = 0$，所以 $a_0 = 0$.

$$xy = a_1 x^2 + a_2 x^3 + \cdots$$

$$e^x = 1 + x + \frac{x^2}{2!} + \frac{x^3}{3!} + \frac{x^4}{4!} + \cdots$$

$$e^y = 1 + (a_1 x + a_2 x^2 + \cdots) + \frac{1}{2!}(a_1 x + a_2 x^2 + \cdots)^2 + \cdots$$

$$= 1 + a_1 x + \left(\frac{a_1^2}{2!} + a_2\right)x^2 + \left(\frac{a_1^3}{6} + a_1 a_2 + a_3\right)x^3$$

$$+ \left(\frac{a_1^4}{24} + \frac{1}{2}a_1^2 a_2 + \frac{1}{2}a_2^2 + a_1 a_3 + a_4\right)x^4 + \cdots$$

常数项：$-1 + 1 = 0$；

x 项：$-1 + a_1 = 0 \Rightarrow a_1 = 1$；

x^2 项：$a_1 - \dfrac{1}{2} + \dfrac{a_1^2}{2} + a_2 = 0$，$1 - \dfrac{1}{2} + \dfrac{1}{2} + a_2 = 0 \Rightarrow a_2 = -1$；

x^3 项： $a_2 - \dfrac{1}{6} + \left(\dfrac{1}{6} - 1 + a_3\right) = 0 \Rightarrow a_3 = 2$ ；

x^4 项： $2 - \dfrac{1}{24} + \left(\dfrac{1}{24} - \dfrac{1}{2} + \dfrac{1}{2} + 2 + a_4\right) = 0 \Rightarrow a_4 = -4$ ；

$y = x - x^2 + 2x^3 - 4x^4 + \cdots$.

例 10-75 求解零阶贝塞尔方程： $xy'' + y' + xy = 0$.

解：设 $y = \displaystyle\sum_{n=0}^{\infty} a_n x^n$ ， $y' = \displaystyle\sum_{n=1}^{\infty} n a_n x^{n-1}$ ， $y'' = \displaystyle\sum_{n=2}^{\infty} n(n-1) a_n x^{n-2}$ ，

$$\sum_{n=2}^{\infty} n(n-1) a_n x^{n-1} + \sum_{n=1}^{\infty} n a_n x^{n-1} + \sum_{n=0}^{\infty} a_n x^{n+1} = 0$$

$$a_1 = 0$$

$$(n+1)n a_{n+1} + (n+1) a_{n+1} + a_{n-1} = 0$$

$$a_{n+1} = -\frac{a_{n-1}}{(n+1)^2} , \quad n = 1, 2, \cdots$$

$$a_3 = a_5 = a_7 = \cdots = a_{2k+1} = \cdots = 0$$

$$a_2 = -\frac{a_0}{2^2} , \quad a_4 = -\frac{a_2}{4^2} = \frac{(-1)^2 a_0}{2^4 (2!)^2} , \quad \cdots, \quad a_{2k} = \frac{(-1)^k a_0}{2^{2k} (k!)^2} , \quad \cdots$$

$$y = a_0 \left[1 - \frac{x^2}{2^2} + \frac{x^4}{2^4 (2!)^2} - \cdots + \frac{(-1)^k x^{2k}}{2^{2k} (k!)^2} + \cdots \right]$$

若取 $a_0 = 1$ ，得到方程一个特解，称为零阶贝塞尔函数，记为 $J_0(x)$ ，即

$$J_0(x) = \sum_{k=0}^{\infty} \frac{(-1)^k}{(k!)^2} \left(\frac{x}{2}\right)^{2k}$$

例 10-76 求微分方程 $y'' - xy = 0$ 的通解.

解：设原微分方程有幂级数解 $y = \displaystyle\sum_{n=0}^{\infty} a_n x^n$ ，则有

$$y'' = \sum_{n=2}^{\infty} n(n-1) a_n x^{n-2} = \sum_{n=0}^{\infty} (n+2)(n+1) a_{n+2} x^n$$

代入方程，可得

$$\sum_{n=0}^{\infty} (n+2)(n+1) a_{n+2} x^n - x \sum_{n=0}^{\infty} a_n x^n = \sum_{n=0}^{\infty} (n+2)(n+1) a_{n+2} x^n - \sum_{n=1}^{\infty} a_{n-1} x^n$$

$$= 2a_2 + \sum_{n=1}^{\infty} [(n+2)(n+1) a_{n+2} - a_{n-1}] x^n = 0$$

比较两边的系数，可得 $a_2 = 0$，$(n+2)(n+1)a_{n+2} - a_{n-1} = 0$（$n = 1, 2, \cdots$）.

（1）若令 $a_0 = 1$，$a_1 = 0$，则有 $a_{3k+1} = a_{3k+2} = 0$，$a_{3k} = \dfrac{1 \cdot 4 \cdot 7 \cdot \cdots \cdot (3k-2)}{(3k)!} = \dfrac{(3k-2)!!!}{(3k)!}$，从

而得到原微分方程的一个幂级数解 $y_1(x) = 1 + \displaystyle\sum_{k=1}^{\infty} \dfrac{(3k-2)!!!}{(3k)!} x^{3k}$.

（2）若令 $a_0 = 0$，$a_1 = 1$，则有 $a_{3k} = a_{3k+2} = 0$，$a_{3k+1} = \dfrac{2 \cdot 5 \cdot 8 \cdot \cdots \cdot (3k-1)}{(3k+1)!} = \dfrac{(3k-1)!!!}{(3k+1)!}$，从

而得到原微分方程的另一个幂级数解 $y_2(x) = x + \displaystyle\sum_{k=1}^{\infty} \dfrac{(3k-1)!!!}{(3k+1)!} x^{3k+1}$.

利用朗斯基行列式，可以验证 y_1 和 y_2 是原微分方程的两个线性无关的解. 因此，原微分方程的通解为 $y = c_1 y_1 + c_2 y_2$（$c_1, c_2 \in \mathbb{R}$）.

例 10-77（函数方程的近似解） 设 $y = y(x)$ 是由方程 $y + \lambda \sin y = x$ 在 $(x, y) = (0, 0)$ 附近确定的隐函数，其中，$\lambda \neq -1$ 为参数. 试求出 $y = y(x)$ 在 $x_0 = 0$ 处的泰勒展开式的前四项.

解：由于 $y(0) = 0$，可设 $y = y(x)$ 在 $x_0 = 0$ 处的展开式为 $y = a_1 x + a_2 x^2 + a_3 x^3 + o(x^3)$. 将它代入原方程，利用 $\sin y$ 的泰勒展开，可得

$$a_1 x + a_2 x^2 + a_3 x^3 + \lambda \left[(a_1 x + a_2 x^2 + a_3 x^3) - \dfrac{1}{3!}(a_1 x + a_2 x^2 + a_3 x^3)^3 \right] + o(x^3) = x$$

即

$$(1+\lambda)a_1 x + (1+\lambda)a_2 x^2 + \left[(1+\lambda)a_3 - \dfrac{\lambda}{6}a_1^3 \right] x^3 + o(x^3) = x$$

比较两边的系数，可得 $(1+\lambda)a_1 = 1$，$(1+\lambda)a_2 = 0$，$(1+\lambda)a_3 - \dfrac{\lambda}{6}a_1^3 = 0$，解得 $a_1 = \dfrac{1}{1+\lambda}$，$a_2 = 0$，

$a_3 = \dfrac{\lambda}{6(1+\lambda)^4}$. 因此，$y = y(x)$ 在 $x_0 = 0$ 处的泰勒展开式的前四项为

$$y(x) = \dfrac{1}{1+\lambda} x + \dfrac{\lambda}{6(1+\lambda)^4} x^3 + o(x^3)$$

 习题 10.7

1．求下列各数的近似值，精确到小数点后第四位.

（1）$\sqrt{e}$；　　　　（2）$\sqrt[5]{245}$；　　　　（3）$\cos 10°$；　　　　（4）$\displaystyle\int_0^{\frac{1}{10}} \dfrac{\ln(1+x)}{x} \mathrm{d}x$.

2．试用幂级数解微分方程 $y'' = x^2 y$.

3．在区间 $[1, 2]$ 上用函数 $\dfrac{2(x-1)}{x+1}$ 近似函数 $\ln x$，估计其误差.

4．已知级数 $2 + \displaystyle\sum_{n=1}^{\infty} \dfrac{x^{2n}}{(2n)!}$ 在 $(-\infty, +\infty)$ 是微分方程 $y'' - y = b$ 的解，确定常数 b，并用这一结果求该级数的和函数.

10.8 傅里叶级数

在幂级数 $\sum\limits_{n=0}^{\infty} a_n x^n$ 中，通项 $a_n x^n$ 是系数 a_n 与幂函数 x^n 的乘积. 幂函数具有良好的分析学性质（连续、可导、可积），但是幂函数并不具有周期性. 在对复杂的周期运动（如复杂的声波、电磁波等不同频率的谐波叠加）进行定量分析时，就要用到基本周期函数 $A\sin(\omega x + \varphi)$，称为**谐函数**. 它的周期 $T = \dfrac{2\pi}{|\omega|}$，$A$ 称为**振幅**，ω 称为（角）**频率**，φ 称为**初相位**. 从数学角度看，不同频率的谐振动的合成可以理解成把一个周期函数分解为不同频率谐函数和的形式，即将周期为 T 的函数 $f(x)$ 表示为

$$A_0 + \sum_{n=1}^{\infty} A_n \sin(n\omega x + \varphi_n), \quad \omega = \frac{2\pi}{T} \tag{10.25}$$

的形式，其中，A_0, A_n, φ_n（$n = 1, 2, \cdots$）都是常数. 利用三角公式

$$\sin(n\omega x + \varphi_n) = \sin\varphi_n \cos n\omega x + \cos\varphi_n \sin nwx$$

并令 $a_0 = 2A_0$，$a_n = A_n \sin\varphi_n$，$b_n = A_n \cos\varphi_n$，则式（10.25）变为

$$\frac{a_0}{2} + \sum_{n=1}^{\infty}(a_n \cos n\omega x + b_n \sin n\omega x) \tag{10.26}$$

形如式（10.26）的函数项级数称为**三角级数**.

类似于函数的幂级数展开，我们有如下问题：（1）函数 $f(x)$ 满足什么条件，才能展开为三角级数（10.26）？系数 a_0, a_n, b_n 如何确定？（2）三角级数（10.26）的敛散性如何？其和函数与周期函数 $f(x)$ 是什么关系？为此，我们先来讨论以 2π 为周期的函数 $f(x)$，此时 $\omega = 1$.

10.8.1 三角函数系的正交性

当 $\omega = 1$ 时，称三角级数（10.26）中的基本周期函数：$1, \cos x, \sin x, \cos 2x, \sin 2x, \cdots, \cos nx,$ $\sin nx, \cdots$ 为三角函数系，它们具有如下性质.

（i）（正交性）任何两个不同的三角函数的乘积在一个周期长的区间 $[-\pi, \pi]$ 上的积分等于零.

（ii）任何一个三角函数自乘（平方）在 $[-\pi, \pi]$ 上的积分不等于零.

$$\int_{-\pi}^{\pi} 1 dx = 2\pi$$

$$\int_{-\pi}^{\pi} \sin nx dx = \int_{-\pi}^{\pi} \cos nx dx = 0$$

$$\int_{-\pi}^{\pi} \cos nx \cos mx dx = \begin{cases} 0, & m \neq n \\ \pi, & m = n \end{cases}$$

$$\int_{-\pi}^{\pi} \sin nx \sin mx dx = \begin{cases} 0, & m \neq n \\ \pi, & m = n \end{cases}$$

$$\int_{-\pi}^{\pi} \cos nx \sin mx dx = 0$$

其中，$m, n = 1, 2, \cdots$. 不难验证上述各式，例如，当 $m \neq n$ 时，

$$\int_{-\pi}^{\pi} \cos nx \cos mx dx = \frac{1}{2} \int_{-\pi}^{\pi} [\cos(m-n)x + \cos(m+n)x] dx$$

$$= \frac{1}{2} \left[\frac{\sin(m-n)x}{m-n} + \frac{\sin(m+n)x}{m+n} \right]_{-\pi}^{\pi} = 0$$

当 $m = n$ 时，

$$\int_{-\pi}^{\pi} \cos^2 mx dx = \frac{1}{2} \int_{-\pi}^{\pi} (1 + \cos 2mx) dx = \frac{1}{2} \left(x + \frac{\sin 2mx}{2m} \right)_{-\pi}^{\pi} = \pi$$

10.8.2 傅里叶级数

定理 10.27 如果以 2π 为周期的函数 $f(x)$ 在区间 $[-\pi, \pi]$ 上能够展开为可逐项积分的三角级数 $f(x) = \dfrac{a_0}{2} + \sum\limits_{n=1}^{\infty} (a_n \cos nx + b_n \sin nx)$，其系数公式为

$$\begin{cases} a_0 = \dfrac{1}{\pi} \displaystyle\int_{-\pi}^{\pi} f(x) dx \\ a_n = \dfrac{1}{\pi} \displaystyle\int_{-\pi}^{\pi} f(x) \cos nx dx, & n = 1, 2, \cdots \\ b_n = \dfrac{1}{\pi} \displaystyle\int_{-\pi}^{\pi} f(x) \sin nx dx & n = 1, 2, \cdots \end{cases} \tag{10.27}$$

证明：

$$\frac{1}{\pi} \int_{-\pi}^{\pi} f(x) dx = \frac{1}{\pi} \int_{-\pi}^{\pi} \left[\frac{a_0}{2} + \sum_{n=1}^{\infty} (a_n \cos nx + b_n \sin nx) \right] dx$$

$$= \frac{1}{\pi} \int_{-\pi}^{\pi} \frac{a_0}{2} dx + \frac{1}{\pi} \sum_{n=1}^{\infty} a_n \int_{-\pi}^{\pi} \cos nx dx + \frac{1}{\pi} \sum_{n=1}^{\infty} b_n \int_{-\pi}^{\pi} \sin nx dx$$

$$= \frac{1}{\pi} \cdot \frac{a_0}{2} \cdot 2\pi + 0 + 0 = a_0$$

当 $n = 1, 2, \cdots$ 时，

$$\frac{1}{\pi} \int_{-\pi}^{\pi} f(x) \cos nx dx = \frac{1}{\pi} \int_{-\pi}^{\pi} \left[\frac{a_0}{2} + \sum_{k=1}^{\infty} (a_k \cos kx + b_k \sin kx) \right] \cos nx dx$$

$$= \frac{1}{\pi} \cdot \frac{a_0}{2} \int_{-\pi}^{\pi} \cos nx dx + \frac{1}{\pi} \sum_{k=1}^{\infty} a_k \int_{-\pi}^{\pi} \cos kx \cos nx dx$$

$$+\frac{1}{\pi}\sum_{k=1}^{\infty}b_k\int_{-\pi}^{\pi}\sin kx\cos nx\mathrm{d}x$$

$$=0+\frac{1}{\pi}\cdot a_n\cdot\pi+0=a_n$$

类似可证 $b_n=\frac{1}{\pi}\int_{-\pi}^{\pi}f(x)\sin nx\mathrm{d}x$.

只要函数 $f(x)$ 在区间 $[-\pi,\pi]$ 上可积，即使 $f(x)$ 不以 2π 为周期，都可以由式（10.27）算出 a_0,a_n,b_n（$n=1,2,\cdots$），称为函数 $f(x)$ 的**傅里叶系数**. 由这些系数做成的三角函数 $\frac{a_0}{2}+\sum_{n=1}^{\infty}(a_n\cos nx+b_n\sin nx)$ 称为函数 $f(x)$（诱导出）的**傅里叶级数**，记作 $f(x)\sim\frac{a_0}{2}+\sum_{n=1}^{\infty}(a_n\cos nx+b_n\sin nx)$.

关于函数 $f(x)$ 的傅里叶级数的敛散性及其和函数与 $f(x)$ 的关系，我们不加证明地给出如下定理.

定理 10.28（收敛的充分条件）　如果以 2π 为周期的函数 $f(x)$ 在区间 $[-\pi,\pi]$ 上满足狄利克雷条件：

（1）除有限个第一类间断点外，处处连续；

（2）分段单调，单调区间个数有限，则 $f(x)$ 的傅里叶级数在区间 $[-\pi,\pi]$ 上处处收敛，且

$$\frac{a_0}{2}+\sum_{n=1}^{\infty}(a_n\cos nx+b_n\sin nx)=\begin{cases}f(x), & x\text{是连续点}\\ \frac{1}{2}[f(x^-)+f(x^+)], & x\text{是间断点}\\ \frac{1}{2}[f(-\pi^+)+f(\pi^-)], & x=\pm\pi\end{cases}$$

例 10-78　设函数 $f(x)$ 以 2π 为周期，且 $f(x)=\begin{cases}-1, & -\pi<x\leqslant0\\ x^2, & 0<x\leqslant\pi\end{cases}$，其傅里叶级数的和函数记为 $S(x)$，求 $S(0),S(1),S(\pi),S(2\pi)$.

解： $S(0)=\frac{1}{2}[f(0^-)+f(0^+)]=\frac{1}{2}(-1+0)=-\frac{1}{2}$

$S(1)=f(1)=1$

$S(\pi)=\frac{1}{2}[f(\pi^-)+f(-\pi^+)]=\frac{1}{2}[\pi^2+(-1)]=\frac{\pi^2-1}{2}$

$S(2\pi)=S(0)=-\frac{1}{2}$

例 10-79　设 $f(x)$ 是以 2π 为周期的函数，在区间 $[-\pi,\pi]$ 上的表达式为 $f(x)=\begin{cases}-1, & -\pi\leqslant x<0\\ 1, & 0\leqslant x<\pi\end{cases}$，试将 $f(x)$ 展开为傅里叶级数.

解： $a_0=\frac{1}{\pi}\int_{-\pi}^{\pi}f(x)\mathrm{d}x=0$.

当 $n = 1, 2, \cdots$ 时，

$$a_n = \frac{1}{\pi} \int_{-\pi}^{\pi} f(x) \cos nx \mathrm{d}x = 0$$

$$b_n = \frac{1}{\pi} \int_{-\pi}^{\pi} f(x) \sin nx \mathrm{d}x = \frac{2}{\pi} \int_{0}^{\pi} \sin nx \mathrm{d}x = \frac{2}{\pi} \left(-\frac{1}{n} \cos nx \right) \Big|_{0}^{\pi}$$

$$= \frac{2}{n\pi} [1 - (-1)^n] = \begin{cases} \dfrac{4}{n\pi}, & n = 1, 3, 5, \cdots \\ 0, & n = 2, 4, 6, \cdots \end{cases}$$

因此，

$$f(x) \sim \frac{4}{\pi} \sum_{n=1}^{\infty} \frac{1}{2n-1} \sin(2n-1)x = \begin{cases} f(x), & x \in (-\pi, 0) \bigcup (0, \pi) \\ 0, & x = 0, \pm\pi \end{cases}$$

注：在定积分的意义下，$f(x)$ 相当于奇函数.

例 10-80 函数 $f(x)$ 以 2π 为周期，且 $f(x) = \begin{cases} x, & -\pi < x \leqslant 0 \\ 0, & 0 < x \leqslant \pi \end{cases}$，将 $f(x)$ 展开为傅里叶级数.

解： $a_0 = \frac{1}{\pi} \int_{-\pi}^{\pi} f(x) \mathrm{d}x = \frac{1}{\pi} \int_{-\pi}^{0} x \mathrm{d}x = -\frac{\pi}{2}$.

当 $n = 1, 2, \cdots$ 时，

$$a_n = \frac{1}{\pi} \int_{-\pi}^{\pi} f(x) \cos nx \mathrm{d}x = \frac{1}{\pi} \int_{-\pi}^{0} x \cos nx \mathrm{d}x = \frac{1}{\pi} \left(x \cdot \frac{\sin nx}{n} \Big|_{-\pi}^{0} - \frac{1}{n} \int_{-\pi}^{0} \sin nx \mathrm{d}x \right)$$

$$= \frac{1}{n\pi} \left(\frac{\cos nx}{n} \right) \Big|_{-\pi}^{0} = \frac{1}{n^2 \pi} [1 - (-1)^n] = \begin{cases} \dfrac{2}{n^2 \pi}, & n = 1, 3, 5, \cdots \\ 0, & n = 2, 4, 6, \cdots \end{cases}$$

$$b_n = \frac{1}{\pi} \int_{-\pi}^{\pi} f(x) \sin nx \mathrm{d}x = \frac{1}{\pi} \int_{-\pi}^{0} x \sin nx \mathrm{d}x = \frac{1}{\pi} \left(x \cdot \frac{-\cos nx}{n} \Big|_{-\pi}^{0} + \frac{1}{n} \int_{-\pi}^{0} \cos nx \mathrm{d}x \right)$$

$$= \frac{1}{\pi} \left[0 - (-\pi) \frac{(-1)^{n+1}}{n} + 0 \right] = \frac{(-1)^{n+1}}{n}$$

因此，

$$f(x) \sim -\frac{\pi}{4} + \sum_{n=1}^{\infty} \left\{ \frac{1}{n^2 \pi} [1 - (-1)^n] \cos nx + \frac{(-1)^{n+1}}{n} \sin nx \right\} = \begin{cases} f(x), & -\pi < x < \pi \\ -\dfrac{\pi}{2}, & x = \pm\pi \end{cases}$$

10.8.3　正弦级数和余弦级数

由定积分的奇偶对称性得到：

（i）当 $f(x)$ 是以 2π 为周期的奇函数时，它的傅里叶系数

$$\begin{cases} a_n = 0, & n = 0, 1, 2, \cdots \\ b_n = \dfrac{2}{\pi} \displaystyle\int_0^\pi f(x) \sin nx \, dx, & n = 1, 2, \cdots \end{cases}$$

$f(x) \sim \displaystyle\sum_{n=1}^{\infty} b_n \sin nx$，称为**正弦级数**.

（ii）当 $f(x)$ 是以 2π 为周期的偶函数时，它的傅里叶系数

$$\begin{cases} a_n = \dfrac{2}{\pi} \displaystyle\int_0^\pi f(x) \cos nx \, dx, & n = 0, 1, 2, \cdots \\ b_n = 0, & n = 1, 2, \cdots \end{cases}$$

$f(x) \sim \dfrac{a_0}{2} + \displaystyle\sum_{n=1}^{\infty} a_n \cos nx$，称为**余弦级数**.

可见，若周期函数 $f(x)$ 具有奇偶性，则其傅里叶级数的形式较为简单.

例 10-81 试将周期为 2π 的函数 $f(x) = \begin{cases} -x, & -\pi \leqslant x < 0 \\ x, & 0 \leqslant x < \pi \end{cases}$ 展开为傅里叶级数.

解：因为 $f(x)$ 是 $[-\pi, \pi]$ 上的偶函数，所以

$$a_0 = \frac{2}{\pi} \int_0^\pi f(x) \, dx = \frac{2}{\pi} \int_0^\pi x \, dx = \pi$$

当 $n = 1, 2, \cdots$ 时，

$$a_n = \frac{2}{\pi} \int_0^\pi f(x) \cos nx \, dx = \frac{2}{\pi} \int_0^\pi x \cos nx \, dx = \frac{2}{\pi} \left(x \cdot \frac{\sin nx}{n} \Big|_0^\pi - \frac{1}{n} \int_0^\pi \sin nx \, dx \right)$$

$$= \frac{2}{n\pi} \left(\frac{\cos nx}{n} \right) \Big|_0^\pi = \frac{2}{n^2 \pi} [(-1)^n - 1]$$

$$b_n = \frac{1}{\pi} \int_{-\pi}^\pi f(x) \sin nx \, dx = 0$$

因此，$f(x) \sim \dfrac{\pi}{2} - \dfrac{4}{\pi} \displaystyle\sum_{n=1}^{\infty} \dfrac{1}{(2n-1)^2} \cos(2n-1)x = f(x)$，$x \in [-\pi, \pi]$.

10.8.4 以 *2l* 为周期的函数的傅里叶级数

设 $f(x)$ 是以 $2l$（$l > 0$）为周期的函数. 令 $t = \dfrac{\pi}{l} x$，$f(x) = f\left(\dfrac{l}{\pi} t \right) = g(t)$. $g(t)$ 是以 2π 为周期的函数，

$$g(t) \sim \frac{a_0}{2} + \sum_{n=1}^{\infty} (a_n \cos nt + b_n \sin nt)$$

$$f(x) \sim \frac{a_0}{2} + \sum_{n=1}^{\infty} \left(a_n \cos \frac{n\pi x}{l} + b_n \sin \frac{n\pi x}{l} \right)$$

其中，傅里叶系数为

$$\begin{cases} a_n = \dfrac{1}{l}\displaystyle\int_{-l}^{l}f(x)\cos\dfrac{n\pi x}{l}\mathrm{d}x, & n=0,1,2,\cdots \\[3mm] b_n = \dfrac{1}{l}\displaystyle\int_{-l}^{l}f(x)\sin\dfrac{n\pi x}{l}\mathrm{d}x, & n=1,2,\cdots \end{cases}$$

公式验证是容易的，例如：

$$a_n = \frac{1}{\pi}\int_{-\pi}^{\pi}g(t)\cos nt\mathrm{d}t = \frac{1}{\pi}\int_{-\pi}^{\pi}f\left(\frac{l}{\pi}t\right)\cos nt\mathrm{d}t$$

$$\overset{\frac{l}{\pi}t=x}{=} \frac{1}{\pi}\int_{-l}^{l}f(x)\cos\frac{n\pi x}{l}\cdot\frac{\pi}{l}\mathrm{d}x = \frac{1}{l}\int_{-l}^{l}f(x)\cos\frac{n\pi x}{l}\mathrm{d}x$$

如果 $f(x)$ 是以 $2l$ 为周期的奇函数，则

$$f(x) \sim \sum_{n=1}^{\infty}b_n\sin\frac{n\pi x}{l}$$

$$b_n = \frac{2}{l}\int_{0}^{l}f(x)\sin\frac{n\pi x}{l}\mathrm{d}x, \quad n=1,2,\cdots$$

如果 $f(x)$ 是以 $2l$ 为周期的偶函数，则

$$f(x) \sim \frac{a_0}{2} + \sum_{n=1}^{\infty}a_n\cos\frac{n\pi x}{l}$$

$$a_n = \frac{2}{l}\int_{0}^{l}f(x)\cos\frac{n\pi x}{l}\mathrm{d}x \quad n=0,1,2,\cdots$$

例 10-82 计算周期 $T=\dfrac{2\pi}{\omega}$ 的函数 $f(x)=\begin{cases} 0, & -\dfrac{T}{2}\leqslant x<0 \\[3mm] E\sin\omega x, & 0\leqslant x<\dfrac{T}{2} \end{cases}$ 的傅里叶系数 b_n.

解： 当 $n=1,2,\cdots$ 时，

$$b_n = \frac{2}{T}\int_{-\frac{T}{2}}^{\frac{T}{2}}f(x)\cos\frac{n\pi x}{\frac{T}{2}}\mathrm{d}x = \frac{\omega}{\pi}\int_{0}^{\frac{\pi}{\omega}}E\sin\omega x\sin n\omega x\mathrm{d}x$$

$$= \frac{E\omega}{2\pi}\int_{0}^{\frac{\pi}{\omega}}[\cos(n-1)\omega x - \cos(n+1)\omega x]\mathrm{d}x$$

（1）当 $n=1$ 时，$b_1 = \dfrac{E\omega}{2\pi}\displaystyle\int_{0}^{\frac{\pi}{\omega}}(1-\cos 2\omega x)\mathrm{d}x = \dfrac{E}{2}$.

（2）当 $n=2,3,\cdots$ 时，$b_n=0$.

例 10-83 函数 $f(x)$ 的周期为 6，且当 $-3\leqslant x<3$ 时，$f(x)=x$，求 $f(x)$ 的傅里叶级数展开式.

解： $a_n = \dfrac{1}{3}\displaystyle\int_{-3}^{3}f(x)\cos\dfrac{n\pi x}{3}\mathrm{d}x = 0$，$n=0,1,2,\cdots$.

当 $n = 1, 2, \cdots$ 时，

$$b_n = \frac{2}{3} \int_0^3 f(x) \sin \frac{n\pi x}{3} dx = \frac{2}{3} \int_0^3 x \sin \frac{n\pi x}{3} dx$$

$$= \frac{2}{3} \left[x \cdot \left(-\frac{3}{n\pi} \cdot \cos \frac{n\pi x}{3} \right) \Big|_0^3 + \frac{3}{n\pi} \int_0^3 \cos \frac{n\pi x}{3} dx \right]$$

$$= \frac{2}{3} \cdot 3 \cdot \left(-\frac{3}{n\pi} \right) (-1)^n = (-1)^{n+1} \frac{6}{n\pi}$$

因此，$f(x) \sim \sum_{n=1}^{\infty} (-1)^{n+1} \frac{6}{n\pi} \sin \frac{n\pi x}{3} = \begin{cases} x, & -3 < x < 3 \\ 0, & x = \pm 3 \end{cases}$.

例 10-84 将周期为 1 的函数 $f(x) = \frac{1}{2} e^x$，$0 \leqslant x < 1$ 展开为傅里叶级数.

解： $a_0 = \frac{1}{\frac{1}{2}} \int_0^1 f(x) dx = 2 \int_0^1 \frac{1}{2} e^x dx = e - 1$.

当 $n = 1, 2, \cdots$ 时，

$$a_n = 2 \int_0^1 f(x) \cos 2n\pi x dx = \int_0^1 e^x \cos 2n\pi x dx = \frac{e-1}{1 + 4n^2\pi^2}$$

$$b_n = 2 \int_0^1 f(x) \sin 2n\pi x dx = \int_0^1 e^x \sin 2n\pi x dx = \frac{-2n\pi(e-1)}{1 + 4n^2\pi^2}$$

因此，

$$f(x) \sim \frac{e-1}{2} + (e-1) \sum_{n=1}^{\infty} \frac{1}{1 + (2n\pi)^2} (\cos 2n\pi x - 2n\pi \sin 2n\pi x) = \begin{cases} \dfrac{e^x}{2}, & 0 < x < 1 \\ \dfrac{e+1}{4}, & x = 0, 1 \end{cases}$$

10.8.5 有限区间上的函数的傅里叶展开

对在有限区间 $[a, b]$ 上定义的函数 $f(x)$，可以在区间 $[a, b]$ 之外以 $T = b - a$ 为周期延拓定义，得到周期函数 $F(x)$，则 $F(x)$ 的傅里叶级数限制在 $[a, b]$ 上时，就是 $f(x)$ 的傅里叶级数. 特殊地，定义在区间 $[0, l]$ 上的函数 $f(x)$ 可以先在区间 $[-l, 0]$ 上进行奇延拓或者偶延拓，再以 $2l$ 为周期延拓定义，得到周期函数 $F(x)$，则 $F(x)$ 的傅里叶级数限制在 $[0, l]$ 上时，就是 $f(x)$ 的正弦级数或余弦级数.

例 10-85 将函数 $f(x) = x + 1$，$0 \leqslant x \leqslant \pi$ 分别展开为正弦级数和余弦级数.

解： 先求 $f(x)$ 的正弦级数.

$$b_n = \frac{2}{\pi} \int_0^\pi f(x) \sin nx dx = \frac{2}{\pi} \int_0^\pi (x+1) \sin nx dx$$

$$= \frac{2}{\pi} \left[(x+1) \frac{-\cos nx}{n} \Big|_0^\pi + \frac{1}{n} \int_0^\pi \cos nx dx \right] = \frac{-2}{n\pi} [(\pi+1)(-1)^n - 1]$$

因此，

$$f(x) \sim \sum_{n=1}^{\infty} \frac{2}{n\pi}[1+(-1)^{n+1}(\pi+1)]\sin nx = \begin{cases} x+1, & x \in (0,\pi) \\ 0, & x=0,\pi \end{cases}$$

再求 $f(x)$ 的正弦级数. 由例 10-81 可知

$$f(x) \sim 1 + \frac{\pi}{2} - \frac{4}{\pi}\sum_{n=1}^{\infty}\frac{1}{(2n-1)^2}\cos(2n-1)x = f(x) , \quad x \in [0,\pi]$$

注：（1）将区间 $[0,l]$ 上连续函数展开为余弦级数时，级数在端点 $x=0,l$ 处收敛于原来函数，正弦级数未必如此.

（2）若将 $f(x)$ 的展开式加上常数 C，就得到 $f(x)+C$ 的傅里叶展开式. 这种做法，余弦级数仍是余弦级数，但正弦级数未必.

例 10-86 已知有限区间 $[0,1]$ 上的函数 $f(x)=x^2$ 的正弦级数的和函数 $S(x)=\sum_{n=1}^{\infty}b_n\sin n\pi x$，求 $S(x)$ 的周期和 $S\left(-\frac{1}{2}\right)$ 的值.

解：$S(x)$ 的周期为 2，$S\left(-\frac{1}{2}\right)=-S\left(\frac{1}{2}\right)=-f\left(\frac{1}{2}\right)=-\left(\frac{1}{2}\right)^2=-\frac{1}{4}$.

 习题 10.8

1. 将下列以 2π 为周期的函数 $f(x)$ 展开为傅里叶级数，其中，$f(x)$ 在区间 $[-\pi,\pi)$ 上的表达式分别为

（1）$f(x)=\frac{\pi}{4}-\frac{x}{2}$；

（2）$f(x)=e^x+1$；

（3）$f(x)=3x^2+1$；

（4）$f(x)=2\sin\frac{x}{3}$；

（5）$f(x)=\begin{cases} x+2\pi, & -\pi \leqslant x < 0 \\ x & 0 \leqslant x < \pi \end{cases}$；

（6）$f(x)=\begin{cases} e^x & -\pi \leqslant x < 0 \\ 1 & 0 \leqslant x < \pi \end{cases}$.

2. 设函数 $f(x)=\pi x+x^2$ （$-\pi \leqslant x < \pi$）的傅里叶级数为 $\frac{a_0}{2}+\sum_{n=1}^{\infty}(a_n\cos nx+b_n\sin nx)$，求系数 b_3，并说明常数 $\frac{a_0}{2}$ 的意义.

3. 将区间 $[0,\pi]$ 上的下列函数 $f(x)$ 展开为正弦级数.

（1）$f(x)=\frac{\pi-x}{2}$；

（2）$f(x)=\begin{cases} \dfrac{x}{\pi}, & 0 \leqslant x < \dfrac{\pi}{2} \\ 1-\dfrac{x}{\pi}, & \dfrac{\pi}{2} \leqslant x \leqslant \pi \end{cases}$.

4. 将区间 $[0,\pi]$ 上的下列函数 $f(x)$ 展开为余弦级数.

（1）$f(x)=\cos\frac{x}{2}$；

（2）$f(x)=\begin{cases} 1, & 0 \leqslant x < h \\ 0, & h \leqslant x \leqslant \pi \end{cases}$.

5. 将下列周期函数 $f(x)$ 展开为傅里叶级数,其中,$f(x)$ 在一个周期的表达式分别为

(1) $f(x) = x^2 - x$,$-2 \leqslant x < 2$;

(2) $f(x) = \begin{cases} 2x+1, & -3 \leqslant x < 0 \\ x, & 0 \leqslant x < 3 \end{cases}$;

(3) $f(x) = \begin{cases} x, & 0 \leqslant x < 1 \\ 0, & 1 \leqslant x < 2 \end{cases}$,利用它的傅里叶级数,证明等式 $1 + \dfrac{1}{3^2} + \dfrac{1}{5^2} + \dfrac{1}{7^2} + \cdots = \dfrac{\pi^2}{8}$.

6. 设 $f(x)$ 是以 2 为周期的函数,它在区间 $(-1,1]$ 上定义为 $f(x) = \begin{cases} 2, & -1 < x \leqslant 0 \\ x^3, & 0 < x \leqslant 1 \end{cases}$,那么 $f(x)$ 的傅里叶级数在 $x = 0, \dfrac{1}{2}, 1$ 处各自的和为多少?

7. 将函数 $f(x) = \begin{cases} x, & 0 \leqslant x \leqslant \dfrac{l}{2} \\ l-x, & \dfrac{l}{2} < x \leqslant l \end{cases}$ 展开为正弦级数.

8. 将函数 $f(x) = \begin{cases} \cos\dfrac{\pi x}{l}, & 0 \leqslant x \leqslant \dfrac{l}{2} \\ 0, & \dfrac{l}{2} < x < l \end{cases}$ 展开为余弦级数.

9. 将函数 $f(x) = x^2$ ($0 \leqslant x \leqslant 2$) 分别展开为正弦级数和余弦级数,指出它们在收敛性上的差别.

10. 设 $f(x) = \begin{cases} e^x - 1, & -\pi \leqslant x < 0 \\ e^x + 1, & 0 \leqslant x < \pi \end{cases}$,$a_0, a_n$ ($n = 1, 2, \cdots$) 为 $f(x)$ 的傅里叶系数,则数项级数 $\dfrac{a_0}{2} + \displaystyle\sum_{n=1}^{\infty} a_n$ 的和为多少?

11. 如果 $f(x)$ 在 $[-\pi, \pi]$ 上满足狄利克雷条件,证明:$\lim\limits_{n \to \infty} a_n = 0$,$\lim\limits_{n \to \infty} b_n = 0$,其中,$a_n, b_n$ 是 $f(x)$ 的傅里叶系数.

✂ 综合题

1. 设 $a > 0$,讨论级数 $\displaystyle\sum_{n=1}^{\infty} \dfrac{a^{\frac{n(n+1)}{2}}}{(1+a^0)(1+a^1)(1+a^2)\cdots(1+a^{n-1})}$ 的敛散性.

2. 讨论级数 $\displaystyle\sum_{n=1}^{\infty} \dfrac{(-1)^{n+1}}{\sqrt{n^{2k}+1}}$ 的敛散性,其中,k 为实数.

3. 判别级数 $\displaystyle\sum_{n=1}^{\infty} (-1)^{n+1}\left[e - \left(1 + \dfrac{1}{n}\right)^n \right]$ 是否收敛,如果收敛,指明是条件收敛还是绝对收敛.

4. 已知级数 $\sum\limits_{n=1}^{\infty}(-1)^{n-1}a_n=2$，$\sum\limits_{n=1}^{\infty}a_{2n-1}=5$，求级数 $\sum\limits_{n=1}^{\infty}a_n$ 的和.

5. 已知 $\sum\limits_{n=1}^{\infty}\dfrac{1}{(2n-1)^2}=\dfrac{\pi^2}{8}$，求 P-级数 $\sum\limits_{n=1}^{\infty}\dfrac{1}{n^2}$ 的和.

6. 证明级数 $\arctan\dfrac{1}{2}+\arctan\dfrac{1}{8}+\cdots+\arctan\dfrac{1}{2n^2}+\cdots$ 是收敛的，并求其和 S.

7. 证明幂级数 $\sum\limits_{n=1}^{\infty}\dfrac{(1!)^2+(2!)^2+\cdots+(n!)^2}{(2n)!}x^n$ 在 $(-3,3)$ 内绝对收敛.

8. 求极限 $\lim\limits_{n\to\infty}\dfrac{1+\dfrac{\pi^4}{5!}+\dfrac{\pi^8}{9!}+\cdots+\dfrac{\pi^{4(n-1)}}{(4n-3)!}}{\dfrac{1}{3!}+\dfrac{\pi^4}{7!}+\dfrac{\pi^8}{11!}+\cdots+\dfrac{\pi^{4(n-1)}}{(4n-1)!}}$.

9. 若幂级数 $\sum\limits_{n=0}^{\infty}a_n(x-x_0)^n$（$x_0\neq0$）在 $x=0$ 处收敛，在 $x=2x_0$ 处发散. 指出此幂级数的收敛半经 R 和收敛域，说明理由.

10. 求下列幂级数的收敛半径及收敛域.

（1）$\sum\limits_{n=1}^{\infty}\dfrac{4^{2n-1}}{n\sqrt{n}}(x-2)^{2n-1}$；　　　　　　　（2）$\sum\limits_{n=1}^{\infty}8^n(2x-1)^{3n+1}$.

11. 求级数 $\sum\limits_{n=1}^{\infty}\dfrac{x^n}{(1+x)(1+x^2)\cdots(1+x^n)}$ 的收敛域.

12. 利用幂级数展开式，求下列函数在 $x=0$ 处的指定阶数的导数.

（1）$f(x)=\dfrac{x}{1+x^2}$，求 $f^{(7)}(0)$；　　　　　　（2）$f(x)=x^6\mathrm{e}^x$，求 $f^{(10)}(0)$.

13. 利用函数的幂级数展开式，计算下列极限.

（1）$\lim\limits_{x\to\infty}\left[x-x^2\ln\left(1+\dfrac{1}{x}\right)\right]$；　　　　　　（2）$\lim\limits_{x\to0}\dfrac{2(\tan x-\sin x)-x^3}{x^5}$.

14. 设 $f(x)=\begin{cases}\dfrac{1+x^2}{x}\arctan x,&x\neq0\\1,&x=0\end{cases}$，将 $f(x)$ 展开为 x 的幂级数，并求 $\sum\limits_{n=1}^{\infty}\dfrac{(-1)^n}{1-4n^2}$ 的和.

15. 设 $f(x)$ 是以 2π 为周期的连续函数，a_n,b_n 是其傅里叶系数，求函数

$$F(x)=\dfrac{1}{\pi}\int_{-\pi}^{\pi}f(t)f(x+t)\mathrm{d}t$$

的傅里叶系数 A_n,B_n，并证明

$$\dfrac{1}{\pi}\int_{-\pi}^{\pi}f^2(t)\mathrm{d}t=\dfrac{a_0^2}{2}+\sum\limits_{n=1}^{\infty}(a_n^2+b_n^2)$$

16. 已知函数 $f(x) = \dfrac{\pi}{2} \cdot \dfrac{\mathrm{e}^x + \mathrm{e}^{-x}}{\mathrm{e}^\pi - \mathrm{e}^{-\pi}}$.

（1）求 $f(x)$ 在 $[-\pi, \pi]$ 上的傅里叶级数；

（2）求级数 $\displaystyle\sum_{n=1}^{\infty} \dfrac{(-1)^n}{1 + (2n)^2}$ 的和.

17. 将函数 $f(x) = \arcsin(\sin x)$ 展开为傅里叶级数.

18. 已知周期为 2π 的可积函数 $f(x)$ 的傅里叶系数为 a_n, b_n，试计算"平移"了的函数 $f(x+h)$（h 为常数）的傅里叶系数 $\overline{a}_n, \overline{b}_n$，$n = 0,1,2,\cdots$.